设计+制作+印刷+商业模版 Illustrator实例教程

夏志丽　编著

人民邮电出版社
北　京

图书在版编目（CIP）数据

设计+制作+印刷+商业模版Illustrator实例教程 / 夏志丽编著. -- 北京 : 人民邮电出版社, 2015.5(2022.2重印)
ISBN 978-7-115-38168-2

Ⅰ. ①设… Ⅱ. ①夏… Ⅲ. ①平面设计－图形软件－教材 Ⅳ. ①TP391.412

中国版本图书馆CIP数据核字(2015)第015153号

内容提要

本书是详细讲解利用Illustrator进行平面设计与制作的案例教程书。书中以设计者的眼光介绍了Illustrator在平面设计中的具体使用方法与技巧。

全书共分为14章，包括精选图标设计、Logo设计、VI设计、艺术文字设计、菜单设计、宣传广告设计、DM广告设计、海报设计、户外媒体设计、折页画册设计、包装设计和书籍装帧设计等12大类共25个商业案例，全面介绍了平面设计中常见的设计知识和具体案例的制作方法。书中还着重讲解了印前的知识与技术，包括屏幕检查、文件检查、印前检查、存储、打印设置、打印渐变、网格和颜色混合，以及打样检查。本书的附录1~附录4还给出了印刷术语、印刷纸张规格表、平面设计常用尺寸归纳和各种包装盒展开示意图，便于读者查询使用。

随书配套学习资源提供了全部25个商业案例的制作过程的教学视频，以及所有案例的源文件及素材文件，可帮助读者提高学习效率。

本书适合有一定Illustrator软件操作基础的平面设计初学者以及平面设计爱好者阅读，也可以为一些设计制作人员以及相关专业的学习者提供参考。

◆ 编　　著　夏志丽
责任编辑　杨　璐
责任印制　程彦红
◆ 人民邮电出版社出版发行　　北京市丰台区成寿寺路11号
邮编　100164　　电子邮件　315@ptpress.com.cn
网址　http://www.ptpress.com.cn
北京虎彩文化传播有限公司印刷
◆ 开本：787×1092　1/16
印张：21.25　　2015年5月第1版
字数：737千字　　2022年2月北京第19次印刷

定价：79.90元

读者服务热线：(010)81055410　印装质量热线：(010)81055316
反盗版热线：(010)81055315
广告经营许可证：京东市监广登字20170147号

前言

日常生活已经越来越离不开平面设计，牛奶所使用的包装盒设计、书本的装帧设计、企业的Logo、宣传册和名片设计等都已经融入了我们生活，设计早已不是设计师的专利，是每个人的创意与构想。

创意与构想需要通过软件去实现，Adobe Illustrator是Adobe公司推出的矢量图形处理软件，是设计者的首选软件。本书从一个设计者的角度出发，首先去理解什么是设计艺术，讲解在平面设计中设计某一类型产品时所需要具备的理论知识；其次配合以设计师精选的商业案例，使用Illustrator完成制作并实现效果；最后通过最容易让读者理解的方式讲解了有关平面设计的印刷知识。作为一名设计师，只有将设计、制作和印刷三者结合，才能设计出更好的作品。

内容安排

本书从实际出发，通过12大类25个商业案例循序渐进地讲解平面设计中的有关知识，并且以设计者的眼光详细介绍Illustrator在平面设计中的具体使用方法与技巧。章节安排如下。

第1章初识Illustrator，主要讲解Illustrator软件的基本知识和平面设计的相关知识。介绍平面设计中的图像与色彩基础、设计基础以及创意原则等，让读者对使用Illustrator进行平面设计有初步了解。

第2章图标设计，主要介绍图标的设计知识。通过对不同图标设计的制作案例进行讲解，让读者熟练操作Illustrator软件中的基本绘图。

第3章Logo设计，主要内容包括Logo设计的知识。通过对不同Logo设计案例的详细讲解，使读者掌握在Illustrator中设计制作Logo的方法。

第4章VI设计，主要介绍VI的设计知识。通过对企业名片以及企业信纸、信封的设计与制作，使读者掌握企业VI的设计制作方法。

第5章艺术文字设计，主要介绍艺术文字的设计知识，通过对广告文字的设计与制作，让读者能够很好地运用Illustrator中文字处理与操作的方法进行平面设计中的文字设计。

第6章菜单设计，主要介绍菜单设计中的设计知识。通过对餐厅和咖啡馆菜单的设计与制作，使读者能够使用Illustrator制作出精美的菜单。

第7章宣传广告设计，主要介绍宣传广告的设计知识。通过对产品宣传广告和活动宣传广告的设计与制作，使读者掌握宣传广告的设计制作方法。

第8章DM广告设计，主要介绍DM广告的设计知识。通过对商场促销宣传DM与教育培训DM折页的设计制作，使读者掌握不同形式DM广告的设计方法和技巧。

第9章海报设计，主要介绍海报相关的设计知识，明确海报设计的相关要求。通过对活动宣传海报和电影节海报的设计制作以及拓展知识的讲解，让读者掌握海报的设计与制作。

第10章户外媒体设计，主要介绍户外媒体广告的设计知识。通过对公交站牌广告和地产围挡广告的设计制作，让读者更好地掌握户外媒体广告的设计与制作方法。

第11章折页画册设计，主要介绍画册折页的设计分类、画册折页的设计要求以及形式特点。通过对不同企业画册的制作步骤分析，使读者能够在Illustrator软件中设计出精美的宣传画册和折页。

第12章包装设计，主要介绍产品包装的设计知识。通过对不同产品包装的设计与制作，让读者掌握包装的设计要求，在Illustrator软件中制作出精美的包装。

第13章书籍装帧设计，主要介绍书籍装帧的设计知识。通过对不同种类书籍装帧设计制作的讲解，让读者理解书籍装帧设计的原则，在Illustrator软件中制作出精美的书籍装帧。

第14章存储输出，主要讲解在Illustrator中怎样输出设计文档。通过对屏幕中图片和色块的检查、文件检查以及胶片和打样检查，从而正确输出设计的作品。

附录1~4包括印刷术语、印刷纸张、平面设计常用尺寸及各种包装展开示意图。

本书特点

• 详细剖析商业案例

针对25个典型商业实例，全面解析创作思路、创作关键点、色彩和版式的搭配特点，详解实现过程，使读者快速掌握设计理念和软件功能。采用“对比分析+知识扩展+制作技巧”的讲解方式，对不同设计作品的重点进行深入剖析。24个课后习题，提高读者实际应用软件的能力。

• 全面覆盖应用领域

涵盖图标设计、Logo设计、VI设计、艺术字体设计、菜单设计、宣传广告设计、DM广告设计、海报设计、户外媒体设计、折页画册设计、包装设计和书籍装帧设计12大类商业案例，全面提高读者的商业设计实践水平。

• 提供配套资源包

25集实例教学视频和291个实例演练中需要用到的素材和源文件，便于读者跟进练习。

资源下载方式

随书附赠全书25个商业案例制作过程的教学视频，以及所有商业案例和课后练习的AI源文件与素材文件，扫描右侧二维码即可获得文件下载方式。

如果大家在阅读或使用过程中遇到任何与本书相关的技术问题或者需要什么帮助，请发邮件至szys@ptpress.com.cn，我们会尽力为大家解答。

编者

CONTENTS
目 录

CONTENTS
目录

CONTENTS
目录

CONTENTS

目 录

折

Make
All Your Clothes
Feel Special

新品上市
收获
AUTUMN
The Autumn is coming
春
蝶恋花
Spring

Let your body choose.
Rubro
Verde

第01章 初识Illustrator——进入矢量世界

作为全球著名的图形软件，Illustrator在矢量绘图、出版领域发挥了极大的优势，无论是包装或广告行业的专业设计师，生产印刷出版线稿的设计者和专业插画师、多媒体图像的艺术家，还是互联网页或在线内容的制作者，都会发现Illustrator不仅是一个艺术产品工具，而且也是能广泛用于各种复杂项目的专业软件。本章将向读者介绍Illustrator的工作界面、图形、颜色模式和Illustrator应用领域等相关知识，相信您一定会被Illustrator强大的魅力所吸引。在本章中还会向读者介绍有关平面设计的相关知识，使读者对平面设计有更深入的认识。

1.1 初 识 Illustrator

Illustrator 是一款专业的矢量绘图软件，自问世以来就备受世界各地平面设计人员的青睐，Illustrator 可以应用于印刷排版、平面设计、图形绘制、Web 图像制作和处理等领域，能够与几乎所有的平面、网页和动画软件完美结合。一般来说，Illustrator 的用户包括平面设计师、插画设计师和网页设计师等，他们用它来设计制作标志、广告、海报、包装、画册、插画以及网页等。

1.1.1 认识Illustrator工作界面

Illustrator 使用起来更加灵活，工作区域也更加开阔。打开 Illustrator 软件，执行“文件 > 打开”命令，打开一个文件，可以看到 Illustrator 的工作界面，如下图所示。Illustrator 的工作界面与 Adobe 家族其他软件的工作界面类似，特别是与 Photoshop 的工作界面相似，由标题栏、菜单栏、工具箱、状态栏、文档窗口和面板等部分组成。

菜单栏

菜单栏用于组织菜单内的命令。Illustrator CS6 有 9 个主菜单，每一个菜单中都包含不同类型的命令。例如，“效果”菜单中包含了各种效果命令。

控制面板

在控制面板中显示了当前所选工具的设置选项。当前所使用的工具不同，控制面板中的设置选项也会随之改变。

标题栏

标题栏中显示了当前文档的名称、视图比例和颜色模式等信息。当文档窗口以最大化显示时，以上内容将显示在文档窗口的标题栏中。

工具箱

工具箱中包含了 Illustrator 中用于创建和编辑图像、图稿和页面元素的工具。

文档窗口

文档窗口中显示了正在使用的文件，是编辑和显示文档的区域。

状态栏

在状态栏中可以显示当前使用的工具、日期和时间、还原次数等信息。

面板

用于配合编辑图稿、设置工具参数和选项等内容。很多面板都有菜单，包含特定于该面板的选项。可以对面板进行编组、堆叠和停放等操作。

1.1.2 工作区和屏幕模式

Illustrator 使用了空间节省功能和自定义调整选项功能等，可以根据用户的个人喜好和习惯选择或切换预设工作区。单击菜单栏右侧的“基本功能”按钮，在弹出的下拉菜单中可以选择 Illustrator 中预设的工作区，包括 Web、基本功能、打印和校样、排版规则等，如图 1 所示。如果在编辑图书、报纸和杂志等文档时，可以选择“排版规则”选项，即可切换到“排版规则”工作区中，如图 2 所示。默认情况下，选择“基本功能”工作区。

Web
上色
✓ 基本功能
打印和校样
排版规则
描摹
版面
自动
重置基本功能
新建工作区...
管理工作区...

图1

图2

在 Illustrator 中除了可以选择预设的工作区外，用户还可以使用“基本功能”下拉列表中的“新建工作区”命令创建自定义工作区，并且可以使用“管理工作区”命令对自定义工作区进行管理。

在 Illustrator 中提供了 3 种屏幕模式，单击工具箱下方的“更改屏幕模式”按钮，在弹出菜单中有 3 种屏幕模式可供选择，如图 3 所示。默认情况下，Illustrator 使用“正常屏幕模式”，效果如图 4 所示。

如果选择“带有菜单栏的全屏模式”选项，则在 Illustrator 中显示有菜单栏和 50% 灰色背景、无标题栏和滚动条的全屏窗口，如图 5 所示。

如果选择“全屏模式”选项，则在 Illustrator 中显示只有 50% 灰色背景和滚动条、无标题栏和菜单栏的全屏窗口，如图 6 所示。

√ 正常屏幕模式
带有菜单栏的全屏模式
全屏模式

图3

TIPS

在文档操作过程中，用户也可以使用快捷键在3种屏幕模式之间进行切换，按快捷键F，即可在这3种屏幕模式之间进行切换，从而方便用户查看所设计制作的文档。

图4

图5

图6

在“视图”菜单中的第1个命令是“预览”或者“轮廓”，该命令决定了当前文件在Illustrator中的显示模式。Illustrator默认显示模式为预览模式，在该种显示模式中可以显示文件所有的信息，包括填充颜色、描边颜色、文字以及置入的图像素材等，如图7所示。

执行“视图>轮廓”命令，可以切换到轮廓显示模式，在该种显示模式中只显示对象的轮廓线，没有颜色显示，如图8所示。在这种显示模式下工作时，屏幕刷新时间短，可以节约时间。

当目前的显示状态是轮廓时，“视图”菜单中第1个命令就变为“预览”，执行该命令即可切换到预览模式状态中。

图7

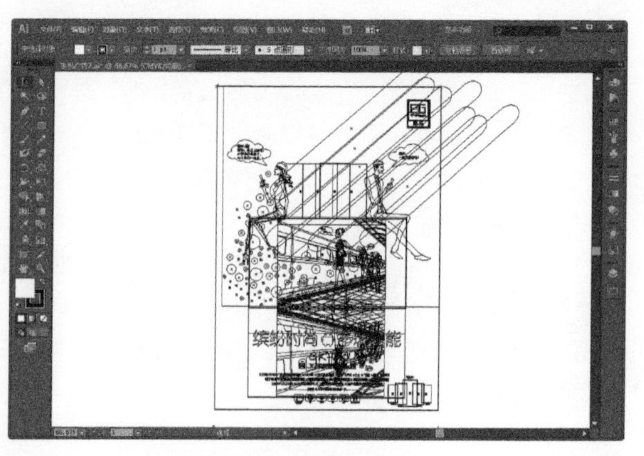

图8

1.1.3　工具箱

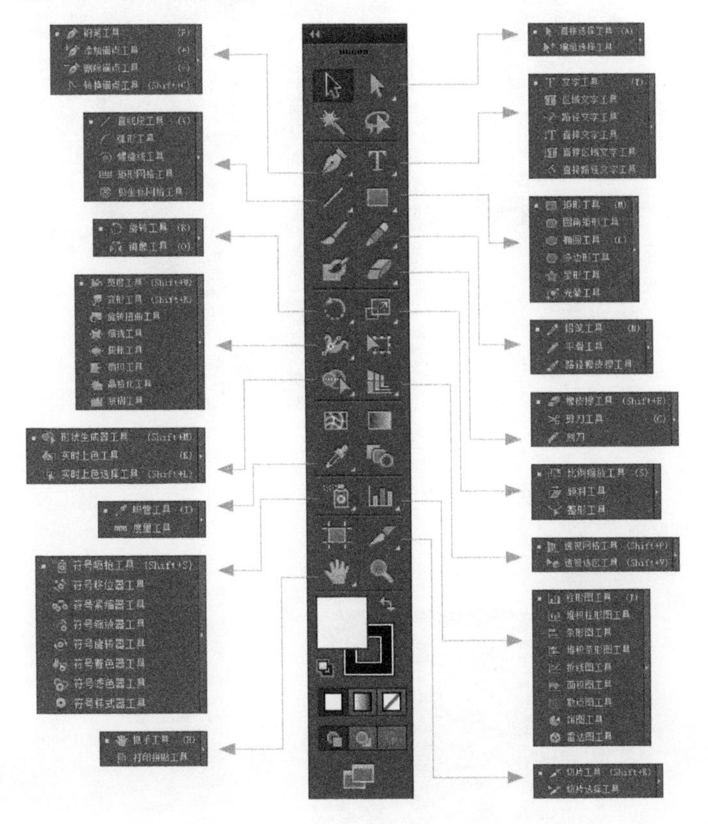

Illustrator 中提供了很多用于创建和处理图稿的工具，使用工具箱中的工具可以在 Illustrator 中创建、选择和处理对象，某些工具包含在单击该工具不放时出现的隐藏工具选项中。工具箱中的工具包括选择、绘制、文字、上色、取样、编辑和移动图像等，如左图所示。

在工具箱中，工具图标右下角出现小三角标识表示该工具中存在隐藏的工具选项，如下图（左）所示。通过在该工具上长按鼠标左键，可以将隐藏的工具选项展开显示，如下图（右）所示。

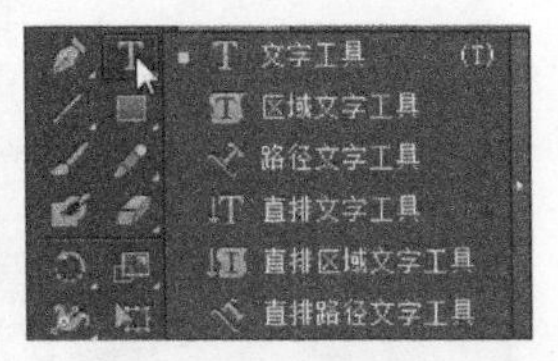

1.1.4　浮动面板

大多数 Illustrator 浮动面板都可以在“窗口”菜单中打开。随着 Illustrator 架构的日益庞大，面板的数量也日渐增多。通常，只需要在“窗口”菜单中选择该面板名称即可打开该面板，但是由于显示器显示空间的限制，在工作区中显示大量的面板会严重妨碍工作的进行。因此在使用面板时可以参考以下两种方法：一种是关闭暂时不需要的面板；另一种是重新组合面板，便于使用并且降低面板的占用面积。

打开面板后可以看到每一个面板中包含的项目不止一项，如下图（左）所示。拖动其中任意一项都可以形成新的面板，如下图（右）所示。

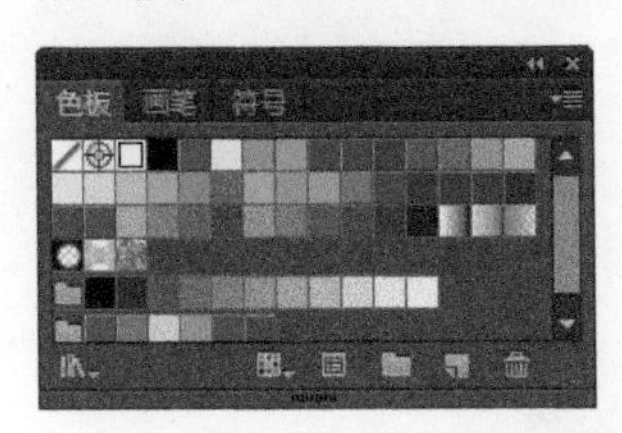

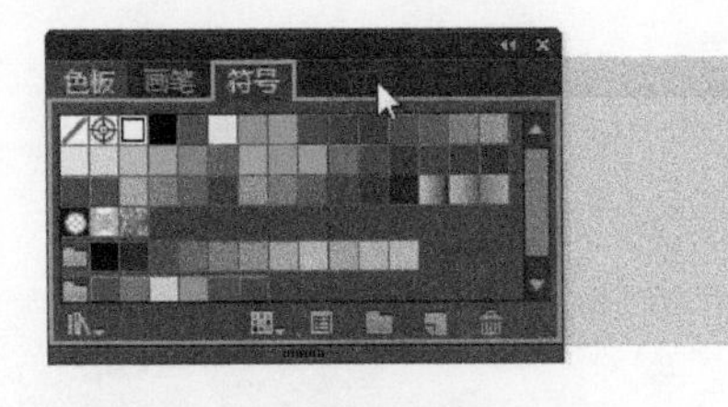

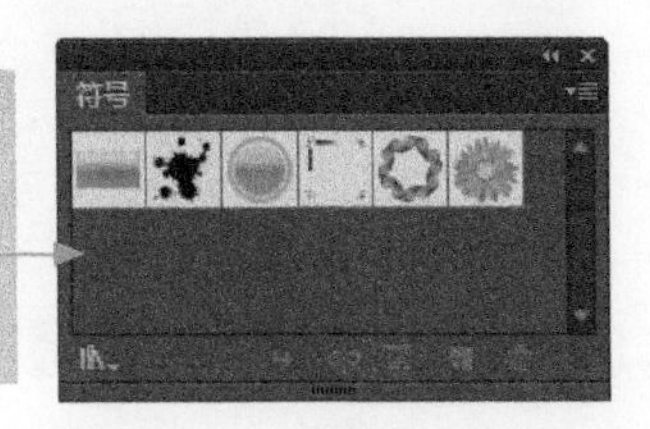

同样也可以拖动任意项到其他面板。例如，将“色板”面板拖动到“颜色”面板中，“颜色”面板如右图（左）所示。拖动后的效果如右图（右）所示，这样面板占用的面积就变小了。

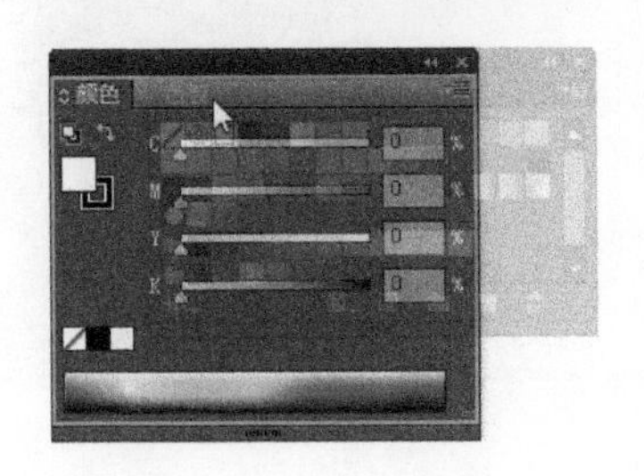

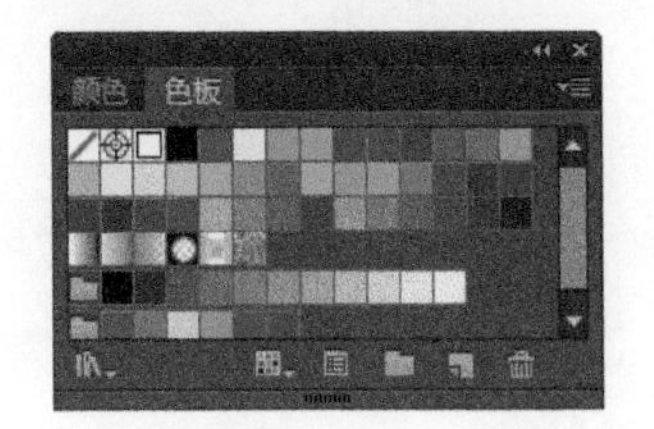

在面板之间也可以进行上下串接，如右图（左）所示，可以把“色板”面板与“颜色”面板串接在一起，串接结果如右图（右）所示。如果显示面板名称的标签栏颜色为亮色，则表示该面板是当前显示的面板。

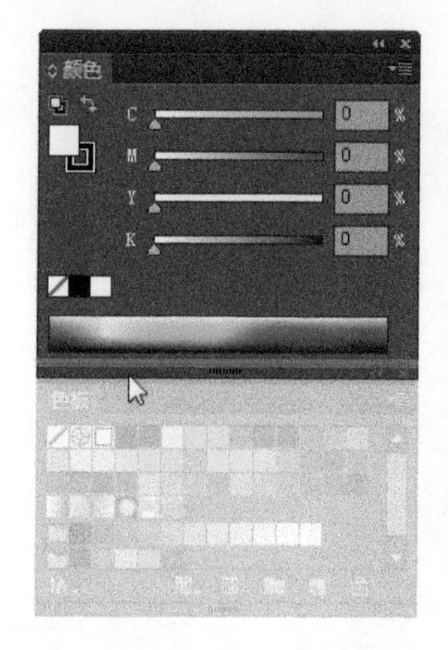

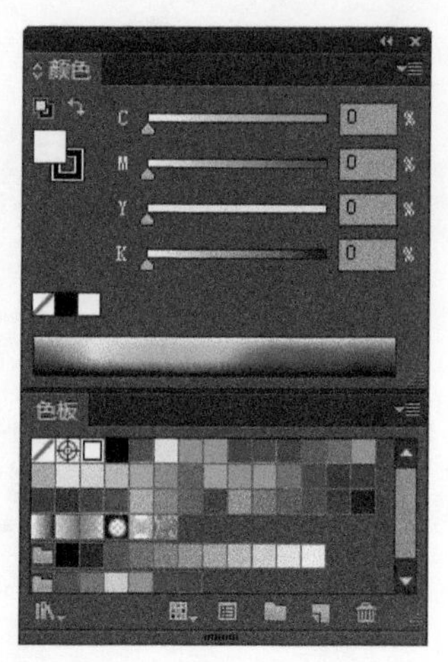

TIPS

拖动面板时，用鼠标按住标签部分向外拖动，拖动过程中面板将变为半透明状态。

使用鼠标单击面板右上角的两个左向三角形按钮，可以将面板折叠为图标的形式，如下图（左）所示。单击面板图标上的两个右向三角形按钮，即可恢复该面板的显示。

还可以单击面板名称左侧的箭头图标，将面板折叠，如下图（右）所示。再次单击该箭头图标，即可展示该面板。

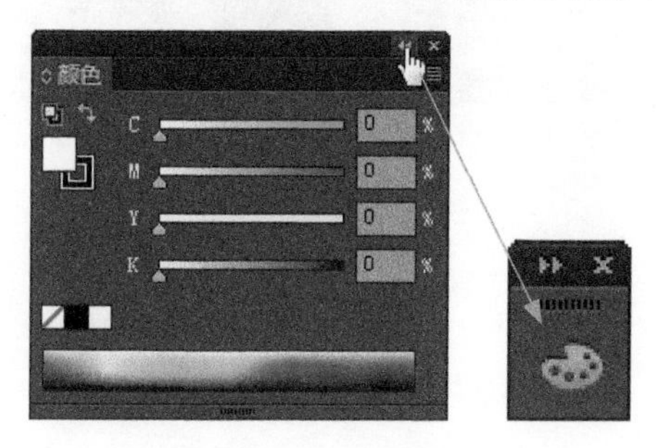

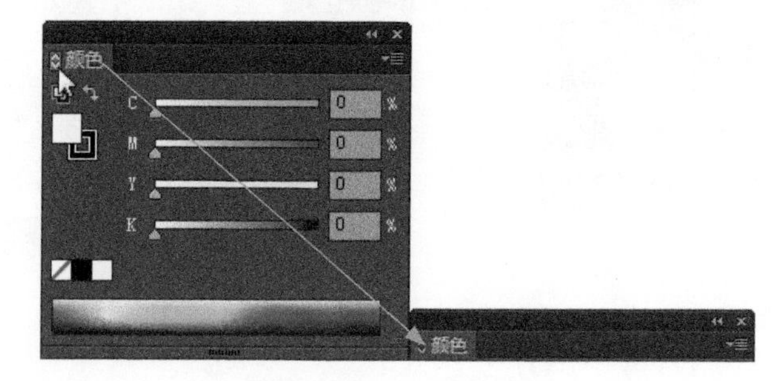

1.1.5 首选项设置

Illustrator 的首选项可以存储用户设置的参数，这些参数能够控制很多设置，包括显示、工具、标尺单位和导出信息。首选项存储在名为 AIPrefs（Windows 系统）的文件中，每次启动 Illustrator 时，该文件随之启动，如果需要恢复 Illustrator 的默认设置，可以删除或重命名首选项文件并重新启动 Illustrator。

常规

执行“编辑>首选项”命令，在该命令的下级菜单中包含了 12 个首选项设置命令，如下图（左）所示。在“首选项”命令的子菜单中执行“常规”命令，弹出“首选项”对话框，并自动显示“常规”设置选项，如下图（右）所示。

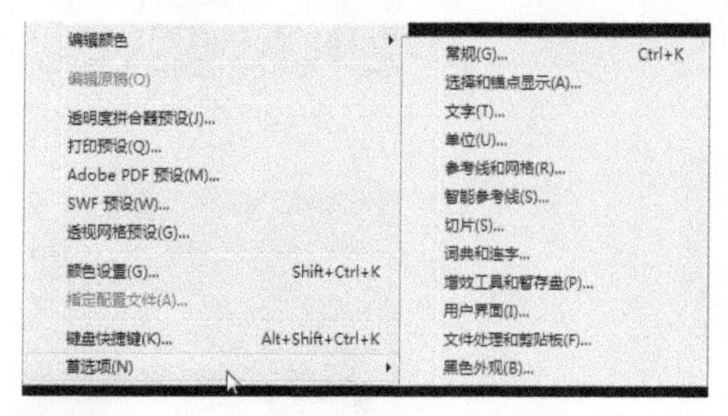

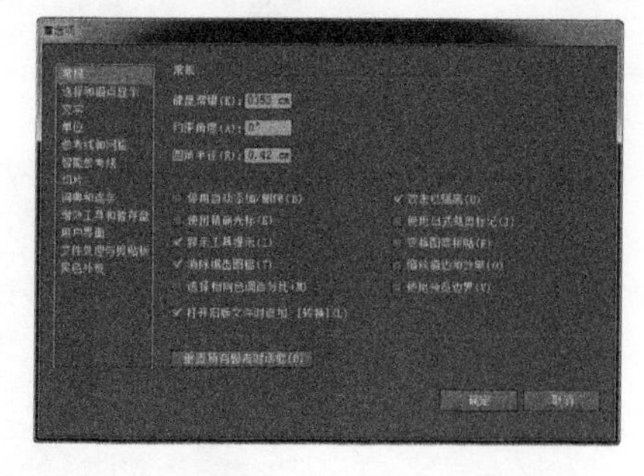

键盘增量：该选项用于设置键盘上方向键移动对象的距离。在实际工作中，极小距离的移动使用鼠标很难控制，所以应该使用键盘上的方向键来进行精确的移动。移动单位有 point（磅）、mm（毫米）和 in（英寸）等。

约束角度：该选项用于设置页面坐标的角度，默认值为 0°，此时页面保持水平竖直状态。当输入一定角度时，如 30°，页面的坐标就会倾斜 30°，画出的任何图形都将倾斜 30°。

圆角半径：该选项用于设置使用“圆角矩形工具”绘制圆角矩形时，默认的圆角半径大小。

停用自动添加 / 删除：不选中该复选框，使用“钢笔工具”时，把鼠标指针移至所绘制的路径上或路径锚点上，“钢笔工具”会自动转换为“添加锚点工具”或“删除锚点工具”。

双击以隔离：默认情况为选中该复选框，可以通过双击编组对象将其进行隔离，双击编组之外的对象可以解除隔离。

使用精确光标：选中该复选框，工具的鼠标指针会以精确的十字光标形式显示。不选中该复选框时，工具箱中的大部分工具的鼠标指针形状和该工具的图标相匹配。

使用日式裁剪标记：选中该复选框，可以产生日式裁剪标记。

显示工具提示：选中该复选框，将鼠标移至任意一种工具上时，就会出现该工具的简短说明和该工具的快捷键。

变换图案拼贴：选中该复选框，填有图案的图形在执行缩放、旋转以及倾斜操作时，图案一起发生变化。

消除锯齿图稿：选中该复选框可以消除线稿图中的锯齿。

缩放描边和效果：选中该复选框后，在缩放图形时，图形描边的粗细和效果会一起随着缩放。

选择相同色调百分比：选中该复选框，可以选择线稿图中色彩百分比相同的对象。

使用预览边界：如果选中该复选框，当对象被选中时定界框就会显示出来，如果要缩放、移动或复制对象，只需要拖动被选中的对象周围的控制手柄即可。

打开旧版文件时追加 [转换]：选中该复选框，在打开 CS6 版本以前的 Illustrator 文件时自动在文件名上添加“[转换]”文字。

重置所有警告对话框：单击该按钮，可以将 Illustrator 中的警告说明重置为默认设置。

选择和描点显示

锚点是组成路径的基本要素，在首选项中可以对锚点的选择和显示状态进行设置。执行“编辑 > 首选项 > 选择和锚点显示”命令，或者直接在弹出的“首选项”对话框左侧单击“选择和锚点显示”选项，即可打开该选项设置界面，如右图所示。

容差：可以指定用于选择锚点的像素范围。较大的值会增加锚点周围区域的宽度。

仅按路径选择对象：用于指定是否可以通过单击对象中的任意位置来选择填充对象，或者是否必须单击路径。

对齐点：用于将对象对齐到锚点和参考线，可以指定在对齐时对象与锚点或参考线之间的距离。

文字

可以通过对文字选项的设置来实现在 Illustrator 中输入文字时文字的默认效果。执行“编辑 > 首选项 > 文字”命令，或者直接在弹出的“首选项”对话框左侧单击“文字”选项，即可打开该选项设置界面，如右图所示。

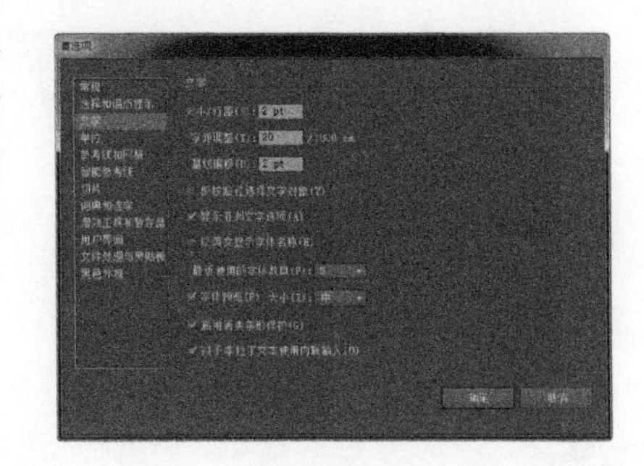

大小 / 行距：该选项用于设置默认的文字行距。

字距调整：该选项用于设置字距。

基线偏移：该选项用于设置文字基线的位置。

仅按路径选择文字对象：该选项与“仅按路径选择对象”选项的作用相似，如果选中该复选框，则在选择文本时，只有单击文本的基本才可以将文本选中。如果不选中该复选框，则单击文本中的任何部分都可以将文本选中。

显示亚洲文字选项：当使用中文、日文和韩文时，必须选中该复选框，这时可以在“字符”面板中使用有关控制亚洲字符的选项。

以英文显示字体名称：选中该复选框，字体下拉列表中的字体名称将以英文方式显示。

最近使用的字体数目：该选项用于设置最近使用过的字体的数量。

字体预览：该选项用于设置预览字体的大小。

单位

执行“编辑 > 首选项 > 单位”命令，或者直接在弹出的“首选项”对话框左侧单击“单位”选项，即可打开该选项设置界面，如右图所示。

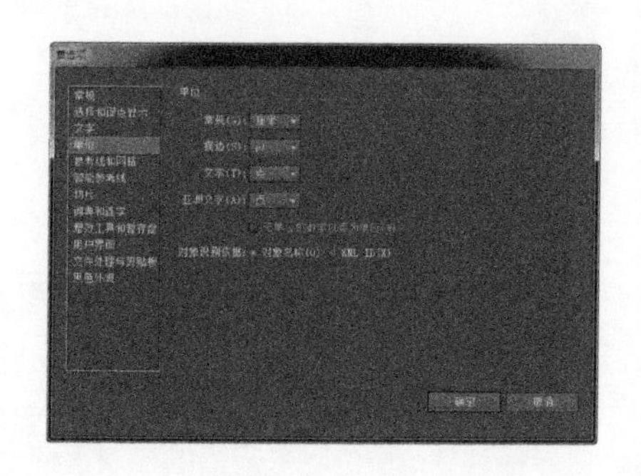

常规：该选项是用于设置标尺的度量单位。Illustrator 提供了 pt（磅）、派卡、英寸、毫米、厘米、Ha 和像素 7 种度量单位。

描边：该选项是用于设置描边宽度的单位。

文字：该选项是用于设置文字的度量单位。

亚洲文字：该选项是用于设置亚洲文字的度量单位。

对象识别依据：在该选项后有两个选项，分别为“对象名称”和“XML ID”。当选中“对象名称”单选按钮时，对象以图层中的对象名称命名。当选中“XML ID”单选按钮时，对象自动按照 XML 名称规则命名。

参考线和网格

执行“编辑 > 首选项 > 参考线和网格”命令，或者直接在弹出的“首选项”对话框左侧单击“参考线和网格”选项，即可打开该选项设置界面，如右图所示。

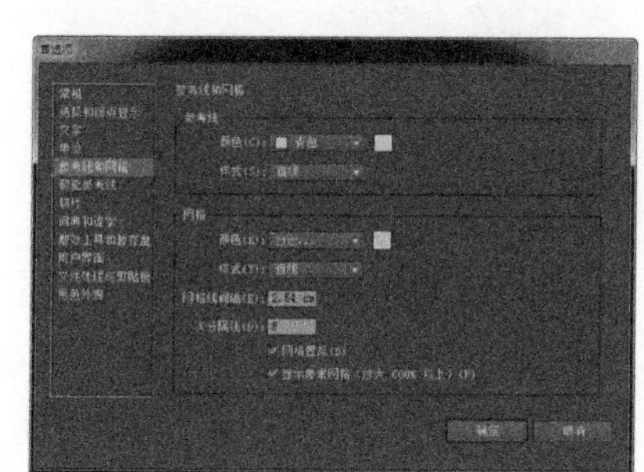

“参考线”选项组：在“颜色”下拉列表中可以设置参考线的颜色。在“样式”下拉列表中可以设置参考线的样式是“直线”还是“点线”。

“网格”选项组：在“颜色”下拉列表中可以选择坐标网格的颜色。在“样式”下拉列表中可以设置坐标网格的外观是“直线”还是“点线”。在“网格线间隔”文本框中输入相应的数值可以设置每隔多少距离生成一条坐标线。“次分隔线”用于设置坐标线之间再分隔的数量。选中“网格置后”复选框，则坐标网格位于文件的最后面。

智能参考线

执行“编辑 > 首选项 > 智能参考线”命令，或者直接在弹出的“首选项”对话框左侧单击“智能参考线”选项，即可打开该选项设置界面，如右图所示。

颜色：该选项用于设置智能参考线的颜色。

对齐参考线：用于显示沿着几何对象、画板和出血的中心和边缘生成的参考线。当移动对象以及执行绘制基本形状、使用“钢笔工具”以及变换对象等操作时，会生成这些参考线。

锚点 / 路径标签：用于在路径相交或路径居中对齐锚点时显示信息。

对象突出显示：用于在对象周围拖移时突出显示鼠标指针下的对象。突出显示颜色与对象的图层颜色匹配。

度量标签：当用户将鼠标指针置于某个锚点上时，为许多工具（如绘图工具和文本工具）显示有关鼠标指针当前位置的信息。创建、选择、移动或变换对象时，用于显示相对于对象原始位置的 x 轴和 y 轴的偏移量。如果在使用绘图工具时按住 Shift 键，则将显示起始位置。

变换工具：用于在按比例缩放、旋转和倾斜对象时显示信息。

结构参考线：用于在绘制新对象时显示参考线，指定从附近对象的锚点绘制参考线的角度。用户最多可以设置6个角度。

对齐容差：用于从另一对象指定指针必须具有的点数，以使“智能参考线”生效。

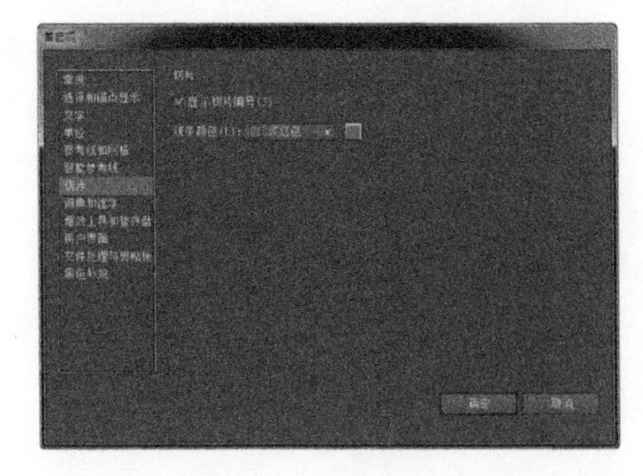

切片

执行“编辑 > 首选项 > 切片”命令，或者直接在弹出的“首选项”对话框左侧单击“切片”选项，即可打开该选项设置界面，如右图所示。

显示切片编号：选中该选项复选框，可以显示切片的编号顺序。

线条颜色：该选项用于设置切片线条的颜色，默认为淡红色。

TIPS

Illustrator 文档中的切片与生成的网页中的表格单元格相对应。默认情况下，切片区域可以导出为包含于表格单元格中的图像文件。如果希望表格单元格包含 HTML 文本和背景颜色而不是图像文件，则可以将切片类型设置为“无图像”。如果希望 Illustrator 文本转换为 HTML 文本，则可以将切片类型设置为“HTML 文本”。

词典和连字

执行“编辑 > 首选项 > 词典和连字”命令，或者直接在弹出的“首选项”对话框左侧单击“词典和连字”选项，即可打开该选项设置界面，如右图所示。

在文档中输入英文内容时经常会使用到连字符，是因为有的单词太长，在一行的末尾放不下，如果整个单词换到下一行，会造成一段文字的右边参差不齐，使用连字符，效果就会好很多。

在“默认语言”下拉列表中选择使用的语言，然后在“新建项”文本框中输入要添加连字符或不添加连字符的单词，单击“添加”按钮，在其上面的列表框中就会出现所输入的单词。在整篇文章中，当遇到该单词时，就会按照在此设定的情况来添加或不添加连字符。

如果想取消某个单词的设定，选中该单词后单击“删除”按钮即可。

增效工具和暂存盘

执行“编辑 > 首选项 > 增效工具和暂存盘”命令，或者直接在弹出的“首选项”对话框左侧单击“增效工具和暂存盘”选项，即可打开该选项设置界面，如右图所示。

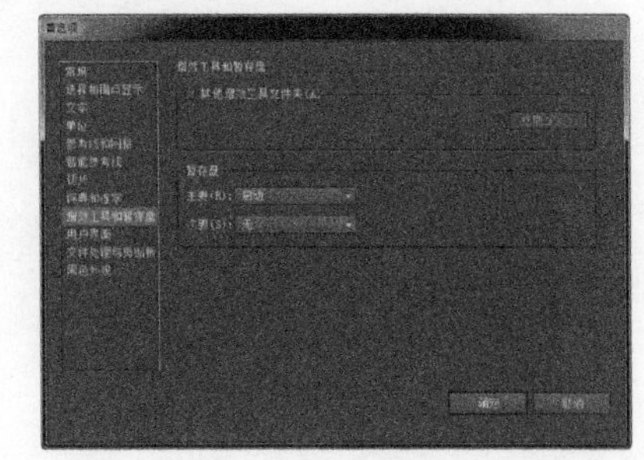

一般情况下，软件安装后会自动定义好相应的“增效工具”文件夹，但有的时候会因误操作而将“增效工具”文件夹丢失，或者要选择其他的增效工具文件夹，此时可以在“增效工具和暂存盘”选项中进行设置，选中“其他增效工具文件夹”复选框，然后单击“选取”按钮。

Illustrator 暂存盘的设置和 Photoshop 设置相同，目的是使软件有足够的空间去运行和处理文件。如果计算机硬盘中有多个盘符，可以在此处设置“主要”和“次要”暂存盘，还可以将空间较大的盘符作为暂存盘。

用户界面

执行“编辑 > 首选项 > 用户界面”命令，或者直接在弹出的“首选项”对话框左侧单击“用户界面”选项，即可打开该选项设置界面，如右图所示。

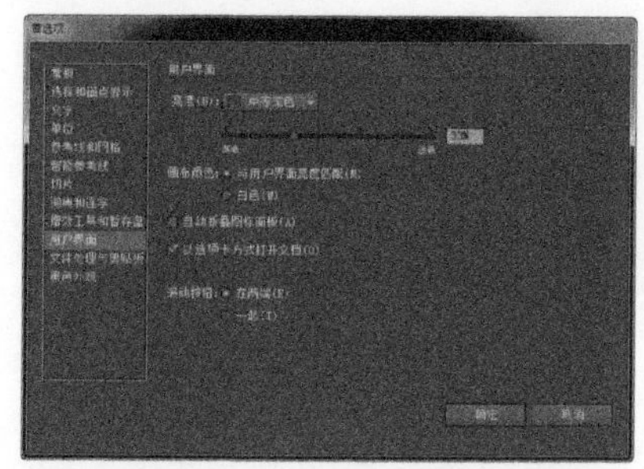

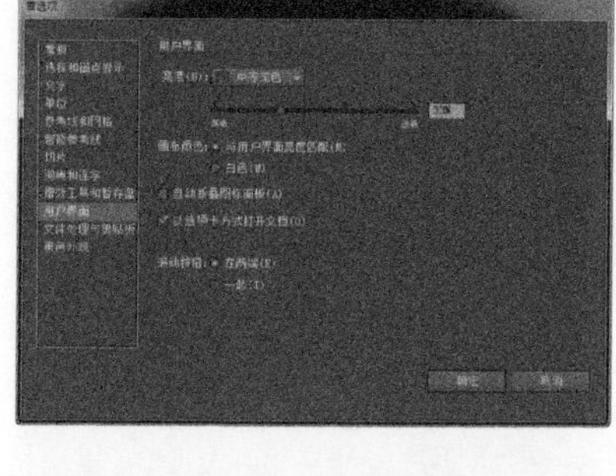

拖动“亮度”滑块可以设置所有面板颜色的深浅度。如果选中“自动折叠图标面板”复选框，则在远离面板的位置单击时，将自动折叠展开的面板。如果打开多个文件时，“文档”窗口将以选项卡的方式显示。

文件处理与剪贴板

执行“编辑 > 首选项 > 文件处理与剪贴板”命令，或者直接在弹出的“首选项”对话框左侧单击“文件处理与剪贴板”选项，即可打开该选项设置界面，如右图所示。

“文件”选项组：当选中“链接的 EPS 文件用低分辨率显示”复选框时，链接的 EPS 文件会以较低的分辨率显示。

“更新链接”选项包括 3 个选项，“自动”是指当打开的位图图像被外部程序更改时，Illustrator 程序中的位图图像也会自动更新；“手动”是指使用“链接”面板中的“更新链接”按钮更新图像时，如果图像有变化就会立即更新；“修改时提问”是指当打开的位图图像被外部程序更新时，会弹出图像变更信息的警告对话框，单击“是”按钮，改变的位图图像就会得到更新。

“退出时，剪贴板内容的复制方式”选项组：该选项组中的选项可以决定剪贴板中内容的格式。PDF 是指剪贴板中内容的格式为 PDF；“AICB（不支持透明度）”是指剪贴板中内容的格式为 AICB。在 AICB 格式中还包括两个选项，即“保留路径”和“保留外观和叠印”。

黑色外观

执行“编辑 > 首选项 > 黑色外观”命令，或者直接在弹出的“首选项”对话框左侧单击“黑色外观”选项，即可打开该选项设置界面，如右图所示。

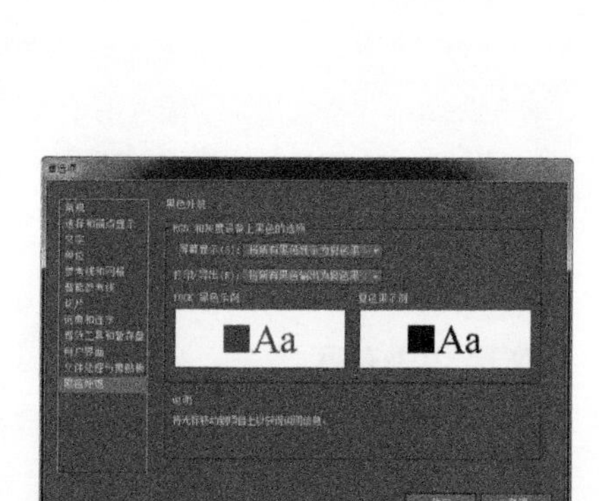

屏幕显示：“将所有黑色显示为复色黑”选项，表示将纯 CMYK 黑显示为墨黑（RGB（0，0，0）），该设置可以确保纯黑和复色黑在屏幕上的显示效果相同。“精确显示所有黑色”选项，将纯 CMYK 黑显示为深灰，该设置允许用户查看纯黑和复色黑之间的差异。

打印 / 导出：“将所有黑色输出为复色黑”选项，如果打印到非 PostScript 桌面打印机或者导出为 RGB 文件格式，则以墨黑（RGB（0，0，0））输出纯 CMYK 黑，该设置可以确保纯黑和复色黑的显示相同。“精确输出所有黑色”选项，如果打印到非 PostScript 桌面打印机或者导出为 RGB 文件格式，则使用文档中的颜色值输出纯 CMYK 黑，该设置允许用户查看纯黑和复色黑之间的差异。

TIPS

在 Illustrator 和 InDesign 中，在进行屏幕查看、打印到非 PostScript 桌面打印机或者导出为 RGB 文件格式时，纯 CMYK 黑（K=100）将显示为墨黑（复色黑）。如果想查看商业印刷商打印出来的纯黑和复色黑的差异，可以在“黑色外观”选项中进行设置。

1.2 图像与色彩基础

广义地讲，凡是能在人的视觉系统中形成视觉印象的客观对象均可以称为图形。图形图像文件大致上可以分为两大类：一类是位图文件；另一类称为矢量类图像文件。本节将向读者介绍有关位图与矢量图以及图像色彩的基础知识。

1.2.1 了解位图与矢量图的区别

位图和矢量图在平面广告设计中使用频率较高，在生活中大部分看到的都是位图，如画报、照片等；矢量图一般都是应用于专业领域，如平面设计和二维动画制作。

矢量图

矢量图是使用直线和曲线来描述图形的。这些图形的元素由一些点、线、矩形、多边形、圆和弧线等组成，且都是通过数学公式计算而获得。矢量图中的图形元素称为对象，每个对象都是一个实体，具有颜色、形状、轮廓、大小和屏幕位置等属性，因此在维持原有清晰度和弯曲度的同时，多次移动和改变其属性，都不会影响图例中的其他对象，如下图（左、右）所示。典型的矢量图处理软件除了 Illustrator 之外，还有 CorelDRAW、AutoCAD 等。

矢量图最大的优点是进行放大、缩小或旋转等操作都不会失真，而且图形文件体积较小；最大的缺点是难以表现色彩层次丰富的图像效果。矢量图与分辨率无关，所以无论将矢量图缩放到任意尺寸或按任意分辨率打印，都不会丢失细节或降低清晰度。下图（左、右）所示为放大后仍然能够显示出清晰线条的矢量图。

TIPS

由于计算机的显示器只能在网格中显示图像，因此用户在屏幕上看到的矢量图和位图均显示为像素。

位图

位图图像使用颜色像素来表现图像，位图上的每个像素都有自己特定的位值和颜色值。在处理位图图像时，所编辑的其实是像素，而不是对象或形状。位图图像与分辨率有关，也就是说，它们包含固定数量的像素，因此，在屏幕上对它们进行缩放或以低于创建时的分辨率来打印，将会丢失其中的细节，并呈现锯齿状。使用数码相机拍摄的照片，通过扫描仪扫描出来的图片都属于位图，如下图（左、右）所示，最典型的位图处理软件就是 Photoshop。

处理位图时，输出图像的质量取决于处理过程开始时设置的分辨率高低。通常，设置的分辨率越高，图像就越清晰，图像文件也越大。如下图（左、右）所示为位图，放大后可以看到图像边缘的锯齿。

1.2.2 关于分辨率

图像分辨率指每单位长度内所包含的像素数量，一般以“像素 / 英寸”为单位。单位长度内像素数量越大，分辨率越高，图像的输出品质也就越好。

常用的分辨率主要有以下几种。

图像分辨率

位图图像中每英寸像素的数量，常用 ppi 表示。高分辨率的图像比同等打印尺寸的低分辨率的图像包含的像素更多，因此像素点更小。例如，分辨率为 72ppi 的 1 英寸 ×1 英寸的图像总共包含 5 184 个像素（72 像素宽 ×72 像素高 =5 184），而同样是 1 英寸 ×1 英寸，但分辨率为 300ppi 的图像总共包含 90 000 个像素。图像应采用什么样的分辨率，最终要以发布媒体来决定，如果图像仅用于在线显示，则图像分辨率只需匹配典型显示器分辨率（72ppi 或 96ppi）；而如果要将图像用于印刷，分辨率太低会导致打印图像像素化，这时图像需要达到 300ppi 的分辨率。但是如果使用过高的分辨率（像素数量大于输出设备可产生的数量），则会增大文件大小，同时降低输出的速度。

显示器分辨率

显示器每单位长度所能显示的像素或点的数目，以每英寸含有多少点来计算。显示器分辨率由显示器的大小、显示器像素的设定和显卡的性能决定。一般计算机显示器的分辨率为 72dpi（dpi 为“点每英寸”的英文缩写）。

打印分辨率

打印机每英寸产生的墨点数量，常用 dpi 表示。多数桌面激光打印机的分辨率为 600dpi，而照排机的分辨率为 1200dpi 或更高。喷墨打印机所产生的实际上不是点而是细小的油墨喷雾，但大多数喷墨打印机的分辨率约为 300 ~ 720dpi。打印机分辨率越高，打印输出的效果越好，但耗墨也会越多。

1.2.3　将位图转换为矢量图

在 Illustrator 中，可以使用“图像描摹”命令，将置入的位图转换为细致的矢量图，从而通过路径对图像进行编辑或调整，转化为矢量图的图像在编辑过后不会出现失真的现象，还可以大大节省在屏幕上重新创建扫描绘图所需的时间，而且依然保持图像的完好品质。

在 Illustrator 中置入一张位图的素材图像，如下图（左）所示。执行“图像描摹”命令后，图像转换为矢量图，可以对路径和锚点进行编辑，如下图（右）所示。

1.2.4　将矢量图与位图结合

在平面设计领域中，矢量图和位图在应用上是可以相互结合的。现在很多的设计者都会采用将矢量图与位图结合的方法来设计图稿，如在矢量文件中嵌入位图可以实现特别的效果，如右图（左）所示。在三维影像中采用矢量建模和位图贴图可以实现逼真的视觉效果，如右图（右）所示。

1.2.5 图像的颜色模式

无论屏幕颜色还是印刷颜色，都是模拟自然界的颜色，差别仅在于模拟的方式不同。模拟色的颜色范围远小于自然界的颜色范围。但是，同样作为模拟色，由于表现颜色的方式不同，印刷颜色的颜色范围又小于屏幕颜色的颜色范围，所以屏幕颜色与印刷颜色并不匹配。

Adobe Illustrator 中使用 5 种颜色模型，即灰度、RGB（红、绿、蓝）、HSB（色相、饱和度、亮度）、CMYK（青、洋红、黄、黑）和 Web 安全 RGB。

灰度是指使用黑色来代表一个对象，如右图（左）所示。因此灰度对象的亮度值都在 0%（白色）~100%（黑色）之间。

RGB 颜色模型使用的是加色原理，如右图（右）所示。红（Red）、绿（Green）和蓝（Blue）使用 0~255 的整数来表示，最强的红、绿和蓝三色光叠加得到白光。红、绿和蓝三色光的数值如果都为 0，三色叠加就得到黑色。

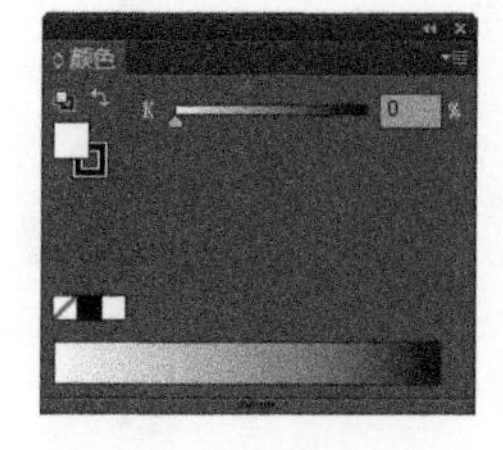

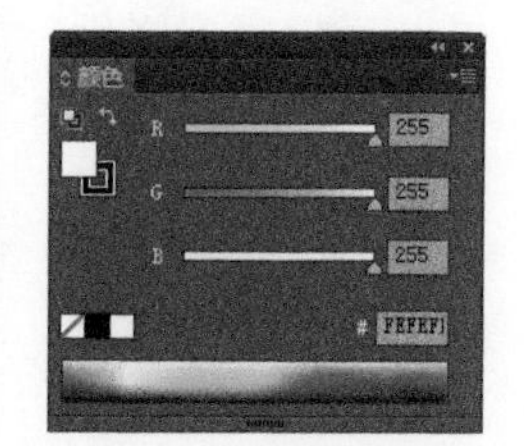

在 HSB 颜色模型中使用色相（Hue）、饱和度（Saturation）和亮度（Brightness）3 个特征来描述颜色，如右图所示。色相就是通常所说的颜色名称，如红、黄、蓝等，它是由物体反射或者发出的颜色，表示在标准色相环中的位置，使用 0° ~360° 来表示。饱和度是指颜色的纯度，表示色相比例中灰色的数量，使用从 0%（灰色）~100%（完全饱和）的百分数来表示。亮度是指颜色的相对明暗度，通常使用从 0%（黑）~100%（白）的百分数来表示。此种颜色模型更接近于传统绘画中混合颜色的方式。

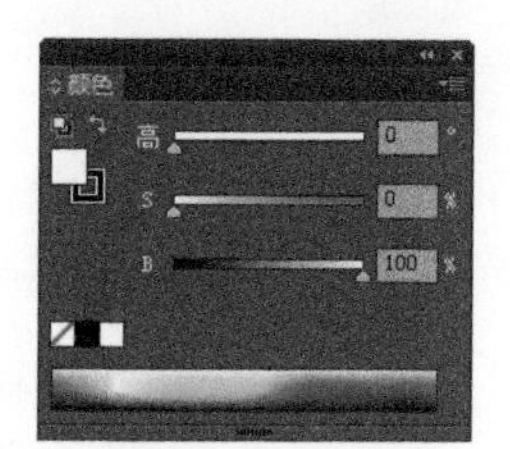

CMYK 即青（Cyan）、洋红（Magenta）、黄（Yellow）和黑（Black），如右图所示。CMYK 颜色模型使用的是减色原理，在这种模型中，物体最终呈现出的颜色取决于白光照射到物体上后反射回来的部分。

在 CMYK 颜色模型的基础上产生的 CMYK 颜色模式基于印刷在纸张上的油墨吸收光的多少。从理论上讲，CMY 油墨组合起来能吸收所有的光从而产生黑色，但是所有的油墨纯度都达不到理论要求，这 3 种油黑混合之后并不能吸收所有的光，产生的是一种棕色，因此必须有黑墨存在。如果作品最终要通过印刷获得成品，那么设置颜色时最好选用这种颜色模式，以使屏幕色和印刷品的颜色尽量接近。

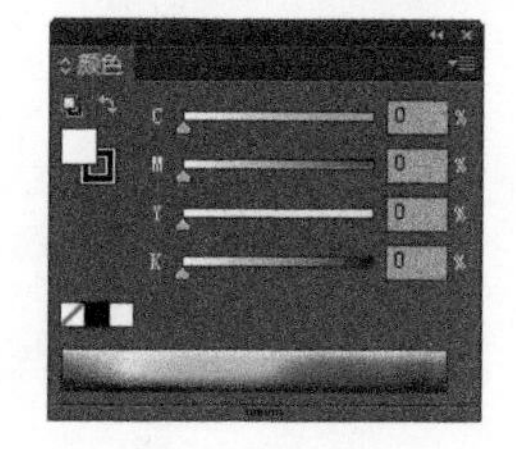

TIPS

在印刷中，专色和印刷色是经常用到的两个概念。

专色是指颜料生产商预先制作出油墨颜色，然后由印刷厂商调配油墨，当然调配并不是随意的，而是由印刷业使用一个标准的颜色匹配系统调配。用户可以根据自己的需要指定颜色并印刷。和 CMYK 方式相比，这种方式的印刷质量较好。有的时候由于印刷色所能表现的颜色范围有限，创意所需的颜色无法表现出来，如金色、银色等，此时就需要专色来完成。一般来说，使用专色墨的区域将不再印刷 CMYK 四色墨。

1.2.6 Illustrator的应用领域

在 Illustrator 中，所有图形元素都是矢量的，可以轻松地对其进行移动、缩放和拼接，无论以何种倍率的形式输出，都能保持文件原本的高品质，所以常常被用于标志设计、包装设计、广告设计、插画设计、版式设计以及 UI 设计等。本节将分别对 Illustrator 的应用领域进行简单的介绍。

标志设计

标志是一种十分常见的广告形式，具有很高的吸引力，每一个标志都是一件高级的艺术品。标志是一种信息传递艺术，也是一种有力的宣传工具。在广告、网站或摩天大厦中常常能看到设计得非常精美、新颖的标志。因为标志应用范围很广泛，具有一定的特殊性，所以在设计标志时，通常都会使用 Illustrator 等矢量绘图软件进行设计制作，这样无论如何对所设计的标志进行缩放，都不会出现失真的情况，从而使标志可以适应各种不同类型的应用场合。下面的一组图所示为使用 Illustrator 设计制作的精美标志。

广告设计

现代平面广告主要分为报纸广告、杂志和样本广告、户外广告、招贴广告、POP 广告等类别。目前的广告设计基本上是走在前端的，特别是户外、大型海报、广告招牌制作、灯箱广告等。这类广告的目的在于引起人们的广泛注意，为了达到这个效果，稿件在设计出来后，需要将图稿放大至一定程度，设计图稿在放大之后往往会由于像素不够而导致图像不清晰，要使设计图稿在后期的制作打印过程中呈现出最好的效果，就需要使用 Illustrator 制作矢量图像了。在 Illustrator 中设计制作的广告，即使放大至很多倍，也不用担心图像像素不清晰。下面的一组图所示为使用 Illustrator 设计制作的广告。

包装设计

包装是品牌理念、产品特性、消费心理的综合反映，在生产、流通、销售和消费领域中发挥着极其重要的作用。包装是建立产品与消费者亲和力的有力手段，包装直接影响消费者对产品的购买欲，因此产品的包装一定要给人以美感，不论是色彩的搭配还是图形的样式都要别出心裁，给人留有深刻的印象。Illustrator 的强大功能可以节省大部分的手工劳动，在图案构成和变形组合方面更是带来了出人意料的创意，同时还与 Photoshop 有很好的兼容性，因此 Illustrator 现在被大量用于包装设计中。下面两张图所示为使用 Illustrator 设计制作的产品包装。

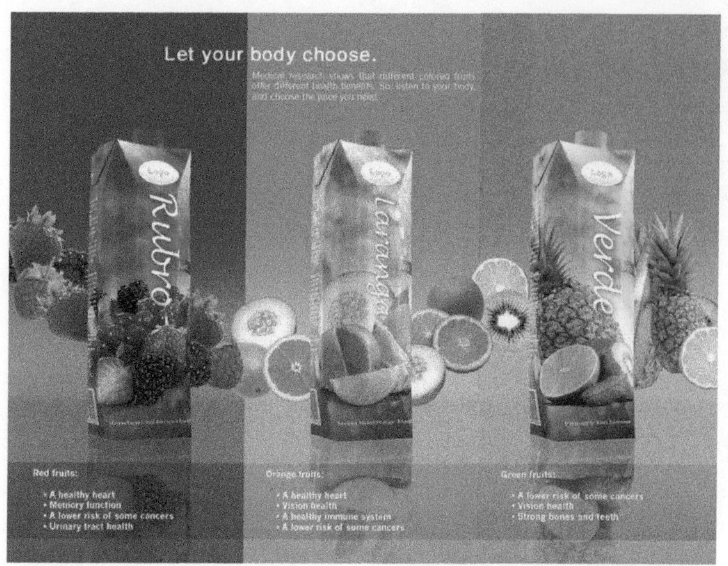

插画设计

随着计算机绘图软件的开发和应用，插画的应用范围得到了更为广阔的拓展，无论是在书籍、广告、商业包装中，还是在电视媒体、网络中都无处不在。Illustrator 是高级手绘插画绘制工具，可以配合多种外置工具使用，如动画板、手绘板，生成矢量格式的文件。无论是简洁传统的油画、水彩、版画风格还是繁杂的现代潮流绘画风格，在 Illustrator 中都能轻易地完成。下面的两张图所示为使用 Illustrator 绘制的精美插画。

版式设计

版式设计是平面设计中重要的组成部分，也是视觉传达的重要手段。随着现代科学技术和经济的飞速发展，版式设计的范围可以涉及报纸、杂志、书籍、画册、产品样本、挂历、招贴和唱片封套等平面设计领域。杂志、出版社和报社的排版工作都很类似，需要处理的图片较多，对图文混排的要求也比较高，同时伴随着大批的发行量，在排版过程中需要对图片的类型和图片的清晰度有很高的要求，此时使用矢量图像就可以避免在打印过程中出现图片有毛边、锯齿或色块的现象。下面的两张图所示为使用 Illustrator 设计的精美版式。

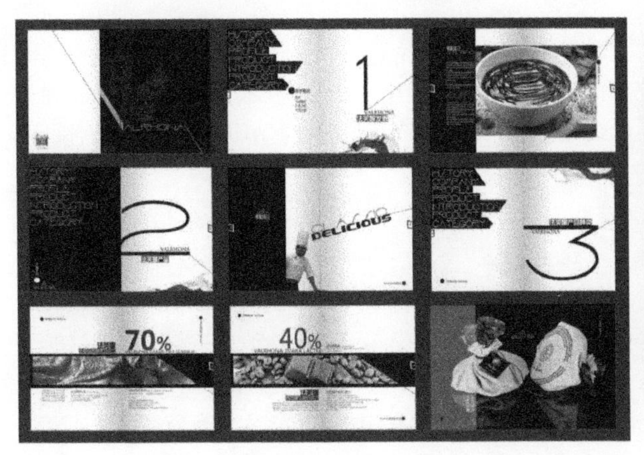

UI设计

UI 设计是指对软件的人机交互、操作逻辑和界面美观的整体设计。好的 UI 设计不仅可以让软件变得有个性，还可以使软件的操作变得更加舒服、简单和自由，并充分体现软件的定位和特点。

UI 设计就像工业产品中的工业造型设计一样，是产品的重要卖点。一个友好、美观的界面会给用户带来舒适的视觉享受，拉近用户与产品的距离，为商家创造卖点。软件界面设计不是单纯的美术设计，还需要定位使用者、使用环境和使用方式，并且为最终用户而设计，是纯粹的科学性的艺术设计。下面的一组图所示为使用 Illustrator 设计的精美 UI 界面。

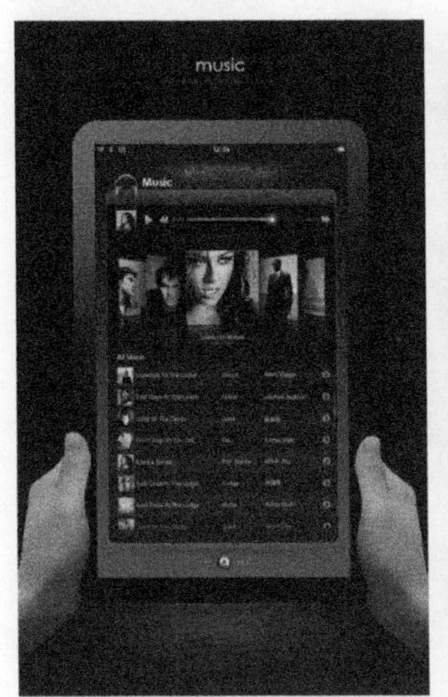

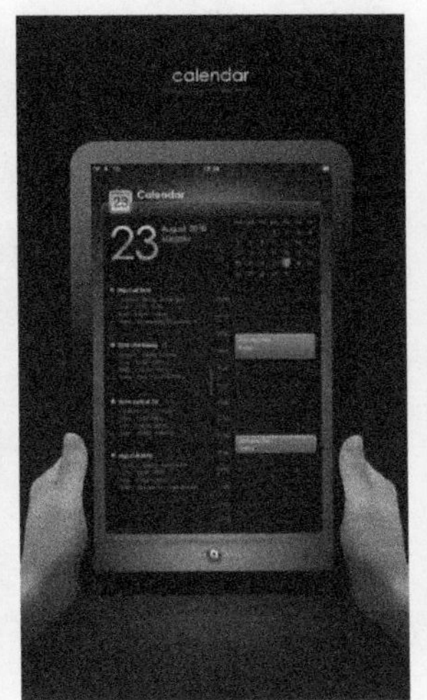

1.3 设计基础

设计一词来源于英文 Design，以中文来讲，则有“人为设定，先行计算，预估达成”的含义。设计在现实生活中所涉及的范围很广，包括：工业、环艺、装潢、展示、服装、平面设计等，平面广告设计作为设计的一个重要分支，由于它的广泛性与普遍性使之成为了解设计最为快捷的一种途径。对于这种徘徊于主流与非主流之间的艺术形式，观念成为引导实践最直截了当的方法，想要学好平面设计，首先需要了解设计的真正内涵。

1.3.1 什么是平面设计

人们常常提到的“媒体广告设计”说的就是“平面设计”。平面设计是现代设计中不可缺少的组成部分，因其独特的艺术性、专业性使其在设计领域具有一定的地位。在现实生活中，人们几乎每天都在接触与感受着平面设计，读书、看报、上网、逛街，随时都围绕在平面设计之中。

平面设计，英文名称为Graphic Design，Graphic常被翻译为“图形”或者“印刷”，其作为“图形”的涵盖面要比“印刷”大。因此，广义的图形设计，就是平面设计，指的是将不同的基本图形，按照一定的规则在平面上组合成图案。主要在二度空间范围之内以轮廓线划分图与底之间的界限，描绘形象。也有人将Graphic Design翻译为“视觉传达设计”，即用视觉语言进行传递信息和表达观点的设计，这是一种以视觉媒介为载体，向大众传播信息和情感的造型性活动。此定义始于20世纪80年代，如今视觉传达设计所涉及的领域不断扩大，已远远超出平面设计的范畴。

当翻开一本版式明快、色彩跳跃、文字流畅且设计精美的杂志，即使你对其中的文字内容没有什么兴趣，有些精致的广告也能吸引住你。这就是平面设计的魅力，它能把一种概念，一种思想通过精美的构图、版式和色彩，传达给看到它的人。人们在不自觉地感知、品味的同时，也随之做出选择、判断和行动。

平面设计最早始于20世纪80年代，当时的定义是，平面设计是透过文字、图案、插图及摄影的表现方式来表达作品的内容和意念，广泛地应用于商业设计。商业设计的行为，是为了使大众留下深刻的印象，在标志、传单、包装、报纸、杂志、月历、DM、海报等媒体上使用专业的视觉设计与精美的印刷，把迅速而正确的消费意念、消费信息传达给消费者，以达成销售的目的，如下图（左、右）所示。

平面设计是指通过印刷方式而制作的设计，因此又称为印刷设计，是商业设计的主要范围。如海报、报纸杂志广告、包装、标贴、编辑设计、封面、广告信函和说明书等；又如电影、电视片头和广告影片等，如下图（左、右）所示。

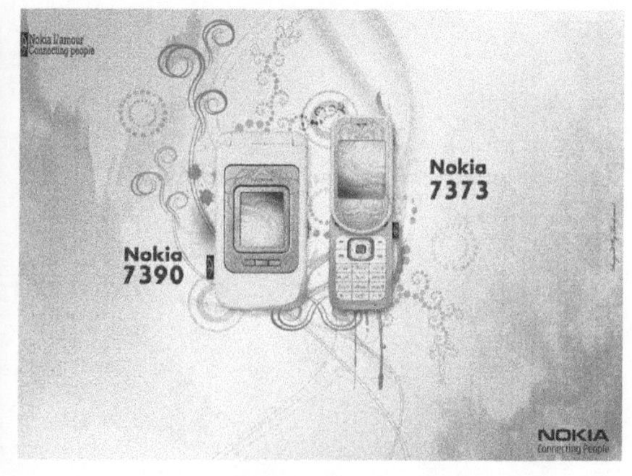

平面设计是设计范畴中非常重要的一个组成部分，所有二维空间的、非影视的设计活动都基本属于平面设计的内容。除了平面上的活动这个含义之外，还具有与印刷密切相关的意义，特指印刷批量生产的平面作品的设计，特别是书籍的设计、包装设计、广告设计、标志设计、企业形象系列设计、字体设计和各种出版物的版面设计等，是平面设计的中心内容，如下图（左、右）所示。

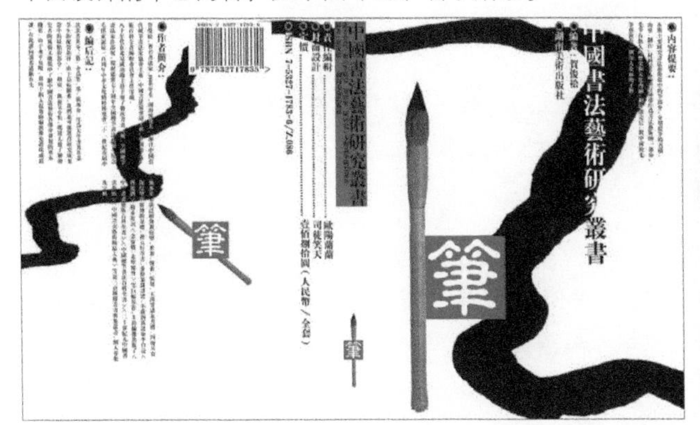

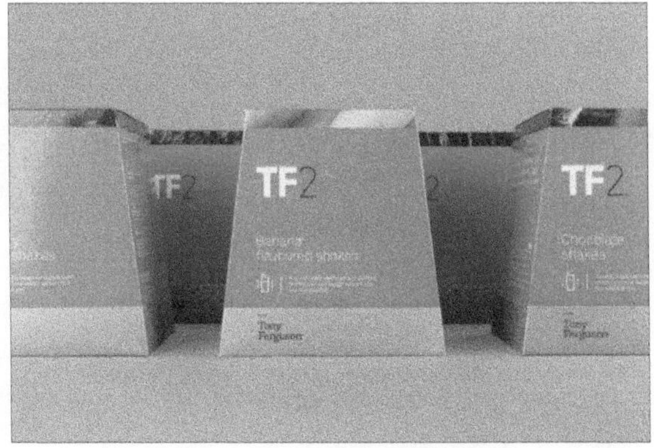

平面设计是把平面上的几个基本元素，包括图形、字体、文字插图、色彩和标志等以符合传达目的的方式组合起来，使之成为批量生产的印刷品，并具有准确的视觉传达功能，同时给观众以视觉心理满足。

作为实用艺术的平面设计，实用和审美相统一的本质特征决定了平面设计要以预期产生的效益为目标，以时代变革的步伐为节奏，以社会整体的审美素质为参照，以接受者或消费者的心理定向为前提，使视觉传达得以突破一般性视觉习惯，制造一种“视觉的尖锐化”，以此加强和改变人们的观念。可见，符号化、图式化、简洁明快、显明易记就成为平面设计这种视觉传达艺术重要的规律和特征。

1.3.2 设计术语

设计过程在本质上是设计师选择和配置广告的美术元素的过程。设计的重点是选择特定的美术元素并以其独特的方式对它们加以组合，然后呈现具体的想法，产生形象的表现方式。因此，与其他行业不同，平面广告设计制作过程中常常需要用到一些专用的术语。

布局图

布局图是指一条广告所组成部分的整体安排，包括图像、标题、副标题、正文、口号、印签、标志和签名。

布局图有助于广告公司和广告主预先制作并测评广告的最终形象和感觉，为广告主提供修正、更改、评判和认可的有形依据。

布局图有助于创意小组设计广告的心理成分，即非文字和符号元素。广告主不仅希望广告给自己带来客流，还希望广告为自己的产品树立某种个性，在目标受众的心目中留下不可磨灭的印象，为品牌增添价值。要做到这一点，广告必须明确表现出某种形象或氛围，反映或强调广告主及其产品的优点。

在挑选出最佳设计之后，布局图将发挥蓝图的作用，显示各个广告元素的比例和位置。同时，了解广告的大小、图片数量、排字量以及颜色和插图等这些美术元素的运用情况后，也可以判断出制作该广告的成本。

小样

小样是用来具体表现布局方式的大致效果图。小样一般幅面很小（大约为 3 英寸 ×4 英寸），省略了细节，比较粗糙，是最基本的东西。如用直线或水波纹表示正文的位置，方框表示图形的位置。然后，对选中的小样再进一步细化。

大样

在大样中，画出实际大小的广告，提出候选标题和副标题的最终字样，安排插图或照片，用横线表示正文。广告公司可以向客户提交大样，征求客户的意见。

末稿

末稿的制作已经非常精细，和成品基本一样。末稿内容一般都很详尽，有彩色照片、确定好的字体风格、字体大小以及配合用的小图像，再加上一张光喷纸封套。现在，末稿的文案排版以及图像元素的搭配都由电脑来执行，打印出来的广告同四色清样并无太多差别。到这一阶段，所有图像元素都应该最后落实。

版面组合

交给出版印刷公司的末稿必须把字样和图像都放置在准确的位置上。现在，大部分设计人员都采用电脑来完成这一部分工作，完全不需要拼版这道工序。但有些广告主仍保留着传统的版面组合方式，在一张空白版（又叫拼版）上按各自应处的位置标出黑色字体和美术元素，再用一张透明纸覆盖在上面，标出颜色的色调和位置。由于印刷厂在着手印制之前要用一部大型制版照相机对拼版进行照相，设定广告的基本色调，制作印制件和胶片，因此印刷厂常把拼版称为照相制版。

TIPS

在设计过程中的任何环节，也就是油墨落到纸上之前都有可能对广告的美术元素进行更改。当然，设计费用也是随制作环节顺序的增加而增长，越往后，更改的代价就越大。

认可

设计师设计的作品始终面临着认可这个问题。广告公司越大，或客户越大，这个问题越复杂。一个新的广告概念首先要经过广告公司创意总监的认可，然后交由客户部审核，再交由客户方的产品经理和营销人员审核，他们往往会改动一两个字，有时甚至推翻整个表现方式。双方的法律部再对文字和美术元素进行严格审查，避免违法违规问题发生。最后，企业的高层主管对选定的概念和正文进行审核。

在认可中面对的最大困难是如何避免让决策人打破广告原有的风格。创意小组花费了大量心血才找到的满意的题材和广告风格，有可能被广告主否定或修改，此时要保持原有的风格相当困难。这时需要耐心、灵活以及明确有力地表达重要观点、解释设计人员所选择方案的理由。

和谐

从狭义上理解，和谐的平面设计是统一与对比的有机结合，而不是乏味单调或杂乱无章的。从广义上理解，是在判断两种以上的要素或部分与部分的相互关系时，各部分体现的一种整体协调的关系。

平衡

在平面设计中指的是根据图像的形状、大小、轻重、色彩和材质的分布情况与视觉判断上的平衡。

比例

比例是构成设计中一切单位大小以及各单位间编排组合的重要因素。比例是指部分与部分，或部分与全体之间的数量关系。

对比

对比又称对照，把质或量反差很大的两个要素成功地排列在一起，使人感觉鲜明强烈而又具有统一感，使主体更加鲜明、气氛更加活泼。

对称

假设在一个图形的中央设定一条垂直线，将图形分为相等的左右两个部分，其左右两个部分的图形完全重合，这个图形就是对称图。

重心

一般来说，画面的中心点就是视觉的重心点，画面图像轮廓的变化、图形的聚散、色彩或明暗的分布都可对视觉中心产生影响。

节奏

节奏具有时间感，在平面广告设计中指构图设计上以同一要素连续重复时所产生的运动感。

韵律

平面构成中单纯的单元组合重复显得单调，如果由有规律变化的形象或色群间以数比、等比处理等方式排列，可以使之产生音乐的旋律感，成为韵律。

平面设计元素

平面设计元素包括以下几个方面的内容。

概念元素——即那些不是实际存在或不可见的，但人们的意识又能感觉到的东西。例如，我们看到尖角的图形，感到上面有点，物体的轮廓上有边缘线。概念元素包括点、线、面。

视觉元素——概念元素不在实际的设计中加以体现，它是没有意义的，通常是通过视觉元素来体现的，视觉元素包括图形的大小、形状、色彩等。

实用元素——指设计所表达的含义、内容、设计的目的及功能。

关系元素——视觉元素在画面上如何组织、排列，是靠关系元素来决定的。关系元素包括方向、位置、空间、重心等。

1.3.3 图形与创意

在人类历史发展的进程中，图形以其特有的方式将人类社会文明、进步、发展的里程记载和流传至今，错综复杂的历史记忆浓缩于简洁的图形中。这种世界共通的视觉传达语言不仅能够直观地将综合复杂的信息予以形象的表述，使人易于领会，而且还是人们观察自然，经过思考、总结经验及用于表达和交流思想感情的一种媒介。

观感之形

图形是一种视觉语言，有意味的形式，是设计作品中敏感和备受关注的视觉中心。

所谓图形，指的就是图而成形，观看图形就是在观察人为世界。图形作为人类用各种艺术手段所创造出的视觉形象，具有视觉认知功能中其他语言无法代替的独特意义，也具有妙不可言的独特传播魅力，如下图（左）所示。

图形是可以感受的，这是从更高的认知程序上对一个形象进行精神的加工。传播图形信息的工作目的不是把某个图形画出来、设计出、播出或发表那么容易，而是通过引人注目的图形让受众深刻记住并理解其中的含义。

图形首先是“说明性”的，是为了阐述某个概念、传达某种内容，其价值也是通过大量复制的作品在面对相当数量的观众并在产生传播效应之后而得以体现，如下图（右）所示。在今天，信息和娱乐的接受者是通过图形来引导的，人们在图形和视觉语言中寻找快捷的信息。没有强烈的图形，没有惊人的内涵，没有创意，就没有有效的沟通。

图形创意

平面设计中的图形，旨在创造一种能够迅速传递信息的印象。创意的图形表现是通过对创意中心的深刻思考和系统分析，充分发挥想象思维和创造力，将想象、意念形象化、视觉化。图形的创意就是把各种造型元素及图像，经一定的形式构成和规律性变化，运用创意思维，创造出新颖独特的图形视觉语言，使其具有深刻的寓意和内涵，如下图（左、右）所示。

图形创意是针对人的创意思维和表现而进行的，在这里要着重强调一下，无论是图形创意还是广告创意，都无法回避对创意思维的学习。

1.3.4 表现与突破

平面设计的表现形式多种多样，如果想使人们在瞬间被所要传递的信息所击中捕获，并给人留下完整、深刻、生动的形象，就需用独特的表现形式以增强图形的效果，而形式的表现与突破则是提升图形视觉传达强度的关键。

同构

世间万物都有其相同、相似或相关联的地方，我们把相同或相互间有联系的元素巧妙地组合在一起，形成一种新的视觉形象。同构本身是一种映射，即指一个系统的结构可以用另一个系统表现出来。简单地说，同构就是保持对信息的交换，只有找到了那些不同的形象与它们的表现形式之间的共同点和相似点，才能使其产生同质或异质的同构关系。例如，飞机与鸟的关系、潜水艇和鱼的关系、数字与信息的关系等。由此可以说，我们在设计图形的时候，实际上是在寻找与现实世界的意义能够产生同构的形式符号。反过来说，人们在理解图形时也是通过这种寻找方式来获得现实世界意义的，如右图（左、右）所示。

异构

在比较符合通常规律或较秩序化的图形中，在局部加入某种异变元素，使画面产生反规律性或反秩序化的特异变化，这时整个画面呈现的就不再是规律性或秩序性的图形形象，而是异构图形形象。

较常见的异构图形是在保证画面中绝大多数基本单元的大小、形状、位置、方向、色彩的秩序性情况下，使某个基本单位形象或极小部分基本单元形象故意偏离这种秩序，甚至形成强烈反差而产生焦点作用。这种一个单元与多单元的点与面的对比效果是特别容易引人注目的，如右图（左、右）所示。

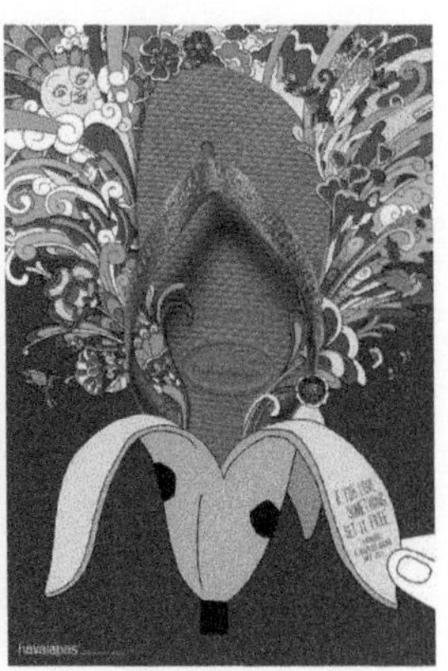

渐构

当一种单元形象逐渐转换为另一种或多种单元形象时，这些单元形象之间就会构成一种过渡关系，使整体画面上既有对比又有和谐，形成一种特殊对立且统一关系的渐构美。渐构也叫做渐变或异变，它是自然社会生活中的常见现象，如人类从猿到人的逐渐转换、花果从种子发芽到开花结果的逐渐转换、产品从原材料到成品的逐渐转换等，如右图（左、右）所示。

变异

变异是规律的突破，是一种在整体效果中的局部突变，这一突变之意形成引人关注的焦点，也是其含义延伸或转折的始端。变异的形式可以依据结构、大小、方向、形状的不同来构成特异效果。变异的表现有些是怪诞的，有些是荒唐的，有些甚至是可怕的，这种作品使人心理感受一种强烈刺激。变异在表现上往往体现为形态的变形、异质的同构、局部的夸张、元素替代等方法的借用，从而达到变异的效果和目的。但突变点不易过多，应该避免相互干扰，要突出变异的形式特征，如右图（左、右）所示。

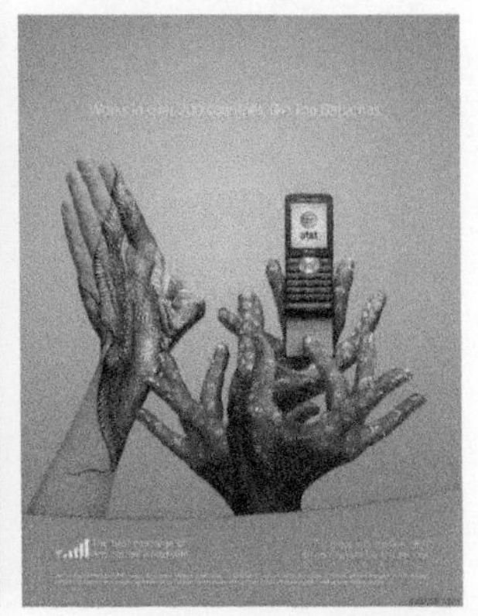

矛盾

矛盾的表现通常是将矛盾的物体或场景统一成为一个新的整体。从形象的矛盾、逻辑上的悖论、视觉风格的差异、功能上的冲突等多种意义上的矛盾概念进行形象的组合及创造，一般来讲，其矛盾构成的视觉反差越大，矛盾概念造成的视觉冲突越强，所形成的视觉震撼越有力，如下图（左）所示。

正负

正负形也叫反构形或虚实形，就是指“图与底”的关系，它是平面设计中一个重要的关系，这种关系运用了视觉最基本的组织原则正/负空间的表现。正形是画面中实形，负形是画面中虚空的形，当一组或一组以上的正负形相反组成，构成一幅作品时，我们就称为反构图形。正形与负形可以相互借用，相互依存，可共用一条轮廓线，产生共生正负的图形，如下图（右）所示。

破坏

传统的审美情趣通常只注重事物的完美性。一般事物在正常或静止完好的状态下往往被人忽略。因此，有时破坏也是一种创造。如果将完整的形态有意识地加以破坏，对事物的注意力则会因常态的消失而受到冲击。

破坏是通过减缺、损坏、解构重组的方式使图形造成残缺的不完整形态，观者在这种图形的信息传播过程中造成视觉上的紧张与冲突。这种有意识的破坏以追求反向的审美趣味，形成独特的视觉感受，如右图所示。

神秘

神秘的力量会感应人类灵魂深处的召唤，在图形的表现上塑造的神秘氛围将带给观者更为密切的关注和视觉上的震撼。在创造过程中对主观唯心主义、直觉主义、下意识领域、梦境、幻觉、本能的挖掘往往比事实更能表现精神深处的真实，在表现上就其形象是超现实的形象创造。

超现实主义以创新的艺术表现技法及视觉表现语言对幻想和直觉的诠释，丰富了图形创意与表现语言。这样的作品独具冲击力和心理上的震撼力，并给予设计师极大的创造空间、想象空间，因此是图形的重要创造形式，如右图所示。

意象

意象是指在知觉的基础上形成的感性形象。在平面图形设计中将现有知觉形象改造成新的形象，是在过去同一或同类事物中多次感知的基础上形成的，意象表现的图形具有概括性，是对客观世界的直接感知过渡到抽象思维情感的抒发，感悟而生之意。意象的图形给人以较强的视觉力度，往往伴有模糊的表达，却产生出引人联想的意境，如右图（左）所示。

再设计

再设计是平面图形设计创意与表现中较为流行的一种设计形式。它是将社会生活中普遍认同的某种事件或公众普遍熟悉的形象，经过再度改造进行内容的转换，使图形产生亲切并且耳目一新的感觉，如右图（右）所示。

1.3.5 空间与版面

空间的力量

平面设计中画面空间的不同部分有着不同的视觉吸引力和功能。空间给各种视觉元素界定了一定的范围和尺度，视觉元素如何在一定的空间范围里显示最恰当的视觉张力及良好的视觉效果，与空间关系上对不同的形态在空间中的运用有着直接关系，如下图（左）所示。

空间的分隔是平面设计原理的基本课题。通过空间的分隔，可以使各种意义上功能上不同的信息有序地组合和分列。对空间的分隔，人们研究方式主要有两种：一是理性的方法，以数学的分析为主；另一种为感性的方法，主要以人的主观的直觉判断为依据来处理问题，如下图（中）所示。

在视觉设计中，最容易被忽视的要素就是空白空间。而对空白空间的忽视是造成设计作品不易读、不美观的原因。平面设计中的“空白空间”并不是指“白色的空间”或“废弃的空间”，而指的是一种积极的设计方式，如下图（右）所示。

版面的力量

版面编排是在一个平面上展开和调度，是图形、文字和色彩等在平面媒介上的经营布局。编排体现为各种元素的有序铺陈，应该说是一种有生命和有性格的语言形式，相同的元素通过不同版式的安排，能表现丰富多样的性格特点。版面编排在平面设计中就像戏剧中的场面调度，使各种承担信息传达任务的元素艺术地组合起来，使画面变成一个有张有弛、充满戏剧性的舞台，如下图（左、右）所示。

1.4 创意原则

一幅优秀的平面广告作品往往能够给人一种“恰到好处”的感觉。从专业的角度来看，广告的创意是设计者思维水准的体现，是评价一件设计作品好坏的重要标准。当然，色彩的使用和搭配是否得当，构图是否完美、简洁、干净，图片是否清晰醒目、分辨率是否足够等都将直接影响广告设计效果。因此，在学习具体广告设计制作之前，有必要了解广告创意的基础知识。

1.4.1 创意基础

平面设计在一定意义上是指有针对性的表现或创造某种事物和形态时所经历的内心活动到外在表现形式的过程，运用于不同载体的视觉设计又有其不同的表现特征。

平面广告设计作品主要由标题、正文、宣传语、插图、商标、公司名称、轮廓和色彩等基本要素构成。无论是DM广告、报刊广告、还是POP海报等，大都由这些要素通过巧妙的安排、配置、组合而成的，如右图所示。

标题

标题是表达广告主题的短文，一般在平面设计中起到画龙点睛的作用，获取瞬间的打动效果。经常是运用文学的手法，以生动精彩的短句和夸张的手法来唤起消费者的购买欲望。不仅要争取消费者的注意，还要争取到消费者的心理。标题选择上应该简洁明了，可以是易记、概括力强的短语，不一定是一个完整的句子，也有只用一两个字的短语，但它是广告文字最重要的部分。

正文

正文一般指的就是说明文，说明广告内容的文本，基本上是结合标题来具体地阐述、介绍商品。正文要通俗易懂、内容真实、文笔流畅、概括力强，一般都安排在插图的左右或下方，以便于阅读。

宣传语

宣传语是配合广告标题、正文来树立商品形象而运用的短句。这种短句顺口易读、富有韵味、具有想象力、指向明确、有一定的口号性和警告性。

插图

插图是用视觉的艺术手段来传达商品或劳务信息，以增强记忆效果，让消费者能够以更快、更直观的方式来接受信息，同时让消费者留下更深刻的印象。插图内容要突出商品或服务的个性，通俗易懂、简洁明快，有强烈的视觉效果。

商标和标志

在平面设计中，商标和标志不是广告版面的装饰物，而是重要的构成要素。在版面设计中，标志造型最单纯、最简洁，视觉效果最强烈，在一瞬间就能识别，并能给消费者留下深刻的印象。标志在设计上要求造型简洁、立意准确、具有个性，同时要易记且容易识别。

公司名称

公司名称可以指引消费者到何处购买广告宣传的商品，也是整个广告中不可缺少的部分，一般都是放置在整个版面下方较次要的位置，也可以和标志配置在一起。

轮廓

轮廓一般是指装饰在版面边缘的线条和纹样，能使整个版面更集中，不会显得凌乱。轮廓使广告版面有一个范围，以控制读者的视线。统一造型的轮廓，可以加深读者对广告的印象，还能使广告增加美感。广告轮廓有单纯和复杂两种。用直线、斜线、曲线等所构成的轮廓，属单纯的轮廓；由图案纹样所组成的轮廓，则是复杂轮廓。现在比较常用的是单纯轮廓。

色彩

色彩是吸引人的视觉的第一关键所在，也是一幅作品表现形式的重点所在。有个性的色彩，往往更能抓住消费者的视线。色彩通过结合具体的形象、运用不同的色调，让观众产生不同的生理和心理反映，树立牢固的商品形象，产生亲切感，激发消费者的购买欲望。

一般所说的平面广告设计色彩主要是以企业标准色、商品形象色、季节的象征色、流行色等作为主色调，采用明度、纯度和色相的对比，突出画面形象和底色的关系，突出广告画面和周围环境的对比，增强广告的视觉效果。

1.4.2　创意常用手法

精致的平面广告能吸引住消费者，它能把一种概念、一种思想通过精美的构图、版式和色彩传达给消费者。其实只要掌握一些平面设计的规律，灵活运用，就能做出美妙的设计。下面介绍一些平面设计的常用手法。

展示法

展示法是一种最常见的、运用十分广泛的表现手法。它将产品或主题直接如实地展示在广告版面上，充分运用摄影或绘画等技巧的写实表现能力，刻画和着力渲染产品的质感、形态和功能用途，将产品精美的质地呈现出来，给人以逼真的现实感，使消费者对所宣传的产品产生一种亲切感和信任感，如下图（左）所示。

联想法

联想法符合审美规律的心理现象。在审美的过程中通过丰富的联想能突破时空的界限，扩大艺术形象的容量，加深画面的意境。通过联想，人们在审美对象上看到自己或与自己有关的经历，美感往往显得特别强烈，从而使审美对象与审美者融为一体。在产生联想过程中引发美感共鸣，其感情总是激烈的和丰富的，如右图（右）所示。

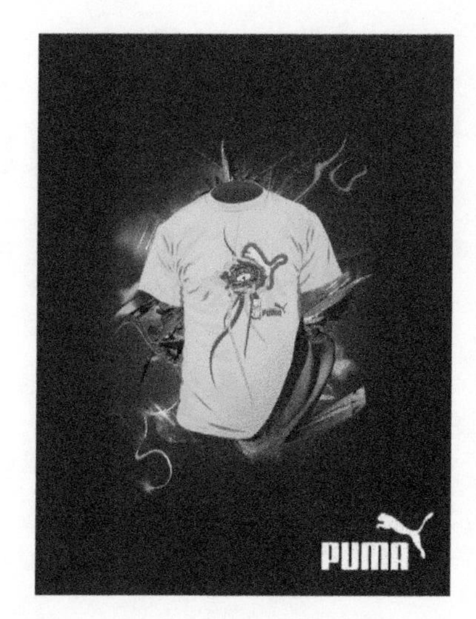

特征法

特征法是指运用各种方式抓住和强调产品或主题本身与众不同的特征，并把它鲜明地表现出来。将这些特征置于广告画面的主要视觉部位或加以烘托处理，使观众在接触画面的瞬间就能很快感受到，并对其产生兴趣，达到刺激购买欲望的目的。如下图（左）所示为运用特征法的广告案例。

系列法

系列法通过画面形成一个完整的视觉印象，使画面和文字传达的广告信息十分清晰、突出、有力。广告画面本身有生动的直观形象，多次反复地不断积累，能加深消费者对产品的印象，获得较好的宣传效果，对扩大销售、树立名牌、刺激购买欲和增强竞争力有很大的作用，如下图（中、右）所示。

比喻法

比喻法是指在设计过程中选择在本质上各不相同、在某些方面又有些相似性的事物，比喻的事物与主题没有直接的关系，但是在某一点上又与主题的某些特征有相似之处，因而可以借题发挥，进行延伸转化，获得“婉转曲达”的艺术效果。与其他表现手法相比，比喻手法比较含蓄，有时难以一目了然，但一旦领会其意，便能给人以意味无尽的感受，如右图所示。

幽默法

幽默法是指在广告作品中巧妙地展现喜剧性特征，抓住生活现象中局部性的东西，通过人们的性格、外貌和举止的某些可笑的特征表现出来。幽默的表现手法，往往运用饶有情趣的情节、巧妙的安排，把某种需要肯定的事物无限延伸到漫画的程序，造成一种充满情趣、引人发笑而又耐人寻味的幽默意境。幽默的矛盾冲突可以达到“既出乎意料之外，又在情理之中”的艺术效果，勾起观赏者会心的微笑，以别具一格的方式发挥艺术感染力的作用，如下图（左）所示。

夸张法

借助想象，对广告作品中所宣传的品质或特性的某个方面进行相当明显的夸大，以加深或扩大这些特征的认识。夸张是在一般中求新奇变化，通过虚构把对象的特点和个性进行夸大，展现给人们一种新奇与变化的情趣。通过夸张手法的运用，为广告的艺术注入了浓郁的感情色彩，使产品的特征鲜明、突出、动人，如下图（右）所示。

对比法

在广告设计中对立体形象进行强调、取舍、浓缩，以独到的想象抓住一点或一个局部加以集中描写或延伸放大，以便充分地表达主题思想。这种艺术处理以一点观全面、以小见大、从不全到全的表现手法，给设计者带来了很大的灵活性和无限的表现力，同时为接受者提供了广阔的想象空间，获得生动的情趣和丰富的联想，如右图所示。

悬念法

在表现手法上故弄玄虚、布下疑阵，使人乍看广告画面时不解题意，造成一种猜疑和紧张的心理状态，在消费者的心理上掀起层层波澜，产生夸张的效果，激发消费者的好奇心和强烈举动，诱发积极的思维联想，引起消费者进一步探明广告题意之所在的强烈愿望，然后通过广告标题或正文把广告的主题点明出来，使悬念得以解除，给人留下难忘的心理感受，如下图（左）所示。

情感法

艺术的感染力最直接作用的是感情因素，审美就是主体与美的对象不断交流感情产生共鸣的过程。艺术有传达感情的特征，所以在表现手法上侧重选择具有感情倾向的内容，以美好的感情来烘托主题，真实而生动地反映这种审美感情就能以情动人，发挥艺术感染人的力量，这是现代广告设计的文学侧重和美的意境与情趣的追求，如下图（右）所示。

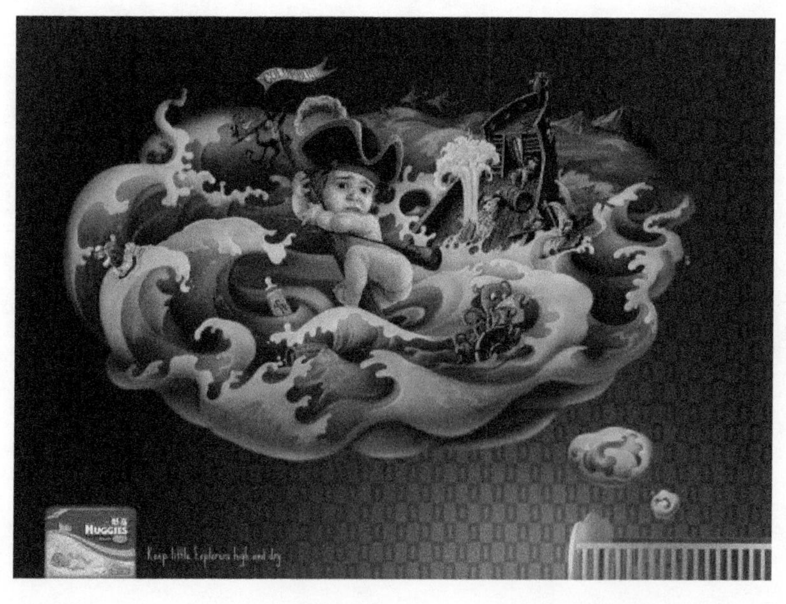

迷幻法

运用畸形的夸张手法，以无限丰富的想象构架出神话与童话般的画面，以一种奇幻的情景造成与现实生活的某种距离，这种充满浓郁浪漫主义、写意多于写实的表现手法以突然出现的神奇视觉感受给人一种特殊的美的感受，富于感染力，可以满足人们喜好奇异多变的审美情趣，如下图（左）所示。

模仿法

这是一种创意的引喻手法，别有意味地采用以新换旧的借名方式，把一般大众所熟悉的名画等艺术品和社会名流等作为谐趣的图像，经过巧妙的整合使名画名人产生谐趣感，给消费者一种奇特的视觉印象和轻松愉快的趣味感，以其异常的神态和神秘感提高广告的诉求效果，提高产品身价和注目度，如下图（右）所示。

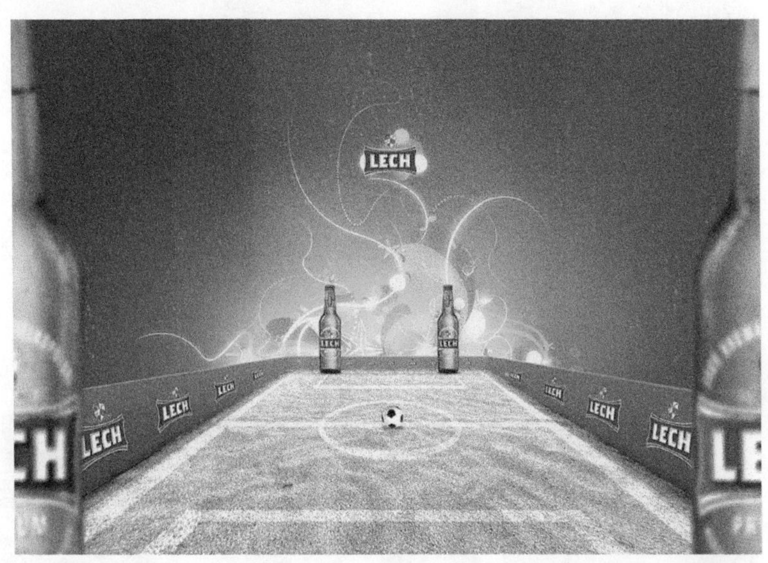

1.4.3 色彩应用

色彩是广告表现的一个重要因素，广告色彩的功能是向消费者传递某一种商品信息。因此广告的色彩与消费者的生理和心理反应密切相关。色彩对广告环境、对人们的感情活动都具有深刻影响。广告色彩对商品具有象征意义，通过不同商品独具特色的色彩语言，使消费者更易识别和产生亲近感，商品的色彩效果对人们有一定的诱导作用。在广告设计中的用色需要把握住消费者心理，运用特定的色彩关系发挥出色彩特有的个性，为广告创意锦上添花。

现在，色彩在广告宣传中独到的传达、识别与象征作用，已受到越来越多的设计师和企业家们的重视。国外一些大公司、大企业都精心选定某种颜色作为代表自身的形象色，如可口可乐用红色、百事可乐用蓝色、柯达胶卷用黄色。

色彩对人的视觉、心理有着很大的影响，这种影响来自于色彩的物理光对视觉的直刺激，再加上视觉与心理联想有关，所以导致人的心理发生变化。不同的颜色会给人们不同的心理感受。

红色

红色具有较强的视觉效果，易引起人的注意，所以常用来作为警示用色。红色也容易使人兴奋、紧张，是带有热情、喜庆和吉祥的色彩，如右图（左、右）所示。另外，长时间观看红色容易造成视觉疲劳。

橙色

橙色的明度和纯度都比较高，是带有激进的色彩，常用在工业安全领域中起警示作用。由于橙色亮丽活泼，也常用于食品和饮品的包装上，如下图（左、右）所示。

黄色

黄色的明度较高，给人的感觉温暖、灿烂，在各种色彩中最为娇气。黄色给人以明朗、愉快、高贵和富有等色彩印象。柠檬黄的性格冷漠、高傲、敏感，具有扩张和不安宁的视觉印象，如下图（左、右）所示。

绿色

绿色是介于冷暖色之间的颜色，给人以和睦、宁静、健康、安全的感觉。绿色和金黄、白色搭配，可以产生优雅、舒适的气氛，如下图（左、右）所示。

蓝色

蓝色给人感觉平静、理智、准确，大多用于企业或商品的标准色中。蓝色具有深远、广博、永恒和清爽的特性，一般容易使人联想到天空和海洋，如下图（左、右）所示。另外，蓝色也表示忧郁和浪漫。

紫色

紫色是庄严的色彩，与同色系、邻近色进行搭配时，色调统一，不受外来因素的干扰，能够增添庄严的气氛；与暖色系进行搭配时更能演绎出奢华的特质，并展现出美丽、积极、活泼和明艳的特性，如右图（左、右）所示。

黑色

黑色具有严肃、神秘、执着和刚毅的感觉。黑色适合与许多颜色搭配，在不同环境下给人的感觉也不同，在包装设计上使用黑色给人以品质高端的感觉，如下图所示。

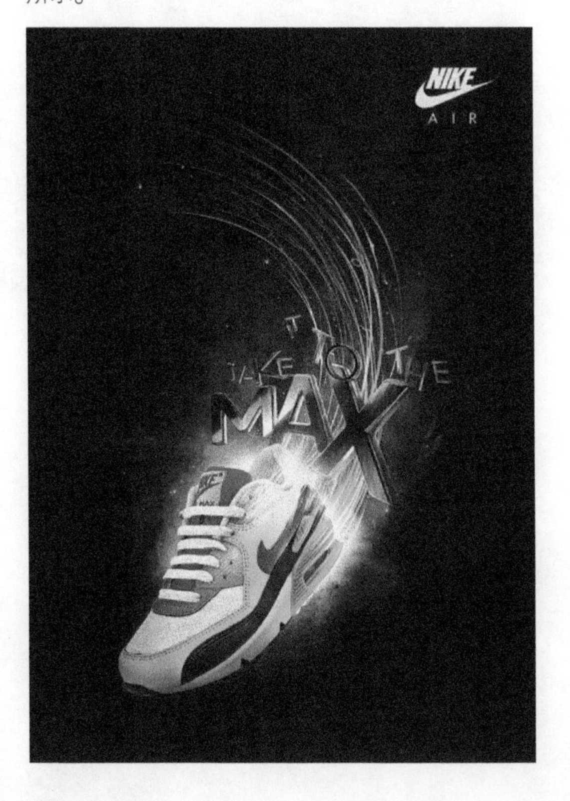

白色

白色具有简朴、严峻、纯洁、高贵和神圣不可侵犯的感觉。白色与黑色相同，可以和几乎所有的颜色相搭配，但是在白色中加入其他任何颜色都会影响其纯洁性，如下图所示。

灰色

灰色具有中庸、平凡、温和、谦让、中立和高雅的感觉，属于中间的性格色彩，摄影师通常很偏爱将拍摄的作品做灰色处理，以表达低调、与世无争的淡雅情调，如右图所示。

Monday
10
9:40
Search
NETWORK
note
3
1+2=3

第章

图标设计——基本绘图操作

在设计作品中常常可以看到设计精美的图标，特别是在网页和UI设计中，图标的应用更加广泛。许多图标看起来虽然简单，但是它在设计中的作用非常重要，图标的设计制作要求也比较严格。首先设计出的图标需要具有较高的辨识度，其次图标的另一个方面就是要拥有特色，最后设计的图标要简单、通用，从而使其适应一系列项目，这就要求设计者有很好的美术绘画基础。

对于初学者来说，平时可以多关注一些精美的图标设计，并自己动手，多画多练习，只有这样才能够逐步提高图标设计水平。

精彩案例：

- 制作手机图标
- 制作水晶质感图标

2.1 图标设计知识

图标是具有明确指代含义的计算机图形。其中，桌面图标是软件标识，界面中的图标是功能识别。图标广义上是指具有指代意义的图形符号，具有高度浓缩并快捷传达信息、便于记忆的特性。狭义上是指应用于计算机软件上的图形符号。

2.1.1 图标设计概述

图标除了在UI设计中的应用外，在平面设计领域的应用也非常广泛。随着科技的发展、社会的进步，以及人们对美、时尚、趣味和质感的不断追求，图标设计呈现出百花齐放的局面，越来越多的精致、新颖、富有创造力和人性化的图标涌入人们的视野。但是，图标设计不仅要精美、有质感，更重要的是具有良好的可用性，可以为设计增添趣味性，给人们留下美好的印象，如下图（左、中、右）所示。

设计优秀的图标，可以为所设计的作品增添动感和视觉效果。设计精美的图标可以让所设计的作品脱颖而出，这样的设计作品也更加连贯、富于整体感，如下图（左、右）所示。

好的图标设计不仅具有精美、可识别和独特的特性，更重要的是具有很强的实用性，所以好的图标设计具有多样性、艺术性、准确性、实用性和持久性的特点。

2.1.2　图标设计要求

设计的方向是简洁、美观、大方，精美的图标设计往往起到画龙点睛的作用，从而提升软件的视觉效果。目前，图标的设计越来越新颖、有独创性，图标设计的核心思想是要尽可能地发挥图标的两大优点，即比文字直观漂亮和更易识别。所以在设计图标时，要遵循以下几点要求。

可识别性

这是图标设计的基本要求，指设计的图标能准确表达相应的操作，让浏览者一眼看到就能明白它所要表达的意思。例如，道路上的一个图标，可识别性强、直观、简单，即使不识字的人也可以立即了解图标的含义，如下图（左、右）所示。

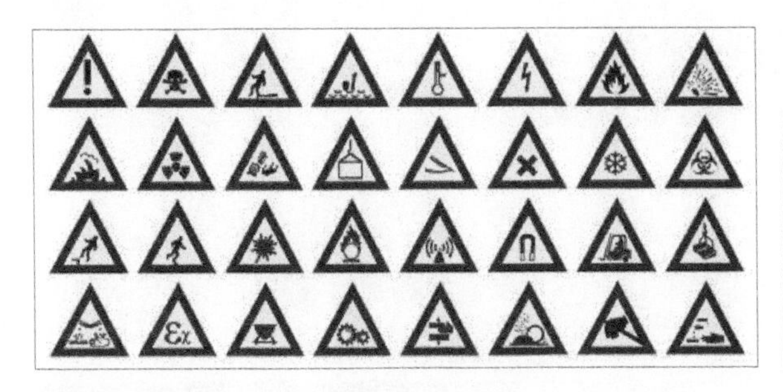

协调性

任何设计或图标不可能脱离环境而独立存在，图标最终放在设计作品中才会起作用，因此图标的设计需要考虑图标所处的环境，这样的图标才能更好地为设计服务，如下图（左、右）所示。

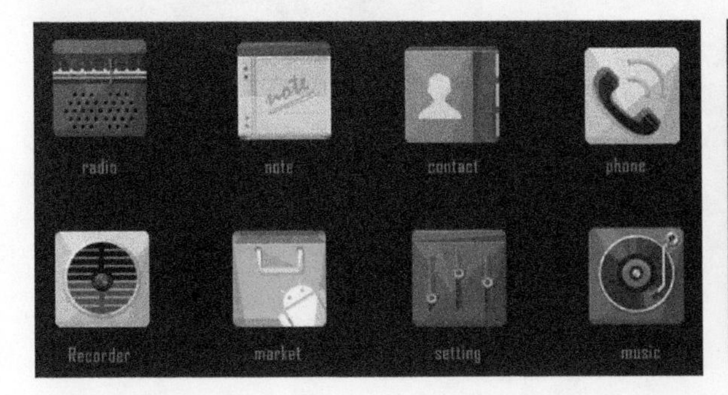

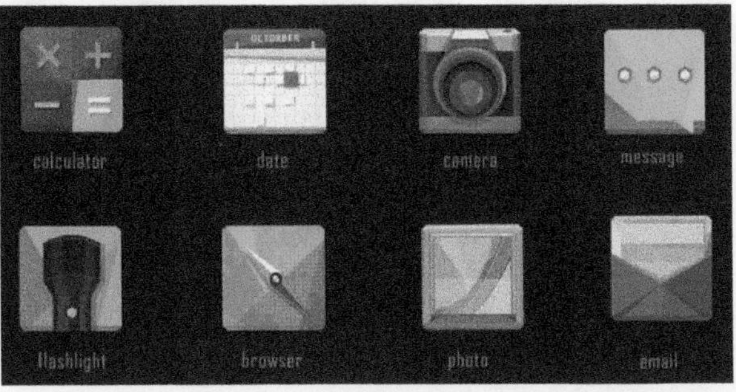

视觉性

图标设计追求视觉效果，一定要在保证可识别性和协调性的基础上先满足基本的功能需求，然后考虑高层次的视觉要求。图标的视觉效果取决于设计者的天赋、美感和绘画功底，所以这就要求设计者必须多看、多模仿、多创作，如下图（左、中、右）所示。

创造性

随着社会的不断发展，图标设计效果层出不穷，对于图标设计的要求也越来越高。要想让人注意到设计的内容，对图标设计者就提出了更高的要求。即在保证图标实用性的基础上提高图标的创造性，只有这样才能和其他图标相区别，给人留下深刻的印象，如下图（左、中、右）所示。

差异性

差异性也是图标设计中非常重要的一点，同时也是很容易被忽视的要求。只有设计者所设计出的图标与其他图标有一定的差异和不同，才能够被人们所关注和记忆，从而对设计内容留有印象，否则所设计的图标就是失败的，如下图（左、中、右）所示。

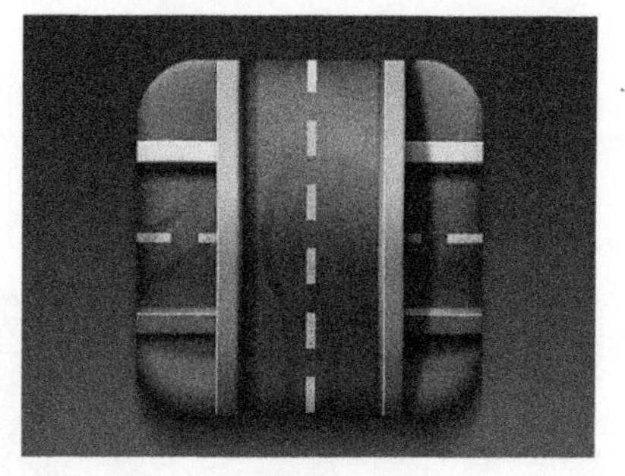

2.2 制作手机图标

制作如下图所示的手机图标。

设计思维过程

❶使用“圆角矩形工具”和“渐变填充工具”大致做出手机图标的背景。

❷通过建立不同路径区域，设置不同颜色来区分图标的结构。

❸使用“矩形工具”和渐变颜色填充创建出不同的矩形，用来加强图形立体感。

❹使用“钢笔工具”和“矩形工具”丰富图标的效果。

设计关键字：渐变透明

本案例中大大小小使用了7~8个不同规则的图形，给这些图形分别填充了不同的渐变颜色并设置了相应的透明度。

恰当的渐变和透明度对一个图形的设置可以很好地模拟光照射在物体上的层次感。渐变可以控制图片颜色填充的过渡变化，透明度可以控制颜色的深浅，它们的合理搭配可以很好地模拟光照下的物体，从而使物体具有立体感和纵深感，如右图（左、右）所示。

色彩搭配秘籍：绿色、黑色、红橙色

本案例的色彩搭配很好地体现出手机图标的个性化和时尚化。绿色在图标中是主色，给人以舒适温馨的感觉，缓解使用者的视觉疲劳，如下图（左）所示；黑色占据图标的左边一部分，给人以一种厚实感和神秘感，如下图（中）所示；红橙色占据图标的右边一部分，与主色绿色形成视觉上的对比和冲击，给人以一种时尚感，如下图（右）所示。

RGB（131、187、37）
CMYK（54、4、100、0）

RGB（62、58、57）
CMYK（0、0、0、90）

RGB（183、51、34）
CMYK（31、93、100、0）

软件功能提炼

❶ 使用“圆角矩形工具”绘制圆角矩形
❷ 使用“渐变工具”填充渐变颜色
❸ 使用“钢笔工具”创建不规则图形
❹ 使用“路径查找器”快速绘制图形

实例步骤解析

本实例先使用“圆角矩形工具”和“渐变工具”制作出手机图标背景，接着在图标内绘制不同的图形，分别应用渐变和透明度显示颜色过渡和颜色深浅，用来表现图标的立体感和纵深感。

Part 01：绘制图标背景

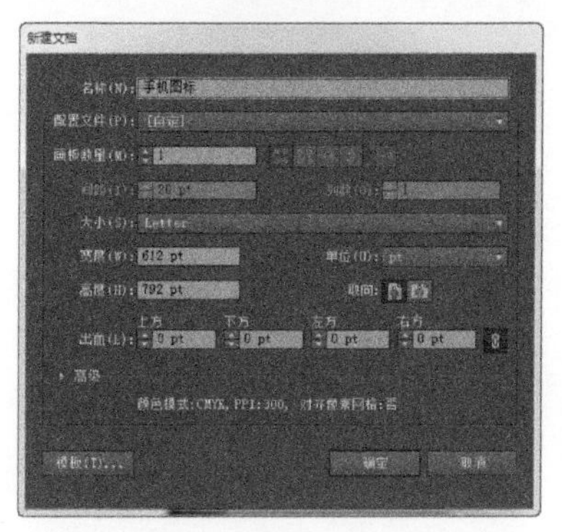

01 新建文档 执行"文件>新建"命令，新建一个空白文档。

02 绘制圆角矩形 使用"圆角矩形工具"，设置"描边"为无，在画布中绘制一个圆角矩形。

03 填充渐变颜色 打开"渐变"面板，设置渐变颜色，使用"渐变工具"在刚刚绘制的圆角矩形上调整渐变填充效果。

TIPS

使用"圆角矩形工具"在画布中拖动绘制时，可以按住键盘上的上方向键或下方向键控制圆角矩形的圆角弧度，直到弧度达到理想状态为止。

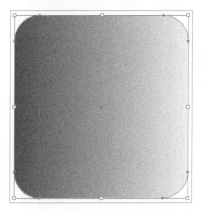

04 原位粘贴圆角矩形 按快捷键Ctrl+C，复制圆角矩形。按快捷键Ctrl+F，原位粘贴该圆角矩形。

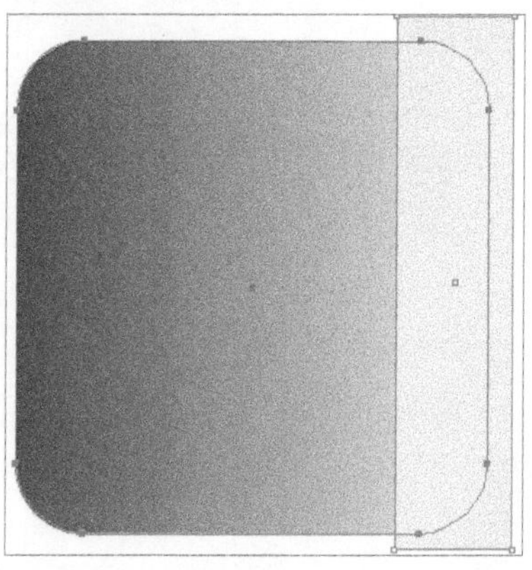

05 绘制矩形 使用"矩形工具"，在画布中绘制一个矩形，同时选中矩形和复制得到的圆角矩形。

06 从形状区域中减去 执行"窗口>路径查找器"命令，打开"路径查找器"面板，单击"减去顶层"按钮。

TIPS

在Illustrator中原位粘贴图形有两种情况，一种是原位粘贴在前面，另一种是原位粘贴在后面，执行"编辑>粘在前面"命令或按快捷键Ctrl+F，可以将对象原位粘贴在前面；执行"编辑>粘在后面"命令，或按快捷键Ctrl+B，可以将对象原位粘贴在原对象的后面。

07 填充渐变颜色 打开"渐变"面板，设置渐变颜色，使用"渐变工具"在刚刚绘制的圆角矩形上调整渐变填充效果。

08 原位粘贴 按快捷键Ctrl+C，复制圆角矩形。按快捷键Ctrl+F，原位粘贴该圆角矩形。

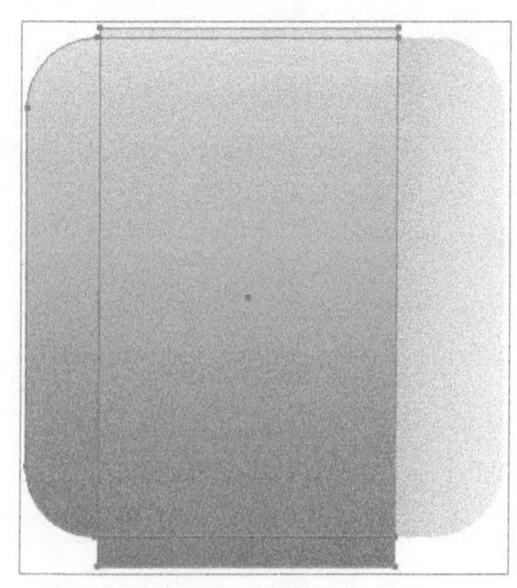

09 绘制矩形 使用"矩形工具"，在画布中绘制一个矩形，同时选中矩形和复制得到的圆角矩形。

10 从形状区域中减去 单击“路径查找器”面板中的“减去顶层”按钮，得到需要的图形。

11 填充渐变颜色 打开“渐变”面板，设置渐变颜色，使用“渐变工具”在刚刚绘制的图形上调整渐变填充效果。

12 绘制矩形 使用“矩形工具”，设置“填色”为CMYK（38、25、26、0），“描边”为无，在画布中绘制矩形。

TIPS

使用“选择工具”选中一个图形后，按住 Shift 键，可以同时选中另一个图形。

Part 02：丰富图标效果

01 绘制图形 使用“钢笔工具”，设置“描边”为无，在画布中绘制图形，打开“透明度”面板，设置相关参数。

02 填充渐变色 打开“渐变”面板，设置渐变颜色，使用“渐变工具”在刚刚绘制的图形上调整渐变填充效果。

03 绘制图形 使用“钢笔工具”，设置“填色”为CMYK（0、0、0、90），“描边”为无，在画布中绘制图形。

04 绘制其他图形 使用相同的方法，可以绘制出相似的图形。

05 绘制不规则图形 使用“钢笔工具”，设置“描边”为无，在画布中绘制图形。打开“透明度”面板，设置相关参数。

06 填充渐变颜色 打开“渐变”面板，设置渐变颜色，使用“渐变工具”在刚刚绘制的图形上调整渐变填充效果。

07 镜像图形 选中刚刚绘制的图形，使用“镜像工具”，按住Alt键在画布中合适的位置单击，弹出“镜像”对话框，设置相关参数，单击“复制”按钮，创建一个对称图形。

08 填充渐变色 将得到的图形移到合适的位置，打开“渐变”面板，设置渐变颜色，使用“渐变工具”为图形调整渐变填充效果。

09 设置透明度和混合模式 打开“透明度”面板，在面板中设置相关参数。

10 绘制图形 使用“钢笔工具”，设置“填色”为CMYK（82、25、94、0），“描边”为无，在画布中绘制图形。

11 复制图形 选中刚刚绘制的图形，快捷键Ctrl+C将其复制，快捷键Ctrl+V将其粘贴，设置图形“填色”为CMYK（0、0、0、10），并将图形移至到合适位置。

12 绘制矩形 使用“矩形工具”，设置“描边”为无，在画布中绘制一个矩形。

13 填充渐变颜色 打开“渐变”面板，设置渐变颜色，使用“渐变工具”在图形上调整渐变填充效果。

14 复制图形 复制刚刚绘制的矩形，在画布中粘贴并移至到合适位置。

15 绘制矩形 使用“矩形工具”，设置“描边”为无，在画布中绘制一个矩形，打开“透明度”面板，设置相关参数。

16 填充渐变颜色 打开"渐变"面板，设置渐变颜色，使用"渐变工具"在图形上调整渐变填充效果。

17 最终效果 制作完成后得到图标的最终效果。

18 其他手机图标效果 使用相同方法，可以绘制出其他的手机图标。

2.2.1 对比分析

随着智能机的普及、手机像素分辨率的不断提高，手机上的图标已经不仅仅局限于平面化，在设计时更要考虑图标设计上的立体感。

❶ 如果不为图标添加高光图形，画面顿时没有了光照效果，图标也失去了立体感。

❷ 填充为固定颜色的矩形体现不出物体反射光的层次性，也与图标背景的渐变不协调。

❸ 图标上的人物图形只有一层，使图标本身没有了纵深感，立体感不强。

❶ 不同颜色渐变的矩形很好地构出光照下图标的效果，使图标有了立体感。

❷ 渐变的矩形很好地体现了光的层次感，颜色由深入浅代表了光的照射物体所体现的明暗程度。

❸ 增加一个白色的人物图形，使画面有了凹陷感，增强了图标的立体感。

Before

After

2.2.2 知识扩展

设计优秀的图标，可以为设计作品增加动感。现在，平面设计越来越趋向于精美和细致。设计精良的图标可以让设计作品脱颖而出，这样的设计也更加连贯、富于整体感、交互性更强。

图标设计的技巧

将某一事物的特征概括出来并制作成图标是一件非常有意义的事，通过图标一眼就能够识别相应的事物。一个令人难忘的图标应该具备美观性、标志性、功能性和意义性等特点。

❶ 掌握对象特征

在对图标进行设计之前，首先需要认识该图标所要表现的对象、掌握对象的特征，并在图标设计中将这些特征体现出来。所设计的图标需要一目了然，具有很强的识别性。

❷ 简单通用

图标设计应该尽量简单，遵循一个风格和目标，这样有助于更加灵活地使用图标，增加图标的通用性。

❸ 一致的光源

设计者在设计一系列图标时，不仅需要在图标的风格上保持一致，还需要在光源等图标细节的表现上保持一致，这样设计出来的一系列图标才能够保持整体的风格。

❹ 矢量格式

设计者在设计图标时，尽量使用矢量绘图软件来设计图标，这样设计出来的图标无论在什么作用或环境中使用，都能够保持其完整性和清晰度。

❺ 注意文化差异

在设计图标的过程中同样需要注意不同地区、不同国家和不同民族之间的文化差异，这一规则在设计预警图标和交通标志时，每个国家都会有所差别。右图所示为设计精美的图标。

矩形工具和圆角矩形工具的应用

“矩形工具”和“圆角矩形工具”是设计中常见的两种图形绘制方式，可以直接使用这两种工具在画布中拖动绘制相应的图形，也可以通过这两种图形变形绘制出其他图形。

❶ 如果想准确地绘制一个矩形，可以使用“矩形工具”在画布中单击，可以弹出“矩形”对话框，在该对话框中可以设置需要绘制的矩形的宽度和高度，如右图（左）所示。单击“确定”按钮，即可绘制一个固定尺寸大小的矩形，如右图所示。

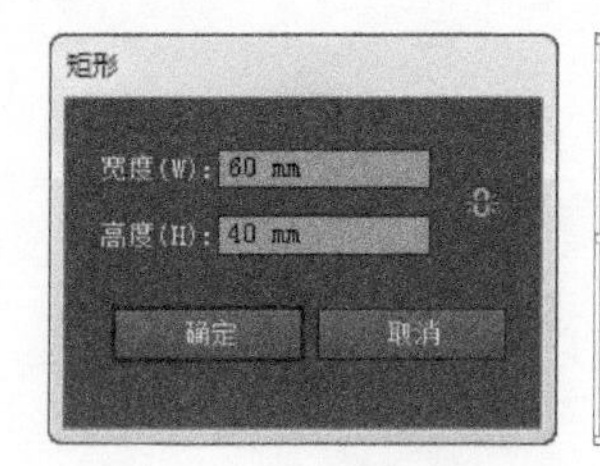

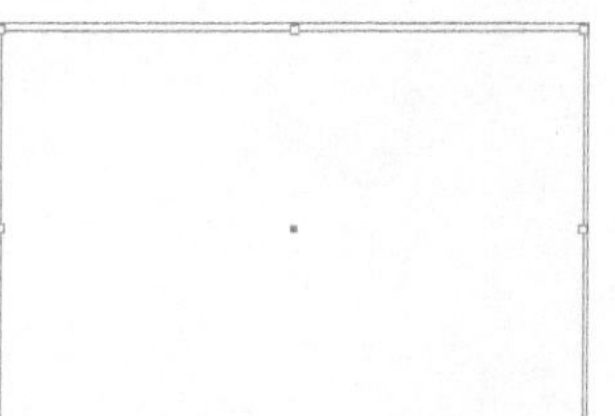

❷ 可以通过变换矩形来绘制出一个菱形。使用“矩形工具”，按住 Shift 键在画布中绘制一个正方形，打开“变换”面板，设置图形的“旋转”度数为 45°，如右图（左）所示。执行“对象 > 复合路径 > 建立”命令，建立一个复合路径，使用“选择工具”对图形进行相应的变化，如右图（右）所示。

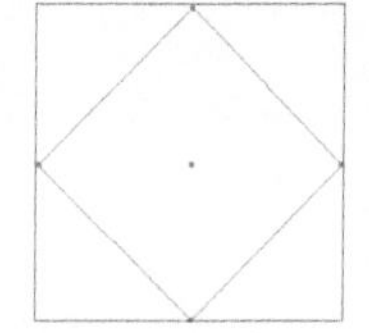

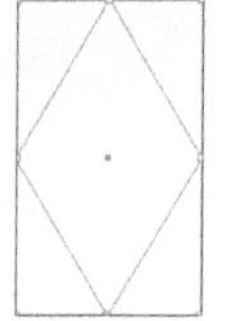

❸ 如果想控制圆角矩形的大小和圆角半径，可以使用"圆角矩形工具"在画布中单击，弹出"圆角矩形"对话框，在该对话框中可以精确地设置圆角矩形宽度、高度和圆角半径，如右图（左）所示。单击"确定"按钮，即可绘制一个固定大小的圆角矩形，如右图（右）所示。也可以使用鼠标进行拖动绘制，在拖动过程中按键盘上下键来控制圆角的弧度。

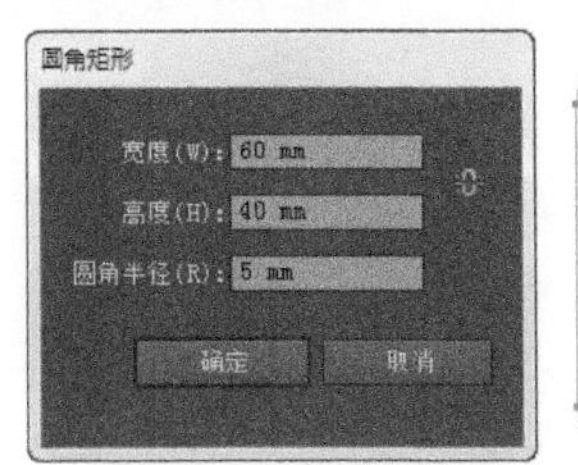

2.3 制作水晶质感图

设计思维过程

❶通过"椭圆工具"和渐变颜色填充绘制出图标的轮廓。

❷填充合适的渐变颜色，突出图标的立体感和层次感。

❸使用"钢笔工具"和"直线工具"绘制出图标中的图形效果。

❹绘制椭圆形，填充渐变颜色并设置不透明度，绘制出图标高光。

设计关键字：高光

本实例中多处使用高光图形表现出图形的质感效果，高光图形通常都是使用渐变颜色填充和不透明度设置来实现的。

适当使用渐变颜色填充和不透明度可以很好地模拟水晶的透、反射光源。渐变可以控制图形颜色的过渡变化，表现光在物体上反射的层次，如右图（左）所示。透明度可以控制颜色的深浅，表现出光在物体上反射的强弱，如右图（右）所示。

色彩搭配秘籍：绿色、黄绿色、灰色

本实例的色彩搭配很好地体现出图标的立体感和层次感。图形中的大片浅绿色很好地跟小房子图标搭配，如下图（中）所示；绿色象征着愉悦的心情，如下图（左）所示；灰色占据外围图标与主色绿色形成视觉上的对比和冲击，如下图（右）所示。

RGB（10、68、36）
CMYK（90、59、100、40）

RGB（127、190、40）
CMYK（55、0、99、0）

RGB（159、160、160）
CMYK（0、0、0、50）

软件功能提炼

❶ 使用“椭圆工具”绘制正圆形

❷ 使用“渐变工具”填充渐变颜色

❸ 使用“钢笔工具”绘制不规则图形

❹ 使用“路径查找器”快速绘制图形

实例步骤解析

本案例先使用椭圆工具确定图标的轮廓布局，然后使用“钢笔工具”绘制图形，通过渐变和透明度显示颜色过渡和颜色深浅，表现图标的立体感和层次感。

Part 01：制作水晶图标背景

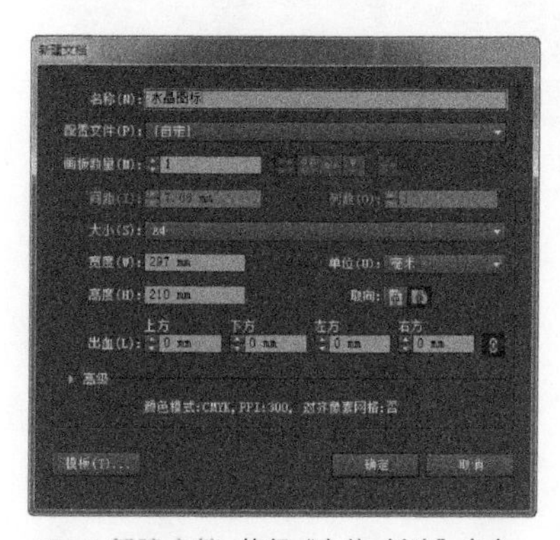

01 新建文档 执行“文件>新建”命令，对相关选项进行设置，单击“确定”按钮，新建空白文档。

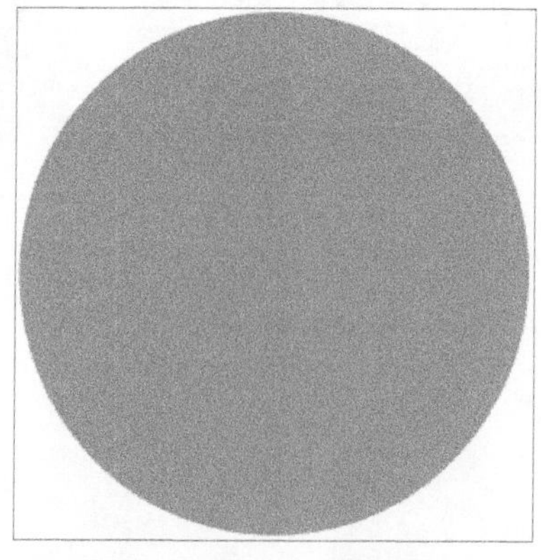

02 绘制正圆形 使用“椭圆工具”，设置“描边”为无，按住Shift键，在画布中绘制正圆形。

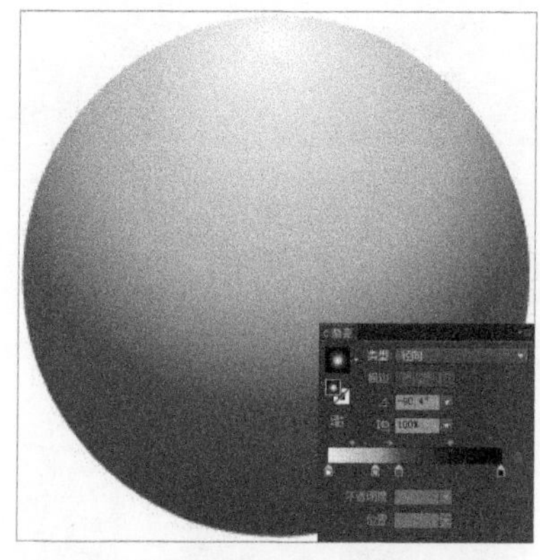

03 填充渐变颜色 打开“渐变”面板，设置渐变颜色，使用“渐变工具”在刚绘制的圆形上调整渐变填充效果。

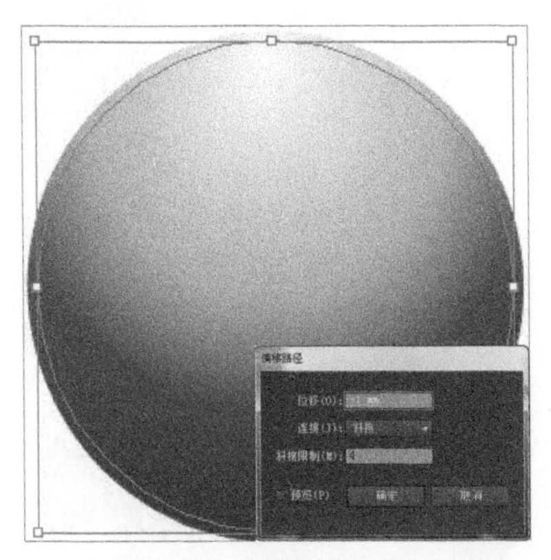

04 偏移路径　选中圆形，执行“对象>路径>偏移路径”命令，弹出“偏移路径”对话框，对相关选项进行设置，单击“确定”按钮。

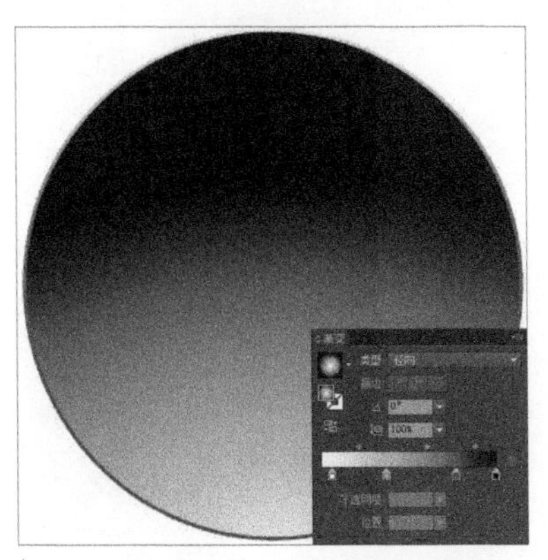

05 填充渐变颜色　选中得到的正圆形，设置渐变颜色，使用“渐变工具”调整渐变颜色填充效果。

06 绘制正圆形　使用“椭圆工具”，绘制2个同心圆，同时选中2个同心圆。

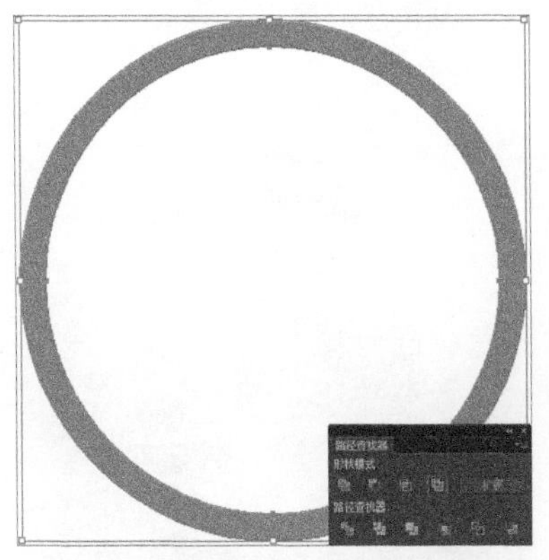

07 得到圆环图形　执行“窗口>路径查找器”命令，打开“路径查找器”面板，单击“差集”按钮，得到圆环。

08 绘制矩形　使用“矩形工具”，绘制一个矩形，同时选中刚绘制的矩形和圆环。

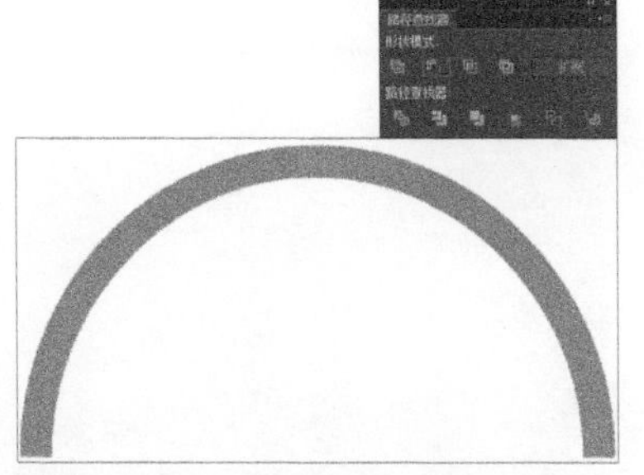

09 从形状中减去　单击“路径查找器”面板上的“减去顶层”按钮，得到半圆环。

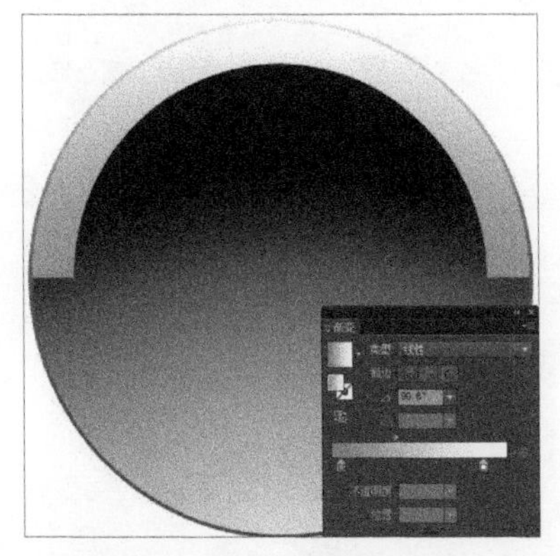

10 填充渐变颜色　把半圆环移到合适的位置，设置渐变颜色，使用“渐变工具”调整渐变颜色填充效果。

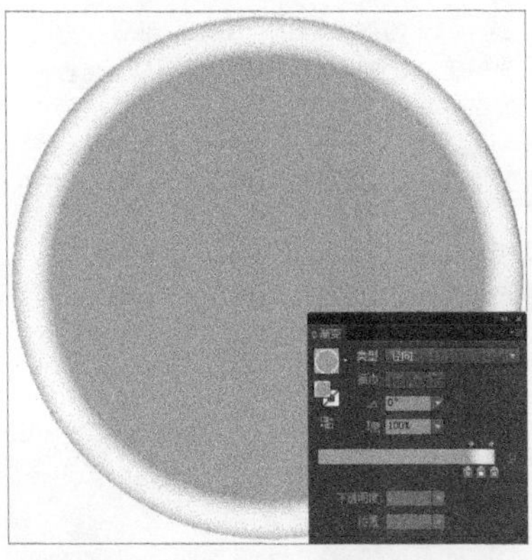

11 绘制正圆形　使用“椭圆工具”绘制正圆形。打开“渐变”面板，设置渐变颜色，使用“渐变工具”调整渐变颜色填充效果。

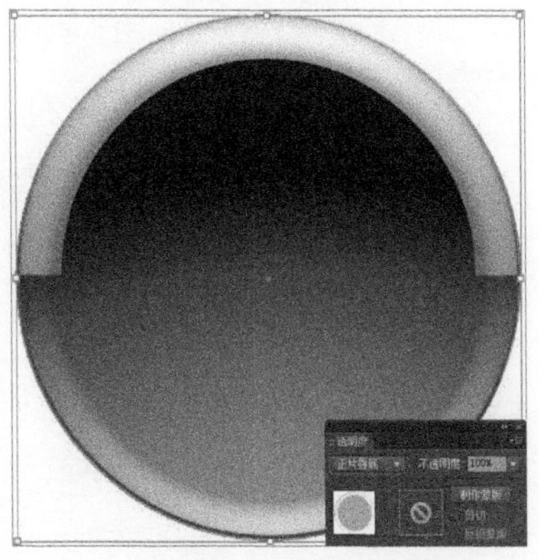

12 设置透明度　选中刚绘制的正圆，移到合适的位置。打开“透明度”面板，设置相关参数。

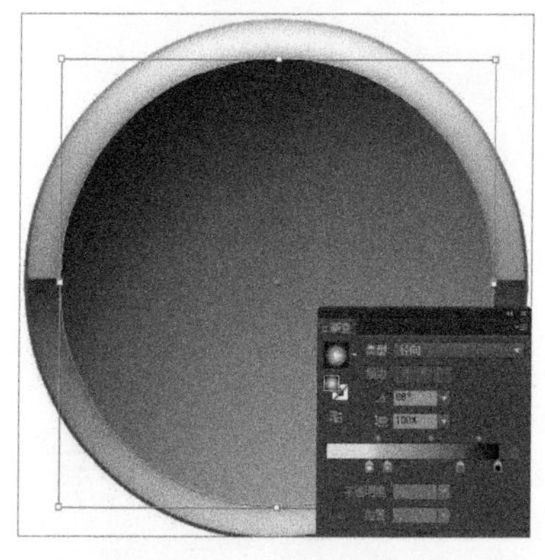

13 绘制正圆形 使用“椭圆工具”绘制正圆形，移到合适的位置，打开“渐变”面板，设置渐变颜色，使用“渐变工具”调整渐变颜色填充效果。

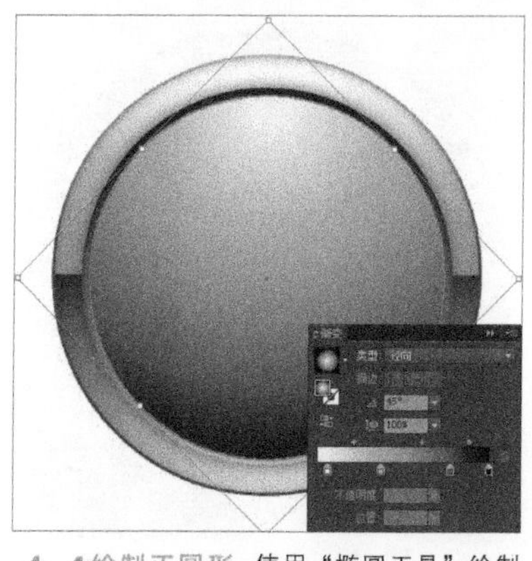

14 绘制正圆形 使用“椭圆工具”绘制正圆形，将其移到合适的位置。打开“渐变”面板，设置渐变颜色，使用“渐变工具”调整渐变颜色填充效果。

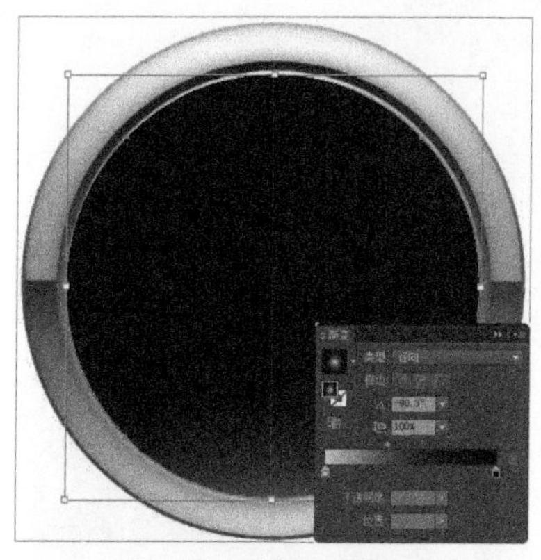

15 绘制正圆形 使用“椭圆工具”绘制正圆形，将其移到合适的位置。打开“渐变”面板，设置渐变颜色，使用“渐变工具”调整渐变颜色填充效果。

TIPS

在绘制正圆形时，可以使用“椭圆工具”。根据外圆形的圆心，按住 Shift+Alt 组合键，在画布中绘制一个正圆形。

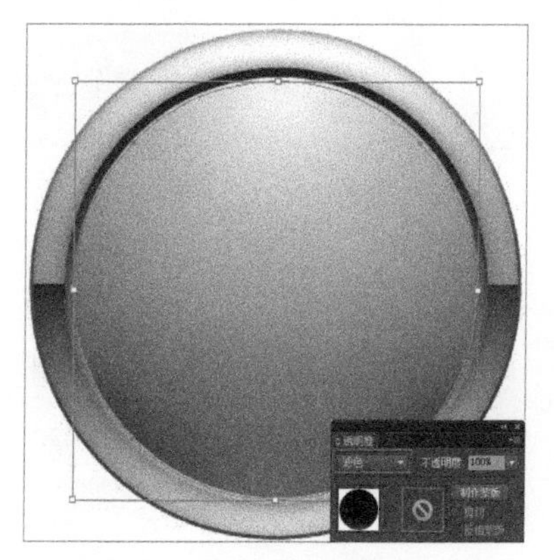

16 设置透明度 选中刚刚绘制的正圆形，打开“透明度”面板，设置相关参数和属性。

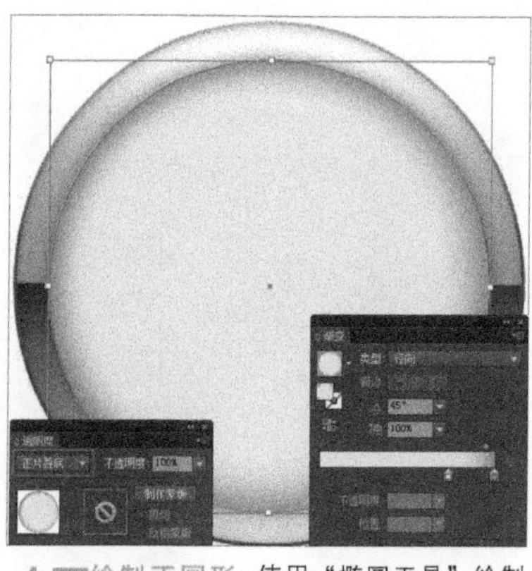

17 绘制正圆形 使用“椭圆工具”绘制正圆形，打开“渐变”面板，为该正圆形填充渐变颜色，打开“透明度”面板，设置相关参数。

18 绘制正圆形 使用“椭圆工具”绘制正圆形，打开“渐变”面板，设置渐变颜色，使用“渐变工具”调整渐变颜色填充效果。

TIPS

渐变颜色由沿着渐变颜色条的一系列色标决定。色标标记渐变从一种颜色到另一种颜色的转换点，由渐变滑块下的方块所标示。这些方块显示了当前指定给每个渐变色标的颜色。使用径向渐变时，最左侧的渐变色标定义了中心点的颜色填充，它呈辐射状向外逐渐过渡到最右侧的渐变色标的颜色。

Part 02：绘制房子图形

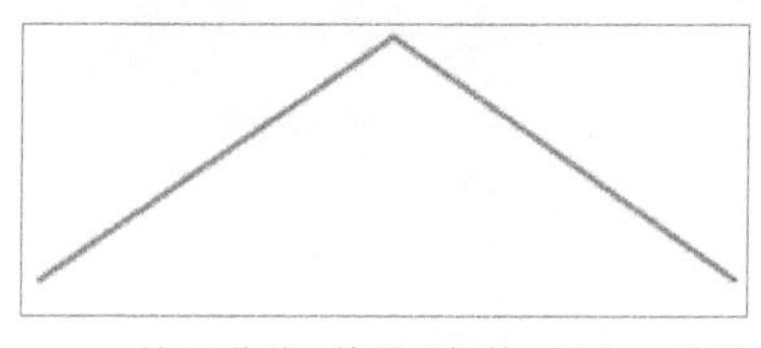

01 绘制曲线 使用“钢笔工具”，设置“填色”为无，在画布中绘制路径。

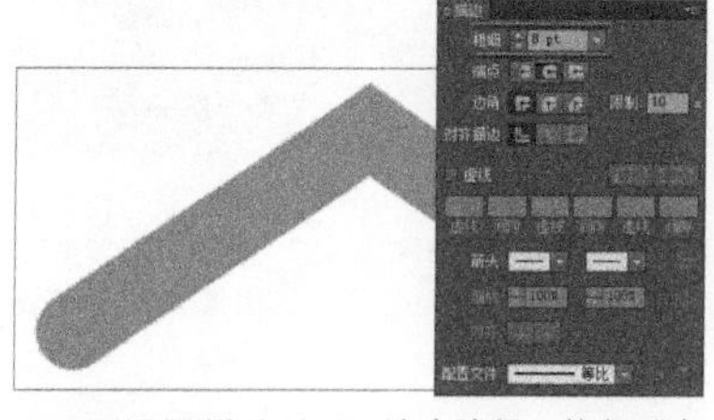

02 设置描边选项 选中路径，执行“窗口>描边”命令，打开“描边”面板，设置相关参数和属性。

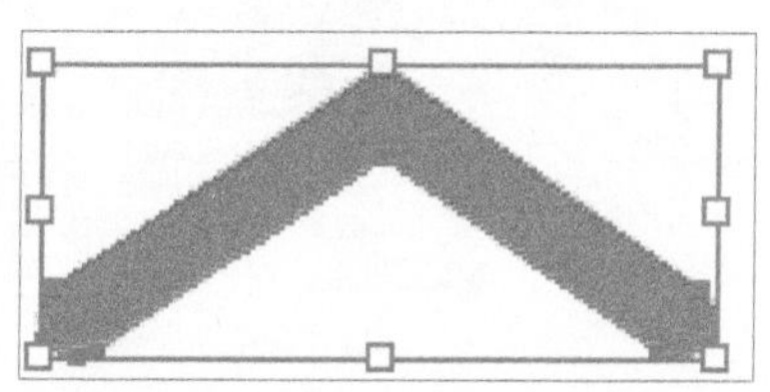

03 轮廓化描边 选中该路径描边，执行“对象>路径>轮廓化描边”命令，将描边转换为图形。

TIPS

执行“轮廓化描边”命令，可以将线段的描边转换为图形，这样在做图形之间的联集时不会出现线段未闭合的状况。

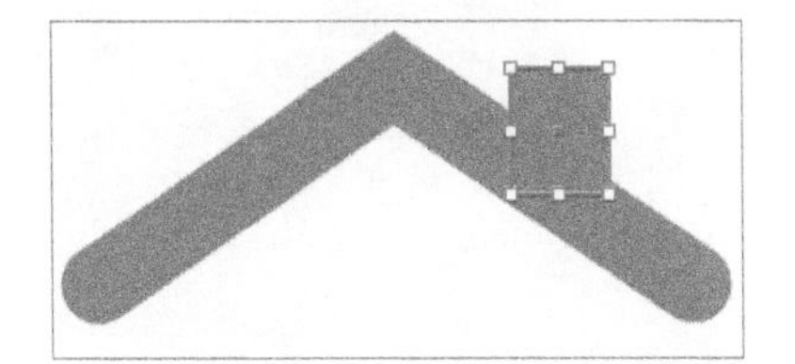

04 绘制矩形　使用“矩形工具”，设置“描边”为无，在画布中绘制矩形。

05 绘制矩形　再次使用“矩形工具”，设置“描边”为无，在画布中绘制矩形。

06 添加锚点并调整　使用“添加锚点工具”在矩形路径上添加锚点，使用“直接选择工具”调整刚添加的锚点。

07 绘制路径图形　使用“钢笔工具”，设置“描边”为无，在画布中绘制图形。

08 得到差集图形　同时选中叶子和房子图形，打开“路径查找器”面板，单击“差集”按钮，得到图形。

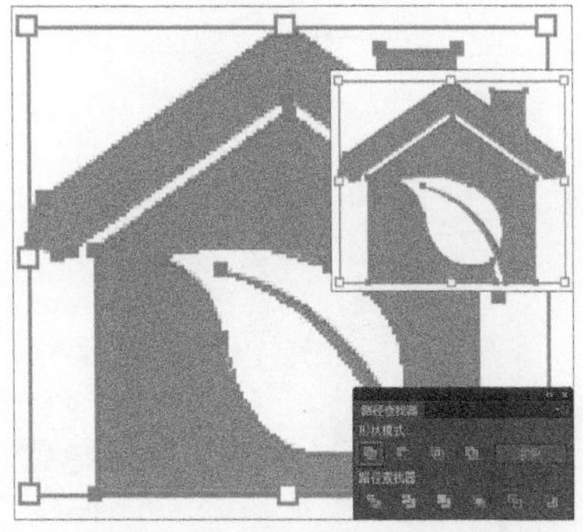

09 联集图形　同时选中组成房子的3个图形，打开“路径查找器”面板，单击“联集”按钮，得到复合图形。

10 填充颜色　选中房子图形，设置图形“填色”为CMYK（0、0、0、10），并将图形移至到合适位置。

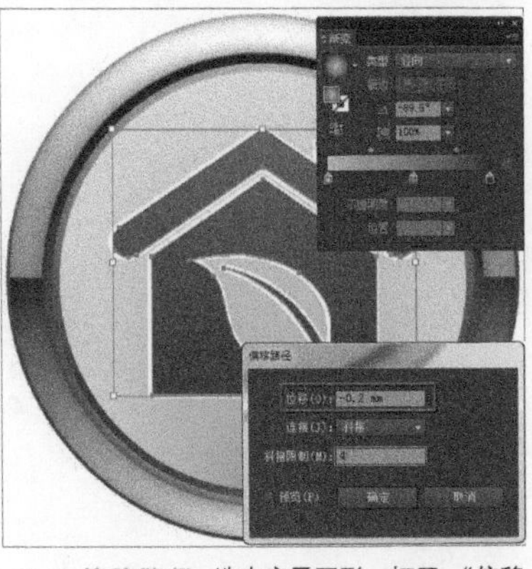

11 偏移路径　选中房子图形，打开“偏移路径”对话框，对相关选项进行设置，单击“确定”按钮。打开“渐变”面板，设置渐变颜色，使用“渐变工具”调整渐变颜色填充效果。

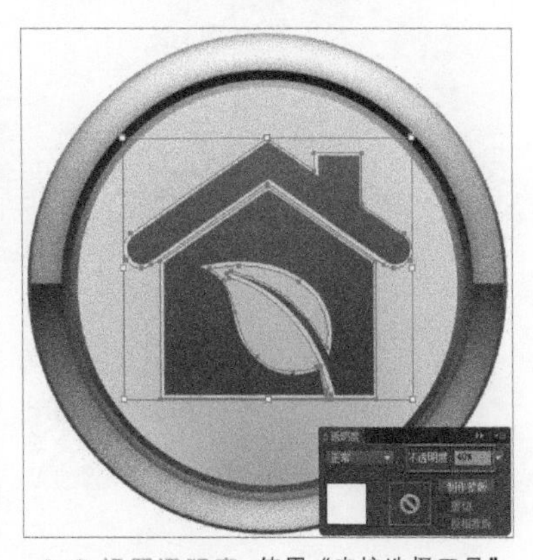

12 设置透明度　使用“直接选择工具”选中白色房子，打开“透明度”面板，设置“不透明度”为40%。

TIPS

设置“偏移路径”数值时，正数表示在原有路径基础上向外偏移，负数表示在原有路径基础上向内偏移。

Part 03：绘制高光效果

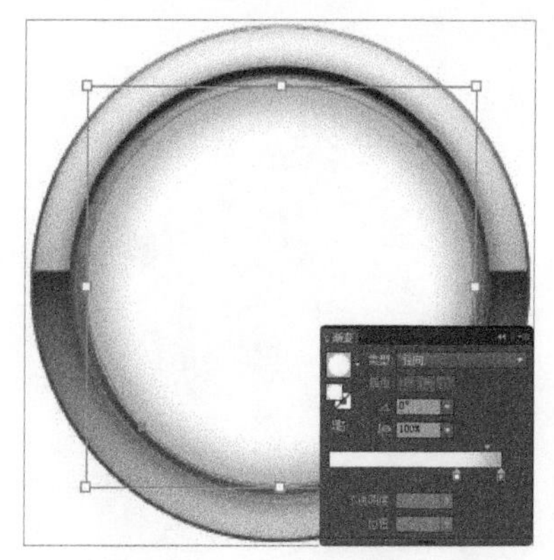

01 绘制正圆形　使用“椭圆工具”绘制正圆形，打开“渐变”面板，设置渐变颜色，使用“渐变工具”调整渐变颜色填充效果。

02 设置透明度　选中刚绘制的正圆形，打开“透明度”面板，设置相关参数。

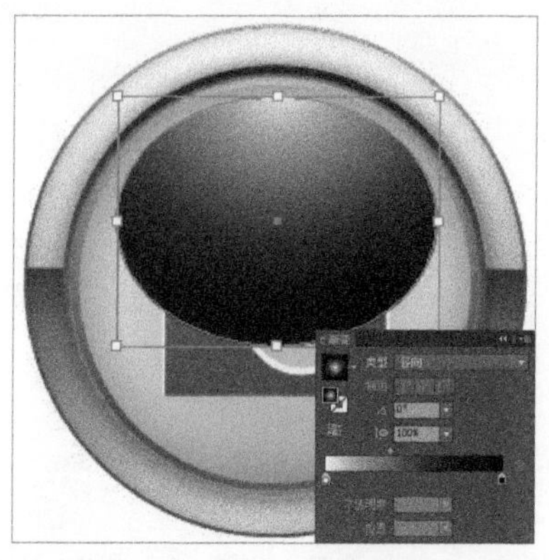

03 设置渐变颜色　使用“椭圆工具”绘制椭圆形，打开“渐变”面板，设置渐变颜色，使用“渐变工具”调整渐变颜色填充效果。

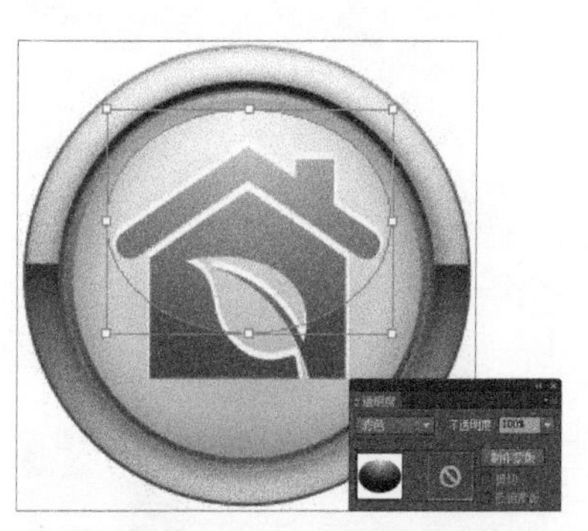

04 设置透明度　选中刚绘制的椭圆形，打开“透明度”面板，设置相关参数。

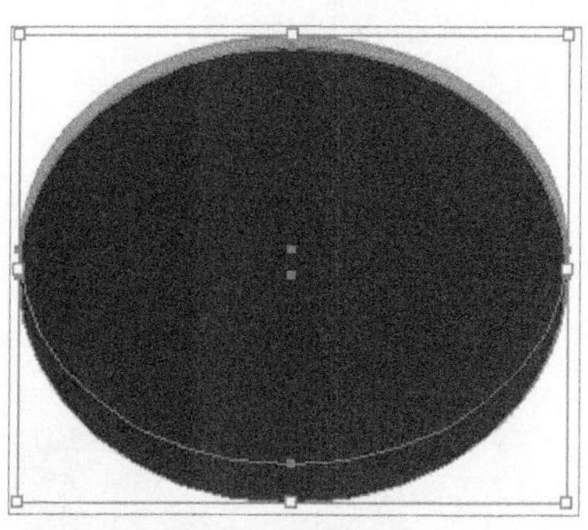

05 绘制椭圆　使用“椭圆工具”，绘制2个椭圆形，相互叠加。

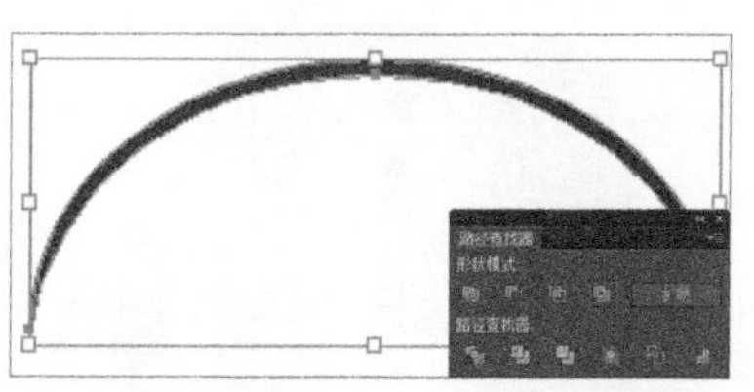

06 得到图形　同时选中2个椭圆，单击“路径查找器”面板上的“差集”按钮，得到需要的图形。

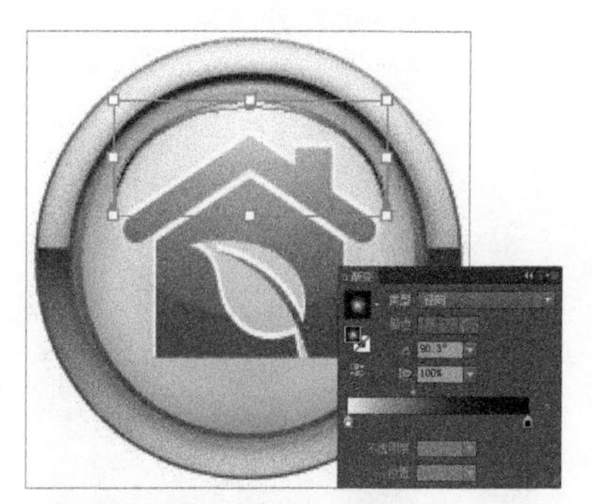

07 填充渐变颜色　选中刚刚得到的图形，移到合适的位置。打开“渐变”面板，设置渐变颜色，使用“渐变工具”调整渐变颜色填充效果。

08 设置透明度　选中图形，打开“透明度”面板，设置相关参数。

09 最终效果　使用相同方法，可以绘制出其他的一些高光图形和图标的阴影效果。

10 制作其他相似图标　使用相同的方法，可以绘制出其他相似的图标效果。

2.3.1　对比分析

制作水晶图标，主要有反射光源的效果，使之看起来晶莹剔透，在设计时需要考虑图标设计上的立体感和层次感。

❶ 将背景中的半圆环填充纯色，使半圆环顿时没有了光照效果，所做图标也失去了立体感。

❷ 缺少填充渐变圆环，图标就没有层次感了，制作出来的图片就不美观了。

❸ 将图标上高光去掉，会使图标层次感大大减弱，没有物体反射光源的效果。

❹ 失去了一个白色半透明的“小房子”图像，使图标立体感不强。

Before

After

❶ 将半圆环填充渐变，使图标有了光亮感，同时增加了立体感。

❷ 增加圆环，很明显的体现了图像的层次感和立体感。

❸ 使用高光，增加了图标的立体感和层次感，轮廓更加鲜明，有了物体直接反射光源的效果。

❹ 增加了一个白色半透明的“小房子”图像，增强了图标的立体感。

2.3.2　知识扩展

图标在生活中的运用是显而可见的，如厕所标志和各种交通标志等。在平面设计方面的应用也是很广泛，如企业 VI 设计中的各种标识符和指示符号等。

怎样设计出好的图标

在很多情况下，图标具有便于记忆和快速传达信息的特性。那么图标被广泛使用的时候，什么样的图标才是好图标呢？好图标从两个方面去认识，即可识别性和美观性。

❶ 可识别性

可识别性是指所设计的图标需要能够直观地表现要描述的对象，是可以被人们轻松识别的。在图标设计过程中，构成图标的元素越少越好，可以省略相同的或不必要的元素，突显最重要的元素或信息，这样可以使所设计的图标更直观、可识别性更高，如下图（左、中、右）所示。

❷ 美观性

设计精美的图标可以提升整个作品的视觉效果。图标很难在单一的背景中突出显示，所以在设计图标时色彩的搭配和有趣的形状很重要，成功的色彩搭配可以提升图标的美观性，除此之外还可以为图标添加光泽和适当的阴影，这样可以使图标的整体效果更加美观动人，如下图（左、右）所示。

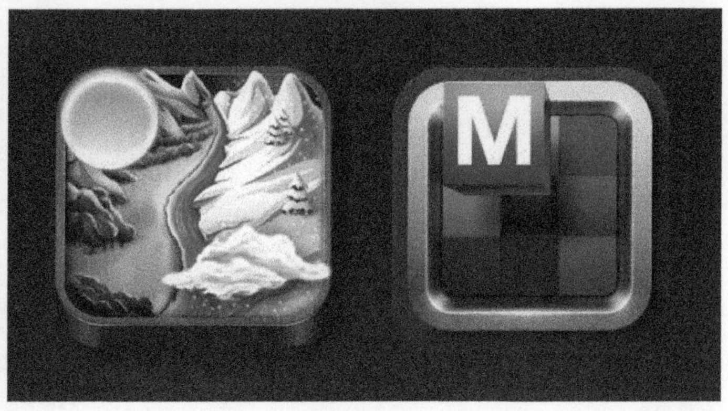

椭圆工具等基本绘图工具操作技巧

❶ 椭圆工具。使用“椭圆工具”，按住 Shift 键在画布中可以绘制出一个正圆形，如下图（左 1）所示。同时按住 Shift+Alt 键，可以在中心位置绘制一个同心圆，如下图（左 2）所示。

❷ 多边形工具。使用“多边形工具”，按住键盘上的上下方向键控制所绘制图形的边数，上方向键增加图形边数，下方向键减少图形边数，如下图（左 3、左 4）所示。

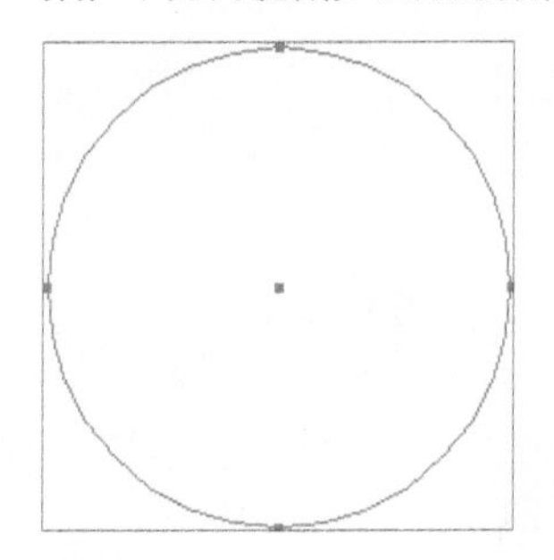

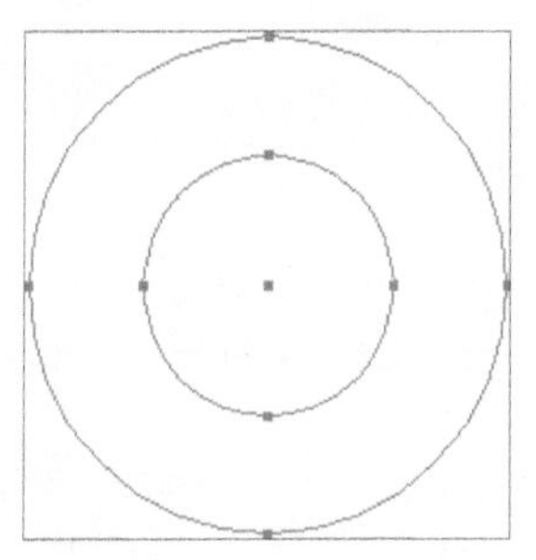

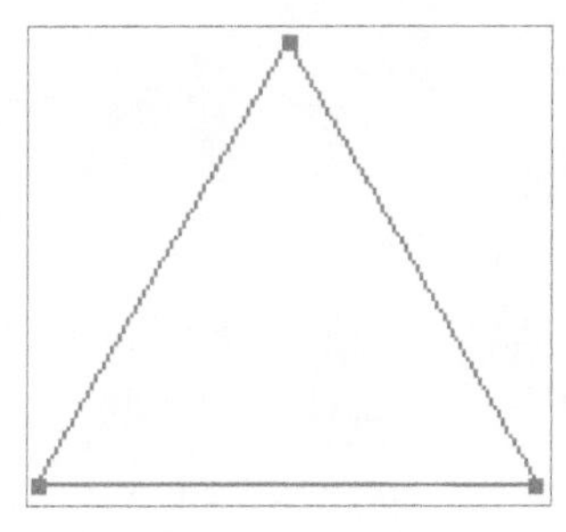

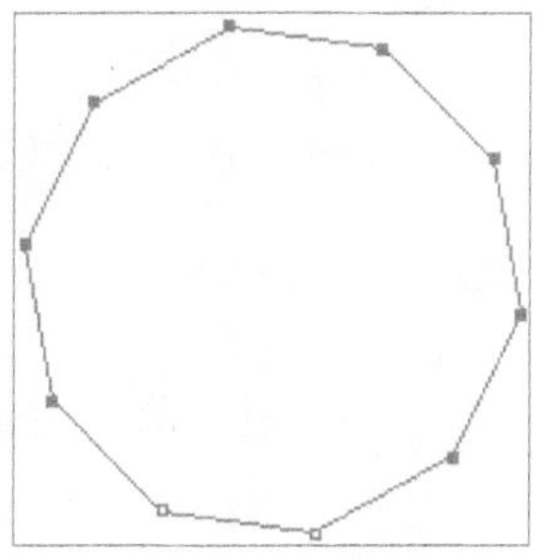

❸ 星形工具。使用“星形工具”在画布中单击，可以弹出“星形”对话框，如下图（左）所示。在该对话框中可以设置所需要绘制的星形的相关参数，单击“确定”按钮，即可绘制出相应的多角星形，如下图（中）所示。

❹ 直线段工具。使用“直线段工具”，按住 Shift 键可绘制出一条水平或垂直的线段，如右图（右）所示。

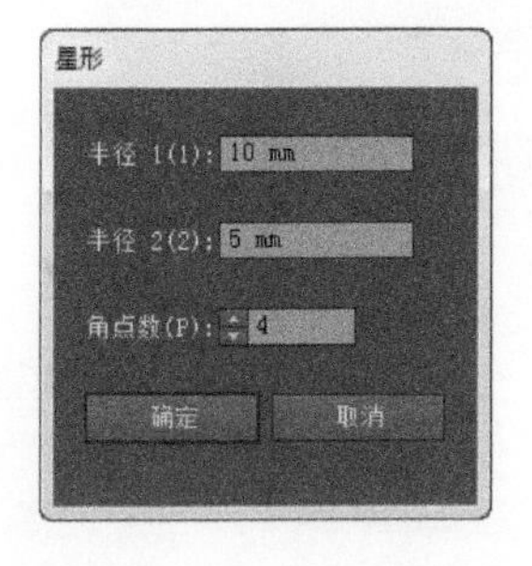

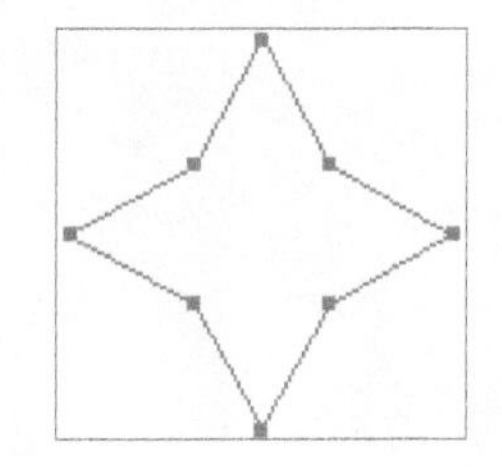

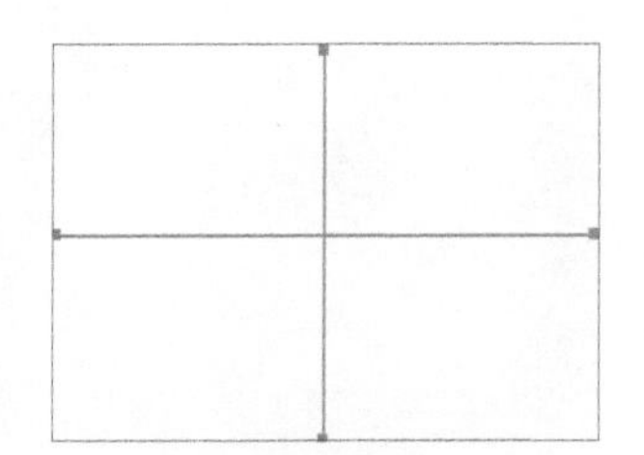

❺ 弧形工具。“弧形工具”用来绘制一条弧线，弧线的弯曲度可由键盘的上下方向键控制，如右图（左）所示。也可以在画布中双击在弹出的“弧线段工具选项”对话框中对相关选项进行设置，如右图（右）所示。从而在画布中得到一条所设置的弧线。

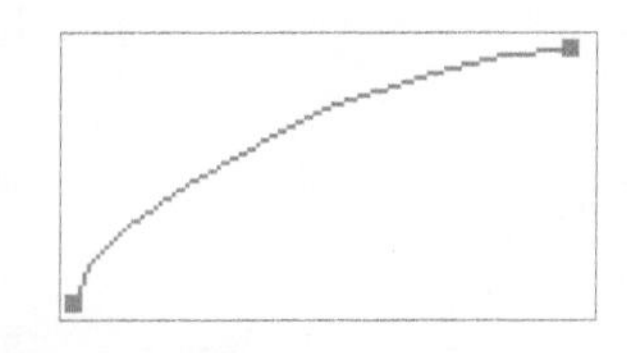

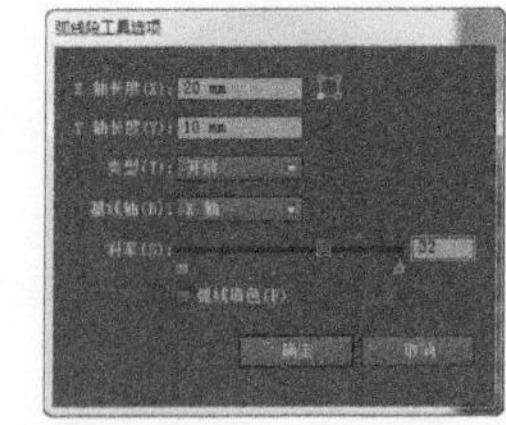

2.4 模版欣赏

完成本章内容的学习后，希望读者能够掌握常用图标的设计制作。本节将提供一些精美的图标设计模版供读者欣赏。读者可以自己动手试着练习一下，检验自己是否也能够设计制作出这样的图标。

2.5 课后练习

学习了有关图标设计的内容和图标实例的制作练习，是否已经掌握了有关图标设计的方法和技巧呢？本节通过两个练习，巩固对本章内容的理解并检验读者对图标设计制作方法的掌握。

2.5.1 绘制音乐图标

渐变颜色填充与高光和阴影图形的配合可以很好地体现图标的质感和立体感。本实例所绘制的音乐图标就是通过绘制基本的形状图形、填充渐变颜色，并通过高光和阴影图形的绘制来增加图标的质感。

❶ 绘制圆角矩形并填充径向渐变，绘制出图标的背景。

❷ 通过“路径查找器”得到不同形状的图形，并分别设置不透明度，增加图标背景的立体感。

❸ 使用“椭圆工具”、“矩形工具”和“钢笔工具”绘制音乐图标，注意各部分图形的比例大小。

❹ 绘制音乐图标的高光图形，并分别设置不同的不透明度，体现出图标的质感。

2.5.2 绘制多层次图标

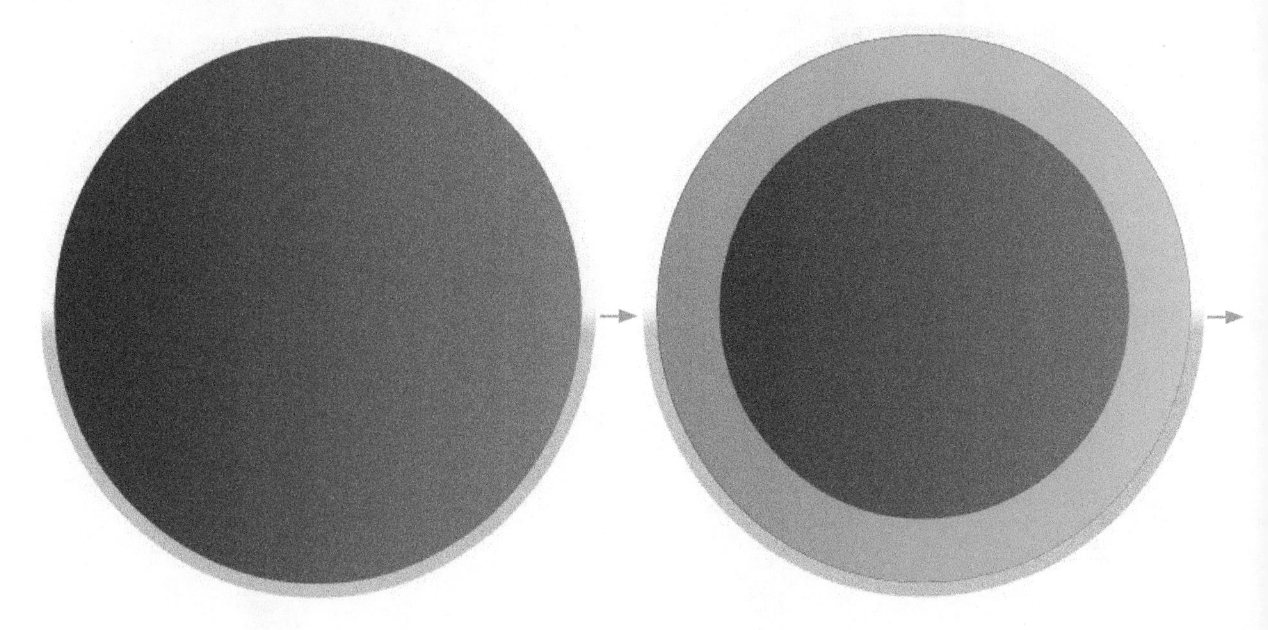

BAI YA
白亚山国际滑雪场

馨健康
XIN JIAN KANG

馨健康
XIN JIAN KANG

第03章

Logo设计——路径的创建与应用

Logo是企业VI设计的核心内容，Logo是一种十分常见的广告形式，具有很高的吸引力，每一个Logo都可以说是一件高级的艺术品。

Logo是一种信息传递艺术，一种有力的宣传工具。常常在各种印刷品或摩天大楼都能看到设计得非常精美、新颖的Logo。本章将向读者介绍Logo的相关设计知识，并通过案例的制作使读者能够快速掌握Logo设计制作的方法。

精彩案例：

- 制作企业Logo
- 制作旅游Logo

3.1 Logo设计知识

Logo 也称为标志，是一种传播信息的视觉识别符号。Logo 可以由图像、图形和文字组成，其色彩鲜明、造型易识别，常常给人留下深刻的印象。

3.1.1 Logo的作用

Logo 可以用在很多地方，根据使用 Logo 的作用不同可以把 Logo 分为商业 Logo 和非商业 Logo。

所谓的商业 Logo，就是用在企业或者产品中，这些 Logo 不仅起到了宣传产品和企业的作用，而且是企业和产品的无形资产。非商业 Logo 一般都用在公益场所、公共交通、节日、会议、地域、国家等，只是很简单地代表了某个地域的特点，或者传达了一些信息和指示等。

Logo 是企业特点和内涵的集中体现，作为一种独特的传媒符号，一直是传播特殊信息的视觉文化语言，但是 Logo 的形式和内涵决定了它的功能。随着历史的发展，Logo 的作用也有所扩展，现在 Logo 主要有识别、说明、凝聚、区分和装饰 5 种作用。

识别作用

在企业识别系统中，Logo 是应用得最广泛、出现频率最多的要素，在消费者心中往往是企业和品牌的象征，如右图（左、中、右）所示。

说明作用

Logo 可以把说明和要求用简洁的图形表示，让人们触目即知，如右图（左、中、右）所示。

凝聚作用

Logo 可以代表一个团体，这样 Logo 就具有这个团体的力量，同时由于 Logo 的形式增强了团体的核心力，使身在此团体中的成员充满自信和自豪感，如右图（左、中、右）所示。

区分作用

Logo 是一种商标，可以区分商品和服务，方便人们购买，如右图（左、中、右）所示。

装饰作用

Logo 都是由人设计的，人们在设计时赋予它美丽的形式和深刻的内涵，这样的标志就具有了装饰功能，如右图（左、中、右）所示。

3.1.2　Logo设计构思的一般方法

设计师在开始设计 Logo 之前，首先需要在大脑中对 Logo 的效果进行构思，才能够开始设计并动手制作 Logo。下面介绍一些 Logo 设计构思的一般方法。

构思

采用具有典型特征的部分代替整体形象，如下图所示的 Logo。

整合

将多种元素经过巧妙构思组合在一起，展现出独特的视觉享受，如下图所示的 Logo。

对比

在写文章时常用对比的手法加深读者印象，构思Logo时也可以用这种方法，可以是形状对比，也可以是颜色对比，如下图所示的Logo。

排列

将图形有规律地排列组合，可以像太阳一样放射扩大，可以像水流一样向下移动，这样的标志像音乐一样流畅，如下图所示的Logo。

象征

把Logo的抽象含义用一种具体事物表达出来，这种方法是建立在社会发展过程中人们普遍形成的共同心理上，如下图所示的Logo。

寓意

用一种与Logo含义相近的形象间接传达Logo的抽象概念。如用玻璃杯的形象暗示易破碎，如下图所示的Logo。

模拟

当Logo的特征或涵义非常抽象时，可以用另一种形象模拟这种特征，如下图所示的Logo。

视感

使用具有视觉冲击力的图形加深人们对Logo的印象，让人们过目不忘，这种方法不关注Logo的含义，重点在Logo给人的视觉印象，如下图所示的Logo。

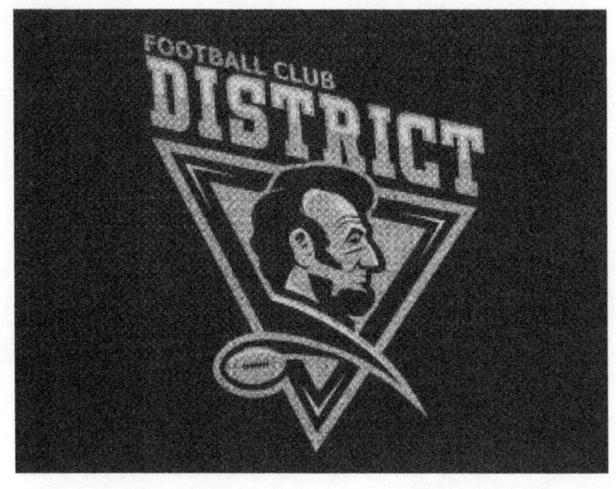

3.1.3　Logo的特点

无论是古代繁杂的龙纹还是现代洗练的抽象纹样，都可以通过对 Logo 的识别、区别引发联想、增强记忆，促进被标识体与其对象的沟通与交流，从而树立并保持对 Logo 的认同，达到提高认知度、美誉度的效果。作为企业和商品的 Logo，更应该具有自己本身的特色。

创意独特

构成 Logo 要素的各部分一般都具有一定的共通性和差异性，这个差异性又称为独特性，或叫做变化。就是在视觉上要给人一种与众不同的视觉感受，避免与其他公司或商品的 Logo 相雷同，如下图（左、中、右）所示。

吸引目光

通常要求所设计的 Logo 在不同的环境条件中能有很好的视觉效果，这样才能吸引人们的目光，让人对企业或者商品产生兴趣，如下图（左、中、右）所示。

通俗形象

通俗形象是让企业或商品的 Logo 易于识别、记忆和传播，这样更能加深人们对 Logo 的印象，如下图（左、中、右）所示。

易用性

Logo 应该具有广泛的适应性。Logo 需要在不同的环境和载体中展示、宣传，保证在各种环境中都有一定的识别性，保证在各种载体使用中的适用性，并且保证 Logo 易于制作和使用，如下图（左、中、右）所示。

凝聚性

优秀的 Logo 就像一面旗帜，凝聚着周围的图形和文字，如下图（左、中、右）所示。

时代性

优秀的 Logo 可以把时代魅力、民族特色、团体理念展现出来，充满了文化的韵味，如下图（左、中、右）所示。

持久性

优秀的 Logo 具有旺盛的生命力和长期使用价值，不轻易变动，如下图（左、中、右）所示。

3.1.4 Logo的表现方法

设计师在设计 Logo 之前，首先需要在大脑中对所设计的 Logo 进行构思，构思完成后就需要将大脑中的构思表现出来，这就需要选择一种好的表现方法，这一步大多需要反复的实验和尝试，最终选择一种最适合的表现方法。

文字形式

以文字为设计主体，通过对文字变形或重组传达标志含义的一种表现方式。文字表现因兼有视觉性和听觉性而备受青睐。

Logo 可以用汉字、外文或数字，设计时不需拘泥于文字本来的形状和格式，最重要的是富有创意和动感，如下图（左、中、右）所示。

图形形式

以点、线、面等抽象的图形为设计主体，通过对图形或符号进行设计传达出 Logo 的含义。

图形表现包括点、线、圆形、方形、三角形、多边形和箭头。这种表现方式重点在于表现出 Logo 含义的感觉和意念，可以借助象征、模拟和视感等手法。这种 Logo 常常造型简洁，但有强烈的视觉冲击力，如下图（左、中、右）所示。

具象形式

以客观物象为主体，把自己需要的特征经过提炼和概括绘制出来，用以传达 Logo 的内涵。

客观物象包括人、动物、植物、器具和自然，这种表现方式源于客观物象但高于客观物象，关键在于设计者对物象特征的概括，并用合适的线条准确描绘出这种特征。如能成功做到这些，这种表现方式会因为通俗、清晰和明快的视觉效果很快为大众接受，如下图（左、中、右）所示。

3.2 制作企业Logo

设计思维过程

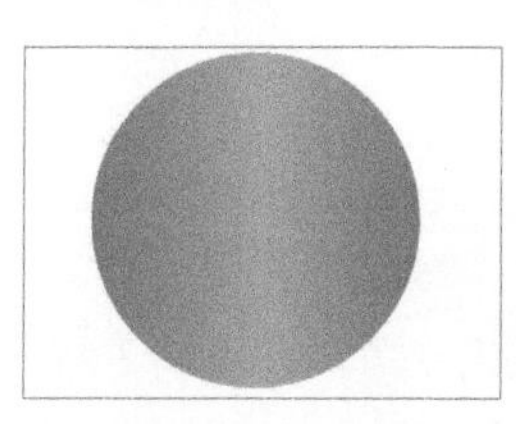

❶使用“椭圆工具”绘制正圆形并填充渐变颜色。

❷使用“星形工具”和“钢笔工具”绘制图形并在正圆形中进行调整。

❸使用“渐变工具”填充渐变颜色，使Logo图形更具有质感和立体感。

❹使用“横排文字工具”输入文字，制作Logo标准字。

设计关键字：路径图形、渐变颜色填充

本案例中使用了“钢笔工具”和“星形工具”绘制路径图形，并使用“直接选择工具”对路径进行相应的调整，最终得到一个流畅的、富有动感的路径图形，通过该路径图形与两个圆形进行结合，打造出标志图形效果。

合理使用形状和路径图形可以非常有效地增强画面的动感和节奏，如右图（左）所示。使用填充渐变效果能够从视觉上表现出时尚、前卫的时代色彩，如右图（右）所示。

色彩搭配秘籍：蓝色、绿色、白色

本案例的色彩搭配采用了渐变效果的配色方式。背景中蓝色体现了企业产品的稳定性，如下图（左）所示；绿色能够传达出一种健康无污染、环保的意象，如下图（中）所示；白色主要用于使路径图形具有强烈的吸引力，如下图（右）所示。

RGB（3、110、184）
CMYK（85、50、0、0）

RGB（0、145、57）
CMYK（85、10、100、10）

RGB（255、255、255）
CMYK（0、0、0、0）

软件功能提炼

1. 使用“渐变工具”填充图形效果
2. 使用“路径查找器”操作图形
3. 使用“钢笔工具”创建路径图形
4. 使用“不透明度”调整图形的视觉效果

实例步骤解析

Logo 整体时尚、前卫，具有较强的时代色彩。从 Logo 的颜色来看，绿色象征了环保，蓝色体现了企业产品的稳定性。从形体来讲，线条流水般的流畅体现了一种古典的美感。

Part 01：制作Logo图形

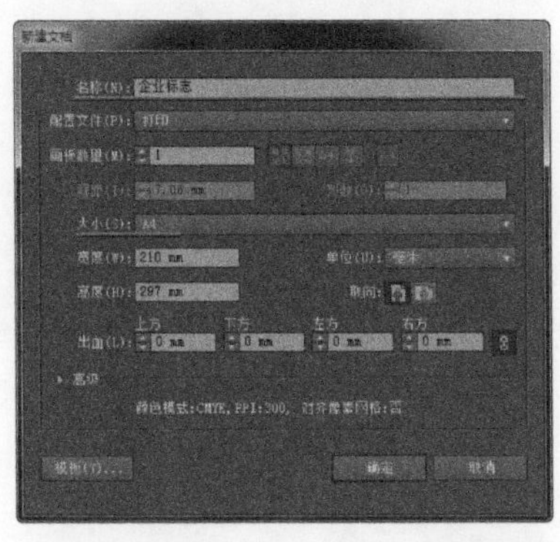

01 新建文档 执行“文件>新建”命令，设置各参数，单击“确定”按钮，新建文件。

02 绘制正圆形 使用“椭圆工具”，设置“描边”为无，按住Shift键在画布上绘制正圆形。

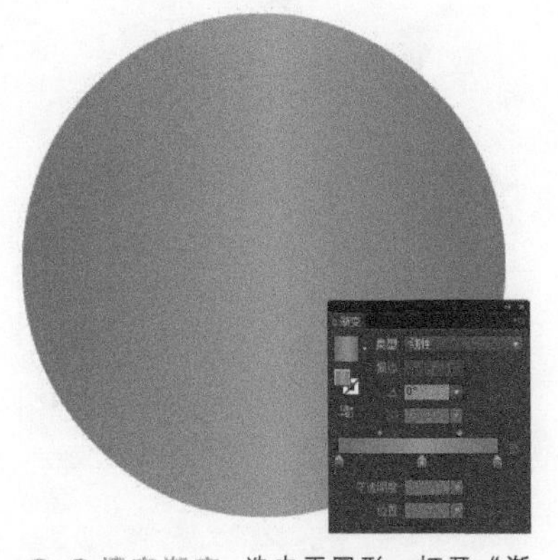

03 填充渐变 选中正圆形，打开“渐变”面板，设置渐变颜色值为CMYK（85、50、0、0）、（70、15、0、0）、（85、50、0、0）。使用“渐变工具”填充渐变效果。

TIPS

使用“椭圆工具”，按住 Shift 键在画布中拖动鼠标，可以绘制正圆形；同时按住 Shift+Alt 键，在画布中可以以单击点为圆心绘制正圆形。

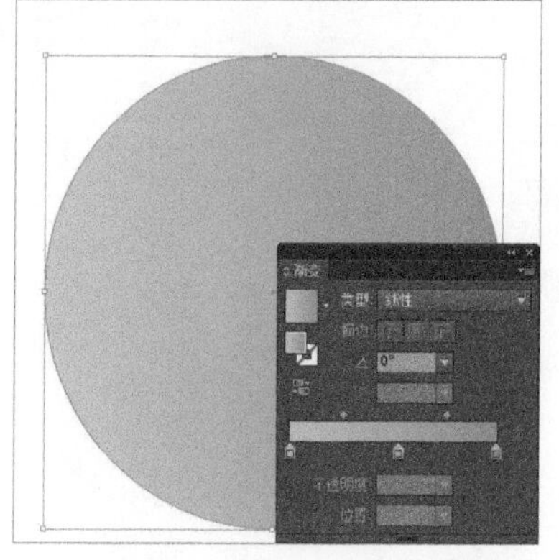

04 复制正圆形 复制正圆形，按快捷键Ctrl+F原位粘贴图形。打开“渐变”面板，设置渐变颜色值为CMYK（50、0、100、0）、（75、0、100、0）、（85、10、100、10），填充渐变颜色。

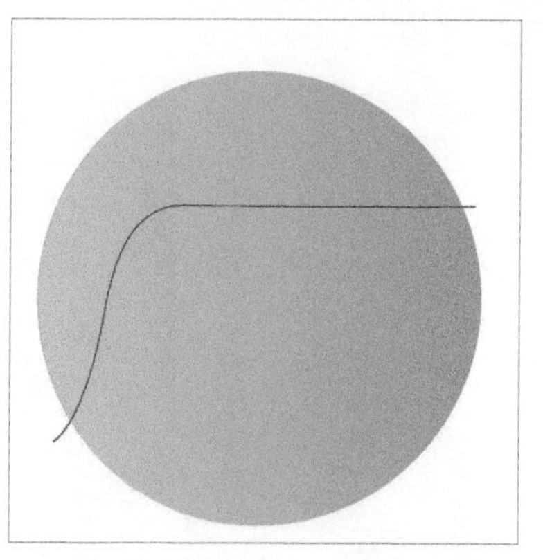

05 绘制不规则路径 使用“钢笔工具”，在正圆形合适的位置绘制路径。

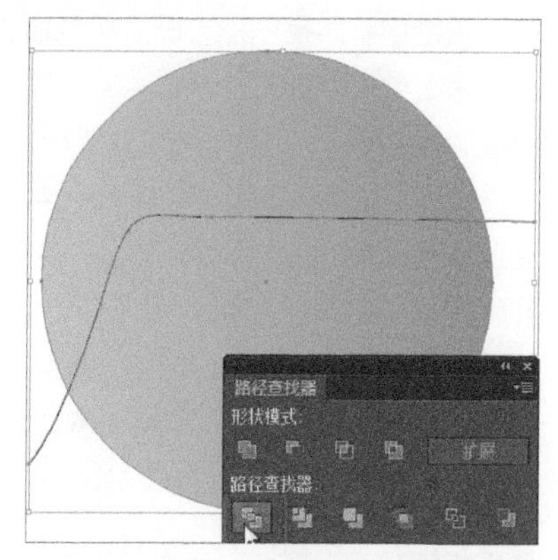

06 分割图形 选中刚绘制的路径和绿色正圆形，执行“窗口>路径查找器”命令，打开“路径查找器”面板，单击“分割”按钮。

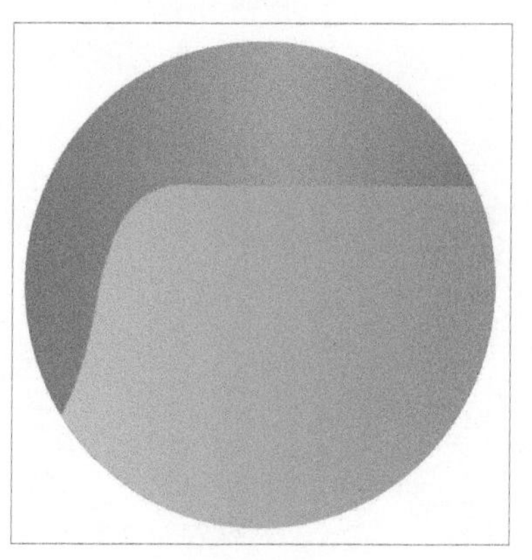

07 图形效果 分割正圆形，取消图形编组，将多余图形删除。

08 绘制路径图形 使用“钢笔工具”，设置“描边”为无，绘制图形。

09 复制图形 按住Alt键并拖动刚刚绘制的图形，对其进行复制。

10 绘制星形 使用“星形工具”，在画布中单击，弹出“星形”对话框，设置参数，单击“确定”按钮，绘制星形。

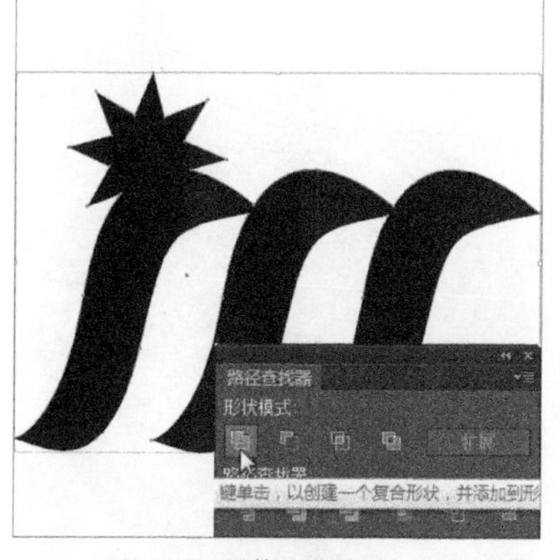

11 调整图形 调整星形到合适的大小和位置，同时选中相应的图形，打开“路径查找器”面板，单击“联集”按钮，将多个图形创建为一个图形对象。

12 减去顶层 将得到的图形复制，调整到合适的位置，同时选中该图形和绿色图形，单击“路径查找器”面板上的“减去顶层”按钮。

TIPS

使用“钢笔工具”绘制矢量图时，鼠标指针可以呈现出不同的变化，通过这些变化可以确定钢笔工具处于路径的什么位置。

13 删除不需要的图形 取消编组，将多余图形删除。

14 选中两个图形 将黑色的图形移至合适的位置，同时选中黑色和蓝色图形。

15 减去顶层 打开“路径查找器”面板，单击“减去顶层”按钮，得到需要的图形。

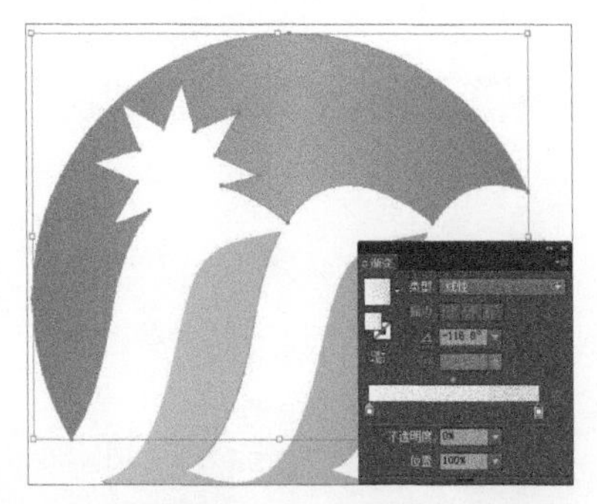

16 复制图形 复制蓝色图形，按快捷键Ctrl+F原位粘贴图形。打开“渐变”面板，设置参数。

17 填充渐变 使用“渐变工具”，调整渐变填充效果。打开“透明度”面板，设置“不透明度”为60%。

18 完成效果 使用相同的方法，可以绘制出相似的图形。

Part 02：制作Logo文字

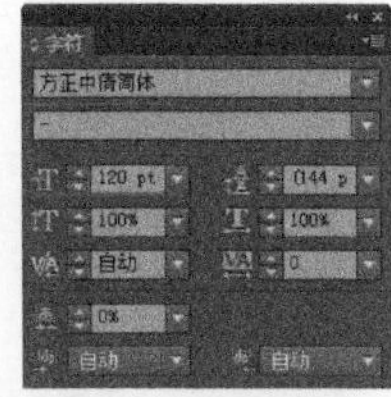

馨健康

01 输入文字 使用“文字工具”，执行“窗口>文字>字符”命令，打开“字符”面板，设置字体和大小，在画布上输入相应的文字。

02 输入文字 打开“字符”面板，设置字体和大小，在画布上输入相应的英文。选中组成Logo的图形和文字，执行“对象>编组”命令，将Logo图形编组。

TIPS

在将标志图形和标准字进行组合时，可以根据媒体的具体规格与排列方向来设计横排、竖排、大小和方向等不同形式的组合方式。

Part 03：制作Logo不同状态下的使用标准

01 设计墨稿 为适应媒体发布的需要，标识除彩色图例外，也要制定黑白图例，保证Logo在对外的形象中体现一致性。

02 反白效果图 还需要制作出Logo反白效果，应用于底色不适合使用全彩Logo的场合。

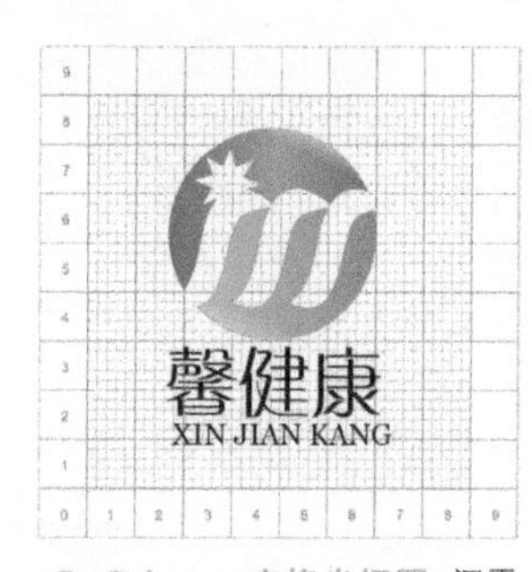

03 Logo方格坐标图 还需要制作Logo方格坐标图，通过方格坐标制图法可以了解Logo的造型比例、线条粗细、空间距离等相互关系。

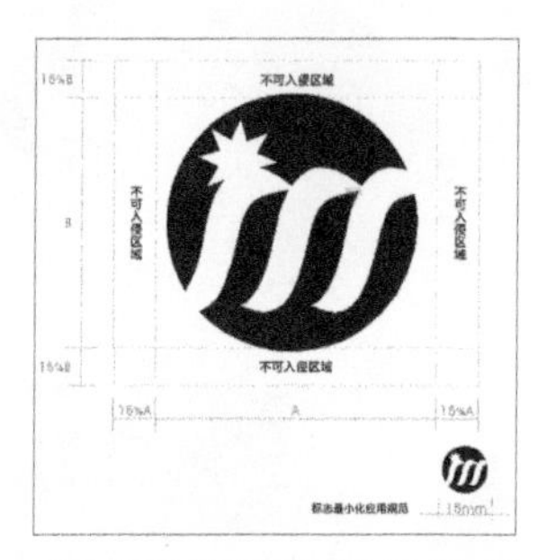

04 预留空间及最小比例 为使Logo在应用中有良好的表现效果，避免与其他元素混淆，特规定Logo的预留空间，设定不可入侵区域。

TIPS

最小比例是保证标志能够完整表现的最小极限，任何情况下不得将标志缩小至 15mm 以下。

3.2.1 对比分析

制作不同类型的 Logo 应该根据企业的特征采用不同类型的配色方式和表现方法，以强化企业 Logo 本身独有的特色。画面中的所有元素都应该以此为基准进行设计，这能够使 Logo 更加专业和形象。

❶ 蓝色和绿色两种纯色的色调搭配在一起很牵强，色调效果融不到一起，给人一种灰蒙蒙的感觉，画面完全失去了活力。

❷ 没有星形的衬托，画面给人一种很古板和传统的感觉，视觉冲击效果不强烈。

❸ 没有渐变高光的效果，使整个画面看起来很平板。整个 Logo 标志体现不出质感，也没有新鲜感，视觉美感不存在。

❶ 蓝色和绿色的渐变效果，使整体显得时尚、前卫，具有较高的时代色彩。给人一种自由的感觉，打破了画面的沉闷。

❷ 有了星形的衬托，画面的效果瞬间活泼和生动起来，给人一种精神抖擞的感觉，从而达到较好的视觉效果。线条流水般的流畅，体现了一种古典的美感。

❸ 绿色象征环保；蓝色体现了企业产品的稳定性；白色到透明白色的渐变效果，使整个画面看起来层次较分明、立体效果强烈，突出了企业标志的内涵。

3.2.2 知识扩展

企业 Logo 的设计是所有视觉要素的主导力量，是综合所有视觉设计要素的核心，代表着整个网站的形象。企业 Logo 一般具有鲜明的色彩和强烈的视觉感，能够给人留下深刻的印象。

Logo与商标的区别

商标是把某种商品或服务与别的商品或服务区分开来的一种 Logo 标志。商标功能的核心是区分。商标可以由文字、图形、字母、数字、三维标志和颜色单独或任意组合构成。商标是企业的无形资产。

商标与 Logo 的区别主要表现在商标是 Logo 的一种，Logo 标志包含商标。商标可以区分商品或服务，但其他标志如认证标志、合格标志等不具备这种功能。如右图（左、右）所示为一些设计精美的商标。

路径创建的方法

在绘图时一定会碰到“路径”这个概念，路径是使用绘图工具创建的任意形状的曲线，使用它可勾勒出物体的轮廓。为了满足绘图的需要，路径又分为开放路径和封闭路径。开放路径就是路径的起点与终点不重合，如右图（左）所示。封闭路径是一条连续的、没有起点或终点的路径，如右图（右）所示。

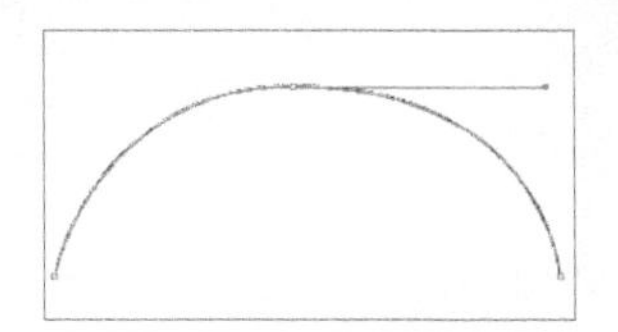

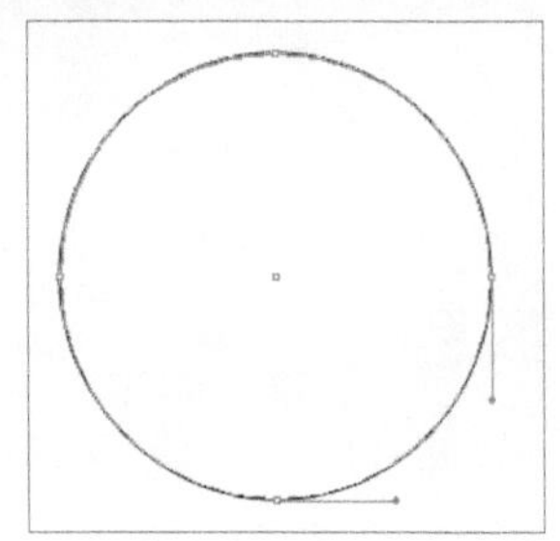

一条路径由若干条线段组成，其中可能包含直线和各种曲线线段，如右图所示。为了更好地绘制和修改路径，每条线段的两端均有锚点将其固定。通过移动锚点可以修改线段的位置和改变路径的形状。

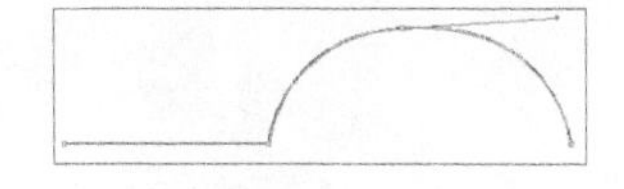

“钢笔工具”是 Illustrator 中最基本也是最重要的工具，它可绘制直线和平滑的曲线，而且可对线段提供精确的控制。

使用“钢笔工具”绘制矢量图时，鼠标指针可以呈现出不同的变化，通过这些变化可以确定“钢笔工具”处于路径的什么位置。

“钢笔工具”光标显示为时，表示将要开始绘制一条新的路径，单击画布生成起始点后，“*”符号随即消失。

“钢笔工具”光标显示为时，表示开放路径的最后一个锚点的方向线处于可编辑状态。确定开放的路径处于选择状态后，将鼠标指针放置在最后一个锚点上，鼠标指针变成形状。

如果最后一个锚点是平滑曲线锚点，按住鼠标单击并在锚点处拖动，可以改变锚点原有方向线的方向和长度。如果在拖动的时候按住 Alt 键，可以改变单向方向线的方向和长度。如果最后一个锚点是直线锚点，按住鼠标单击拖动可使直线锚点变成半曲线锚点。

“钢笔工具”光标显示为时，表示可以继续绘制路径。在实际工作中，路径的绘制不可能都是一蹴而就的，当再一次回到工作状态中，对没有完成的开放路径继续进行绘制时，将鼠标指针放置在端点上，鼠标指针变成形状，说明接下来绘制的路径和原来已有的路径是连成一体的。当然也可以通过这种方法将开放路径连接成一条闭合的路径。

“钢笔工具”光标显示为时，表示将要形成一条闭合的路径。当最后一个锚点和起始点锚点重合时，开放路径将形成闭合路径，这时钢笔工具的鼠标指针变成形状。

“钢笔工具”光标显示为时，表示将要连接多条独立的开放路径。当用钢笔工具连接多条独立的开放路径时，钢笔工具的鼠标指针变成形状，通过这种方法可以将多条开放路径连接成一条闭合的或者开放的路径。

“钢笔工具”光标显示为时，表示在当前的路径上增加锚点。选择“钢笔工具”，将鼠标指针落在当前的路径上时，鼠标指针变成形状，这时单击鼠标可以在路径上增加一个锚点。

“钢笔工具”光标显示为时，表示在当前的路径上删除锚点。选择“钢笔工具”，将鼠标指针落在路径上的锚点上时，钢笔工具的鼠标指针变成形状，这时单击鼠标可以将当前的锚点删除。

3.3 制作旅游Logo

设计思维过程

❶使用“钢笔工具”绘制出人物的整体结构。

❷在人物图形中，添加相应的锚点进行调整、变换。

❸绘制正圆形，填充渐变效果，复制多个图形并调整，复制人物路径，创建剪切蒙版。

❹使用“钢笔工具”和绘制图形的动感，制作主题文字部分。

设计关键字：路径图形、剪切蒙版

本案例中使用“钢笔工具”绘制路径图形，表现出画面的动感和节奏，如右图（左）所示；“添加锚点工具”调整图形；“直接选择工具”调整图形的大小位置，创建整体布局；“剪切蒙版”制作图片的特殊效果；添加多种颜色的彩带对比，表现出整个画面的活泼、自由和无拘束，如右图（右）所示。

色彩搭配秘籍：绿色、黄色、紫色

本案例的色彩搭配采用了纯色绿色，添加紫色、黄色、蓝色渐变作为对比。绿色能够传达出一种健康无污染、环保有活力的意象，如下图（左）所示；黄色提高视野线，如下图（中）所示；紫色主要是使渐变图形具有强烈的吸引力，如下图（右）所示。

RGB（70、134、65）
CMYK（75、34、93、0）

RGB（246、234、40）
CMYK（7、2、86、0）

RGB（172、80、149）
CMYK（37、78、5、0）

软件功能提炼

❶ 使用“钢笔工具”绘制整体结构
❷ 使用“路径查找器”创建图形
❸ 使用“文字工具”让文字效果更生动
❹ 使用“不透明度”调整图形的视觉效果

实例步骤解析

Logo 整体表现为运动效果较强，绿色体现出活泼、快乐、有活力。从形体来讲，线条流水般的流畅体现了一种向往自由和奔放的视觉感。字体的变化处理突出了主题特点。

Part 01：绘制滑雪人物图形

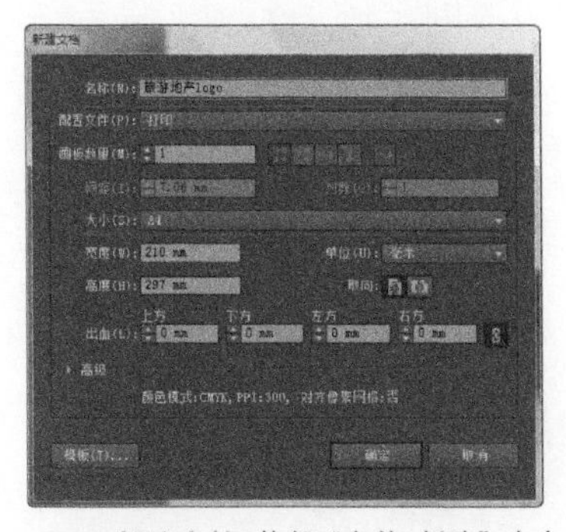

01 新建文档 执行“文件>新建”命令，设置相应的参数，单击“确定”按钮，新建文件。

02 置入素材 执行“文件>置入”命令，在画布中置入相应的素材图像。

03 绘制图形 使用“钢笔工具”，在刚刚置入的素材上绘制出人物的图形。

04 添加锚点 使用“添加锚点工具”，在头部添加相应的锚点。

05 调整锚点 使用“直接选择工具”和“转换锚点工具”，对刚添加的锚点进行调整。

06 整体锚点调整 使用相同的方法，在人物图形中添加相应的锚点，使用“直接选择工具”对整个人物图形进行大致调整。

TIPS

在使用“转换锚点工具”转换锚点之前，先要选择需要修改的路径，再选择“转换锚点工具”。将光标放在需要转换的锚点上，如果要将角点转换为平滑点，可单击角点向外拖动方向线。

07 调整效果 使用“添加锚点工具”、“删除锚点工具”、“直接选择工具”对人物图形的外观进行调整。

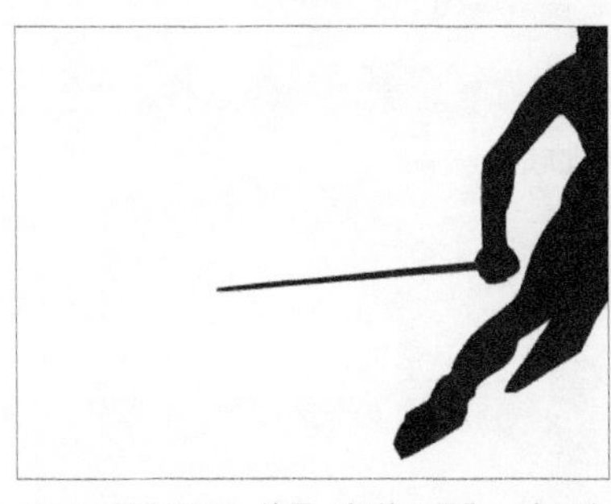

08 绘制图形 使用“钢笔工具”，在画布中绘制图形。

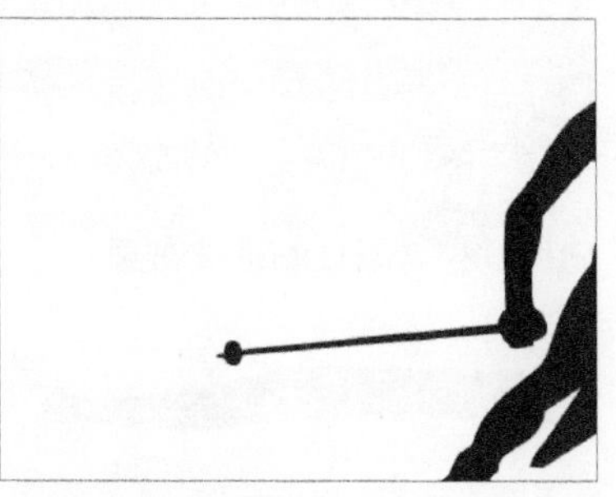

09 绘制椭圆形 使用“椭圆工具”，在画布中绘制椭圆形。

10 绘制图形 使用相同的方法，可以在画布中绘制出相似的图形效果。

11 绘制图形 使用“钢笔工具”，在画布中相应的位置绘制图形。

12 结合图形 选中全部图形，执行“窗口>路径查找器”命令，打开“路径查找器”面板，单击“联集”按钮，结合成一个完整的滑雪人物图形。

TIPS

“钢笔工具”是具有最高精度的绘图工具，它可以绘制任意的直线和平滑的曲线。“钢笔工具”绘制的曲线叫做贝塞尔曲线，具有精确和易于修改的特点，被广泛地应用在计算机图形领域。

13 填充颜色 选中图形，打开“颜色”面板，设置颜色值为CMYK（75、34、93、0）。

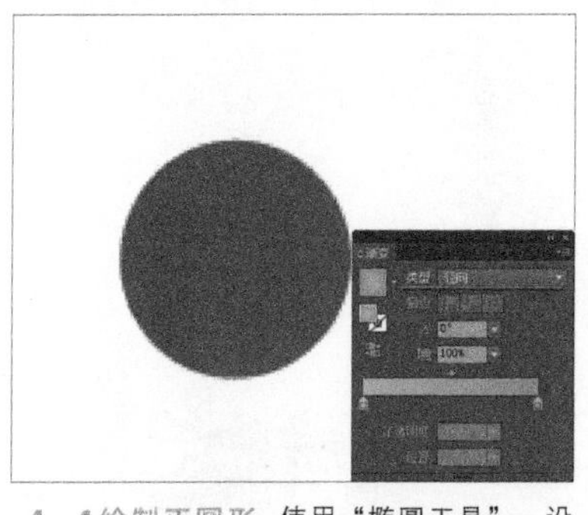

14 绘制正圆形 使用“椭圆工具”，设置“描边”为无，按住Shift键在画布中绘制正圆形。打开“渐变”面板，设置渐变颜色值为CMYK（67、2、6、0）、（80、26、92、0）。

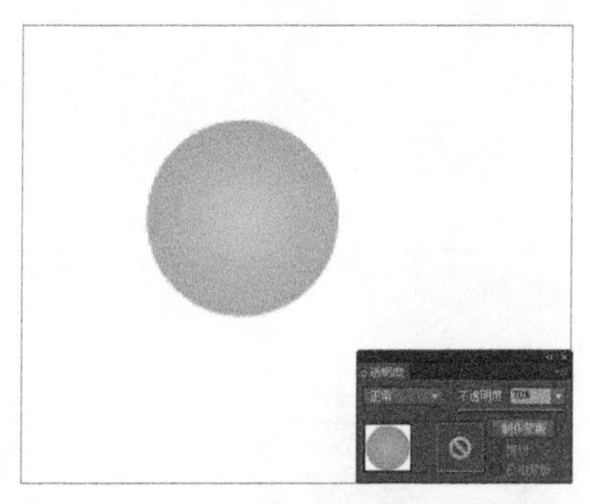

15 设置不透明度 为正圆形填充渐变颜色，打开“透明度”面板，设置“不透明度”为70%。

16 绘制正圆形 使用“椭圆工具”，设置“填色”为CMYK（66、4、16、0），在画布中绘制正圆形。复制该正圆形，设置“不透明度”为70%。

17 复制路径 复制人物图形，按快捷键Ctrl+F原位粘贴图形。设置“描边”为无，“填色”为无。将正圆形调整到人体图形合适位置、大小。

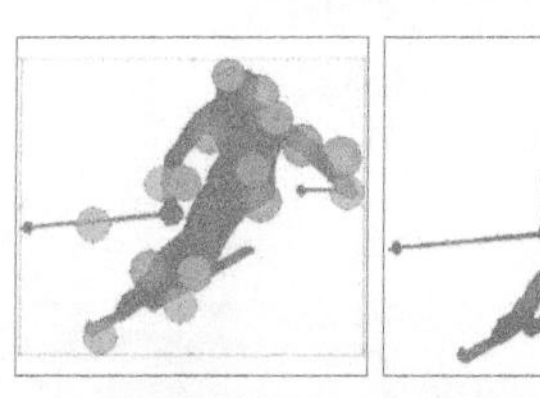

18 复制图形 选中复制得到的人物路径和所有正圆形，执行“对象>剪切蒙版>建立”命令，创建剪切蒙版。

TIPS

建立路径剪切蒙版，可以将剪切路径以外的多余图形隐藏起来。

Part 02：丰富Logo图形效果

01 绘制路径图形 使用“钢笔工具”绘制图形，对图形进行调整。

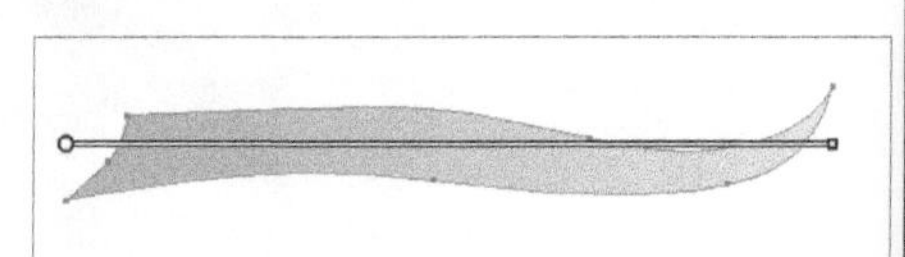

02 填充渐变颜色 打开“渐变”面板，设置渐变颜色值为CMYK值为（61、4、89、0）、（7、2、84、0），使用“渐变工具”填充渐变颜色。

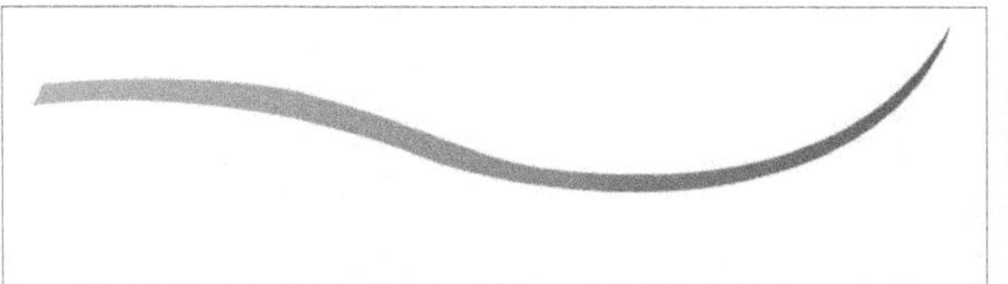

03 **绘制图形并填充渐变颜色** 使用相同的方法绘制图形，设置渐变颜色值为CMYK（67、2、6、0）、（37、79、5、0），填充渐变颜色。

04 **完成Logo图形的绘制** 使用相同的方法绘制出其他图形，将所绘制的图形调整到合适的大小和位置。

Part 03：制作Logo文字

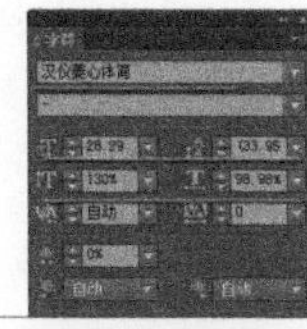

BAI YA SHAN

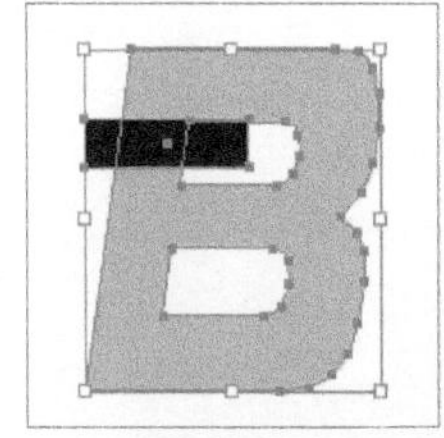

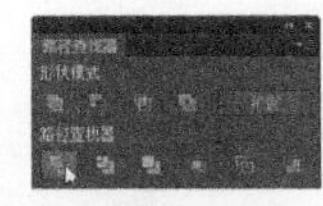

BAI YA SHAN

01 **创建文字效果** 使用“文字工具”，打开“字符”面板，设置字体和大小，在画布上输入相应的文字，使用“倾斜工具”对文字进行倾斜处理。

02 **处理文字效果** 将文字创建轮廓，设置“填色”为CMYK（55、8、98、0），取消编组。使用“矩形工具”绘制矩形，选中矩形和文字图形，单击“路径查找器”面板上的“分割”按钮。

03 **文字变形处理** 使用相同的方法，对其他文字进行变形处理，完成效果。

TIPS

使用“路径查找器”面板中的按钮组合对象时，至少需要选择两个或两个以上的对象；选择需要组合的对象后，按住Alt键单击“路径查找器”面板中的按钮，可以在组合图形后直接扩展对象。

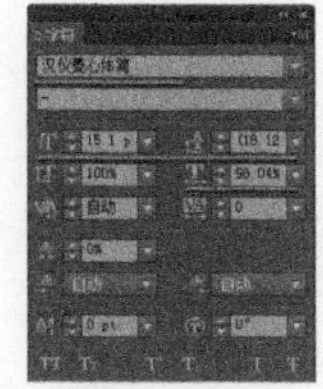

BAI YA SHAN
白亚山国际滑雪场

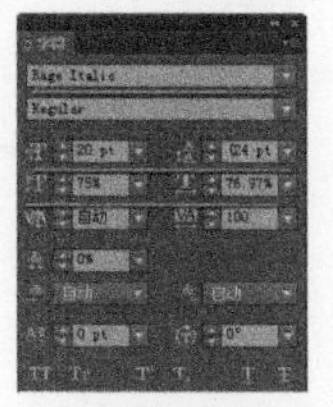

BAI YA SHAN
白亚山国际滑雪场 Ski Resort

04 **输入文字并倾斜** 使用相同的方法，在画布中输入文字，并对文字进行倾斜处理。

05 **输入文字** 使用相同的方法，在画布中输入文字。

06 **最终效果** 完成该旅游Logo的设计制作，可以看到该Logo的最终效果。

TIPS

在常规印刷品上很少使用特殊字体。因为使用特殊字体会使读者把注意力过多地关注到特殊字的效果上，给表达主题带来影响，所以想在文字上操作，可以在外形上做适当的调整。

Part 04：制作Logo不同状态下的使用标准

01 **设计墨稿** 为适应媒体发布的需要，标识除彩色图例外，也要制定黑白图例，保证Logo在对外的形象中体现一致性。

02 **反白效果图** 还需要制作出Logo反白效果，应用于底色不适合使用全彩Logo的场合。

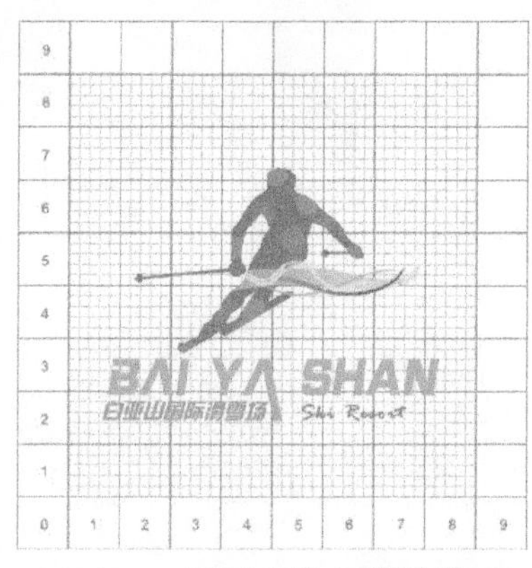

03 Logo方格坐标图 还需要制作Logo方格坐标图，通过方格坐标制图法可以了解Logo的造型比例、线条粗细、空间距离等相互关系。

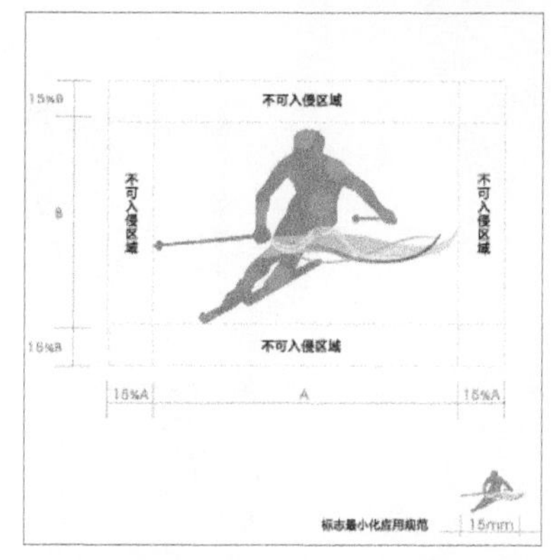

04 预留空间及最小比例 为使Logo在应用中有良好的表现效果，避免与其他元素混淆，特规定Logo的预留空间，设定不可入侵区域。

TIPS

制作黑白图例和反白图例，保证标志在对外的形象中体现一致性。

TIPS

Logo 标准制图主要用于快速、准确地绘制出公司 Logo，从相等的单位方格中得为了解 Logo 的造型比例、空间距离等相互关系。为确保 Logo 造型的精确再现，在实际应用中应严格按长度比例放大和缩小。在制作过程中，通常 Logo 以电子文件格式自动缩放，在某些特殊情况下，以传统制图法表示时，应按标明的尺寸比例精确绘制。

3.3.1 对比分析

Logo 标志的设计并不需要十分烦琐复杂，重点是如何能够突出主题，生动形象地传达企业形象，给人留下优美和深刻的视觉印象。

❶ 人体结构的颜色为纯绿色，突出不了人的视野，没有特点。

❷ 没有彩带的衬托，使画面给人一种单调感，没有体现出运动感；且画面不生动，给人一种沉闷的感觉。

❸ 字体太生硬了，字体和画面不能融合在一起，表现不出运动感。

❶ 绿色背景上增添一些透明色和渐变透明色，画面顿时就增添了活力，视觉效果较好。

❷ 彩带的衬托，体现出人物是在运动的，而且充满活力、精神亢奋。画面带给人飞跃的感觉。

❸ 字体的调整变形，使文字和画面充分地融合在一起。人物在运动，字体也带给人一种运动的快感。

Before

After

3.3.2 知识扩展

一般情况下，在设计 Logo 标志时，采用的主题题材主要有企业名称、企业名称首字、企业名称含义、企业文化与经营理念、企业经营内容与产品造型、企业与品牌的传统历史或地域环境等。

Logo标志与标准字规范

从造型的角度来看，标志可以分为具象型、抽象型和具象抽象结合型 3 种，具象型标志是在具体图像的基础上，经过各种修饰，如简化、概括、夸张等设计而成的，其优点在于直观地表达具象特征，使人一目了然。抽象型标志是由点、线、面、体等造型要素设计而成的标志，它突破了具象的束缚，在造型效果上有较大的发挥余地，可以产生强烈的视觉刺激，但在理解上易于产生不确定性。下图（左、中、右）所示为一些设计精美的具象型和抽象型 Logo 标志。

Logo 标准字代表着特定企业形象，因此必须具备独特的整体风格和鲜明的个性特征，以使它所代表的企业从众多的可比较对象中脱颖而出，令人过目不忘。

一个企业应该具备自己不同于其他企业的内在风格，不同的字体造型和组合形式也具有内在的风格特征，找到二者间的有机联系。如下图（左、右）所示为 Logo 标准字。

路径应用技巧

对于封闭路径（如圆形）而言是没有起始点的，对于开放路径（如波浪形）而言，路径两端的锚点被称为“端点”，如右图所示。

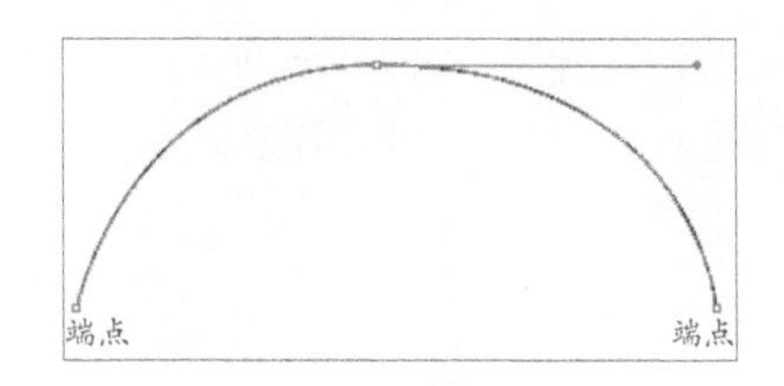

锚点是组成路径的基本元素，锚点和锚点之间会以一条线段连接，该线段被称为路径片段。在使用“钢笔工具”绘制路径的过程中，每单击鼠标一次，就会创建一个锚点。如右图所示为路径上的各个要素。

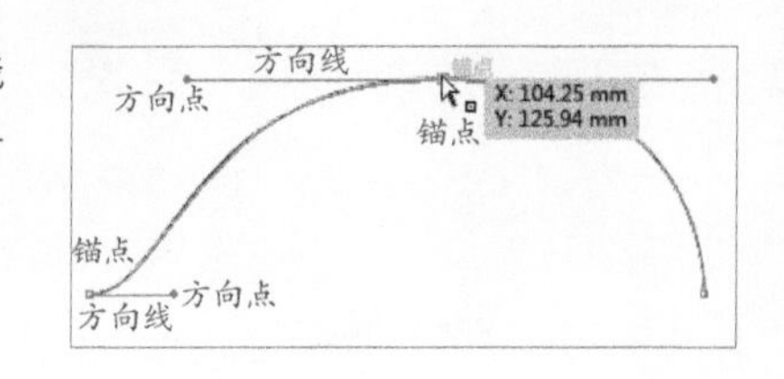

根据路径片段的不同，可以将锚点分为以下 5 种类型。

❶ 直线锚点

直线锚点连接起来形成直线段，直线锚点没有方向线。单击鼠标就可以在图像上创建直线锚点，如下图(左)所示。

❷ 对称曲线锚点

创建锚点时，如果按住鼠标单击拖动，该锚点就会产生两条长度一样且方向相反的方向线，这种锚点被称为对称曲线锚点。具有方向线的锚点可以形成曲线，方向线的长短和角度决定了曲线的长度和曲率。通常情况下，方向线越长，曲线越长；方向线的角度越大，曲线的曲率越大，如下图（右）所示。

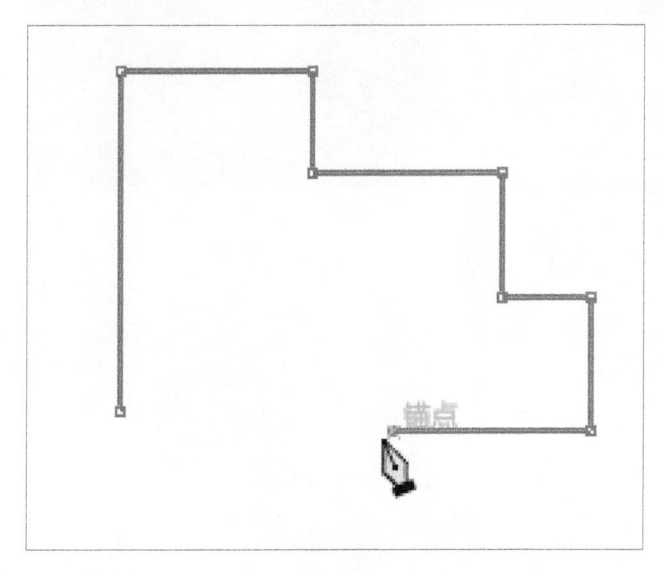

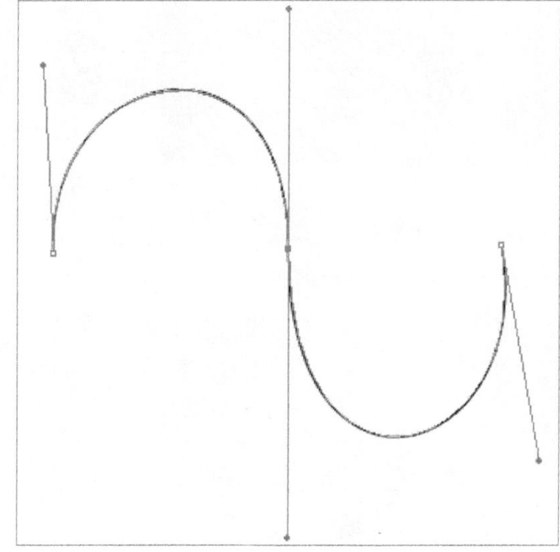

❸ 平滑曲线锚点

平滑曲线锚点和对称曲线锚点创建的方法相同。不同的是，平滑曲线锚点的两条方向线长度不一样。选择“直接选择工具”，将鼠标指针放在方向线的方向点上，按住鼠标单击并拖动就可以改变方向线的长度，如下图（左）所示。

❹ 转角锚点

转角锚点和对称曲线锚点创建的方法相同。不同的是，转角锚点的两条方向线角度不等于 180°。对称曲线锚点创建后，按住 Alt 键，“钢笔工具”暂时转换成“转换锚点工具”，将鼠标指针放在方向线的方向点上，按住鼠标单击拖动就可以改变两条方向线之间的角度。用转角锚点可以形成任何角度和曲率的曲线，如下图（右上）所示。

❺ 半曲线锚点

半曲线锚点和对称曲线锚点创建的方法相同。不同的是，半曲线锚点只有一条方向线。对称曲线锚点创建后，按住 Alt 键的同时单击该锚点，即可将一端的方向线去掉。半曲线锚点可以将曲线和直线连接起来，如下图（右下）所示。

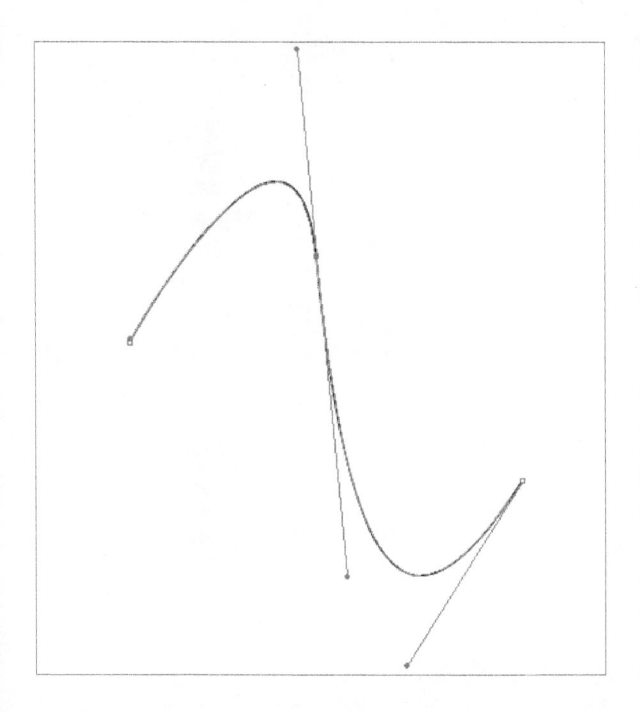

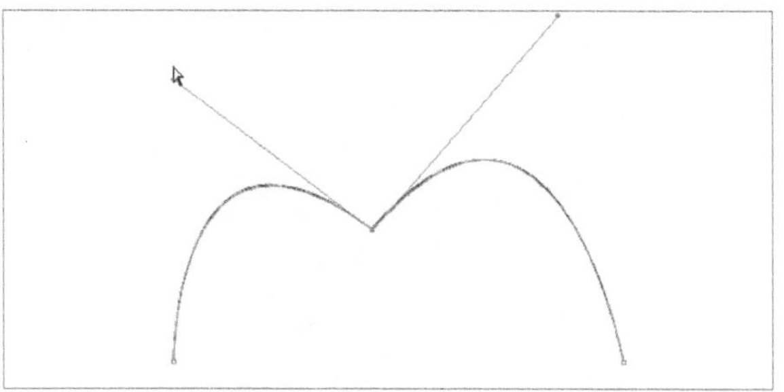

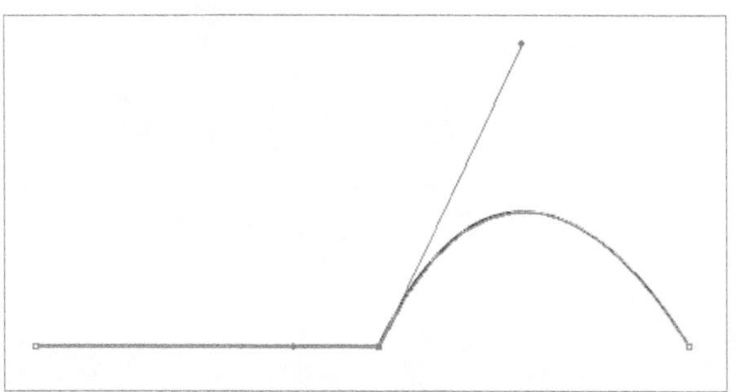

在 Illustrator CS6 中，还可以直接选择某一锚点后，单击控制面板上相应的转换按钮，实现锚点在尖角和平滑之间的转换。

3.4 模版欣赏

完成本章内容的学习，希望读者能够掌握 Logo 的设计制作方法。本节将提供一些精美的 Logo 设计模版供读者欣赏。读者可以自己动手试着练习一下，检验一下自己是否也能够设计制作出这样的 Logo。

3.5 课后练习

学习了有关 Logo 设计的内容，并通过 Logo 实例的制作练习，是否已经掌握了有关 Logo 设计的方法和技巧呢?本节通过两个练习，巩固对本章内容的理解并检验读者对 Logo 设计制作方法的掌握。

3.5.1 设计企业Logo

企业 Logo 大多数都是使用简单的图形与文字共同构成，本实例所设计的企业 Logo 就是通过象形的飞鸟图形构成 Logo 的主体图形，搭配企业名称文字构成整个企业 Logo 的效果。

❶ 使用“钢笔工具”，绘制形状图形。

❷ 使用“钢笔工具”，绘制多个形状图形，注意各形状图形的比例大小。

❸ 使用“钢笔工具”，绘制形状图形，注意色彩和图形大小比例的调整。

❹ 输入企业名称文字，并在色彩应用上与 Logo 图形相一致。

3.5.2　设计活动Logo

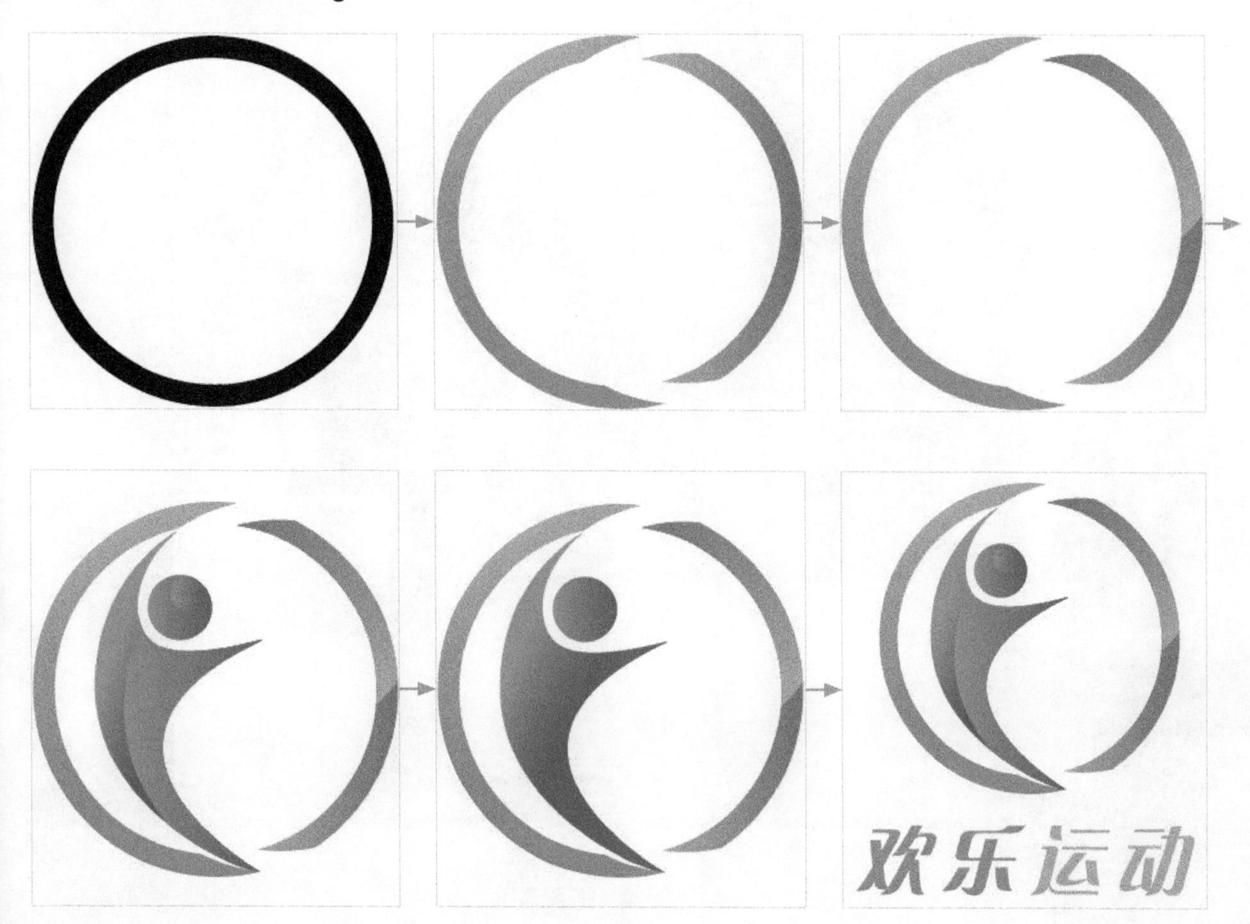

ascienda

ADNERYS ARMSTRONG

张某某 营销总监

180 560 275XX

101395XX@163.com

www.ddx.com

安徽省合肥市鱼花大道56号
点点星文化传媒

第 04 章

VI设计——填色与描边处理

VI即以标志、标准字和标准色为核心展开的完整的、系统的视觉表达体系。VI将企业理念、企业文化、服务内容和企业规范等抽象概念转换为具体符号，塑造出独特的企业形象。在VI设计中，视觉识别设计最具传播力和感染力并具有重要意义，也最容易被公众接受。

VI设计来源于英文的Visual Identify System，即视觉识别系统。本章将向读者重点介绍VI设计的相关基础概念和知识，并通过多种不同VI项目的设计制作帮助读者理解VI设计的原理，使读者能够快速掌握VI设计的方法。

精彩案例：

- 制作企业名片
- 制作企业信纸
- 制作企业信封

4.1 VI设计知识

在企业中，VI 通过标准识别来划分和产生区域、工种类别、统一视觉等要素，以利于规范化管理和增强员工的归属感。

VI 由两大部分组成，一是基本设计系统，二是应用设计系统。在这里，可以以一棵大树来比喻，基本设计系统是树根，是 VI 的基本元素，而应用设计系统是树枝、树叶，是整个企业形象的传播媒体。

4.1.1 VI中的应用要素

设计科学的、有力的视觉识别系统，是传播企业经营理念、建立企业知名度、塑造企业形象的快速便捷途径，VI 系统中的应用要素主要有以下几个方面。

标志设计

标志设计包括标志及标志创意说明、标志墨稿、标志黑白效果图、标志标准化制图、标志方格坐标制图、标志预留空间与最小比例限定和标志特定色彩效果展示等内容，如下图（左 1、左 2）所示。

标准字设计

标准字包括全称中文标准字、简称中文标准字、全称中文标准字方格坐标制图、简称中文标准字方格坐标制图、全称英文标准字、简称英文标准字、全称英文标准字方格坐标制图和简称英文标准字方格坐标制图等，如下图（左 3、左 4）所示。

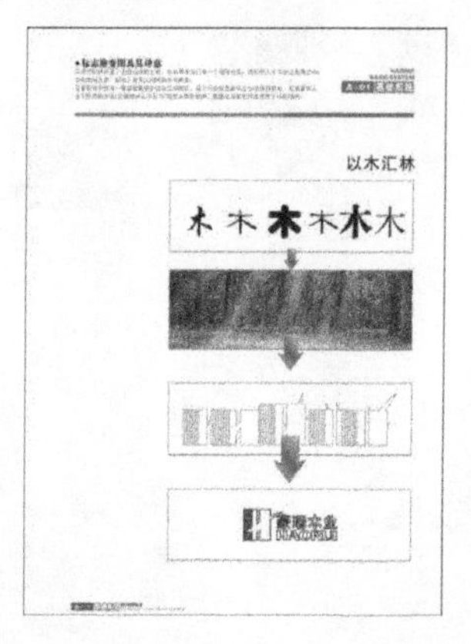

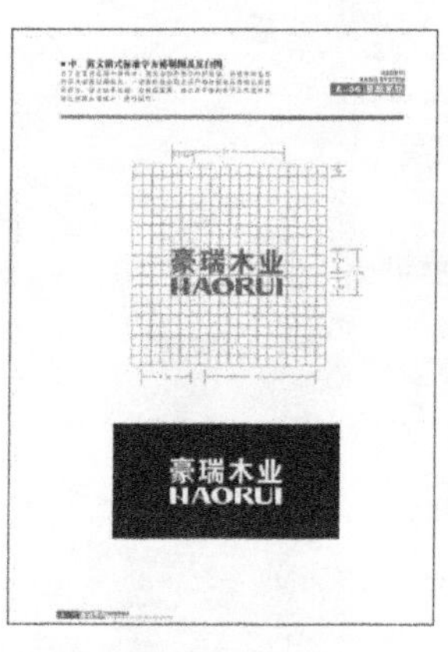

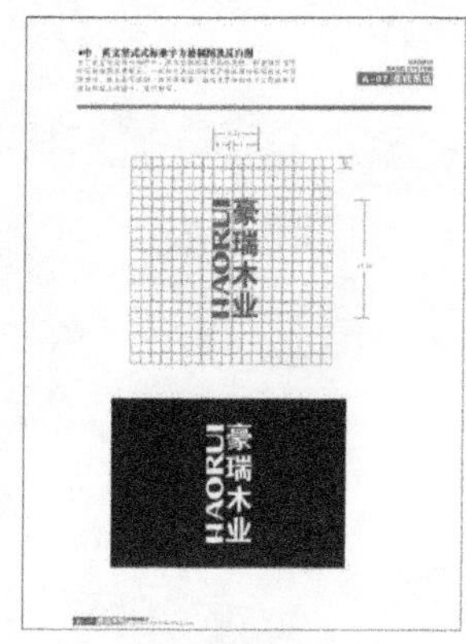

标准色

标准色包括辅助色系列、下属产业色彩识别、背景色使用规定、色彩搭配组合专用表及背景色色度和色相等内容，如右图（左、中、右）所示。

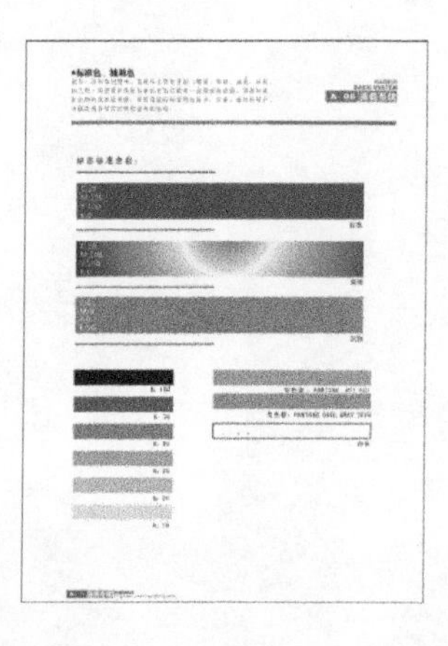

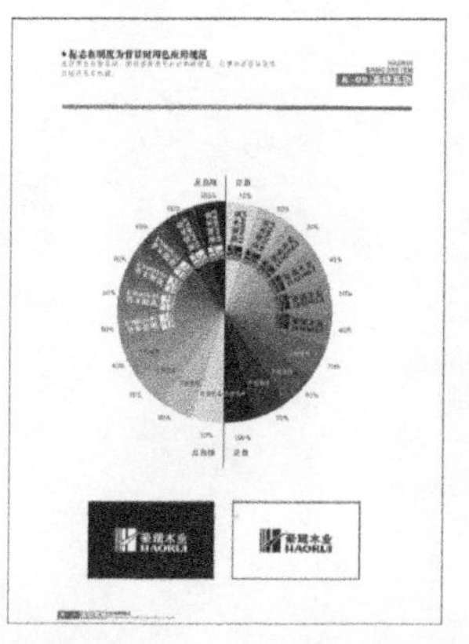

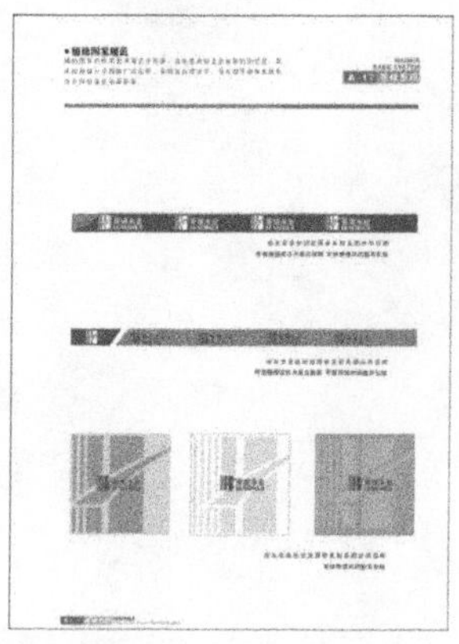

吉祥物

吉祥物包括吉祥物的彩色稿及造型说明、立体效果图、基本动态造型、造型的单色印刷规范和展开使用规范等内容。

象征图形

象征图形包括象征图形彩色稿、象征图形延展效果稿、象征图形使用规范和象征图形组合规范等内容。

基本要素组合规范

基本要素组合规范包括标志与标准字组合多种模式、标志与象征图形组合多种模式和标志吉祥物组合多种模式，以及标志与标准字、象征图形和吉祥物组合多种模式等，如右图所示。

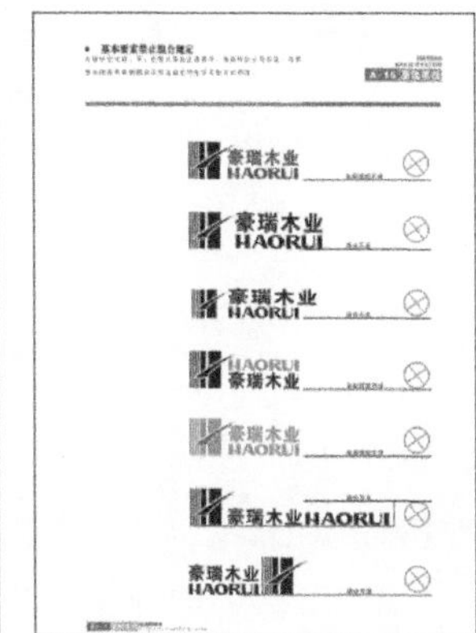

4.1.2 VI中的应用系统

真正制作一套企业 VI，不是一个人就能够完成的，而且完成的内容足足有几百页之多。现在的广告公司，VI 设计是根据客户的要求来制作相关部分。VI 系统中的应用系统主要包括以下几个方面。

办公事务用品设计

办公事务用品设计包括高级和中级主管名片、员工名片、信封、信纸、特种信纸、便笺、传真纸、票据夹、合同夹、合同书规范格式、档案盒、薪资袋、识别卡（工作证）、临时工作证、出入证、工作记事簿、文件夹、文件袋、档案袋、卷宗纸、公函信纸、备忘录、简报、文件题头、直式及横式表格规范、电话记录、办公文具、聘书、岗位聘用书、奖状、公告、网站名称地址封面及内页版式、产品说明书封面及内页版式、考勤卡、办公桌标识牌、及时贴标签、意见箱、稿件箱、企业徽章、纸杯、茶杯、杯垫、办公用笔、笔架、笔记本、记事本、公文包、通讯录、财产编号牌、培训证书、企业旗、吉祥物旗座造型、挂旗、屋顶吊旗和桌旗等，如下图（左 1、左 2、左 3、左 4）所示。

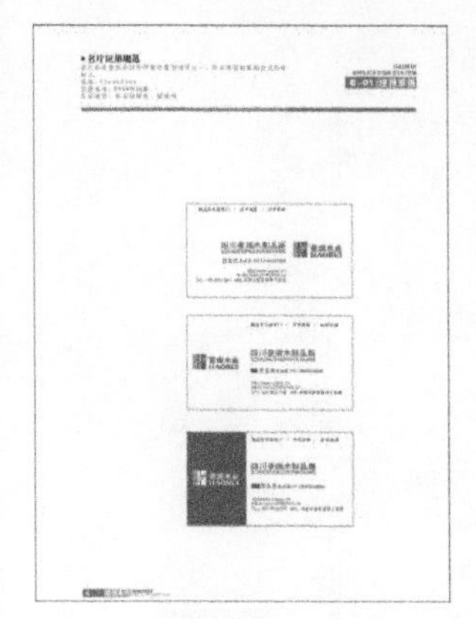

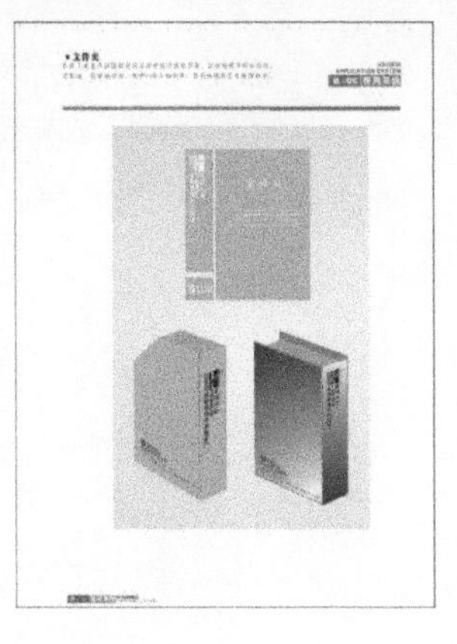

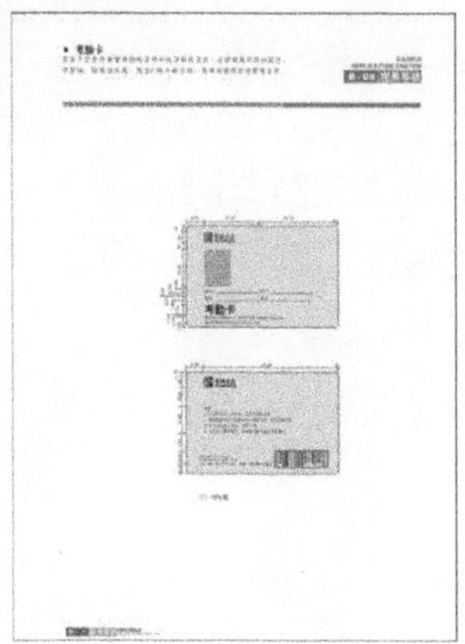

公共关系赠品设计

公共关系赠品设计包括贺卡、专用请柬、邀请函、手提袋、包装纸、钥匙牌、鼠标垫、挂历版式规范、台历版式规范、日历卡版式规范、明信片版式规范、小型礼品盒、礼赠用品和雨具等，如下图（左 1、左 2、左 3、左 4）所示。

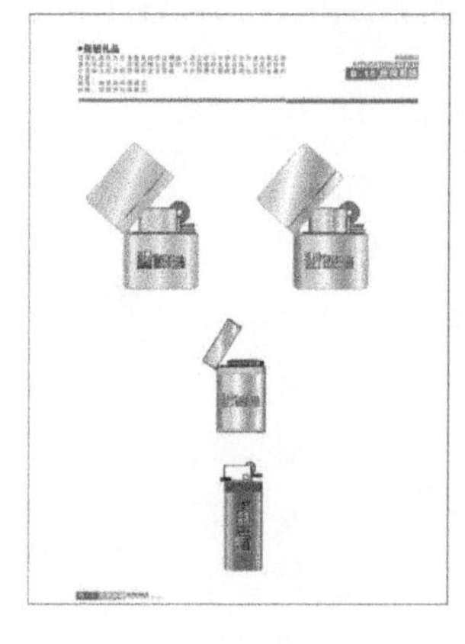
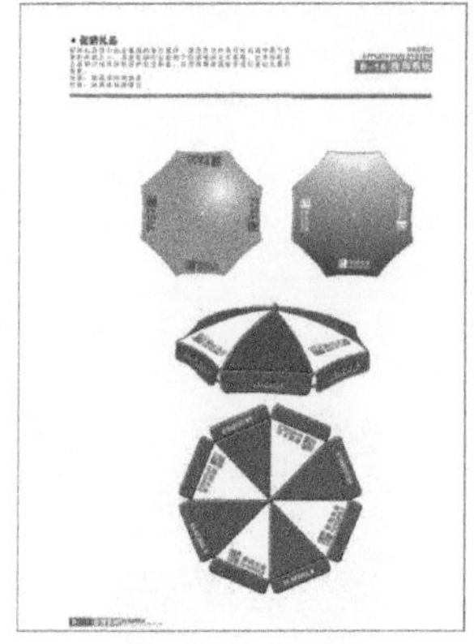
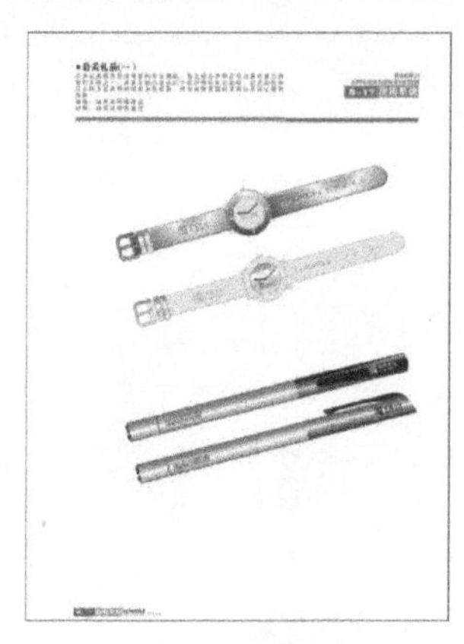
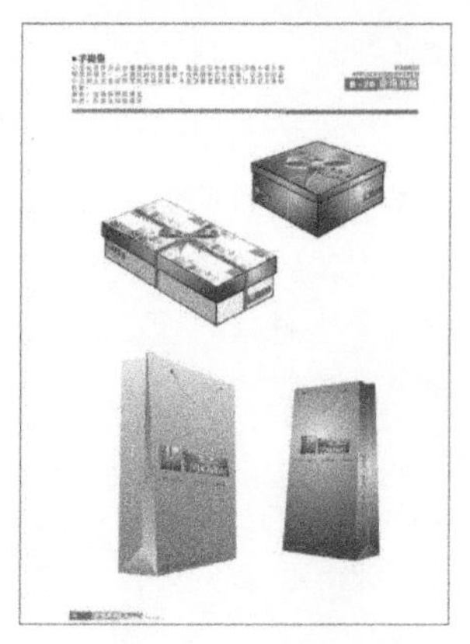

员工服装设计

员工服装设计包括服饰规范、管理人员男装和女装、春秋装衬衣（短袖和长袖）、员工男装和女装、冬季防寒工作服、运动服外套、运动服、运动帽、T 恤（文化衫）和外勤人员服装等，如下图（左 1、左 2、左 3、左 4）所示。

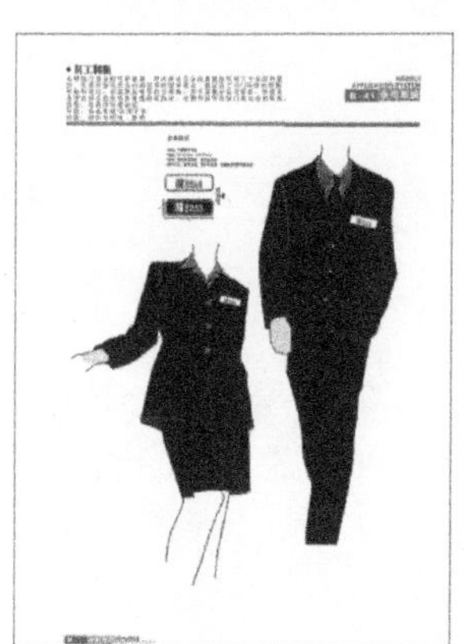
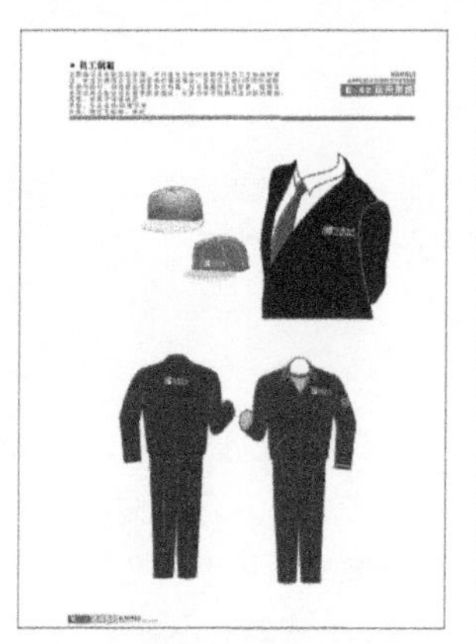
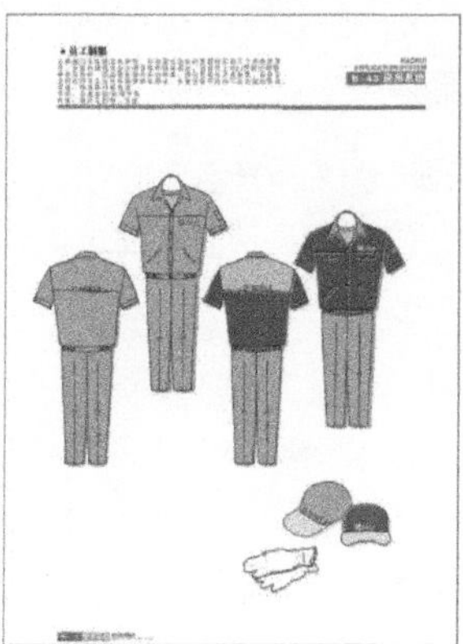

企业车体外观设计

企业车体外观设计包括公务车、面包车、班车、大型运输货车、小型运输货车、集装箱运输车和特殊车型等，如右图（右 1、右 2）所示。

标志符号指示系统

标志符号指示系统包括企业大门和厂房的外观、办公楼楼体示意效果图、大楼户外招牌、公司名称标识牌、活动式招牌、公司机构平面图、大门入口指示、楼层标识牌、方向指引标识牌、公共设施标识、布告栏、生产区楼房标志设置规范、立地式道路导向牌、立地式道路指示牌、立地式标识牌、欢迎标语牌、户外立地式灯箱、停车场区域指示牌、车间标识牌、地面导向线、生产车间门牌规范、分公司及工厂竖式门牌、门牌、生产区平面指示图、生产区指示牌、接待台及背景板、室内企业精神口号标牌、玻璃门窗警示性装饰带、车间室内标识牌、警示标识牌、公共区域指示性功能符号、公司内部参观指示、各部门工作组别指示、内部作业流程指示和各营业处出口通道规划等，如下图（左、中、右）所示。

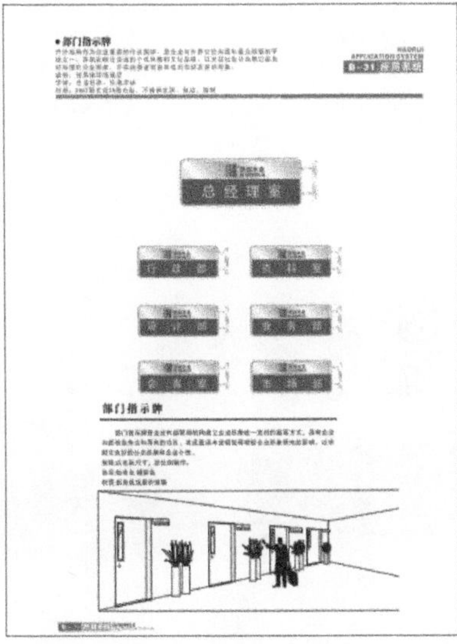

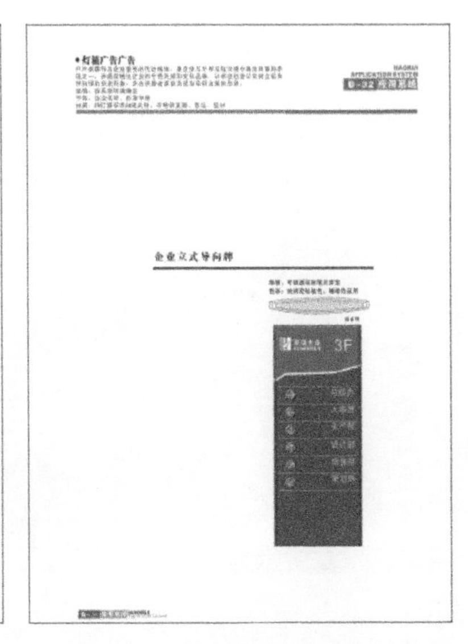

销售店面标识系统

销售店面标识系统包括小型销售店面和大型销售店面，店面横、竖和方招牌，导购流程图版式规范、店内背景板（形象墙）、店内展台、配件柜及货架、店面灯箱、立墙灯箱、资料架、垃圾筒和室内环境等，如下图（左、中、右）所示。

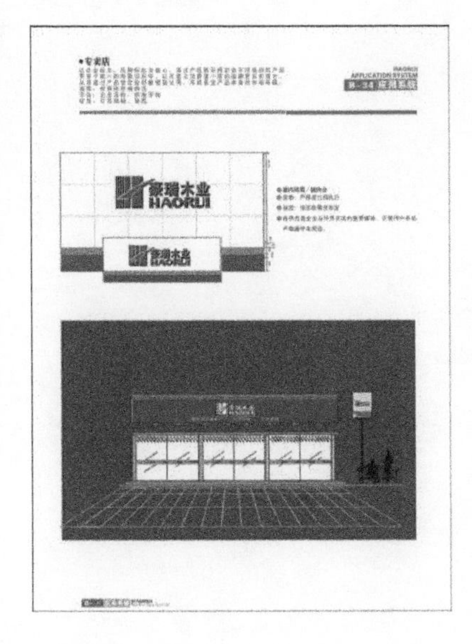

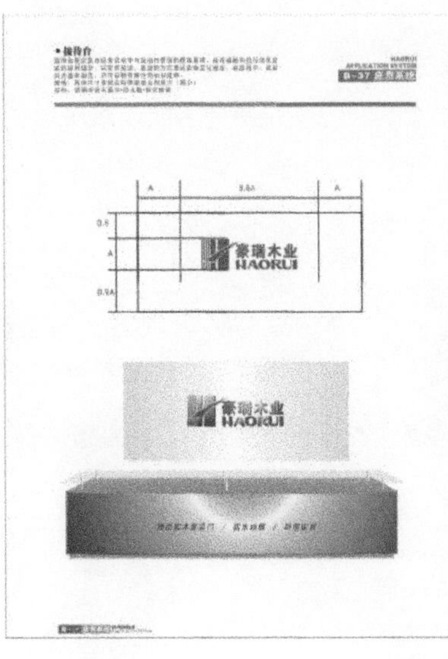

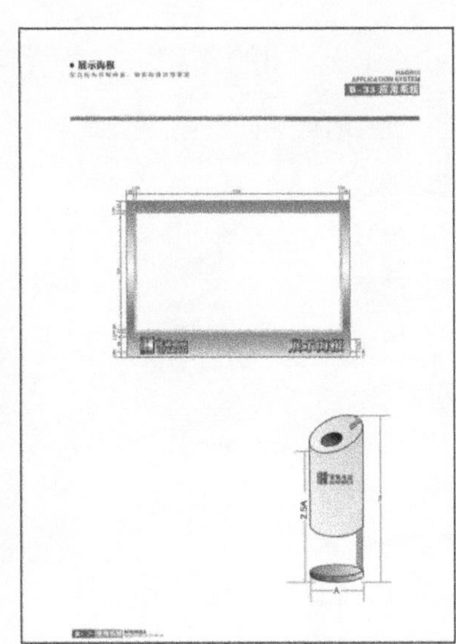

企业商品包装识别系统

企业商品包装识别系统包括大件商品运输包装、外包装箱（木质、纸质）、商品系列包装、礼品盒包装、包装纸、配件包装纸箱、合格证、产品标识卡、存放卡、保修卡、质量通知书版式规范、说明书版式规范、封箱胶带和会议事务用品等。

企业广告宣传规范

企业广告宣传规范包括电视广告标志定格、报纸广告系列版式规范（整版、半版和通栏）、杂志广告规范、海报版式规范、系列主题海报、大型路牌版式规范、灯箱广告规范、公交车体广告规范、双层车体车身广告规范、T恤衫广告、横竖条幅广告规范、大型氢气球广告规范、霓虹灯标志表现效果、DM直邮宣传页版式、广告促销用纸杯、直邮宣传三折页版式规范、企业宣传册封面和版式规范、年度报告书封面版式规范、宣传折页封面及封底版式规范、产品单页说明书规范、对折式宣传卡规范、网站主页版式规范、分类网页版式规范、光盘封面规范、灯箱广告规范、墙体广告、楼顶灯箱广告规范、户外标识夜间效果、展板陈列规范、柜台立式POP广告规范、立地式POP规范、悬挂式POP规范、产品技术资料说明版式规范、产品说明书和路牌广告版式等，如下图（左1、左2、左3、左4）所示。

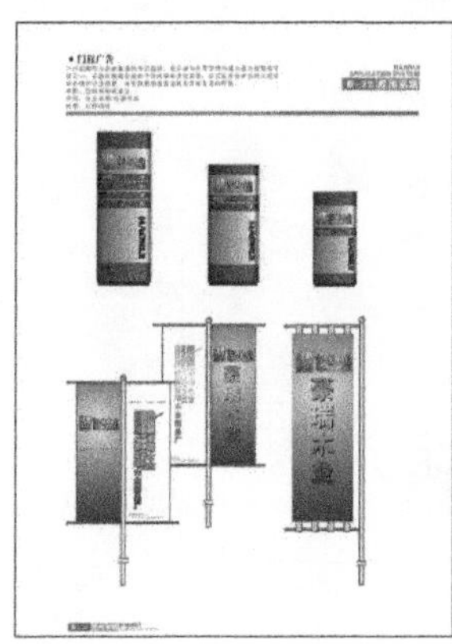
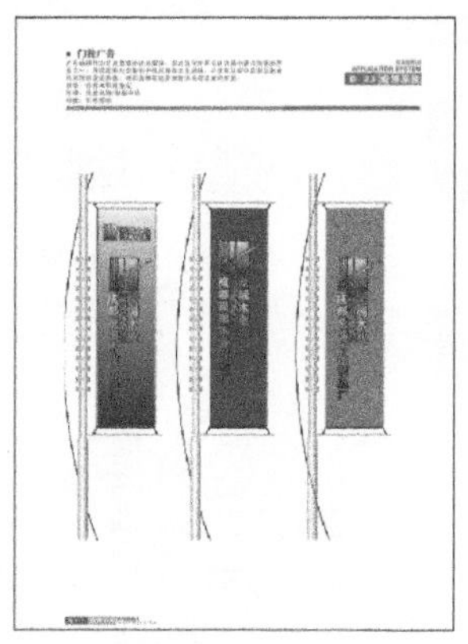

展览指示系统

展览指示系统包括标准展台、展板形式、特装展位示意规范、标准展位规范、样品展台、样品展板、产品说明牌、资料架和会议事务用品等。

4.1.3 VI的作用

优秀的VI设计与企业的发展息息相关，VI对于企业来说具有以下作用。

传达理念

传达企业的经营理念和企业文化，以形象的视觉形式宣传企业。

树立形象

树立良好的企业形象，帮助企业优化资源环境，为企业参与市场竞争提供保证。

确定特征

明显地区分企业与其他企业，同时又确立该企业明显的行业特征或其他重要特征，确保该企业在经济活动当中的不可替代性，明确该企业的市场定位。

凝聚力量

提高企业员工对企业的认同感，提高企业员工的士气、凝聚力。

吸引目光

以特有的视觉符号系统吸引消费者的注意力，使消费者对该企业所提供的产品或服务产生最高的品牌忠诚度。

4.1.4 VI设计原则

VI 设计不是机械的符号操作，而是以 MI（Mind，理念）为内涵的生动表达。所以，VI 设计应该多角度、全方位地反映企业的经营理念。在设计过程中要注意以下几个基本原则。

❶ 风格的统一性原则
❷ 强化视觉冲击的原则
❸ 强调人性化的原则
❹ 增强民族个性与尊重民族风俗的原则
❺ 可实施性原则
❻ 符合审美规律的原则
❼ 严格管理的原则

VI 系统千头万绪，因此在实施的过程中要充分注意各实施部门或人员的随意性，严格按照 VI 手册的规定执行。

TIPS

VI 设计不是设计人员的异想天开，而是要求具有较强的可实施性。如果在实施性上过于麻烦，或因成本昂贵而影响实施，再优秀的 VI 也会因为难以落实而成为空中楼阁、纸上谈兵。

4.2 制作企业名片

设计思维过程

❶使用“矩形工具”绘制矩形，并为矩形填充渐变颜色，制作出名片背景。

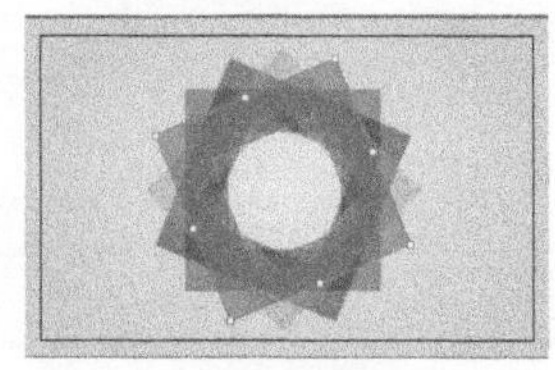

❷绘制矩形框并设置半透明度，旋转并复制矩形，得到需要的图形。

❸置入企业Logo素材，调整到合适的大小和位置。

❹在制作名片正面时，将关键图形与Logo放置在名片右侧，相关信息放在左侧。

设计关键字：半透明图形

名片的设计以直观、简洁为主，本实例设计的企业名片中的图形，是通过多个半透明的矩形方块相互叠加而成，实现一种多彩和个性的感觉，如下图（左）所示。在名片正面将关键图形放置在名片的右侧，并且只显示图形的局部，打破设计常规，使其具有更强的表现力，如下图（右）所示。

合理的颜色搭配，使图形看起来乱中有序，有一种循序渐变的动态感。合理的文字布局，不仅使整个图像更完整而且能更好地阐明主题。

色彩搭配秘籍：浅灰、灰色、洋红

浅灰色是主体色，主要衬托图形的色彩，与名片中的图形形成视觉上的对比和冲击，如下图（左）所示。深灰色字体与浅灰色的背景搭配，看起来简单大方，如下图（中）所示。洋红色给人一种鲜亮的感觉，使图像更丰富，如下图（右）所示。

RGB（211、211、212）
CMYK（0、0、0、25）

RGB（62、58、57）
CMYK（0、0、0、90）

RGB（229、0、127）
CMYK（0、96、5、0）

软件功能提炼

❶ 使用“矩形工具”创建形状
❷ 使用“文字工具”输入文字
❸ 设置“变换”面板旋转图形
❹ 使用“剪切蒙版”功能剪切图形

实例步骤解析

本案例制作的企业名片，画面中包含的元素不多，主要是通过半透明的矩形方框相互叠加来体现一种时尚感和动感。

Part 01：制作企业名片背面

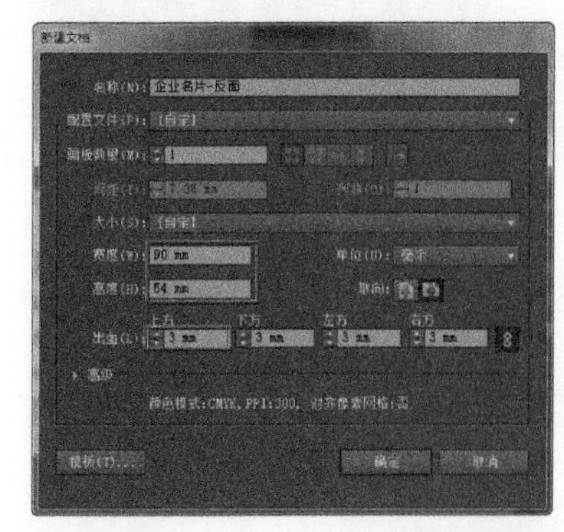

01 新建文档 执行“文件>新建”命令，对相关选项进行设置，单击“确定”按钮，新建空白文档。

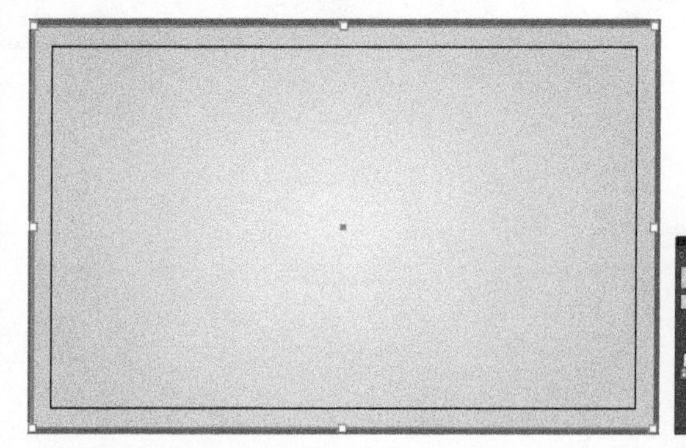

02 绘制矩形 使用“矩形工具”，设置“描边”为无，在画布中绘制矩形。打开“渐变”面板，设置渐变颜色，使用“渐变工具”为矩形填充渐变颜色。

TIPS

名片标准尺寸为 90 mm × 54mm，加上出血上下左右各 3mm。在设计名片内容时，注意将文字部分和需要保留的图片部分控制在距离裁切线 3mm 以内，这样印刷出来的名片在裁切的时候，就不会因为裁切的精确度不够导致文字和图片的一部分被裁切掉。

03 绘制矩形　使用“矩形工具”，设置“填色”为CMYK（0、96、5、0），“描边”为无，在画布中绘制矩形。

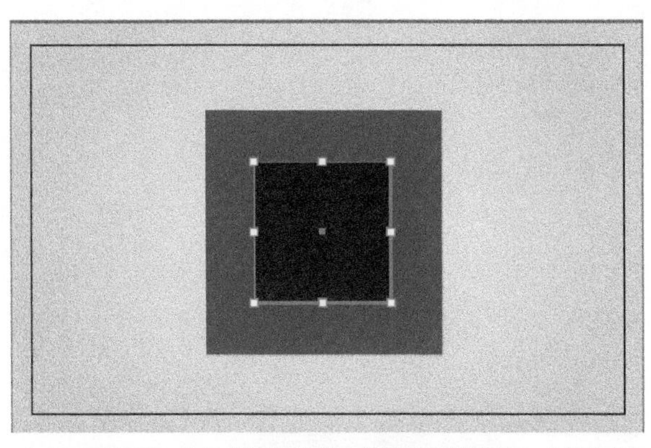

04 绘制矩形　使用“矩形工具”，设置“描边”为无，在画布中绘制矩形。

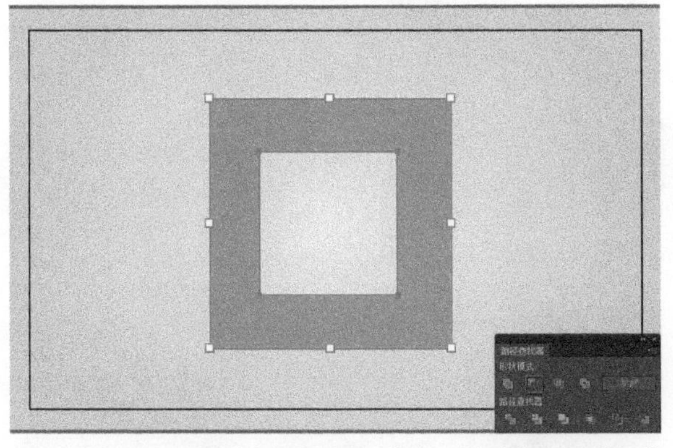

05 路径查找器　同时选中两个矩形，打开“路径查找器”面板，单击“减去顶层”按钮，设置得到的图形的“不透明度”为50%。

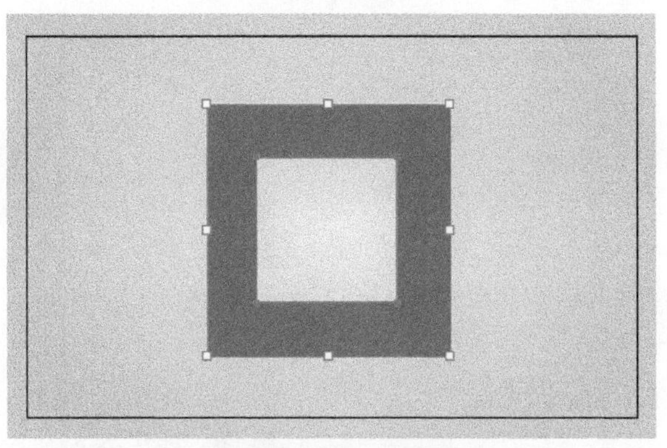

06 原位粘贴图形　选中图形，按快捷键Ctrl+C，复制该图形，按快捷键Ctrl+F原位粘贴图形。

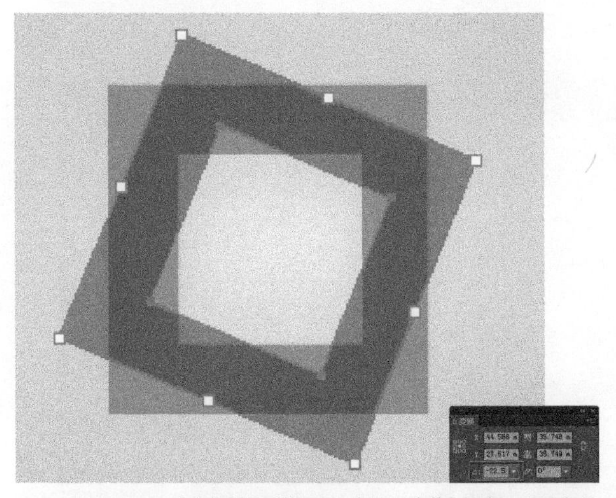

07 旋转图形　选中复制得到的图形，打开“变换”面板，设置相关参数。设置图形的“填色”为CMYK（63、98、0、0）。

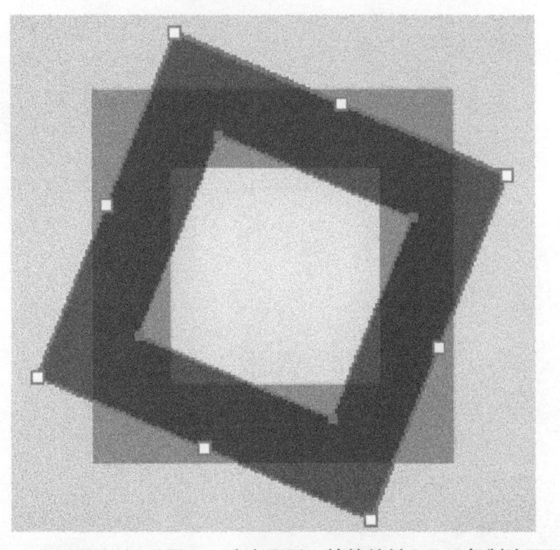

08 原位粘贴图形　选中图形，按快捷键Ctrl+C复制该图形，按快捷键Ctrl+F原位粘贴图形。

TIPS

除了可以变换“面板”对图形进行旋转操作外，还可以使用“自由变换工具”，将光标移至变换框的 4 个角点上拖动鼠标，同样可以旋转图形。

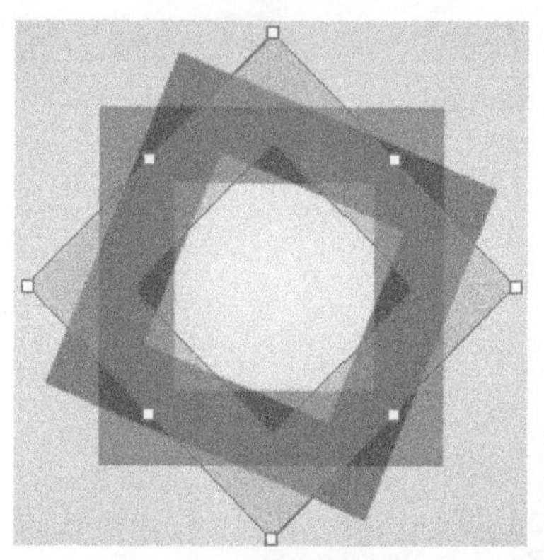

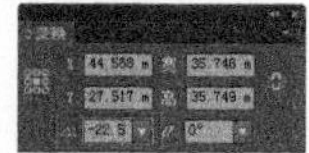

09 填充颜色 选中复制得到的图形，打开“变换”面板，设置相关参数。设置图形的“填色”为CMYK（4、50、0、0）。

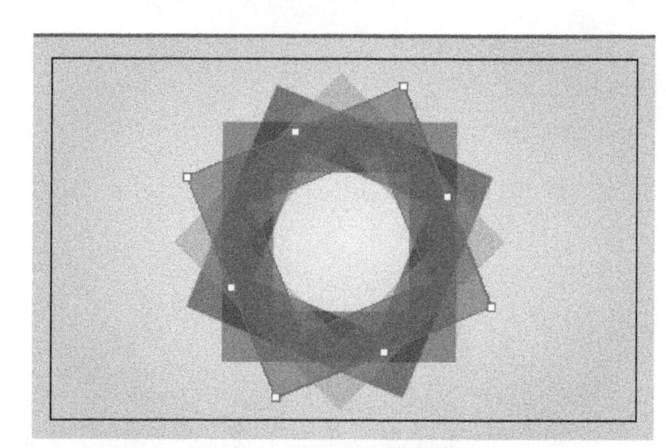

10 绘制图形 使用相同的制作方法，可以绘制出类似的图形。

11 置入图片 执行“文件>置入”命令，置入素材“资源文件\源文件\第4章\素材\4201.ai”。

12 公司名片反面最终效果 完成企业名片背景效果的制作，这时就可以看到名片背面的效果。

TIPS

素材置入文件中，需要单击选项面板上的“嵌入”按钮，将素材嵌入到文档中。如果不嵌入素材，则素材将以链接的形式出现在文档中，素材丢失或改名，就无法链接到所置入的素材。

Part 02：制作企业名片正面

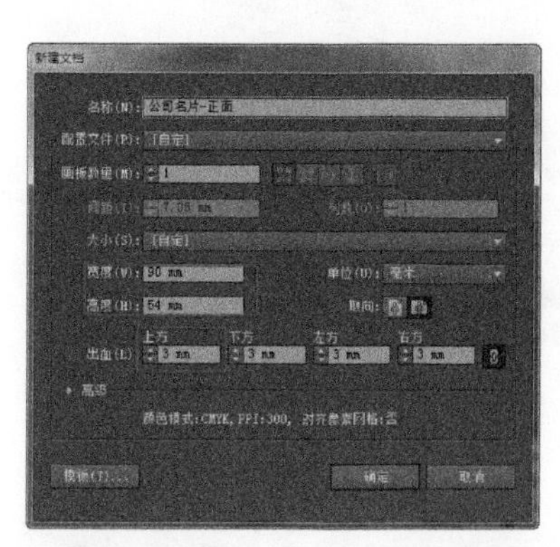

01 新建文档 执行“文件>新建”命令，对相关选项进行设置，单击“确定”按钮，新建空白文档。

02 绘制图形 根据公司名片背面的制作方法，可以制作出名片的背景以及图形效果。

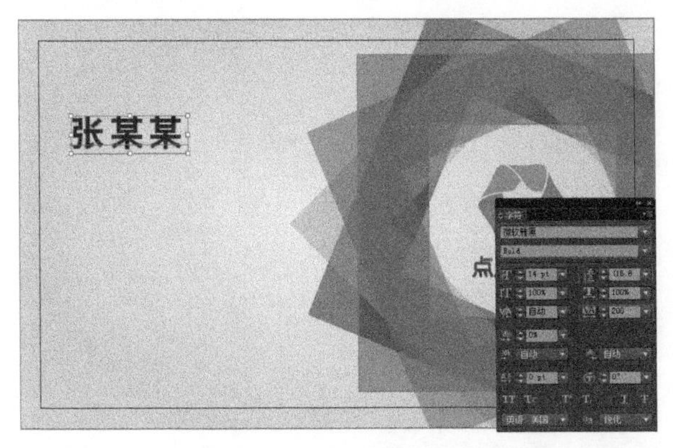

03 **输入文字** 使用“文字工具”，打开“字符”面板，对相关选项进行设置，在画布中单击并输入文字。

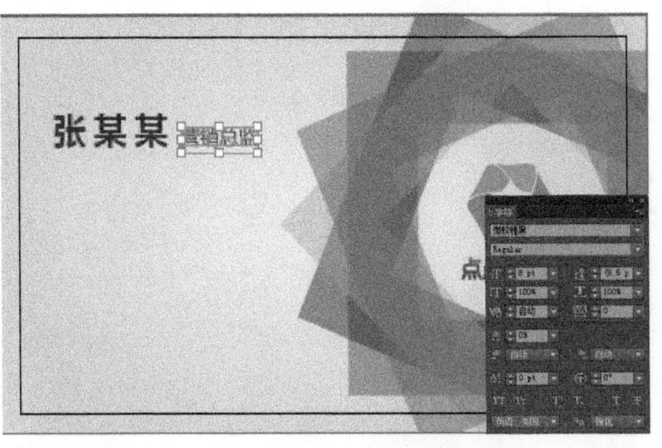

04 **输入文字** 使用“文字工具”，在“字符”面板中进行设置，在画布中单击并输入文字。

05 **置入素材** 执行“文件>置入”命令，置入素材“资源文件\源文件\第4章\素材\4202.tif”。

06 **输入文字** 使用“文字工具”，在“字符”面板中对相关选项进行设置，在画布中单击并输入文字。

07 **创建矩形** 使用“矩形工具”，设置“填色”和“描边”均为无，在画布中绘制矩形路径。

08 **选中图形** 同时选中刚刚绘制的矩形路径，以及名片中的其他对象。

TIPS

在文本框中输入文字，移动时就不需要移动单行文字，可以整体的移动文本框，方便快捷。

09 剪切蒙版 执行“对象>剪切蒙版>建立”命令，创建剪切蒙版，通过剪切蒙版可以隐藏矩形路径以外的内容。

10 公司名片正面 完成企业名片正面的制作，可以看到最终效果。

4.2.1 对比分析

制作企业名片需要考虑整体的布局，突出要表达的重点，画面中的所有元素都应该以此为基准进行考虑和设计，表现出与企业文化相符的气息。

❶ 将名片背景填充纯色，整个名片的背景显得过于单调，体现不出层次感和质感。

❷ 普通的图形相互叠加，使整体看起来混乱，没有美感。

❸ 人们往往看东西都是习惯于从左向右看。把图片放在最左边，文字放在右边，不符合人们看东西的习惯。

❶ 将背景填充渐变，使名片的背景有了光亮感和层次感。

❷ 通过半透明图形的相互叠加，看起来有种晶莹剔透的感觉，给人以视觉上的享受。

❸ 把文字放在最左边，图片放在右边的话，别人第一眼就会看到名字，更容易记住。

Before

After

4.2.2 知识扩展

企业名片严格规定了标志图形的安排，以及文字格式、色彩套数和所有尺寸依据，形成了严肃、完整和精确的体系，同时也展示了现代办公的高度集中化和强大的企业文化向各个领域渗透传播的攻势。

名片的印刷工艺

为了使名片设计的效果更好，追求最佳的视觉感，常会有各种印刷加工方式的运用。常见的名片印刷工艺主要有以下几种。

❶ **上光**

名片上光可以增加美观性。一般名片上光常用的方式有上普通树脂、涂塑胶油、裱塑胶膜和裱消光塑胶膜等，以上的方式可以提升印刷品的精致度。

❷ **轧型**

即为打模，以钢模刀加压将名片切成不规则造型，此类名片尺寸大都不同于传统尺寸，变化性较大。

❸ **纹饰**

在纸面上压出凸凹纹饰，以增加其表面的触觉效果，这类名片常具有浮雕的视觉感。

❹ **打孔**

打孔类似活页画本的穿孔，可以使名片有一种缺陷美。

❺ **烫金、烫银**

为加强名片表面的视觉效果，把文字或纹样以印模加热压上金箔、银箔等材料，形成金、银等特殊光泽。虽然在平版印刷中也有金色和银色的油墨，但油墨的印刷效果无法像烫金后的效果那样鲜艳美丽，体现出名片的价值感。如下图（左、中、右）所示为使用特殊工艺制作的名片。

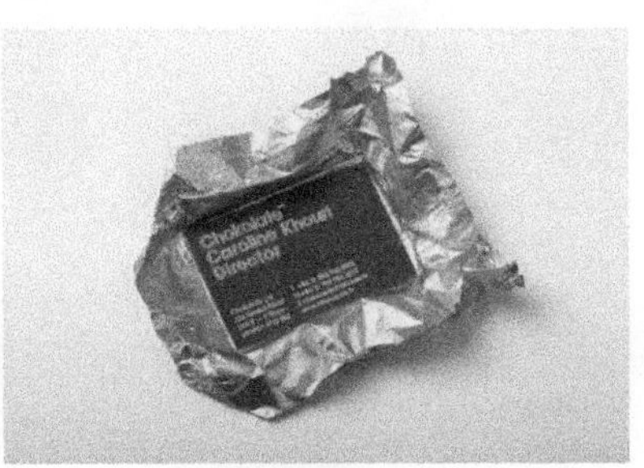

为对象填色的多种方法

在本案例中制作了多个彩色半透明的矩形图像，那么如何将图形填充颜色呢？这里介绍两种操作方法。

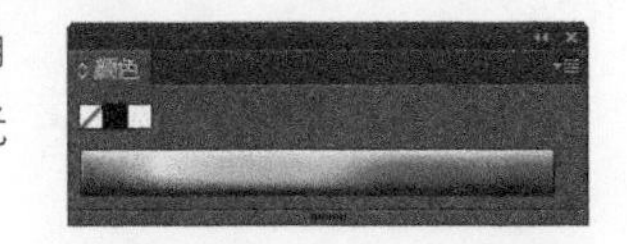

❶ 执行“窗口 > 颜色”命令，打开“颜色”面板，如右图所示。单击面板右上角的黑色小三角形按钮后弹出下拉菜单，选择“显示选项”选项，可以看见调色框和光谱色条，如下图（左 1）所示。

选中需要填色的对象，单击填充色块可以切换当前编辑颜色，如下图（左 2）所示，拖动滑动条上小三角形滑块或者在滑动条后面的文本框内输入数字，填充色会随之发生改变，如下图（左 3）所示。当单击“颜色”面板左下方◪按钮，填色为空，如下图（左 4）所示。

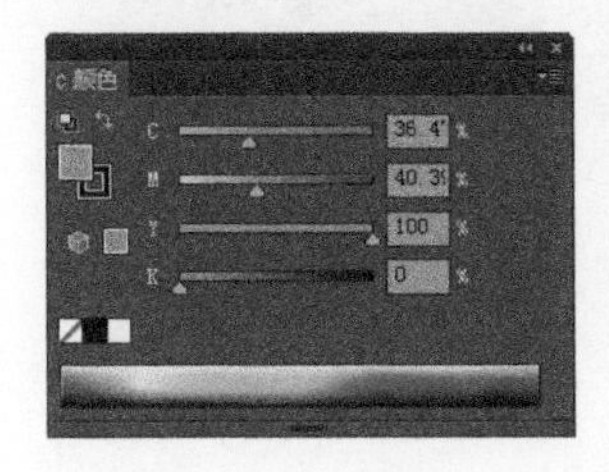

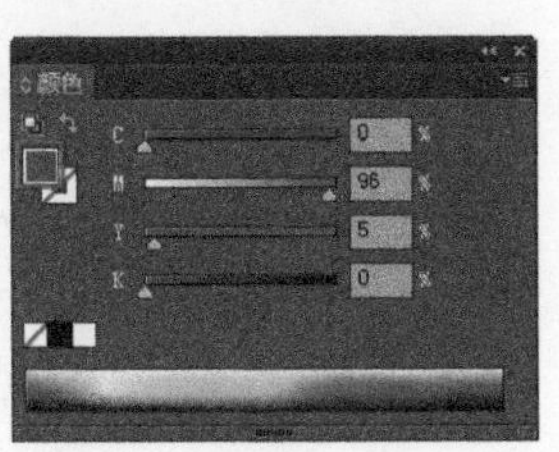

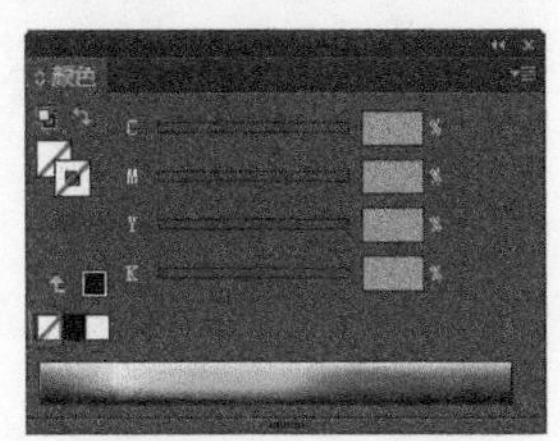

❷ 选中需要填色的对象，双击工具箱中的“填色”图标，弹出“拾色器”对话框，如右图（左 1）所示，在对话框中的拾取颜色或者在文本框中输入颜色值，填充适合的颜色，如右图（左 2）所示。

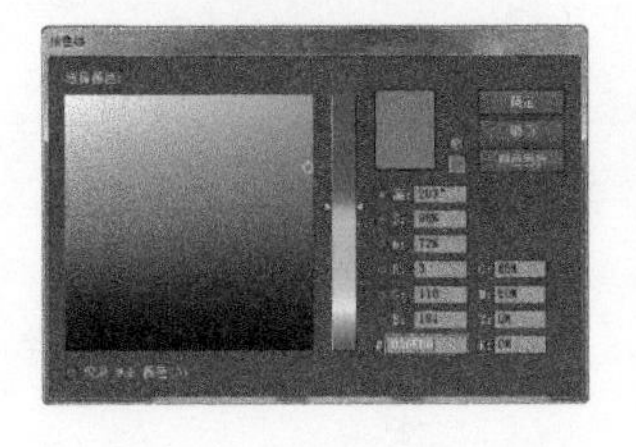

4.3 制作企业信纸和信封

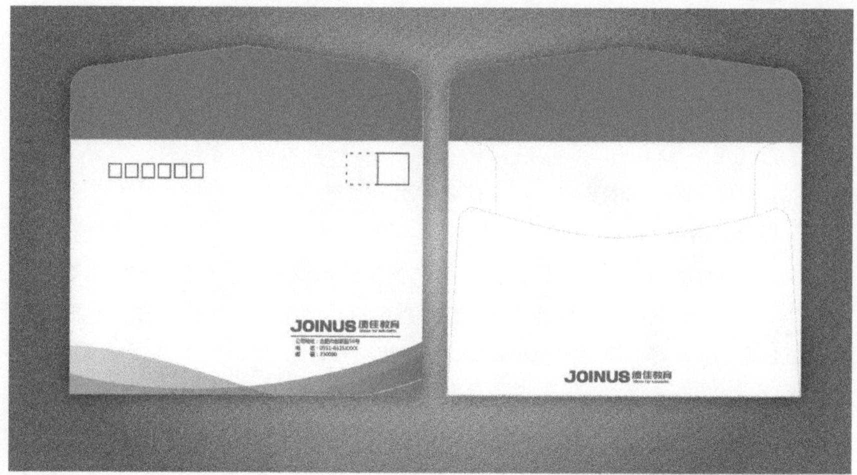

设计思维过程

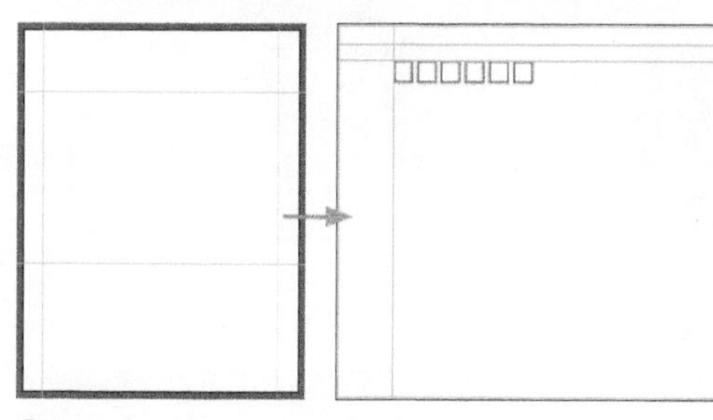

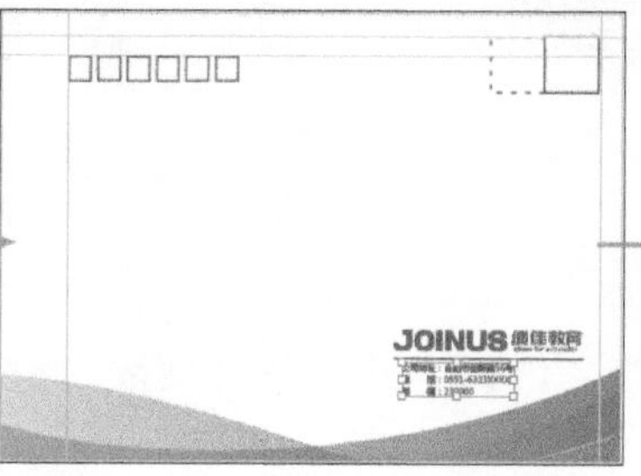

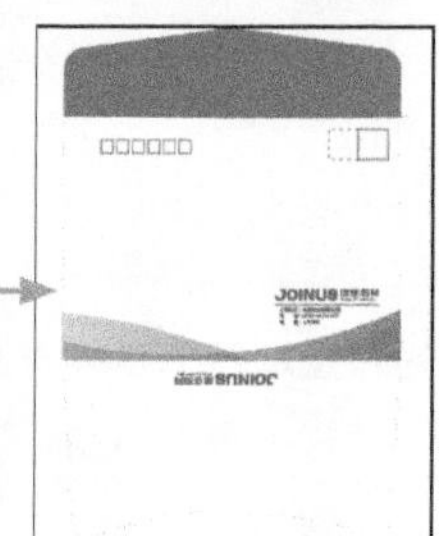

❶在文档中显示标尺，从标尺中拖出标明信封不同位置尺寸的辅助线。

❷使用“矩形工具”绘制邮政编码框和贴邮票的区域。

❸在信封正面下方制作流畅的渐变色条，丰富信封的效果，并在信封右下角添加企业Logo等信息。

❹使用“圆角矩形工具”和其他工具相结合，绘制出信封粘贴部分的效果。

设计关键字：简约构图

信纸的设计以简洁为主，本实例中设计的企业信封将企业 Logo 和基本信息放置在信纸上端，信纸下端放置不同颜色的图形相互叠加，使信纸看起来更加美观，并且展现了企业的基本信息。

信封的设计以简单、实用为主，本实例中设计的企业信封主要是突出企业的信息，将文字、Logo 和不同颜色相互叠加的图形放置在信封正面下端，从而更有效地表达企业信息。

简单大方

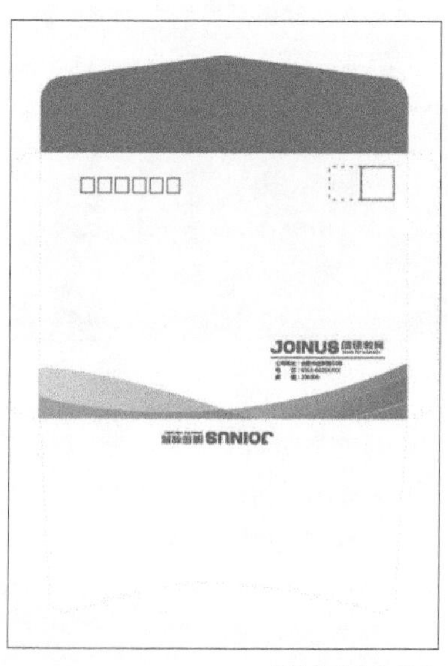

有效传达企业信息

色彩搭配秘籍：蓝色、白色、红色

由于红色起到醒目的效果，所以邮政编码框和贴邮票的区域使用红色，如下图（左）所示。白色是一种包含光谱中所有颜色光的颜色，通常被认为是“无色”的，如下图（中）所示。蓝色跟白色搭配给人一种一目了然的感觉，如下图（右）所示。

RGB（48、113、185）
CMYK（80、34、93、0）

RGB（255、255、255）
CMYK（0、0、0、0）

RGB（230、0、8）
CMYK（0、100、100、0）

软件功能提炼

❶ 使用“矩形工具”创建形状
❷ 使用“文字工具”输入文字
❸ 使用“钢笔工具”绘制图形
❹ 使用“圆角矩形工具”绘制图形

实例步骤解析

本实例设计制作企业信纸和信封，信纸和信封都是比较特殊的印刷品，在设计中主要以简单、大方和实用为主。在设计中加入简单的图形，使信纸和信封能够有统一的视觉外观，并且加入企业的 Logo 和联系方式等，展现了企业信息。

Part 01：制作信纸

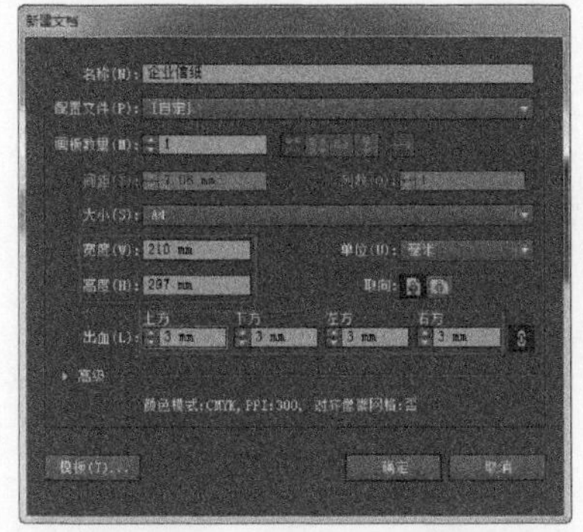

01 新建文档 执行“文件>新建”命令，对相关选项进行设置，单击“确定”按钮，新建空白文档。

02 置入图形 执行“文件>置入”命令，置入素材“资源文件\源文件\第4章\素材\4301.ai”，单击“确定”按钮。

03 嵌入图形 将置入的素材调整至合适的大小和位置，并嵌入该素材。

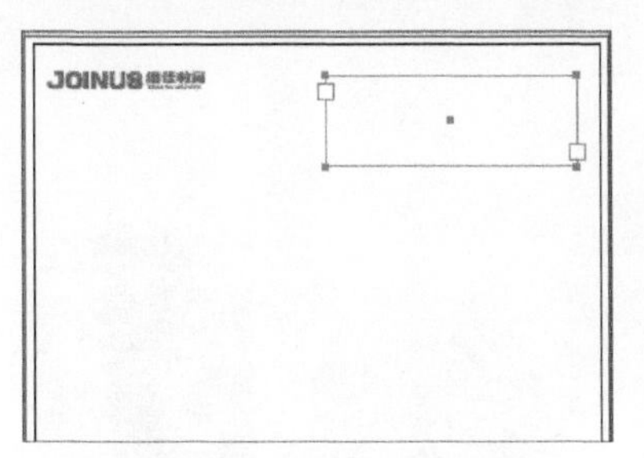

04 绘制文本框 使用“文字工具”，在画布中按住鼠标左键拖动绘制文本框。

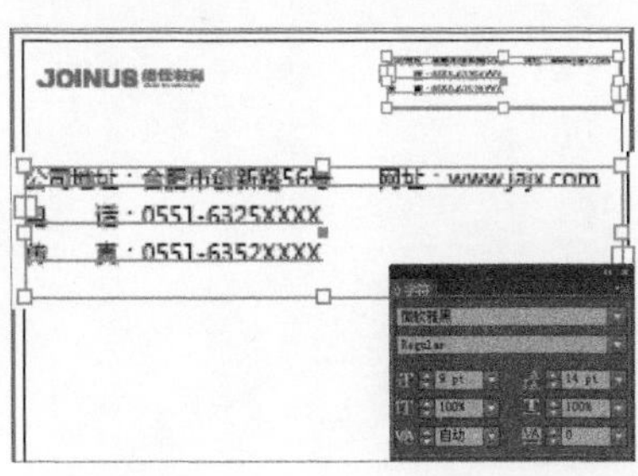

05 输入文字 使用“文字工具”，在“字符”面板中对相关选项进行设置，在文本框中输入文字。

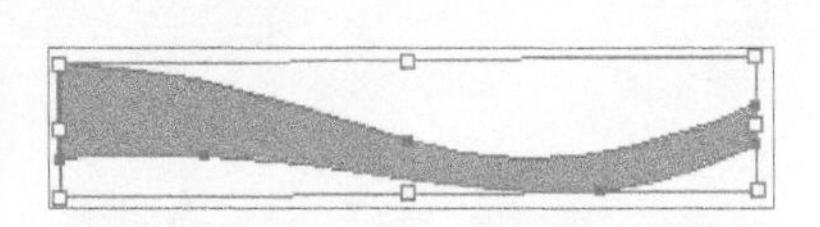

06 绘制图形 使用“钢笔工具”，设置“描边”为无，在画布中绘制图形。

TIPS

按住 Shift 键可以等比例放大或缩小对象，按住 Shift+Alt 键，以对象的中心点为中点放大或缩小对象。

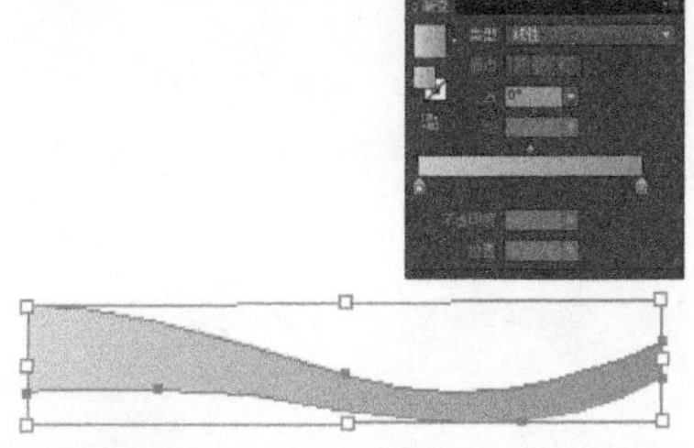

07 填充渐变 打开“渐变”面板，设置渐变颜色，使用“渐变工具”，在图形上调整渐变填充效果。

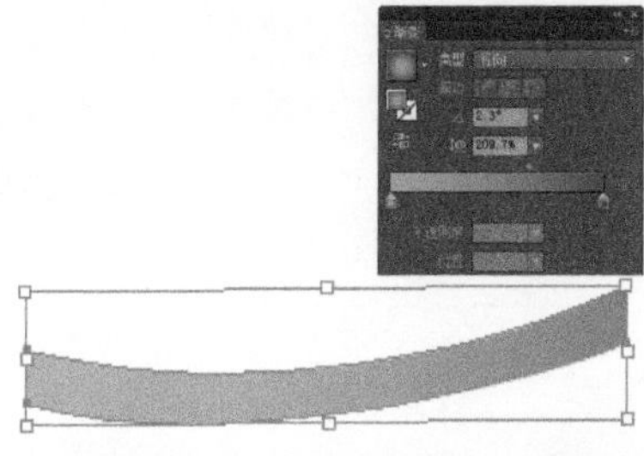

08 绘制图形 使用“钢笔工具”绘制图形，打开“渐变”面板，设置渐变颜色，为图形填充渐变颜色。

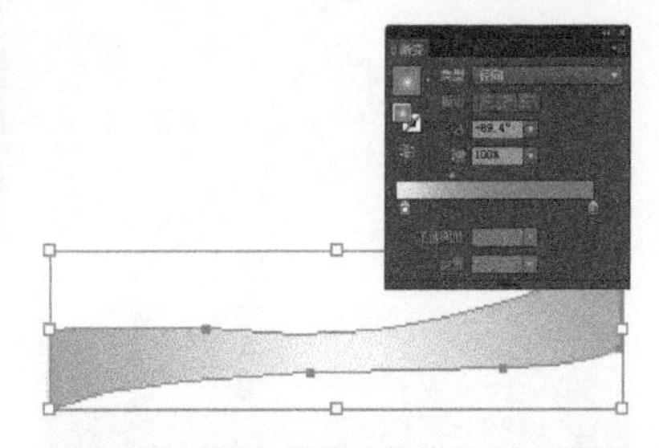

09 绘制图形 使用“钢笔工具”绘制图形，打开“渐变”面板，设置渐变颜色，为图形填充渐变颜色。

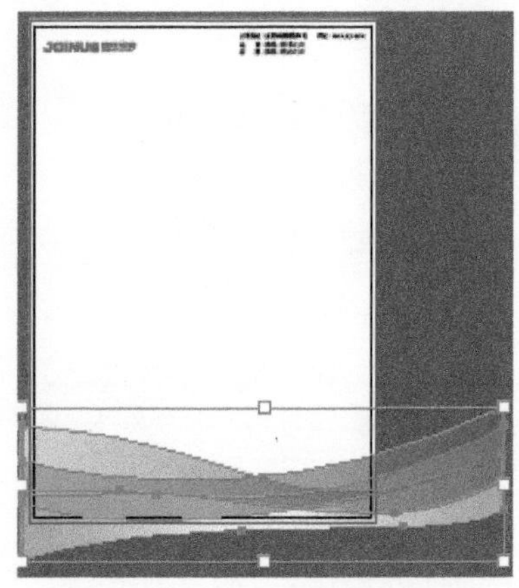

10 图形叠加 将3个图形相互叠加，同时选中3个图形，调整图形到合适的大小和位置。

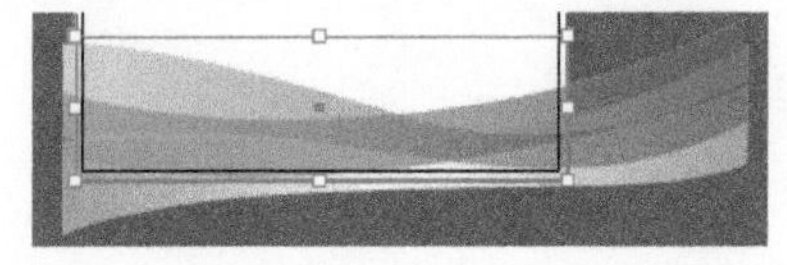

11 绘制矩形 使用“矩形工具”，设置“填色”和“描边”均为无，在画布中绘制矩形路径。

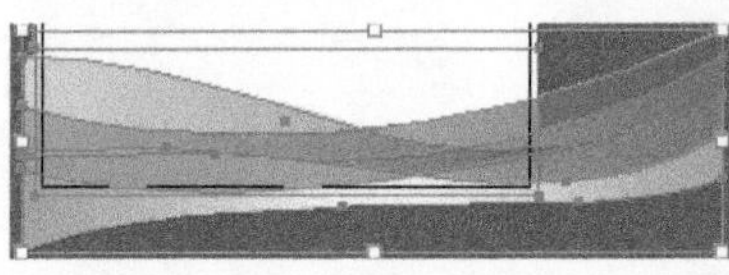

12 选中图形 同时选中刚刚绘制的矩形路径和3个波浪形的图形。

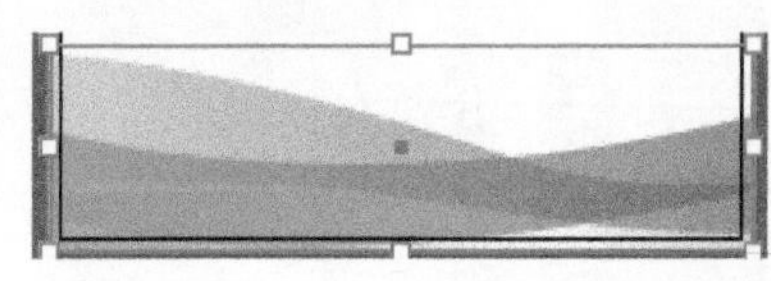

13 创建剪切蒙版 执行“对象>剪切蒙版>建立”命令，创建剪切蒙版。

14 最终效果 完成企业信纸的设计制作，可以看到信纸的整体效果。

Part 02：制作企业信封设计

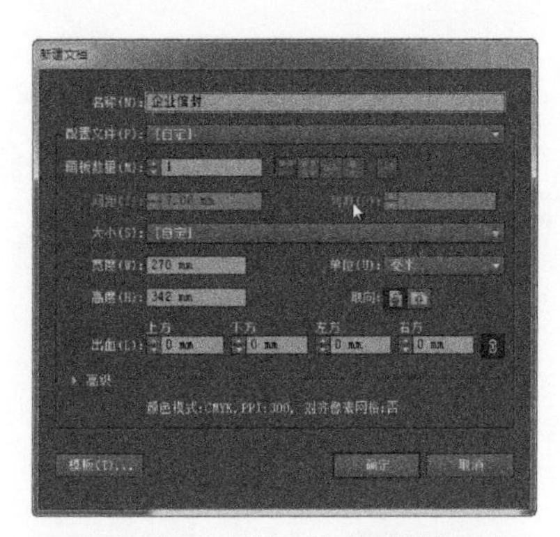

01 新建文档 执行“文件>新建”命令，对相关选项进行设置，单击“确定”按钮，新建空白文档。

02 辅助线 显示文档标尺，从标尺中拖出标明信封不同位置尺寸的参考线。

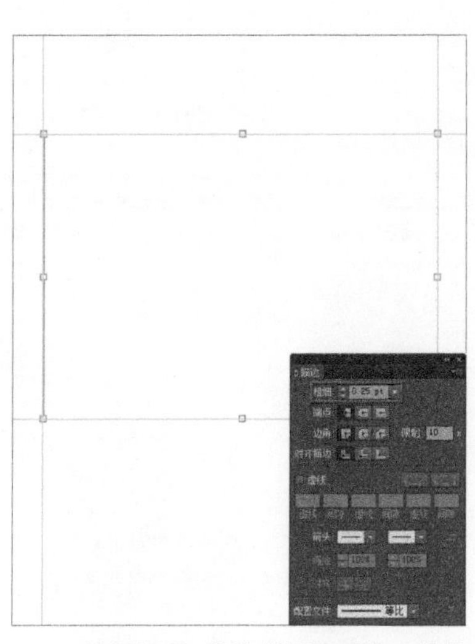

03 绘制矩形 使用“矩形工具”，设置“填色”为白色，“描边”为CMYK（0、0、0、40），在画布中绘制矩形，打开“描边”面板，设置相关参数。

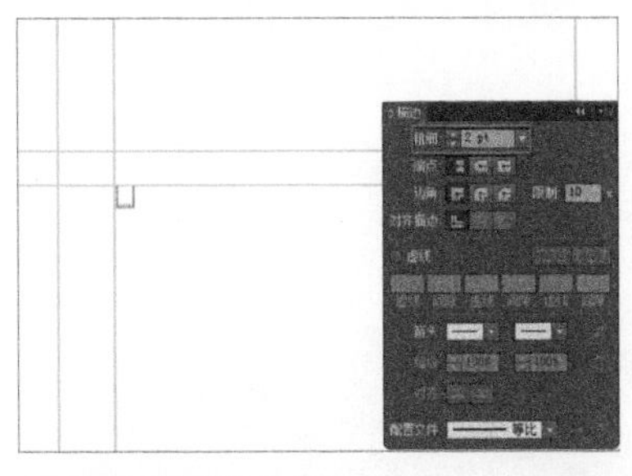

04 **设置描边** 拖出参考线，定位邮政编码框的位置。使用“矩形工具”，设置“填色”为无，“描边”为红色，“粗细”为2pt，在画布中绘制矩形。

05 **绘制矩形** 选中刚刚绘制的矩形，将该矩形复制多次，并分别调整到合适的位置，完成邮政编码框部分的制作。

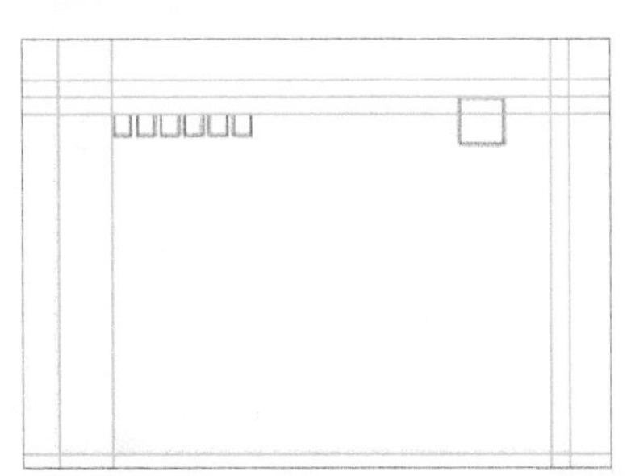

06 **绘制矩形** 拖出参考线，定位贴邮票区域的位置。使用“矩形工具”，设置“填色”为无，“描边”为红色，在画布中绘制矩形。

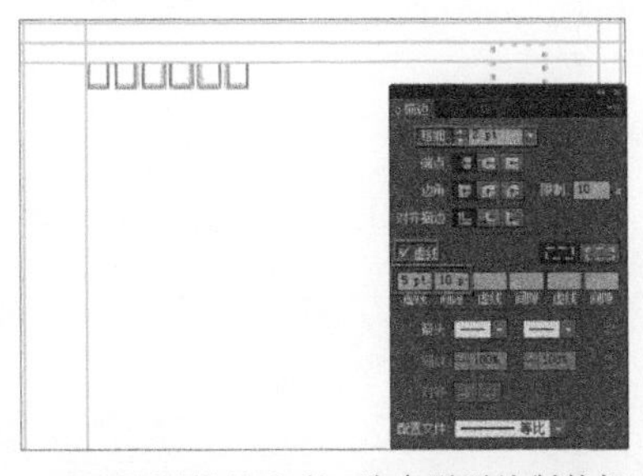

07 **设置描边参数** 选中刚刚绘制的矩形，打开“描边”面板，对相关选项进行设置。

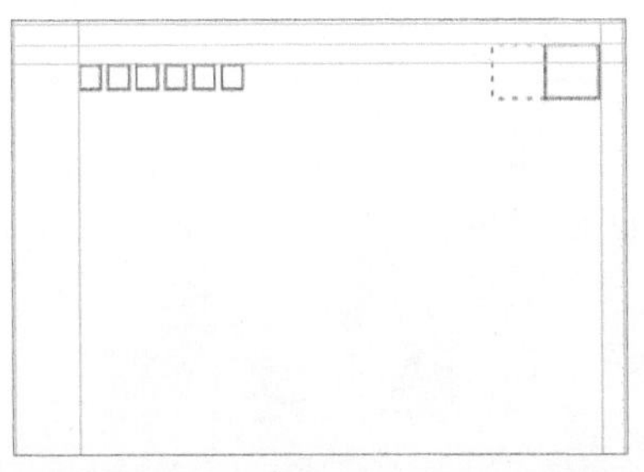

08 **绘制矩形** 使用“矩形工具”，设置“填色”为无，“描边”为红色，在画布中绘制矩形。

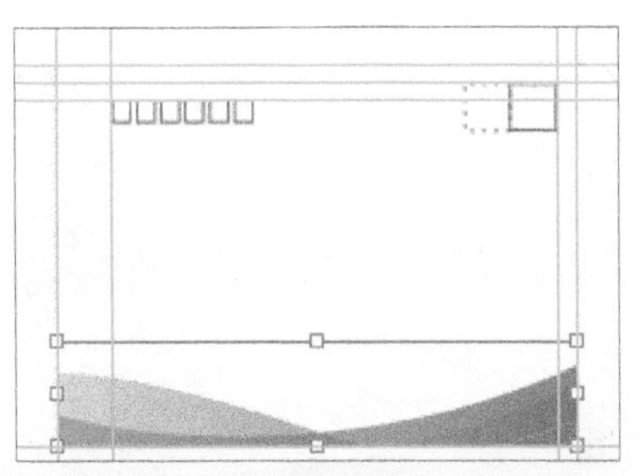

09 **绘制图形** 根据企业信纸的制作方法，可以在信封中制作出相似的图形效果。

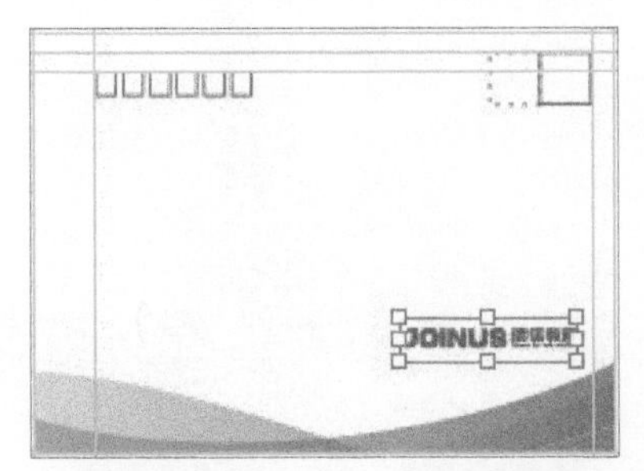

10 **置入图片** 执行“文件>置入”命令，置入素材“资源文件\源文件\第4章\素材\4301.ai”。

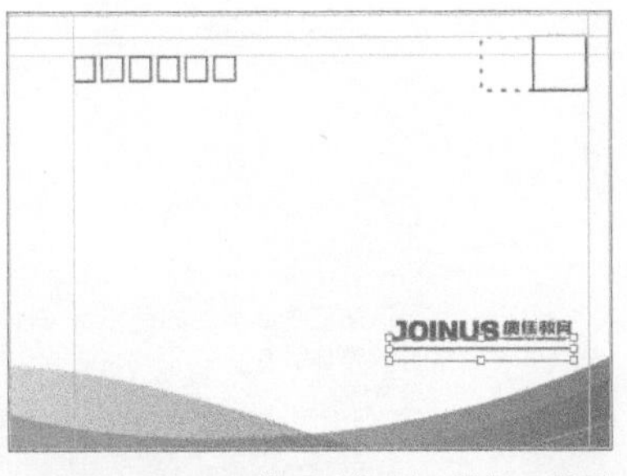

11 **绘制矩形** 使用“矩形工具”，设置“填色”为CMYK（99、78、3、0），“描边”为无，在画布中绘制矩形。

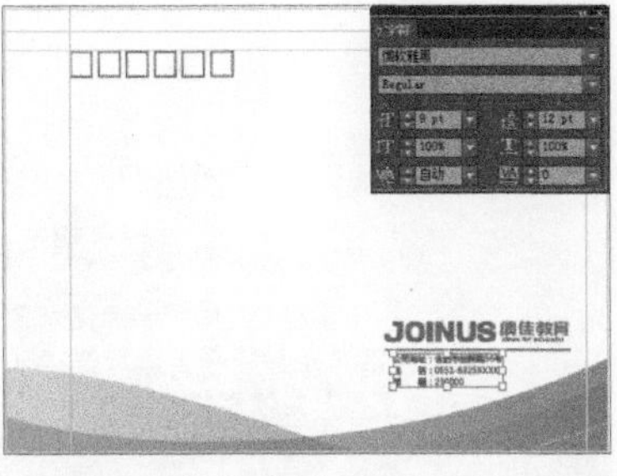

12 **输入文字** 使用“文字工具”，设置“填色”为CMYK（98、81、11、0），“描边”为无，在画布中单击并输入文字。

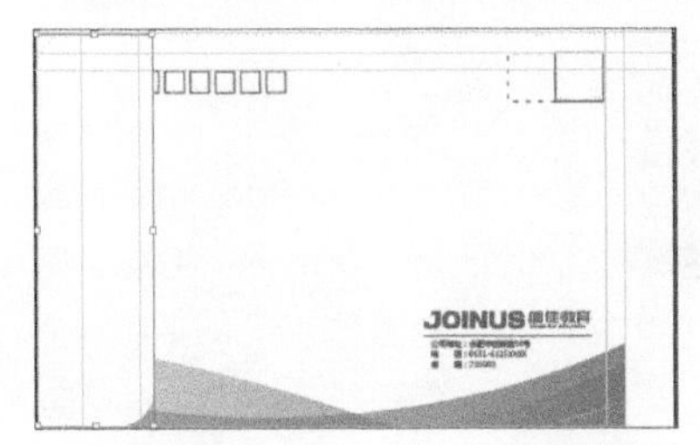

13 **绘制圆角矩形** 使用“圆角矩形工具”，设置“填色”为白色，“描边”为CMYK（0、0、0、40），在画布中绘制圆角矩形。

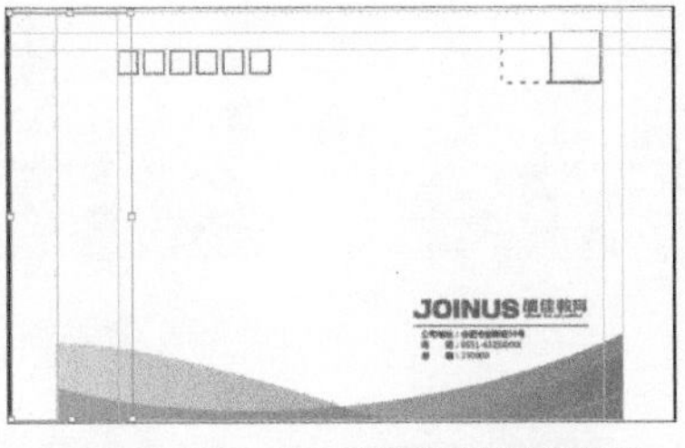

14 **移动图层** 选中刚刚绘制的圆角矩形，执行“对象>排列>置于底层”命令，将刚刚绘制的圆角矩形移至最底层。

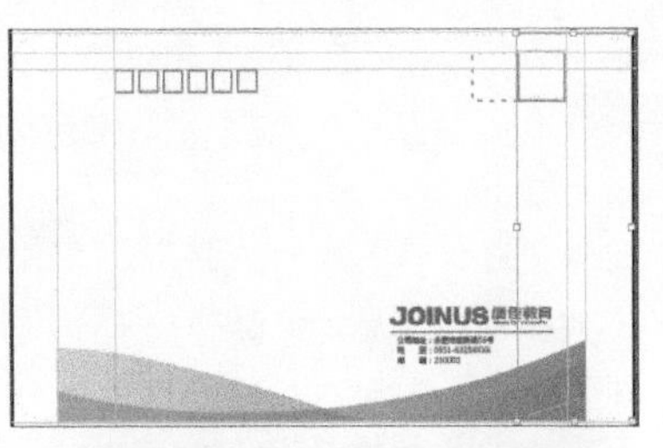

15 **复制圆角矩形** 复制刚绘制的圆角矩形，按快捷键Ctrl+F原位粘贴该图形，并将复制得到的图形调整到合适的位置。

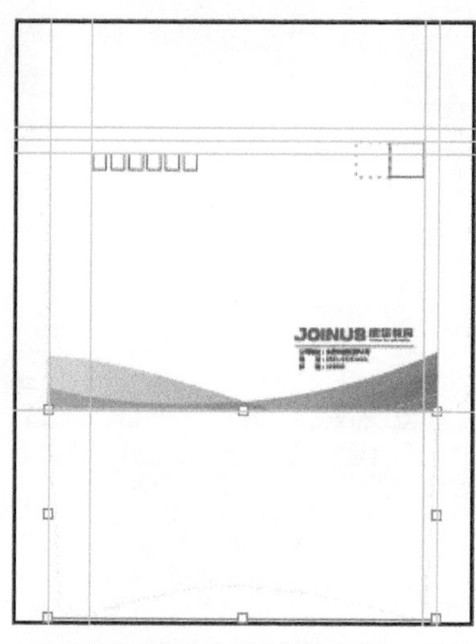

16 绘制图形 使用“钢笔工具”，设置“填色”为CMYK（0、0、0、0），在画布中绘制图形。

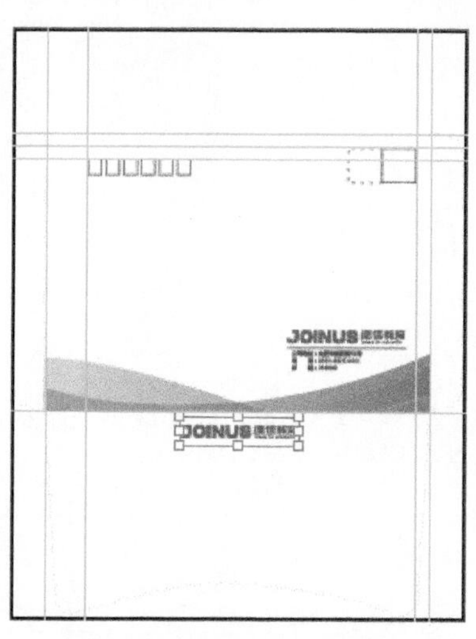

17 置入素材 置入素材“资源文件\源文件\第4章\素材\4301.ai”，将置入的素材进行镜像翻转。

18 绘制圆角矩形 使用“圆角矩形工具”，设置“填色”为CMYK（81、50、0、0），“描边”为无，在画布中绘制圆角矩形。

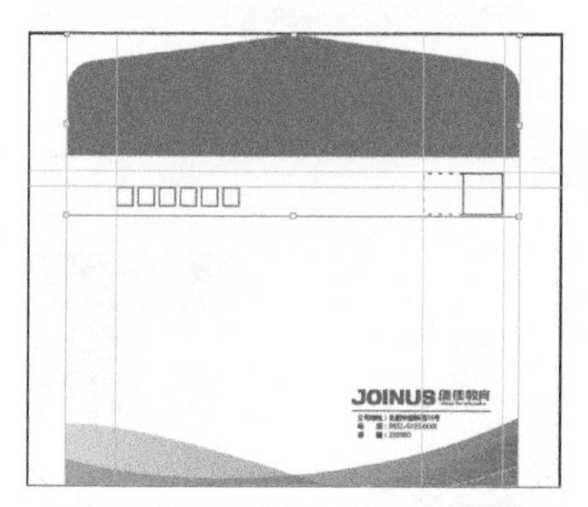

19 添加锚点并调整 使用“添加锚点工具”，在圆角矩形路径上添加锚点，使用“直接选择工具”对刚添加的锚点进行调整。执行“对象>排列>置于底层”命令，将该图形调整至所有图形下方。

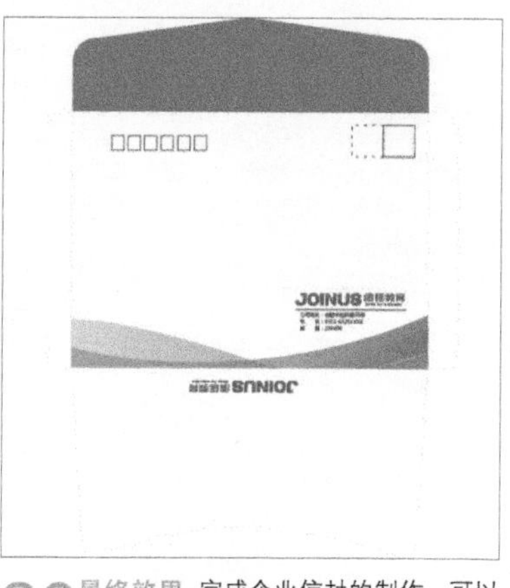

20 最终效果 完成企业信封的制作，可以看到信封的整体效果。

TIPS

信封C5（7 号）的成品尺寸为230mm×162mm，展开尺寸为342mm×270mm，上盖尺寸为60mm，下盖尺寸为120mm，左右粘口为20mm。位于信封左上角的邮政编码框上边距为15mm，左边距为25mm，位于信封右上角的贴邮票处上边距为8mm，右边距为8mm。

除了裁切以外的所有切割方式都叫模切，模切可以将印刷品切出曲线轮廓及在中间的开孔，模切的图样由设计者提供，要实现模切效果，只需要将印刷品的轮廓标示出来就可以了。

4.3.1 对比分析

信纸和信封是企业日常工作中经常用到的企业用品，在设计时需要综合考虑画面中的所有元素，不仅需要突出企业信息，还需要考虑实用性和美观性。

❶ 信封正面太过于简单，只有右下角的企业Logo和基本信息，信封整体效果过于单调。

❷ 信封背面缺少公司名称或Logo标志，过于简单。

Before

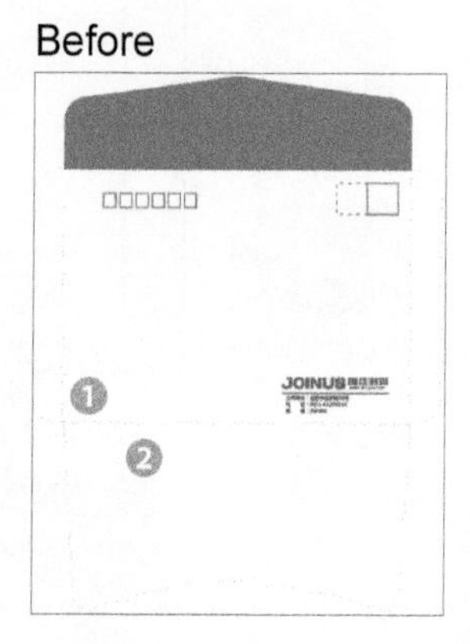

After

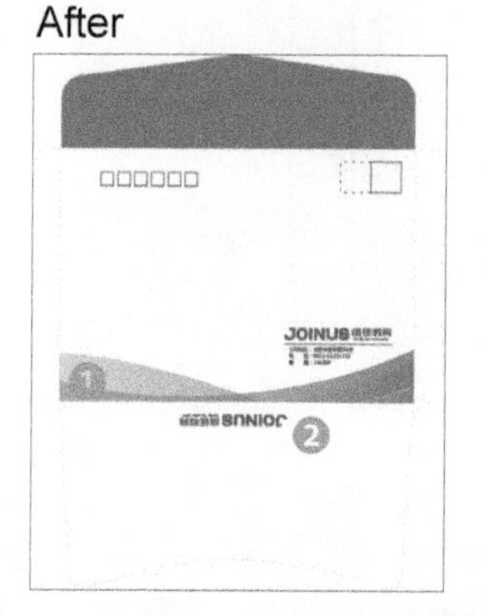

❶ 在信封正面下方设计条状图形，丰富了信封的整体效果，并且与企业形象统一，使信封更美观，从而起到提升公司形象的作用。

❷ 信封背面增加公司名称和Logo标志，使信封看起来更加丰富美观。

4.3.2 知识扩展

信封是指用纸折叠糊成的用于邮政通信的封套。信封有很多种，由水、陆邮路寄递信函的信封叫做普通信封；由航空邮路寄递信函的专用信封叫航空信封；用于寄递幅面较大或较厚信函的信封叫做大型信封；用于寄往其他国家或地区的信函的信封叫做国际信封；邮政快件、特快专递、礼仪、保价等专用的信封叫做特种信封。

信封设计规范

信封作为一种特殊的印刷品，具有一定的设计制作规范。信封一律采用横式，国内信封的封舌应该在正面的右边或上边，国际信封的封舌应该在正面的上边，下面是一些标准信封的设计规范。

1. 标准信封正面左上角的收信人邮政编码框格颜色为金红色，色标为 PANTONE1795C。在绿光下对底色的对比度应大于 58%，在红光下对底色的对比度应小于 32%。

2. 标准信封正面左上角应距左边 90mm、距上边 26mm 的范围内为机器阅读扫描区，除红框外不得印制任何图案和文字。

3. 标准信封正面右下角应印有“邮政编码”字样，字体应采用宋体，字号为小四号。

4. 标准信封正面右上角应印有贴邮票的框格，框格内应印“贴邮票处”四个字，字体应采用宋体，字号为小四号。

5. 标准信封背面的右下角，应印有印制单位、数量、出厂日期、监制单位和监制证号等内容。也可印上印制单位的电话号码。字体应采用宋体，字号为五号以下。

6. 凡需在信封上印寄信单位名称和地址的可同时印制企业标识，其位置必须在离底边 20mm 以上靠右边的位置。

7. 标准信封正面离右边 55mm~160mm，离底边 20mm 以下的区域为条码打印区，此区域应保持空白。

8. 标准信封的任何地方不得印广告。

9. 国内信封 B6、DL、ZL 的正面可印有书写线。

10. 标准信封上可印美术图案，其位置在信封正面离上边 26mm 以下的左边区域，占用面积不得超过正面面积的 18%，超出美术图案区的区域应保持信封用纸原色。

11. 标准信封的框格、文字等印刷应完整准确，墨色应均匀、清晰、无缺笔断线。

12. 封舌是信封预留的、用于封口的部分。

13. 起墙是在信封两侧及底边增大的折叠部分。

对象描边设置

描边是设计中经常用到的，为文字、图形添加轮廓时可以通过描边来实现。默认情况下，描边颜色为黑色。

执行“窗口 > 描边”命令，打开“描边”面板，如右图（左 1）所示。单击面板右上角的黑色小三角形按钮弹出面板菜单，选择“显示选项”选项，显示“描边”面板选项，如右图（左 2）所示。

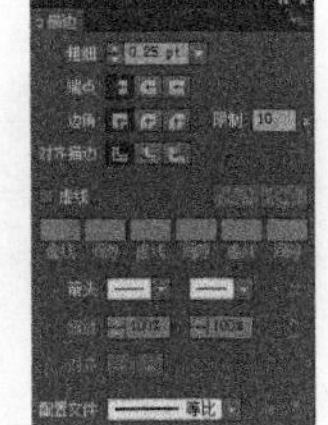

设置描边端点，“粗细”为 6pt，单击“平头端点”按钮，显示效果如下图（左）所示；单击“圆头端点”按钮，显示效果如下图（中）所示；单击“方头端点”按钮，显示效果如下图（右）所示。

设置描边边角，“粗细”为6pt，单击“斜接链接”按钮，显示效果如下图（左）所示；单击“圆角链接”按钮，显示效果如下图（中）所示；单击“斜角端点”按钮，显示效果如下图（右）所示。

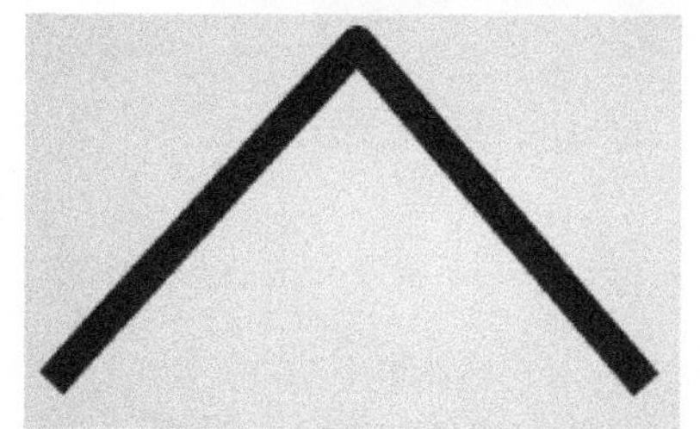

描边可以是实线，也可以是虚线，通过设置“描边”面板，得到虚线，如下图所示。

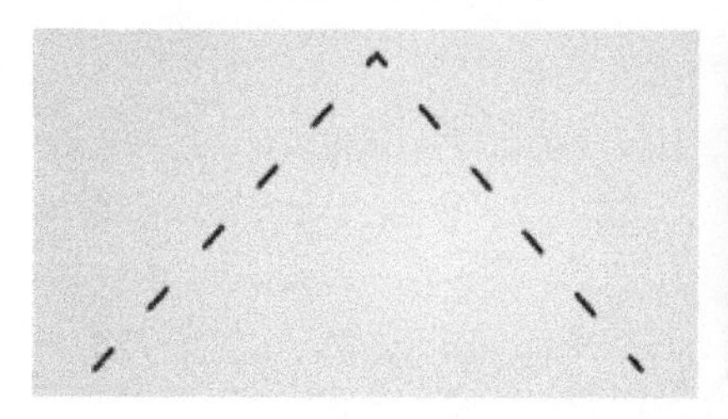
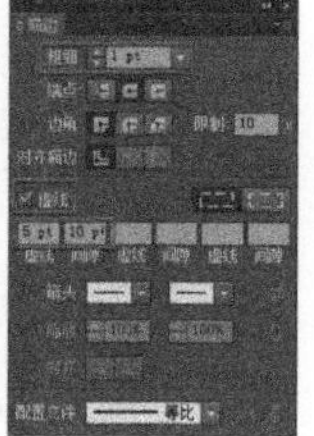

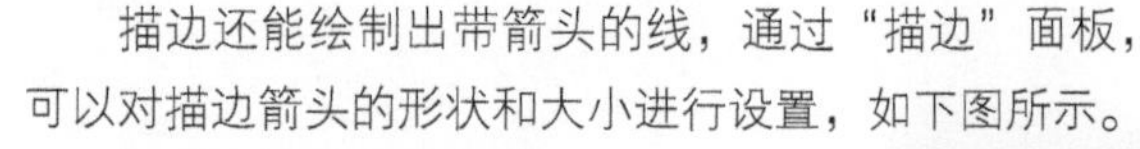

描边还能绘制出带箭头的线，通过“描边”面板，可以对描边箭头的形状和大小进行设置，如下图所示。

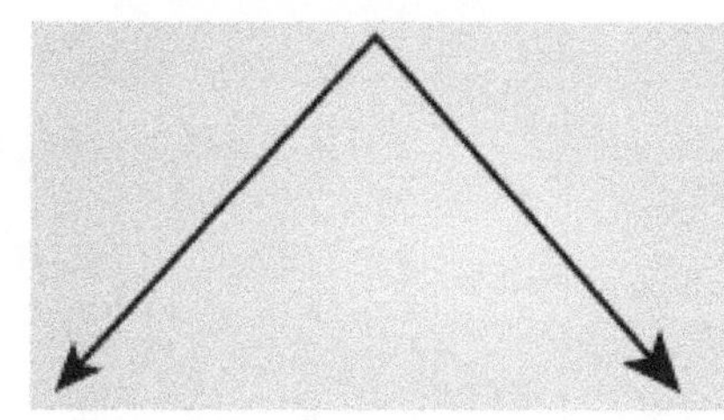
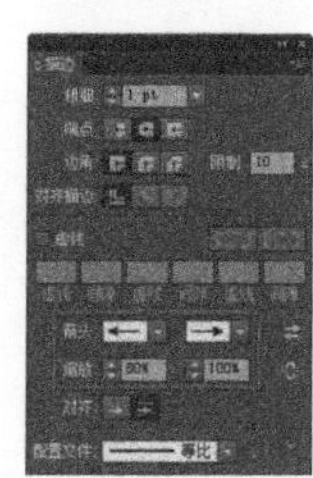

4.4 模版欣赏

完成本章内容的学习，希望读者能够掌握常用企业VI应用的设计制作。本节将提供一些精美的企业VI设计应用模版供读者欣赏。读者可以自己动手试着练习一下，检验一下自己是否也能够设计制作出这样的VI设计应用。

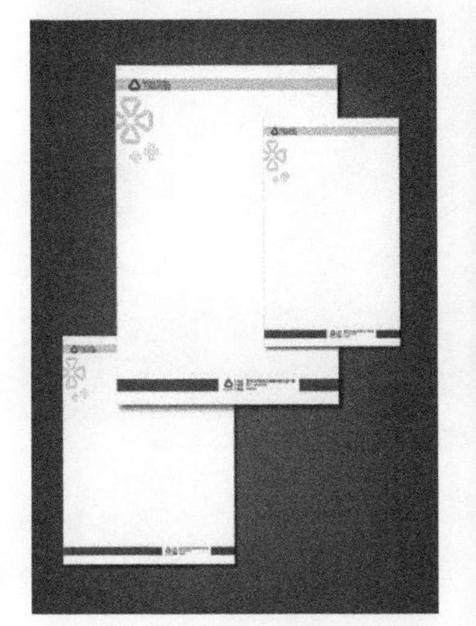

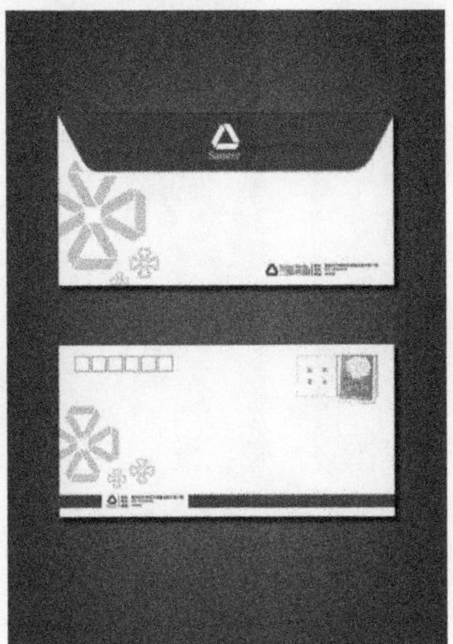

4.5 课后练习

学习了有关企业 VI 设计的内容，并通过企业 VI 实例的制作练习，是否已经掌握了有关 VI 设计的方法和技巧呢？本节通过两个练习，巩固对本章内容的理解并检验读者对 VI 设计制作方法的掌握。

4.5.1　设计企业名片

名片是接触较多的企业 VI 应用之一，企业名片的设计不能太过于烦琐，以简约、大气为主，需要能够体现出企业的文化内涵。本实例所设计的科技企业名片，通过简单的三角形构成名片背景的主体图像，搭配人名等信息显得很时尚，并能够表现出科技感。

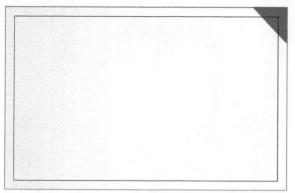

❶ 使用“矩形工具”，绘制矩形并填充线性渐变。使用“多边形工具”绘制三角形。

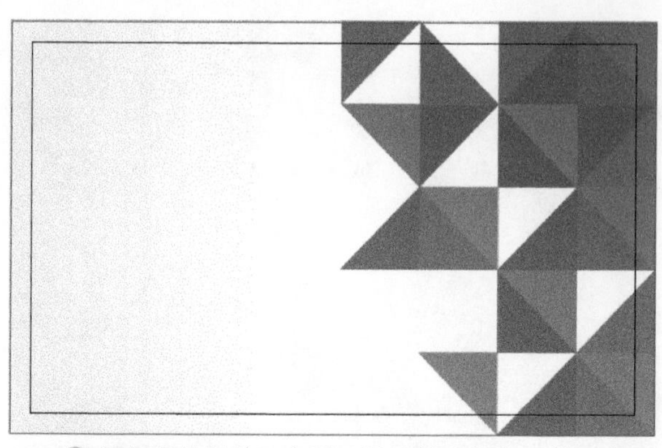

❷ 复制所绘制的三角形，设置填充颜色，将三角形进行旋转。

❸ 使用“横排文字工具”，输入文字并进行排列，完成名片正面的制作。

❹ 使用相同的制作方法，可以完成名片背面的制作。

4.5.2 设计企业信封

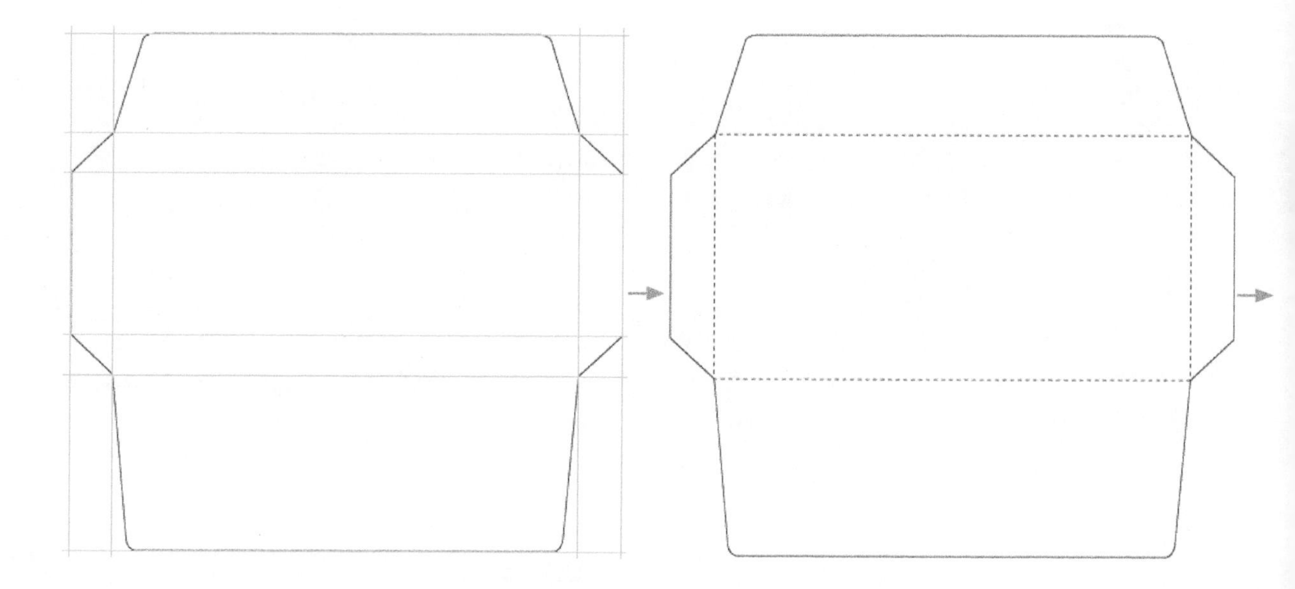

TMTM天美木门
5月之"梦"
天美"5 1"幸运游乐汇
带你纯玩港澳

爱情连连看
Fall in love
重磅出击

相信自己
唱响未来
2014尚友阁配K歌之王争霸赛

第  章

艺术文字设计——文字的处理与操作

艺术文字是平面广告中重要的组成部分，是信息的重要载体。合理地对文字进行艺术设计处理，不仅可以使广告作品的效果更加美观，而且对信息的传达有直接的影响。

在很多的广告设计作品中都会对关键的主题文字进行艺术设计处理，文字艺术设计的方式也有很多种，本章将向读者介绍有关艺术文字设计的相关知识以及在Illustrator中如何设计制作广告艺术文字。

精彩案例：

- 广告文字设计
- 制作变形文字
- 制作3D文字

5.1 艺术文字设计知识

在广告设计中常常能够看到设计精美的艺术文字效果，很多艺术文字都是在文字的基础上通过描边、变形和 3D 突出等方法制作出来的。精美的艺术文字效果可以在广告设计作品中起到明确主题、画龙点睛的作用。

5.1.1 了解文字特征元素

文字的表现力由字体特征元素的特性决定，下面介绍与文字密切相关的几种特征元素。

字号

计算字体面积的大小有号数制、级数制和点数制（也称为磅）。一般常用的是号数制，简称“字号”。照排机排版使用的是毫米制，基本单位是级（K），1 级为 0.25 毫米。点数制是世界流行的计算字体的标准制度。电脑字也是采用点数制的计算方式（每一点等于 0.35 毫米）。标题用字一般为 4 点以上，正文用字一般为 10~12 点，文字多的版面，字号可减到 7 点或 8 点。注意，字越小，精密度越高，整体性越强，但过小也会影响阅读。

行距

行距的宽窄是设计师比较难把握的问题。行距过窄，上下文字相互干扰，目光难以沿字行扫视，因为没有一条明显的水平空白带引导浏览者的目光；而行距过宽，太多的宽白使字行不能有较好的延续性。这两种极端的排列法，都会使阅读长篇文字者感到疲劳。行距在常规下的比例为：用字 10 字，行距则设置为 12 点，即 10 ：12。

事实上，除行距的常规比例外，行宽、行窄是依主题内容需要而定的。一般娱乐性、抒情性的网页，通过加宽行距以体现轻松、舒展的情绪；也有纯粹出于版式的装饰效果而加宽行距的。另外，为增强版面的空间层次与弹性，可以采用宽、窄同时并存的手法。

字重

同一种类型的字体有不同的外在表现形式，有些字体显得黑而重，而有些字体则显得浅而单薄，有的字体则比较正常，在轻重方面处于平均值。字重影响了一种字体的显示方式。

Roman：如果需要一种笔画粗细适当的字体，那么就选择 Roman 字体。Roman 字体是没有任何装饰的最简单的字体。

Bold（粗体）：通常用于正文中需要强调的信息，粗体字应该与细体字一同使用。设计人员应用的粗体字越多，设计中所表达的信息就越强。

Light（细体）：单薄而细致的字就被称作细体字。细体字的作用不像 Roman 或粗体字那么重要，但是它们也可以满足设计中细致、优雅的字体需要。

字体宽度

同一字体可以有不同的宽度，也就是在水平方向上占用的实际空间。

紧缩：也称为压缩，这种紧缩格式字体的宽度要比 Roman 格式的小。

加宽：也有人把这一宽度特征称为扩展。这种格式与紧缩格式正好相反，它在水平方向上占用的空间要比 Roman 格式大，或者说是加宽了。

字形

字形是指字体站立的角度，这里有两种不同的字形。

正常体（regular）：这是人们最熟悉的一种字形，它不加任何修饰，一般用于正文。

斜体（Italic）：它与粗体字一样，用于页面中需要强调的文本。Italic 是从手写体发展而来的，类似于向右倾斜的书法体效果。

下划线体（Underline）：它和斜体的作用类似，用在正文中需要强调的文本，更多的时候用于链接的文字。

字体和比例

在处理字体时，一种字体的字号与另一种字体及页面上其他元素之间的比例关系是非常重要的，需要认真对待。

字体的大小是以不同方式来计算的，它的单位包括磅（pt）和像素（pixel）。以磅为单位的计算方法是根据打印设立的；以计算机像素技术为基础的单位需要在打印时转换为磅。总之，在设置字体大小时，采用磅为单位是比较明智的。

方向

向上、向下、向左、向右——字体的显示方向对使用效果将会产生很大影响。

行间距

在排版设计中还需要注意行间距，两行文本相距多远也会对可读性产生很大的影响。

字符间距与字母间距

字符间距指的是没有字体差别的一个字符与另一个字符之间的水平间距。也就是说，设计者可以同时设置整个词中的相邻两个字符之间的距离。

与行距一样，字符间距也会影响段落的可读性。虽然调整字符间距可以为页面增加趣味性，但非常规的间距值应该限制在装饰应用的范围内。正文要求使用正常间距，这样才能适应读者的需要。

字母间距指的是一种字体中每个字母之间的距离。在一般设置下，人们可以看到两个相邻的字母是相互接触的，这会影响到可读性。

5.1.2　文字的艺术图形表现

注重文字的编排和文字的创意，是通过视觉传达设计现代感的一种方法。设计师不仅应该在有限的文字空间和文字结构中进行创意编排，而且应该赋予编排形式更深的内涵，提高平面广告的趣味性与可读性，突出平面广告的主题内容。

文字意象表现

文字意象表现是将文字意象化，以简洁和直观的图形传达文字更深层的含义，如下图（左 1、左 2）所示。

文字编排表现

人类最初表达思维的符号是图画以及进一步的象形文字。虽然象形文字只是一种形态性的记号，目前已不再使用，但在现代编排设计中却把记号性的文字作为构成元素来表现，这便是字画图形。

字画图形包括由文字构成的图形和把图形加入文字两种形式。前者强调形与功能，具有商业性；后者注重形式和趣味，不特定表述某种含义，而在于可给设计者一些创作的灵感和启示，如下图（左 3、左 4）所示。

5.1.3 艺术文字的设计原则

文字作为内涵与文化的重要传播媒介，其设计应该遵循思想性、实用性和艺术性并重的原则。

思想性

艺术文字设计必须从文字的内容和应用方式出发，确切而生动地体现文字的精神内涵，用直观的形式突出宣传的目的和意义。

实用性

文字的实用性首先是指易识别。文字的结构是人们经过几千年实践才创造、流传、改进并认定的，不可随意更改。进行字体设计，必须使字形与结构清晰，易于正确识别。其次，字体设计的实用性还体现在众多文字结合时，设计师应该考虑字距、行距、周边空白的妥当处理，做到一目了然，准确传达文章具有的特定信息。

艺术性

现代设计中，文字因受其历史和文化背景的影响，可作为特定情境的象征。因此在具体设计中，文字可以成为单纯的审美因素，发挥着和纹样、图片一样的装饰功能。在兼顾实用性的同时，可以按照对称、均衡、对比和韵律等形式美法则调整字形大小、笔画粗细，甚至字体结构，充分发挥设计者独特的个性和对设计作品的理解。

学习艺术文字设计，需要了解汉字和拉丁文字母（包括阿拉伯数字）这两种作为东、西方文化代表的不同的文字体系。在区别两种文字的字形结构和设计特点的基础上应用美学规律，相互借鉴，发挥设计者主观的创造。如下图（左、右）所示为设计精美的艺术文字。

5.2 广告文字设计

设计思维过程

❶新建文档并置入与主题相关的素材图像。

❷输入文字，并通过“字符”面板对文字进行调整。

❸填充渐变颜色，使文字的效果更突出主题。

❹将所有文字调整至合适位置和大小，做到排列有序。

设计关键字：文字层次表现

本实例中通过“字符”面板对文字的“基线偏移”选项进行设置，使文字表现的效果更突出、主题更明确，如下图（左）所示。将文字创建轮廓，可以在文字的基础上进行调整，填充渐变效果。为文字填充渐变颜色能够从视觉上表现出时尚、前卫的时代色彩，可以非常有效地增强画面的动感和节奏，如下图（右）所示。

色彩搭配秘籍：黄色、红色、白色

本实例的色彩以暖色调为主，以红色为主色调，符合民族文化的特点。红色浓烈、鲜艳、炫彩夺目，是一种活泼、辉煌、快乐的色彩，如下图（左）所示；黄色则给人以光明、高贵、富丽感，如下图（中）所示；白色给人以纯洁、干净感，如下图（右）所示。

RGB（245、236、77）
CMYK（7、2、77、0）

RGB（219、65、20）
CMYK（9、87、99、0）

RGB（255、255、255）
CMYK（0、0、0、0）

软件功能提炼

❶ 使用“文字工具”创建文字

❷ 使用“字符”面板设置文字

❸ 使用“倾斜工具”倾斜文字效果

❹ 使用“渐变工具”填充文字效果

实例步骤解析

画面整体时尚、前卫、具有较高的时代色彩。从画面的颜色来说，具有鲜艳夺目、光明高贵的视觉效果。从文字的整体效果来说，体现了一种大气、时尚和炫彩夺目的特点。

Part 01：输入文字

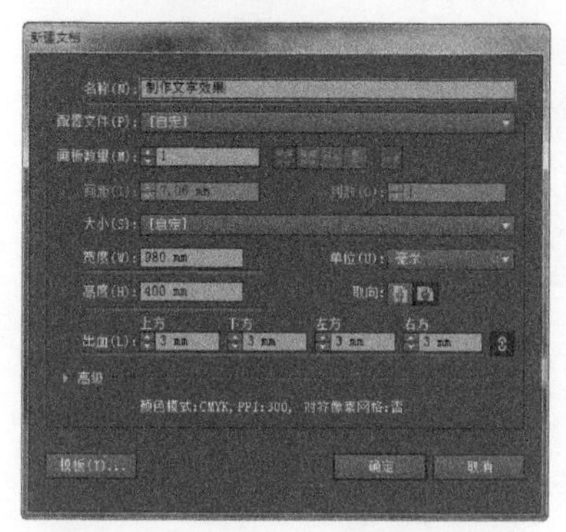

01 **新建文档** 执行“文件>新建”命令，设置相应的参数，单击“确定”按钮，新建文件。

02 **置入文件** 执行“文件>置入”命令，置入素材“资源文件\源文件\第5章\素材\5201.tif”。

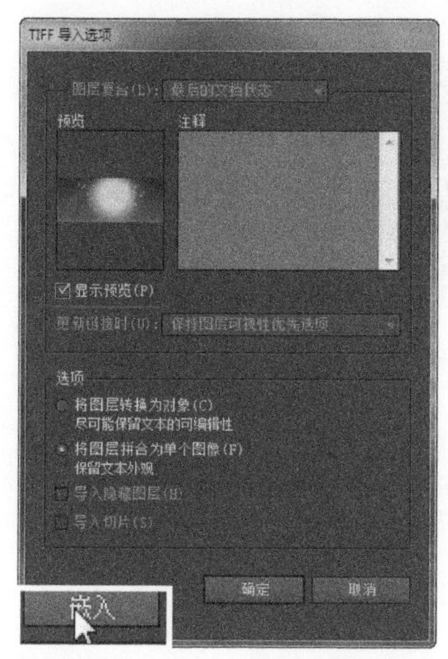

03 **嵌入文件** 单击选项栏中的“嵌入”按钮，弹出“TIFF导入选项”对话框，单击“确定”按钮。

04 **置入文件** 使用相同的方法，置入素材“资源文件\源文件\第5章\素材\5202.ai”，将素材调整到合适的大小和位置。

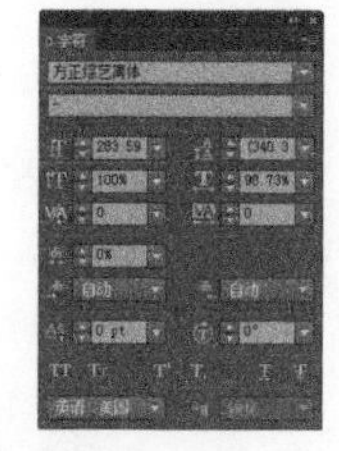

05 **输入文字** 使用“文字工具”，打开“字符”面板，对相关选项进行设置，在画布中单击并输入文字。使用“倾斜工具”，将文字在水平方向上倾斜。

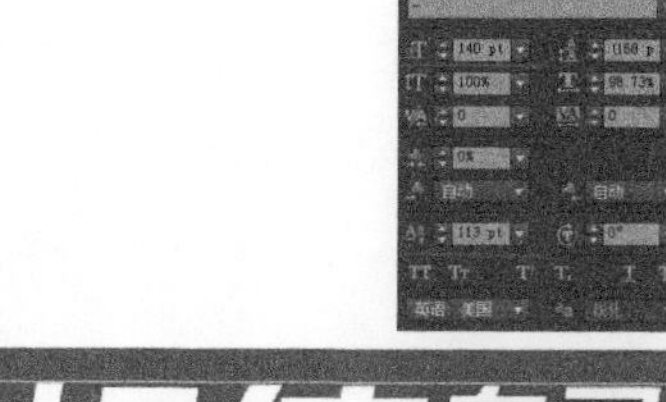

06 **设置基线偏移** 选中相应的文字，打开“字符”面板，对“字体大小”和“基线偏移”选项进行设置。

TIPS

一般在置入素材后，为了保证不会丢失素材，常常在置入后将素材嵌入，以保证文档在其他电脑中打开时可以正常显示。

Part 02：增加文字层次感

01 描边文字 选中文字，设置“描边”为黑色，设置描边“粗细”为45pt。复制文字，按快捷键Ctrl+F原位粘贴文字，选中复制得到的文字，设置“描边”为无。

02 填充渐变颜色 打开“渐变”面板，设置渐变颜色值为CMYK（0、0、0、0）、（0、0、0、30）、（0、0、0、0），为复制得到的文字填充渐变颜色。

03 输入文字 使用相同的方法，制作“唱响未来”文字效果。

TIPS

只有将文字创建轮廓后，才能在文字的基础上操作、变形和填充渐变颜色等，但是为了方便修改，建议在分离文字前将文件保存副本。

04 创建轮廓并复制 使用相同的方法，制作两层文字，并将文字创建轮廓。

05 填充渐变颜色 打开“渐变”面板，设置渐变颜色值为CMYK（7、2、77、0）、（9、87、99、0），为文字填充渐变颜色。

06 制作效果 完成主题文字效果的制作，将文字调整到合适的大小和位置。

TIPS

因为显示器都有一定的偏色，所以不能使用显示器屏幕的颜色来要求画面的印刷色，设置“填色”或“渐变”时必须依照CMYK的百分比来决定填充的颜色。

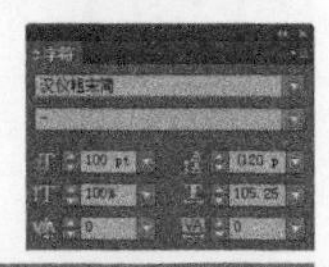

07 输入文字 使用“文字工具”输入文字，填充黑色，复制文字，按快捷键Ctrl+F原位粘贴文字，填充白色，并调整文字位置。

08 最终效果 完成广告文字效果的制作，得到最终效果。

5.2.1 对比分析

制作不同类型的文字效果应该根据画面和主题的特征采用不同类型的配色方式和表现方法，以强化文字主题本身独有的特色。画面中的所有元素都应该以此为基准进行设计，从而使整个画面更加光彩耀眼。

❶ 纯白色的字体搭配在那么炫彩的背景图中，显得格格不入，与画面不匹配，浪费了那么炫彩的素材图了。

❷ 文字没有一点倾斜的效果，直排的效果突出不了K歌争霸的霸气效果。

❸ 文字上没有设置基线偏移的效果，整个画面带给人一种传统、不协调的视觉效果；整个画面古板、生硬。

❹ 文字整体效果很单一，没有厚重感，文字像飘在画面上一样。

Before

❶ 文字渐变的填充，使整个画面充实、有节奏感，色调搭配与整个画面互相协调，黄色给人以光明、高贵和富丽感。

❷ 文字轻微的倾斜，就把文字和整个画面表现出快乐和有活力的效果。

❸ 给文字设置了基线偏移效果，使画面秩序分明，让人一目了然。

❹ 文字添加了黑色描边的效果，整个文字压住画面且融入画面中，同时文字也有了体积感，整个画面看起来也不那么飘了。

After

5.2.2 知识扩展

在平面广告的设计制作过程中，通常都需要将文字原稿依照设计要求组织成规定的版式，书籍和杂志等书版印刷物都是以文字排版为基础的。文字效果以及文字内容的设计处理可以说是平面广告设计过程中非常重要的一个环节。

字体分类

基本字体是在承袭汉字书写发展史中各种字体风格的基础上，经过统一整理、修改、装饰而成的字体。因多被应用于印刷之中，又称为印刷字体。下面向读者介绍字体的基本分类。

汉字字体

汉字是世界上最古老、最优美的文字之一。汉字在长期的发展演变过程中创造了多种笔画整齐、结构严谨的印刷字体，常用的印刷字体的有下列几种，如右图（左、中、右）所示。

左	中	右
宋体字	宋黑体字	美黑体字
黑体字	隶书体字	粗黑体字
楷体字	新魏体字	隶变体字
仿宋体字	小姚体字	中圆体字
	行书体字	综艺体字

TIPS

近几年来，为了活跃版面，又设计了许多新字体，供印刷使用，其中有：中圆体、隶书体、隶变体、综艺体、美黑体、粗黑体、行书体、小姚体、新魏体等，这些都可作为标题使用。

外文字体

在印刷外文书刊和中文科技书刊时，使用外文字体。在外文中使用最多的是拉丁文，也有斯拉夫文、日文和阿拉伯文等文字。外文字体一般分为白体与黑体，白体用于印刷正文，黑体用于标题；在字面形式上又分为正写（又称正体）与斜写（又称斜体）两种。在拉丁文中有手写体，德文中有花体，可在少数场合用于词头；日文与汉字相同都是方块字形，其字体有明朝体和黑体等。

民族文字字体

我国少数民族的出版物和印刷品通常使用民族文字。印刷品中常用的民族文字有：蒙古文、藏文、维吾尔文、哈萨克文和朝鲜文等。用这些民族文字印刷书刊时，正文常用白体，标题等常用黑体。

输入文字的多种方法

Illustrator 在工具箱中提供了 6 种文字工具，如右图所示，分别是“文字工具”、“区域文字工具”、“路径文字工具”、“直排文字工具”、“直排区域文字工具”和“直排路径文字工具”。

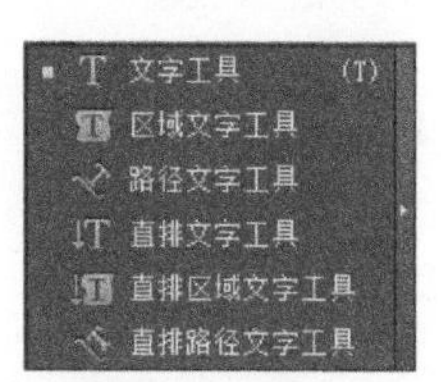

在 Illustrator 中，文字对象分为 3 类，即点文字、区域文字和路径文字。

❶ 点文字

使用“文字工具”或“直排文字工具”直接在画布中单击，就会出现闪动的文字插入光标，输入文字即可创建文字，如右图所示。

点文字

❷ 区域文字

可以使用两种方法创建区域文字，第 1 种方法是单击并拖曳，使用“文字工具”或“直排文字工具”在画布中单击并拖动鼠标，即可在画布中绘制出文本框，如右图所示；第 2 种方法是绘制一个任意的形状（无论是具有填色还是描边属性，Illustrator 会在将其转换为文本框时自动取消这些属性），使用“文字工具”、“直排文字工具”、“区域文字工具”或“直排区域文字工具”单击对象的内部，输入文字，如右图所示。

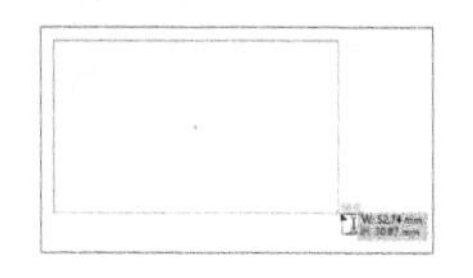

❸ 路径文字

使用“文字工具”或“路径文字工具”在路径上单击，可创建水平路径文字；使用“直排文字工具”或“直排路径文字工具”在路径上单击，可创建直排路径文字，如右图（左、右）所示。

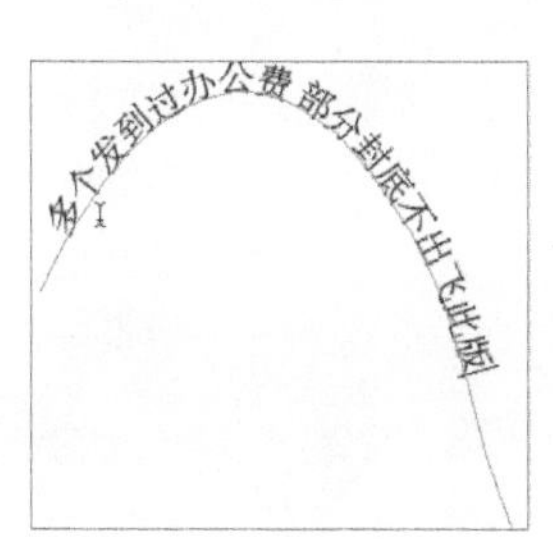

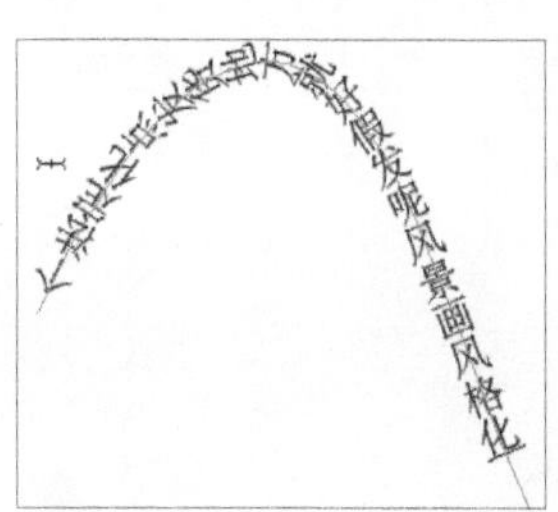

5.3 广告变形文字设计

设计思维过程

❶新建文档，置入相应的素材，制作出广告的背景效果。

❷输入文字并创建轮廓，使用“钢笔工具”绘制路径图形，制作出变形文字的效果。

❸输入文字，使用“3D凸出”功能制作出3D立体文字效果。

❹使用“文字工具”绘制文本框，输入文字，完成该广告的制作。

设计关键字：变形文字、立体文字

本实例中使用了“文字工具”创建文字和“钢笔工具”绘制路径图形，制作出变形文字的效果，表现出画面的动感和节奏，如下图（左）所示；将文字添加了3D效果，使文字有立体感，突出主题，如下图（右）所示。

色彩搭配秘籍：绿色、红色、紫色

本实例的色彩搭配采用了绿色、红色、紫色的渐变，如下图（左上、左下、右下）所示，使画面呈现出个性化、唯美化、多元化和国际化的趋势，图形、文字和色彩都表现出了视觉的要素特点，所有的文字图形、色彩搭配有条理地组织成一个和谐的整体。

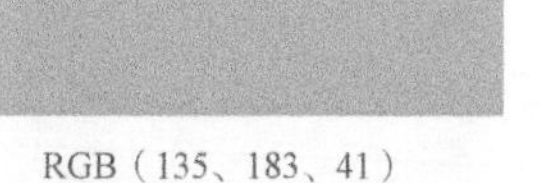

RGB（135、183、41）
CMYK（53、8、98、0）

RGB（213、62、106）
CMYK（12、87、36、0）

RGB（97、47、137）
CMYK（74、91、5、0）

软件功能提炼

❶ 使用“文字工具”输入文字
❷ 使用“钢笔工具”制作变形文字
❸ 使用“渐变工具”为文字填充渐变颜色
❹ 使用3D功能制作出3D立体文字效果

实例步骤解析

整体文字带给人一种很绚丽的感觉。变形文字操作处理中应注意细节的转换，线条要调整流畅，整体布局都要显得时尚、大气；3D文字的制作要显现出立体感，使文字主题突出。

Part 01：变形文字

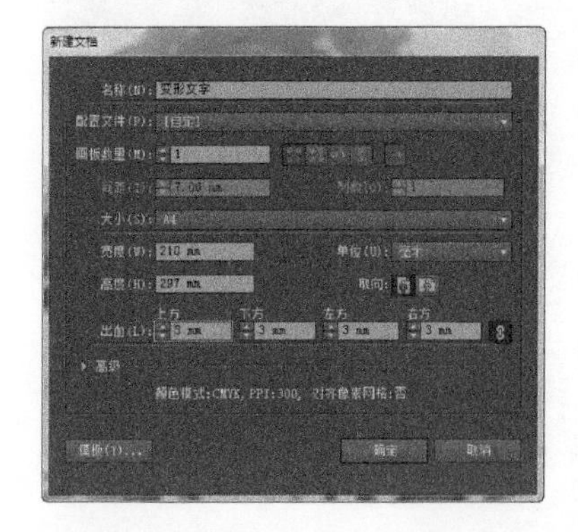

TIPS

设计稿的颜色模式必须是CMYK模式，并且分辨率也必须是300dpi以上，导入的所有图片的分辨率都应该是300dpi，并且图片的格式应该是TIF，颜色模式为CMYK。

01 新建文档 执行“文件>新建”命令，设置相应的参数，单击“确定”按钮，新建文件。

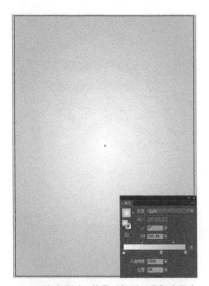

02 填充渐变　使用“矩形工具”在画布中绘制矩形，打开“渐变”面板，设置渐变颜色值为CMYK（28、5、51、0）、（53、8、98、0），为矩形填充渐变颜色。

03 置入素材　执行“文件>置入”命令，置入素材“资源文件\源文件\第5章\素材\5301.ai”，并调整到合适的大小和位置。

04 置入素材　使用相同的方法，置入其他素材，并分别调整到合适的大小和位置。

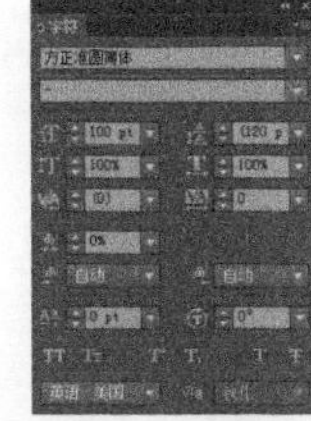

05 输入文字　使用“文字工具”，打开“字符”面板，对相关选项进行设置，在画布中单击并输入文字。

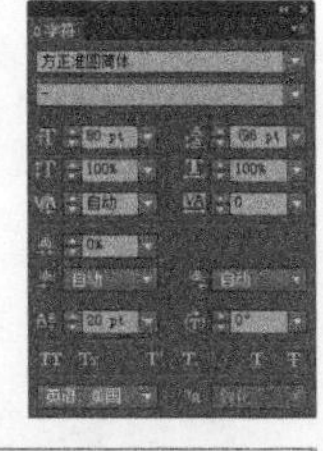

06 调整文字　选中相应的文字，在“字符”面板中进行设置。使用“倾斜工具”，对文字进行倾斜处理。

07 绘制路径　将文字创建轮廓并取消编组。使用“钢笔工具”，打开“描边”面板，设置相关的参数，在画布中绘制路径。

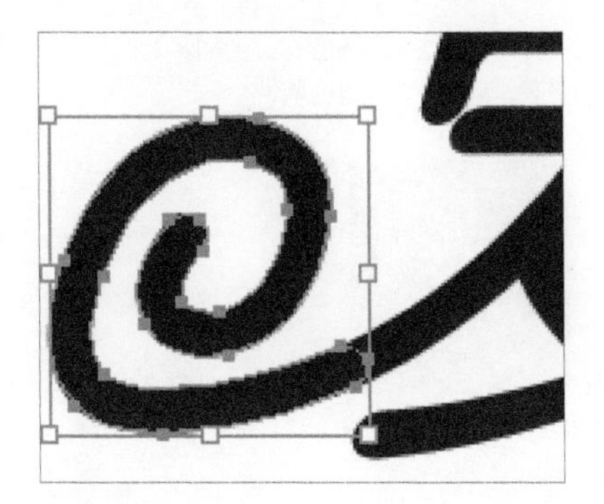

08 路径转换图形　选中路径，执行“对象>路径>轮廓化描边”命令，完成转换路径图形。

TIPS

使用“轮廓化描边”命令，可以将描边路径转换为路径图形，有利于调整锚点。

09 联集图形　同时选中“爱”文字路径，打开“路径查找器”面板，单击“联集”按钮。

10 删除锚点 使用“直接选择工具”选中“爱”文字路径上部的部分锚点，删除相应的锚点。

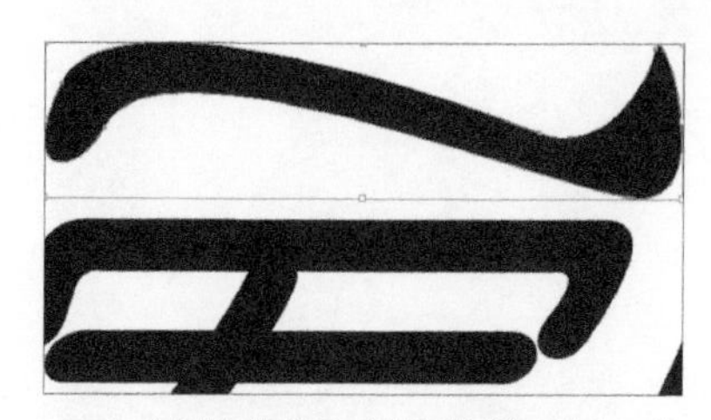

11 绘制路径图形 使用“钢笔工具”，设置“填色”为黑色，“描边”为无，在画布中绘制路径图形。

12 调整图形 使用“直接选择工具”对文字路径上的锚点进行调整，从而改变文字的形状。

TIPS

使用“直接选择工具”选择锚点或路径段后，按住鼠标单击拖动即可将其移动，移动锚点和路径段都可以改变路径的形状。

13 变形效果 使用相同的制作方法，可以对其他文字进行相应的变形处理。

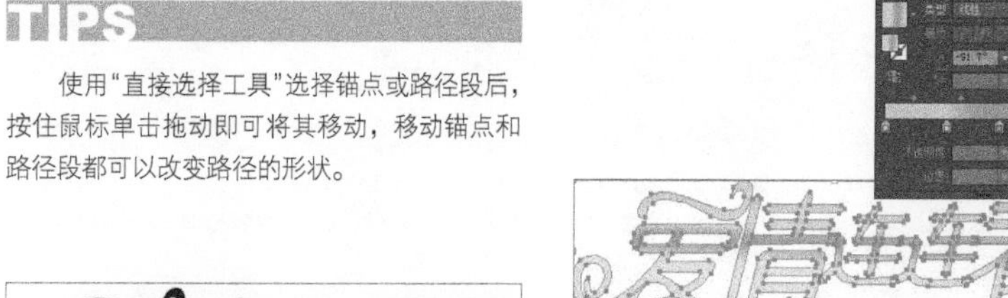

14 文字填充渐变 打开“渐变”面板，设置渐变颜色值为CMYK（34、11、3、0）、（14、14、16、0）、（6、48、22、0）、（14、14、16、0），为文字填充渐变颜色。

15 文字投影效果 执行“效果>风格化>投影”命令，弹出“投影”对话框，对相关选项进行设置，单击“确定”按钮。

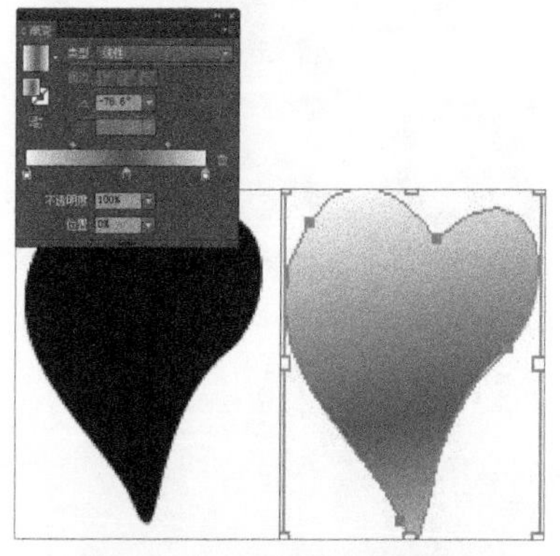

16 绘制心形 使用“钢笔工具”，设置“描边”为无，在画布中绘制心形图形，并为该图形填充渐变颜色。

17 制作效果 复制心形图形，设置渐变颜色值为CMYK（34、11、3、0）、（0、0、0、0），填充渐变颜色。

18 文字整体效果 使用相同的方法，为心形图形添加投影，复制多个该图形，并分别调整到合适的位置和大小。

Part 02：丰富变形文字效果

01 绘制路径图形 使用“钢笔工具”，设置“描边”为无，在文字的基础上绘制路径图形。

02 填充渐变颜色 打开“渐变”面板，设置颜色值为CMYK（12、87、36、0）、（79、95、37、2），为图形填充渐变颜色。

TIPS

在Illustrator中创建文字时不要单击现有的图形对象，因为这样会将文字对象转换成区域文字或路径文字。如果现有对象恰好位于要输入文字的地方，可以先将其锁定或隐藏。

03 复制图形并调整 复制图形，填充黑色，放置在渐变图形下方，并调整图形位置。使用“钢笔工具”，设置“填色”为白色，“描边”为无，在画布中绘制高光图形。

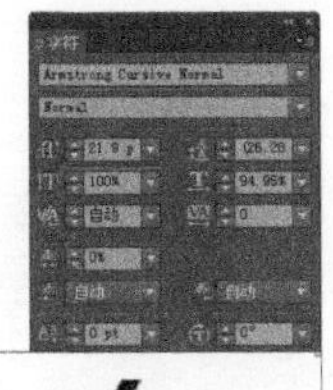

04 输入文字 使用“文字工具”，在“字符”面板中对相关选项进行设置，在画布中单击输入文字。

05 填充渐变颜色 将文字创建轮廓，为文字填充渐变颜色，添加“投影”效果。

06 绘制图形并设置不透明度 使用相同的制作方法，用“钢笔工具”绘制图形，填充透明到白色的渐变颜色，设置“不透明度”为50%。

TIPS

在设计作品时，要随时把握颜色的应用。禁忌随意使用颜色，除了要考虑颜色是否能正确印刷外，还要考虑颜色对于作品的表现性，更要注意整个作品的一致性，否则将是一件失败的作品。

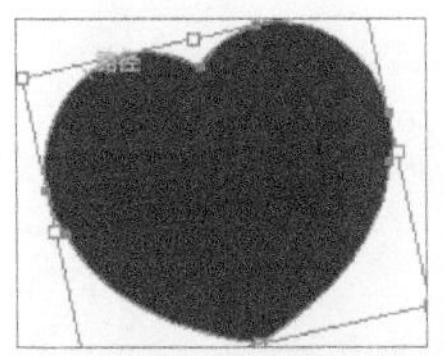

07 修饰图形 使用“钢笔工具”，设置“填色”为CMYK（61、96、47、6），在画布中绘制心形图形。使用相同的方法，绘制图形并填充渐变颜色。

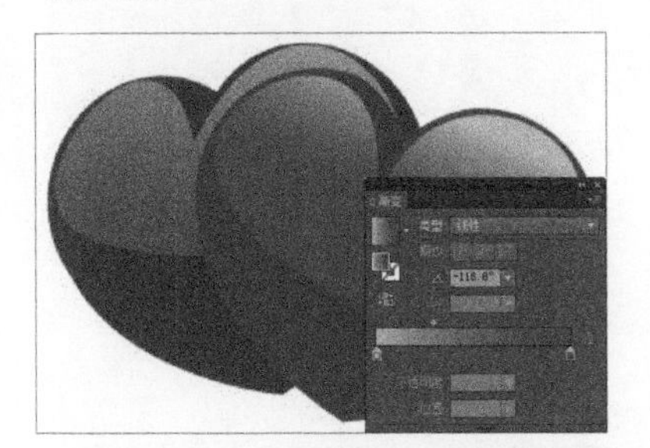

08 图形效果 使用相同的方法，可以绘制出相似的图形效果。

09 调整图形叠放 将所绘制的两个心形图形调整到合适的大小和位置。使用“钢笔工具”，设置“填色”为CMYK（74、91、5、0），“描边”为无，在画布中绘制路径图形。将组成变形文字的所有图形编组。

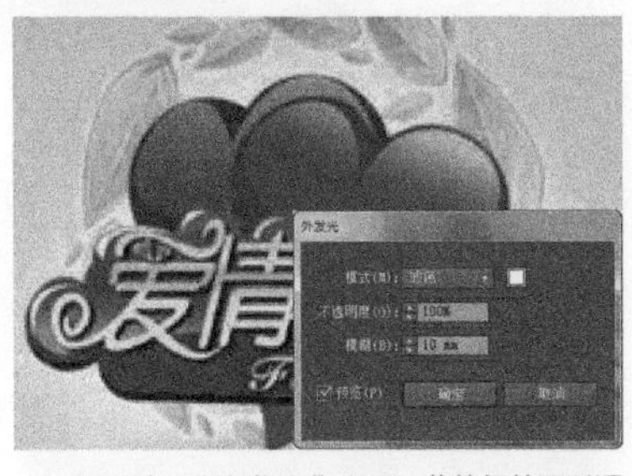

10 添加“外发光”效果 将编组的图形调整到合适的大小和位置，执行“效果>风格化>外发光”命令，弹出“外发光”对话框，对相关选项进行设置，单击“确定”按钮。

Part 03：制作3D文字

TIPS

3D效果可用来从二维图稿创建三维对象。可以通过高光、阴影、旋转及其他属性来控制3D对象的外观。

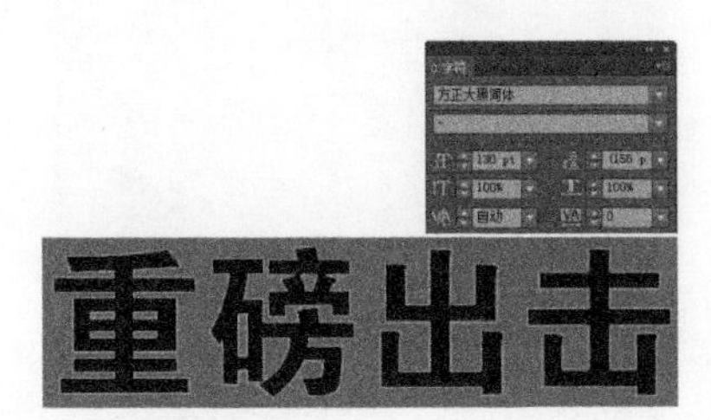

01 输入文字 使用“文字工具”，设置“描边”为CMYK（58、14、98、0），描边“粗细”为1pt，在画布中单击输入文字。

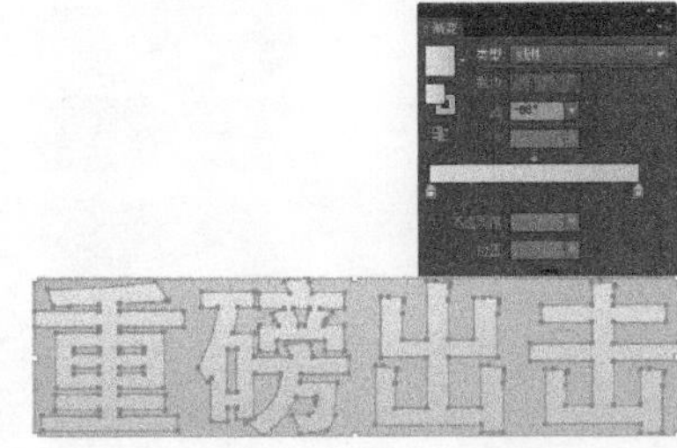

02 填充渐变颜色 将文字创建轮廓，打开“渐变”面板，设置渐变颜色值为CMYK（16、1、33、0）、（39、2、65、0），填充渐变，取消编组。

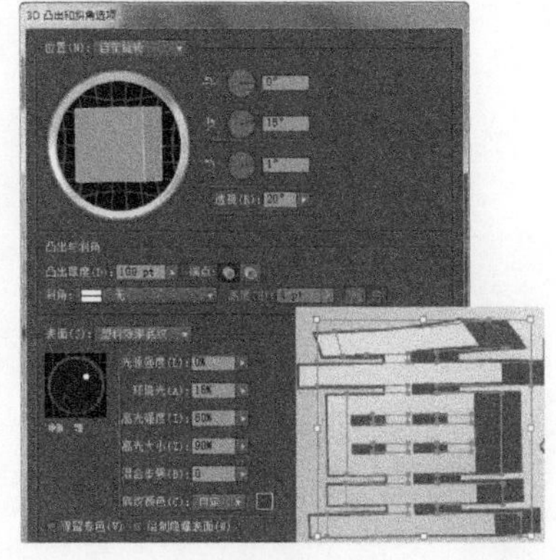

03 创建3D文字 选中“重”文字，执行“效果>3D>凸出和斜角”命令，弹出“3D凸出和斜角选项”对话框，对相关选项进行设置。

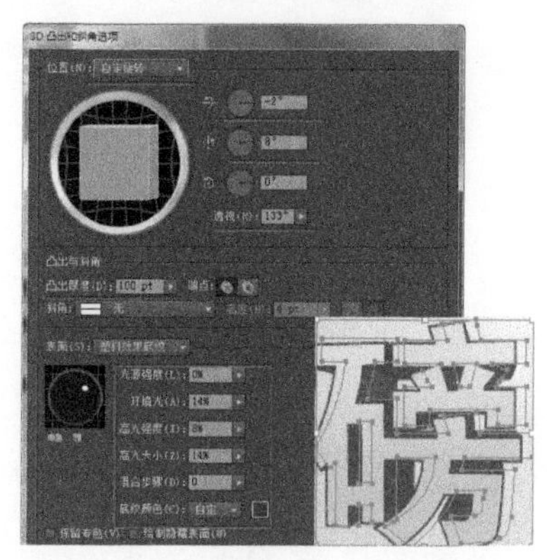

04 创建3D文字 使用相同的制作方法，制作“磅”文字的3D立体效果。

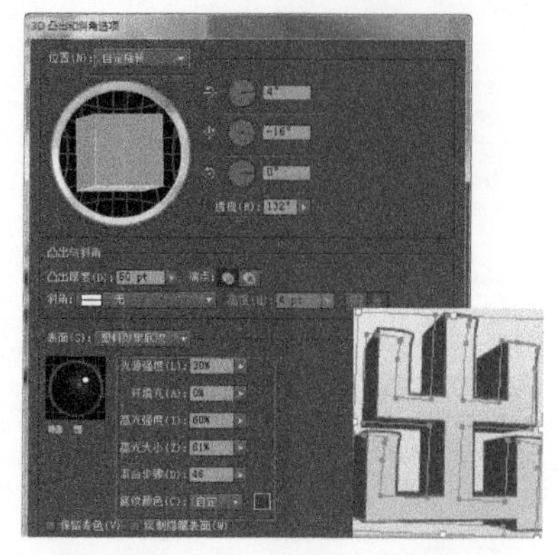

05 创建3D文字 使用相同的制作方法，制作“出”文字的3D立体效果。

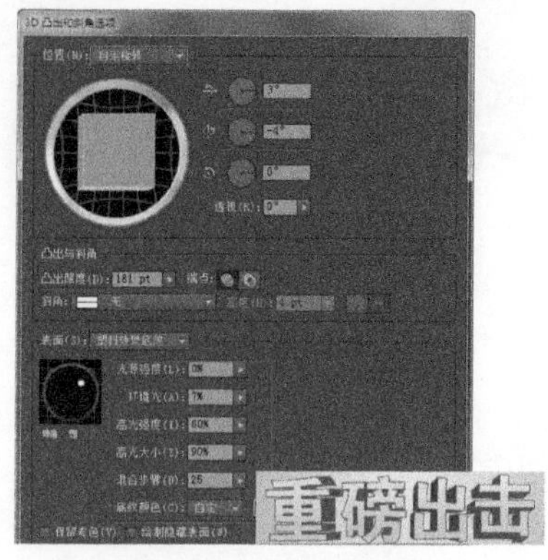

06 创建3D文字 使用相同的方法，制作“击”文字的3D立体效果，选中全部文字编组。

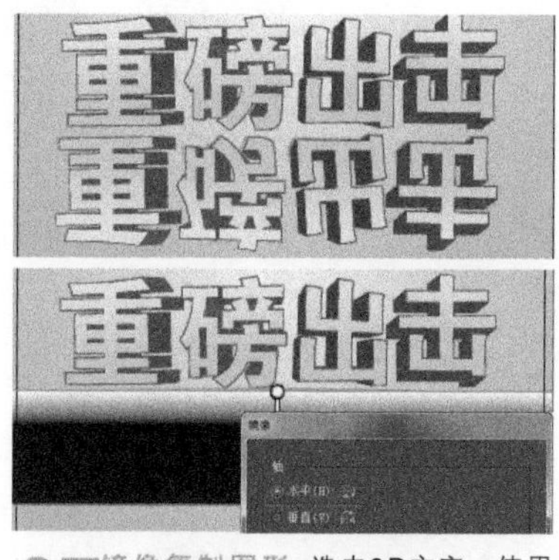

07 镜像复制图形 选中3D文字，使用“镜像工具”，按住Alt键在合适的位置单击，在弹出的对话框中进行设置，单击“复制”按钮。使用“矩形工具”，在画布中绘制矩形，并为该矩形填充黑白线性渐变效果。

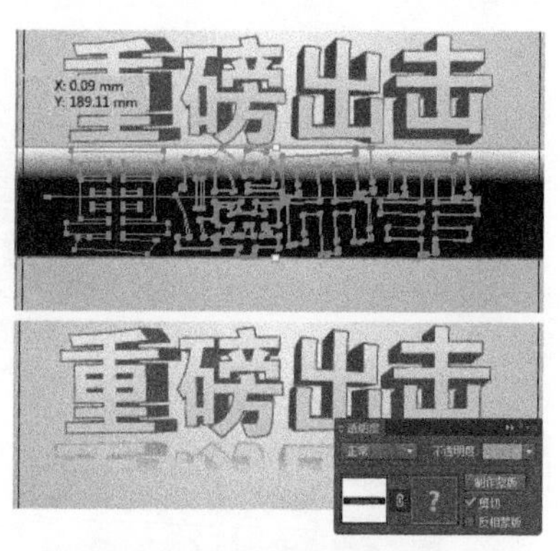

08 制作蒙版 同时选中镜像文字和矩形图形，打开“透明度”面板，单击“制作蒙版”按钮，设置“不透明度”为50%。

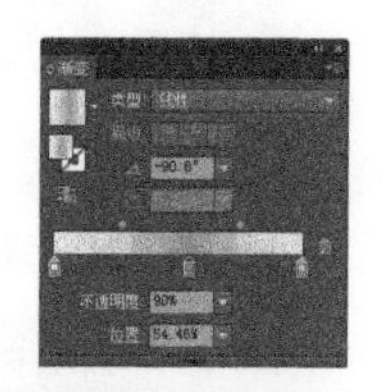

09 绘制阴影图形 使用“钢笔工具”绘制图形，设置渐变颜色值为CMYK（39、2、65、46）、（39、2、65、0），“不透明度”为0%，填充渐变。

TIPS

在文字上使用3D效果，增加文字立体感，可以使文字看起来更有凸起的效果，凸起的效果就是文字让人看起来有凸出感，更好地体现艺术文字的主题。

TIPS

实现对象的水平和垂直翻转效果还可以通过在对象上右击，在弹出的“镜像”对话框中设置相应的翻转命令来实现。

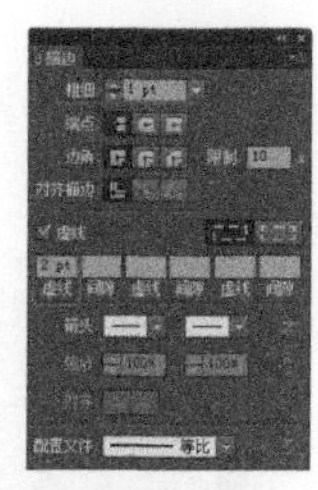

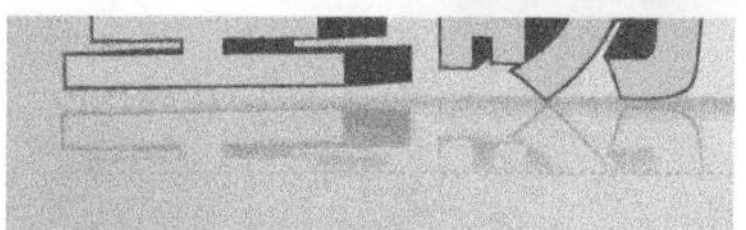

10 绘制虚线 使用“直线段工具”，设置“描边”为CMYK（55、9、99、0），在画布中绘制虚线。

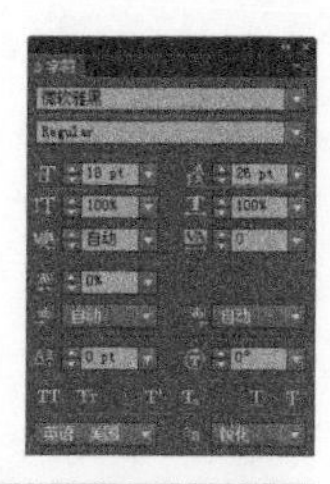

“爱情连连看”活动推出之后，深受大众欢迎；联合平面媒体、网络媒体、新媒体等立体式传播，为提升欧雅莱品牌形象不断组合出击。

11 使用文本框创建文字 使用“文字工具”，打开“字符”面板，设置参数，在画布中单击拖出文本框，输入相应文字。

12 最终效果 选中文本框中的全部文字，单击选项栏中的“段落”选项后的“居中对齐”按钮，完成该广告效果的制作。

TIPS

对于文本的设计要尽量使用段落格式控制，不要使用回车键和空格键。正确地使用段间距和行间距可以更好地实现文本排列的效果。

5.3.1 对比分析

Before

制作不同类型的文字应该根据画面的特征采用不同类型的配色方式和表现方法，以强化文字和画面的特色。画面中的所有元素都应该以此为基准进行设计，这能够使文字更加生动、形象。

❶ “爱情连连看”主题给人的感觉就是很绚丽，填充纯绿色一点都体现不出这个主题所附有的含义。

❷ 文字颜色和背景图形颜色太相似，中间没有别的图形过渡，主题文字突显不到画面中。

❸ 文字整体很单一，没有一点体积感，表现不了画面的质感。

After

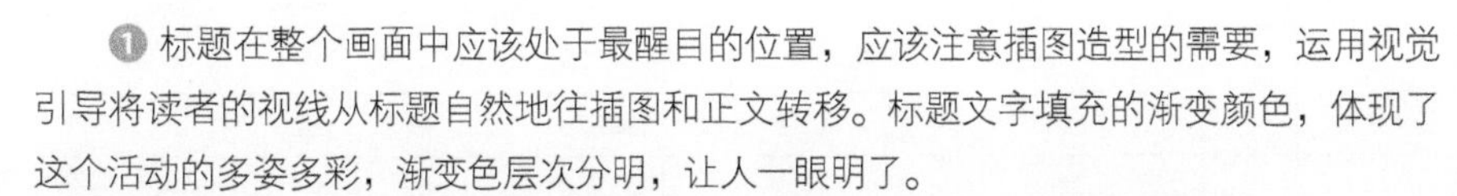

❶ 标题在整个画面中应该处于最醒目的位置，应该注意插图造型的需要，运用视觉引导将读者的视线从标题自然地往插图和正文转移。标题文字填充的渐变颜色，体现了这个活动的多姿多彩，渐变色层次分明，让人一眼明了。

❷ 路径图形是用视觉的艺术手段来传达主题的信息，以增强记忆效果，让人能够以更快、更直观的方式留下更深刻的印象。

❸ 文字添加了3D效果，是一种在整体效果界面中的局部突变，这一突变之意，形成引人关注的焦点，彰显出鲜明的个性。

5.3.2 知识扩展

文字的输入排版是平面广告印前工作的一个重要环节。文字的输入和使用有多种方式，其最终目的是在需要的位置，用大小和颜色适中的字体来表达作品所传达的信息。

印刷中字体运用

在平面广告设计作品中，需要了解字体的大小，以及印刷中字号与磅数的换算等。

活字是用金属或非金属材料制成的方柱体顶端有反向凸字的单个排版用字。我国活字大小的规格单位有两种：号制和点制。国际上通用点制，我国现在采用的是以号制为主、点制为辅的混合制。

点制又称磅，英文为Point，缩写为P，是使用计量单位“点”为专用尺度来计量字的大小。1985年6月，文化部出版事业管理局为了革新印刷技术，提高印刷质量，提出了活字及字模规格化的决定。规定每一点（1P）等于0.35毫米，误差不超过0.005毫米，如五号字为10.5点，即3.675毫米。外文活字大小都以点来计算，每点大小约等于1/72英寸，即0.5146毫米。

我国现用活字正方字身的大小如下表所示。

号数、点数值对照表

序号	字号	点数	字身大小/mm	序号	字号	点数	字身大小/mm
1		72	25.305	10	三号	16	5.623
2	特大号	63	22.142	11	四号	14	4.920
3	特号	54	18.979	12	小四号	12	4.218
4	初号	42	14.761	13	五号	10.5	3.690
5	小初号	36	12.653	14	小五号	9	3.163
6	大一号	31.5	11.071	15	六号	8	2.812
7	一(头)号	28	9.841	16	小六号	6.875	2.416
8	二号	21	7.381	17	七号	5.25	1.845
9	小二号	18	6.326	18	八号	4.5	1.581

在电脑排版系统中，文字的大小基本上和活字相同，采用号数字或点数字。铅字印刷的时候，字体大小是使用字号作为单位的。然而到了电脑排版时代，字体的大小按照国际标准，用“磅”作为单位。不过由于两种标准不统一，所以没有直接换算公式。

印刷中常用的字号与磅数换算如下表所示。

序号	字号	磅数	序号	字号	磅数
1	特大号	63	11	小三号	15
2	特号	54	12	四号	14
3	初号	42	13	小四号	12
4	小初号	36	14	五号	10.5
5	大一号	34.5	15	小五号	9
6	一号	28	16	六号	8
7	小一号	24	17	小六号	6.875
8	二号	21	18	七号	5.25
9	小二号	18	19	小七号	4.5
10	三号	16			

磅值相对毫米的换算则可以使用“磅数/2.845=毫米数”的公式来进行换算，比如72磅的大字约为25.3mm。同样的，也可以反过来使用测量出的字大小乘以2.845来推算出磅数。或者按照1磅大约是0.35mm进行换算。1英寸=2.54厘米=25.4毫米。

快速创建3D立体文字

“凸出和斜角”功能可以用来从二维图稿创建三维对象。可以通过高光、阴影、旋转及其他属性来控制3D对象的外观，如下图所示，还可以将图稿贴到3D对象中的每一个表面上。

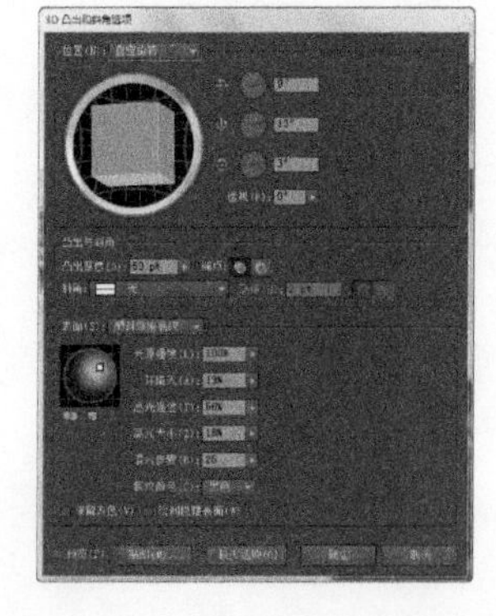

执行“效果>3D>凸出和斜角”命令，弹出“3D凸出和斜角选项”对话框，在对话框中单击“更多选项”按钮，可以看到完整选项列表，如左图所示。

位置：设置对象如何旋转以及观看对象的透视角度。

凸出与斜角：确定对象的深度以及向对象添加或从对象中剪切的任何斜角的延伸。

凸出厚度：设置对象深度，取值范围内为0pt~2 000pt。

端点：指定显示的对象是实心（开启端点）还是空心（关闭端点）。

斜角：沿对象的深度轴（Z轴）应用所选类型的斜角边缘。

高度： 设置介于 1pt~100pt 的高度值。如果对象的斜角高度太大，则可能导致对象自身相交，产生意料之外的结果。

斜角外扩： 将斜角添加至对象的原始形状。

斜角内缩： 自对象的原始形状减去斜角。

右图所示为不带斜角边缘的凸出对象（左图）、带斜角内缩的凸出对象（中图）和带斜角外扩的凸出对象（右图）的对比。

表面： 创建各种形式的表面，从黯淡、不加底纹的不光滑表面到平滑、光亮，看起来类似塑料的表面。

光照： 添加一个或多个光源，调整光源强度，改变对象的底纹颜色，以及围绕对象移动光源以实现生动的效果。

贴图： 将图稿贴到 3D 对象的表面上，如下图（左、右）所示。

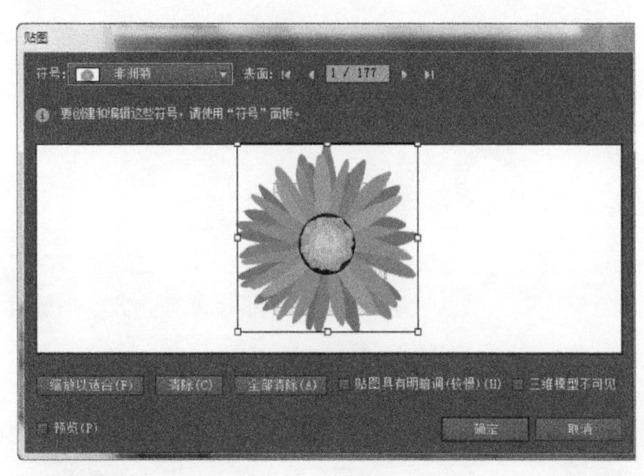

5.4 模版欣赏

完成本章内容的学习，希望读者能够掌握艺术文字效果的设计制作。本节将提供一些精美的艺术文字效果设计模版供读者欣赏。读者可以自己动手试着练习一下，检验一下自己是否也能够设计制作出这样的艺术文字效果。

5.5 课后练习

学习了有关艺术文字设计的内容，并通过艺术文字实例的制作练习，是否已经掌握了有关艺术文字设计的方法和技巧呢？本节通过两个练习，巩固对本章内容的理解并检验读者对艺术文字设计制作方法的掌握。

5.5.1 制作变形广告文字

通过对广告中的文字，特别是主题文字进行艺术处理，可以有效地突出广告主题，使广告效果更加突出，艺术广告文字在广告作品中起到画龙点睛的作用。本实例制作的变形广告文字是广告作品中常用的一种艺术文字处理方式，通过将文字创建轮廓，可以对文字路径进行各种变形处理，使得文字与广告主题更加相符。

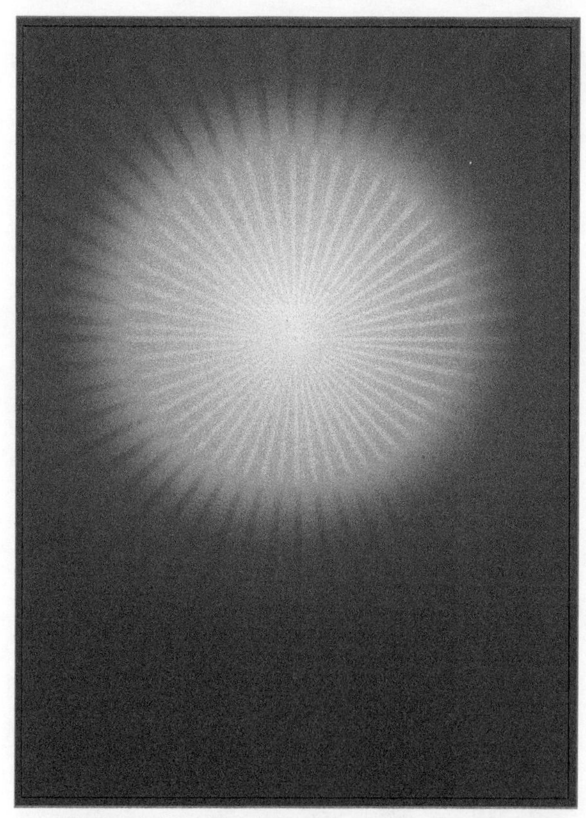

❶ 绘制矩形并填充径向渐变。绘制三角形，并使用旋转复制的方法制作出背景效果。

❷ 拖入素材并分别调整大小和位置，输入文字，将文字创建轮廓，并对文字进行变形。

❸ 为变形文字填充渐变颜色，并复制两层分别填充相应的颜色，制作出文字的层次感。

❹ 绘制矩形并输入其他的文字内容，对文字进行排版。

5.5.2 制作描边文字

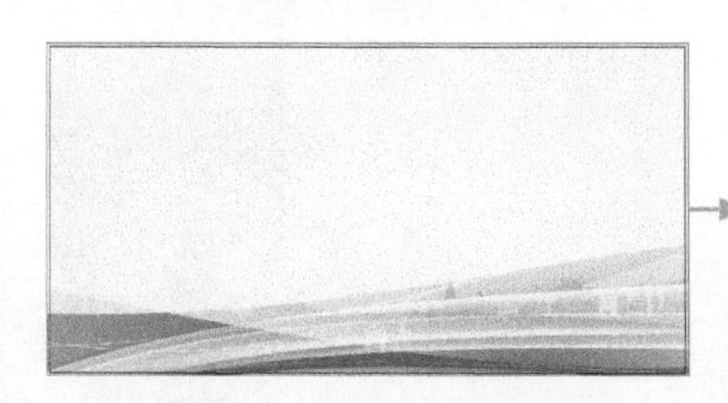

霞啡咖啡

Xia brown coffee directory

特别推荐

湘聚一堂
湯
木瓜龙骨汤 48元
天麻乳鸽汤 58元
山药龙骨汤 48元
花旗参老鸭汤 时价
每日例汤 28元
羊肉炖粉皮 58元

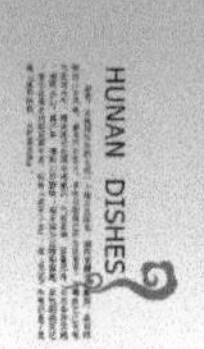
HUNAN DISHES

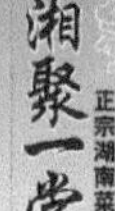
湘聚一堂
正宗湖南菜馆
HUNAN DISHES

第  章

菜单设计——图像与字符样式的应用

菜单是人们日常生活中经常会接触到的平面印刷品之一，一份好的菜单设计应该是主次分明、突出重点、美观大方，可以使消费者对菜品充满浓厚的兴趣并能够引起消费者的食欲。

菜单是服务于餐厅经营的，所设计的菜单需要与餐厅的菜品相融合，具有很强的整体感。菜单设计并不是简单地将菜名和图片罗列上去，而是让消费者从菜单中了解到餐厅的特色和文化，使用的颜色要与餐厅色调相协调，菜单设计还需要符合餐厅的风格。本章将向读者介绍有关菜单设计的相关知识，并通过精美的菜单实例制作，使读者能快速掌握菜单的设计制作方法。

精彩案例：

- 制作中餐厅菜单
- 制作咖啡厅酒水单

6.1 菜单设计知识

菜单是认识餐厅的窗口，是宣传菜品的媒介，是餐饮文化的载体，是品位档次的象征，是餐厅盈利的一种重要途径。菜单设计需要实现实用性和艺术性的结合，多样性和统一性的结合，现代艺术和传统文化的结合。菜单设计还需要具有实用性、文化性、可视化和独特性等特点。

6.1.1 菜单设计的作用是什么?

菜单是餐厅经营活动中的重要环节，进行菜谱设计的最终目的是为了宣传餐厅及促进餐厅的赢利和发展，而不是为设计而设计。菜谱是餐厅提供的商品目录和介绍书，它是餐厅的消费指南，也是餐厅最重要的名片。

餐饮促销手段

精心设计制作的菜单，可以使人赏心悦目、心情舒畅，并且可以使消费者体会到餐厅的经营用心，并且可以通过菜单设计内容引导消费者尝试消费主打菜单，从而增加餐厅的人气和收入。

宣传与艺术相结合

菜单是餐厅中最重要的宣传品，制作精美的菜单不但可以反映餐厅的格调，还可以提高餐厅氛围，使消费者对菜单中所展示的美味佳肴留下深刻的印象。有些设计精美的菜单甚至可以被看作是一件艺术品，让人欣赏并留作纪念，带给客人美好的用餐体验。

与消费者沟通的桥梁

菜单是餐厅与消费者之间沟通的桥梁，餐厅服务人员通过菜单向消费者推荐餐厅的特色菜品，消费者通过菜单选择所喜爱的菜品，双方通过菜单进行沟通交流，形成良好的沟通模式。

象征餐厅水准

通常在菜单上都会有菜品、饮料酒水、价格以及质量等能够体现餐厅特色和水准的内容，从而给消费者留下良好的印象。制作精美的菜单会增加消费者的食欲，大大增强消费者的消费欲望。下图（左 1、左 2、左 3、左 4）所示为设计精美的菜单。

6.1.2 菜单设计的要素

菜单是餐厅在经营活动中的重要环节，任何一家餐厅都离不开菜单，菜单的设计制作也是以餐厅的宣传和赢利为目的的。在菜单的设计制作过程中，一定要注意菜单设计的相关要素。

菜单设计

菜单中为了方便消费者阅览、吸引并刺激消费者食欲，设计者在对菜单进行设计之前需要了解消费者的需求，再根据食客的口味、喜好的习惯来设计菜单。同时设计者还需要了解餐厅的特色文化，及人力、物力和财力等情况，对餐厅的水准、市场供应等情况做到心中有数。

这样在设计制作菜单的过程中才能够有选择地突出重点菜品，保证餐厅获得较高的关注度和销售利润，还需要做到尽量体现消费者的喜好。虽然人们常说“众口难调”，但设计者还是要多动动脑筋，尽量迎合大众的喜好。

菜单封面

在菜单设计中，不能忽视菜单封面的重要性，毕竟消费首先接触到的就是菜单的封面。一个合格的菜单封面在设计时就需要考虑将餐厅的特色和风格融入菜单封面设计中，使菜单能够与餐厅的风格形成统一性。

特色菜品

菜品的介绍和推荐是菜单设计中重要的元素，每家餐厅都会有自己的特色菜肴和重点推荐的菜肴，如何在菜单设计中扬长避短也是设计者在菜单设计过程中需要重点考虑的内容。在菜单设计中一定要突出餐厅的特色，才能够给消费者留下深刻的印象。下图（左、右）所示为设计精美的菜单。

6.2 中餐厅菜单设计

设计思维过程

❶通过置入图片和填充渐变颜色完成对菜单封面、封底背景的制作。

❷通过传统花纹图形与特殊字体的使用，使菜单封面表现出中国传统风格。

❸通过置入相应素材和设置特殊字体，使菜单内页能够突出菜系的传统风味。

❹使用花纹图形和火红背景素材突出菜单菜系的风格。

设计关键字：传统与现代结合

本实例是关于中餐馆菜单的制作，菜单中使用了大量的特殊字体和花纹形状的图形来表现菜单的传统风格，素材和红色背景的应用突出了酒店菜系的风味。

菜单中涉及的文字都使用了比较传统的字体形式，是为了突出传统风格，吸引顾客的注意，让顾客有更好的选择性，如右图（左）所示。菜单内页中的菜价数字以及背景都采用了红色加以突显，与周围文字形成鲜明对比的同时又体现了菜系的火辣风格，如右图（右）所示。

色彩搭配秘籍：红色、黑色、蓝色

本实例的色彩搭配很好地体现出菜单设计中的主要元素。封面的主色是蓝色，可以很好地与背景图片融为一体，让颜色不显得那么突兀，如下图（左）所示；黑色是菜单中大部分的字体颜色，黑色与其他颜色的搭配可以使页面不显得杂乱无章，同样也起到了突出显示的作用，如下图（中）所示；菜单内页使用了大量红色，一是为了突显主题，表现出喜庆，二是颜色鲜艳，吸引受众注意力，如下图（右）所示。

RGB（229、0、17）
CMYK（0、100、100、0）

RGB（35、24、21）
CMYK（100、100、100、100）

RGB（0、164、234）
CMYK（94、0、0、0）

软件功能提炼

❶ 使用“文字工具”输入文字

❷ 使用“直排文字工具”输入直排文字

❸ 使用“钢笔工具”创建不规则图形

❹ 使用“剪切蒙版”创建剪切图形

实例步骤解析

本实例设计制作一个中餐厅菜单，该中餐厅菜单采用了传统与现代相结合的设计方式，通过传统花纹和特殊字体的应用，体现出中国传统风格；通过现代排版风格与背景素材的结合，很好地展示了餐厅的特色菜品；通过传统与现代设计风格的相结合，很好地体现了该中餐厅的形象定位。

Part 01：制作菜单封面封底

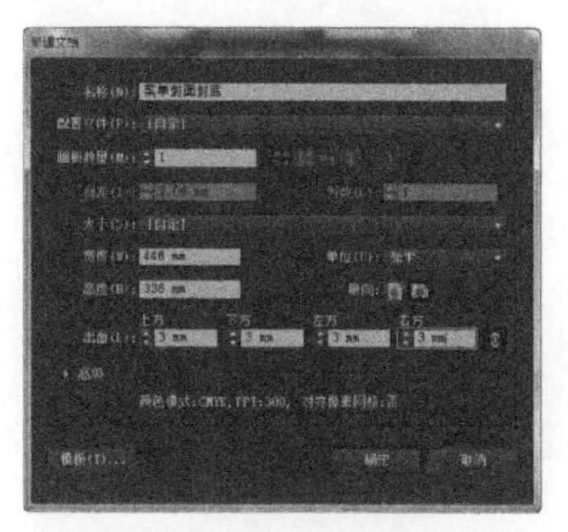

01 新建文档　执行“文件>新建”命令，对相关选项进行设置，单击“确定”按钮，新建空白文档。

02 绘制底部矩形　使用“矩形工具”，设置“描边”为无，在画布中绘制矩形。

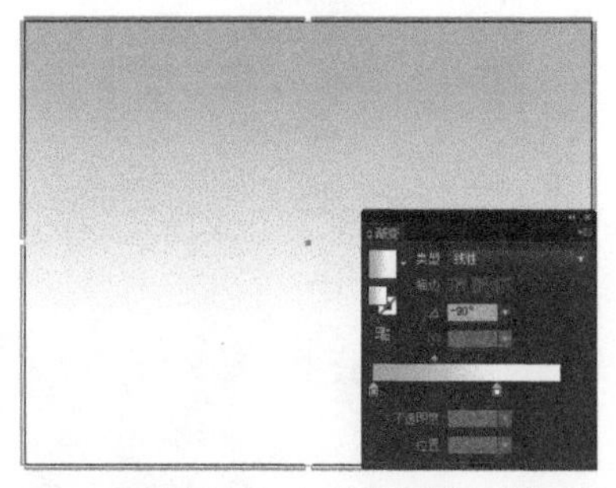

03 填充渐变色　打开“渐变”面板，设置渐变颜色，使用“渐变工具”在刚刚绘制的矩形上填充渐变颜色。

04 置入图片　执行“文件>置入”命令，置入素材“资源文件\源文件\第6章\素材\6201.tif”。

05 建立参考线　按快捷键Ctrl+R，显示文档标尺，从标尺中拖出参考线区分菜单封面和封底。

06 绘制三角形　使用“多边形工具”，设置“描边”为无，在画布中绘制一个三角形。

TIPS

参考线的建立对页面的制作有着很好的辅助作用，为防止在制作过程中误移参考线，应在参考线建立的同时锁定参考线。

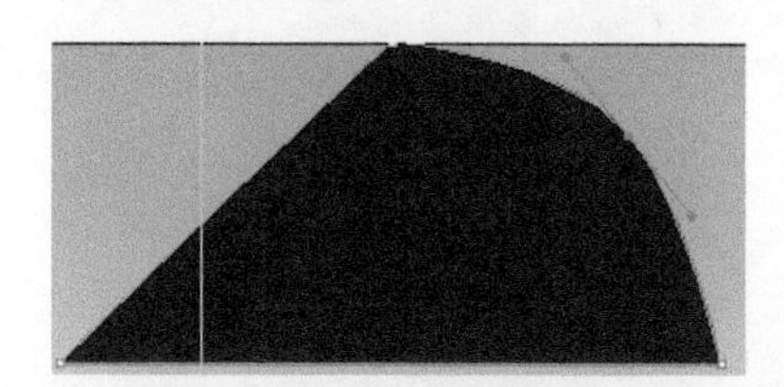

07 绘制曲线　使用“添加锚点工具”，在三角形一边的中点位置添加锚点，使用“转换锚点工具”对刚刚添加的锚点进行调整。

08 绘制曲线　添加另外两个锚点，并分别对所添加的锚点进行调整。

09 绘制另一边曲线　使用相同的制作方法，可以对三角形图形另一边进行调整。

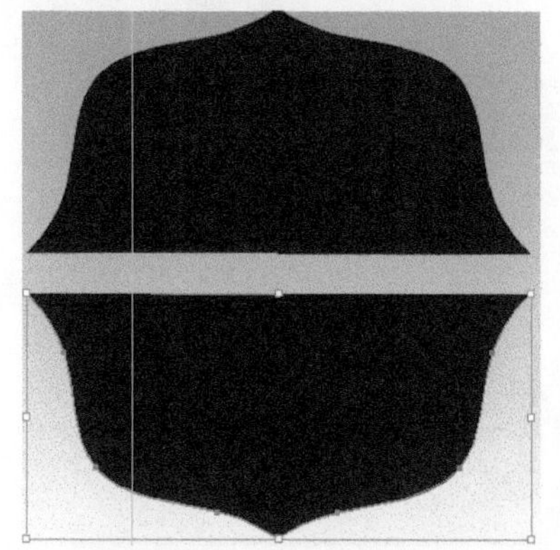

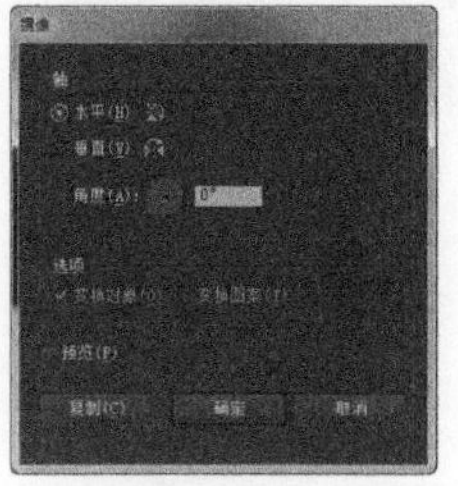

10 创建对称图形　选中图形，使用“镜像工具”，按住Alt键在画布中合适的位置单击，弹出“镜像”对话框，设置相关参数，单击“复制”按钮得到镜像图形。

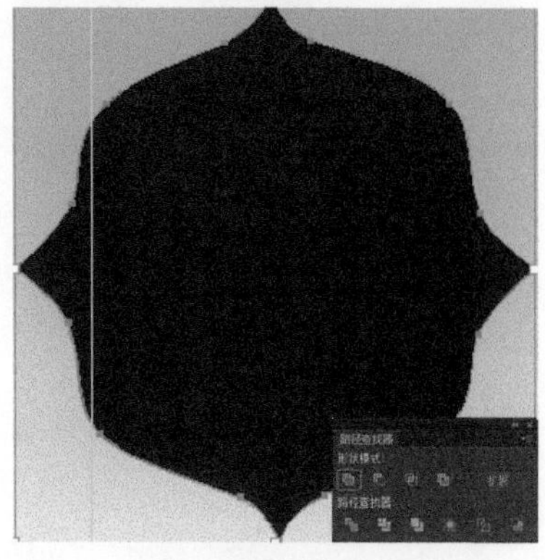

11 合并图形　同时选中两个图形，打开“路径查找器”面板，单击“联集”按钮，将图形合并。

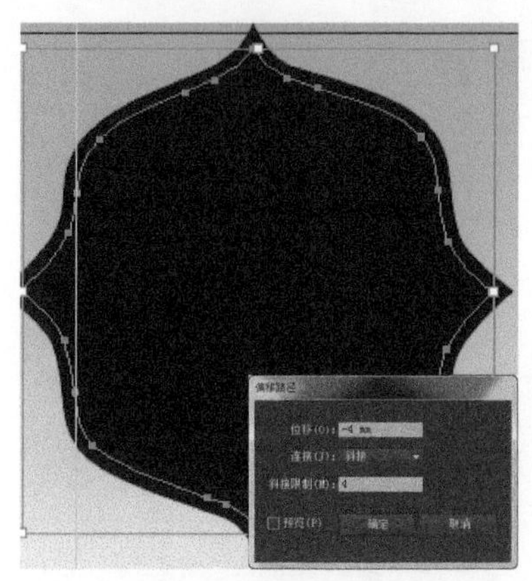

12 偏移路径 选中合并后的图形，执行“对象>路径>偏移路径”命令，在弹出的对话框中设置相关参数，单击“确定”按钮，得到偏移路径。

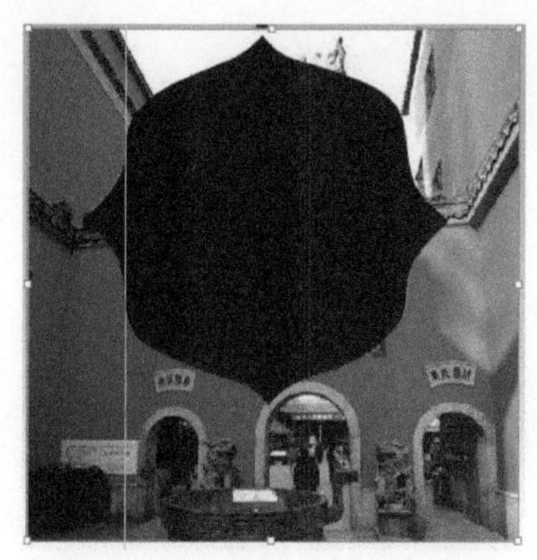

13 置入图片 执行“文件>置入”命令，置入素材“资源文件\源文件\第6章\素材\6202.tif”，调整素材到合适的位置，将该素材后移一层。

14 创建剪切蒙版 同时选中偏移得到的路径和刚置入的素材，执行“对象>剪切蒙版>建立”命令，创建剪切蒙版。

TIPS

由于菜单要进行四色印刷（也就是彩色印刷），所以置入到文档内的图像都必须是分辨率为 300dpi，CMYK 颜色模式的 TIF 格式图像。如果导入的图片是 RGB 模式的，则印刷出来的图片颜色可能会与显示的图片颜色有较大的差别。

15 置入素材 执行“文件>置入”命令，置入素材“资源文件\源文件\第6章\素材\6205.ai”。

16 创建矩形 使用“矩形工具”，设置“填色”和“描边”均为无，在画布中绘制一个矩形路径。

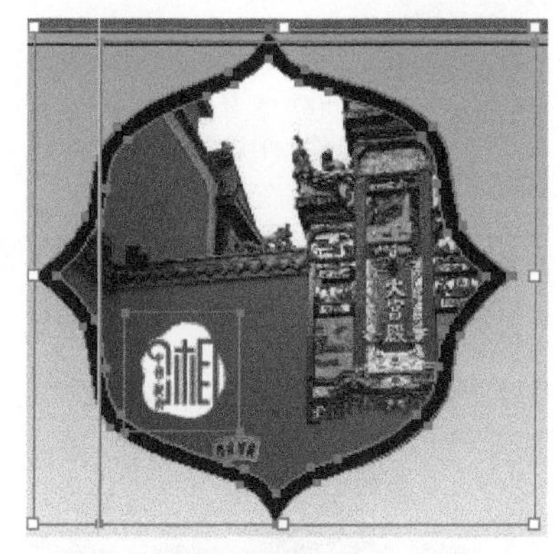

17 创建剪切蒙版 同时选中置入的素材和刚刚绘制的矩形以及矩形框内的内容，执行“对象>剪切蒙版>建立”命令创建剪切蒙版。

18 创建字符样式 打开“字符样式”面板，单击“创建新样式”按钮，创建字符样式，将其名称修改为“菜系介绍”。

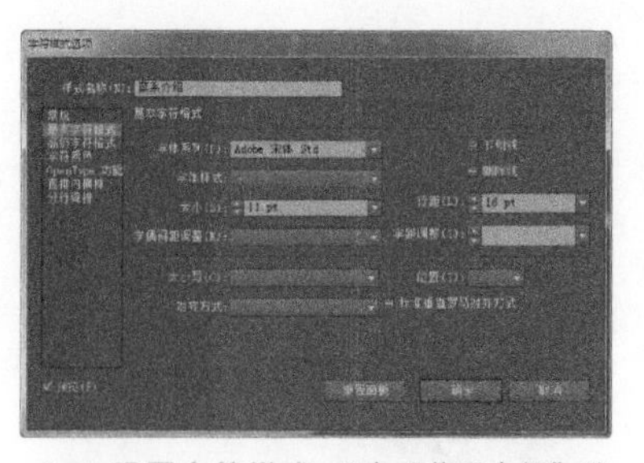

19 设置字符样式 双击“菜系介绍”选项，弹出“字符样式选项”对话框，设置相关参数。单击“确定”按钮，完成对字符样式的设置。

湘菜是我国历史悠久的一个地方风味菜。湘西菜擅长香酸辣，具有浓郁的山乡风味。湘菜历史悠久，早在汉朝就已经形成菜系，烹调技艺已有相当高的水平。湖南地处我国中南地区，气候温暖，雨量充沛，自然条件优越。湘西多山，盛产笋、蕈和山珍野味；湘东南为丘陵和盆地。家牧副渔发达；湘北是著名的洞庭湖平原，俗称“鱼米之乡”，在《史记》中曾记载了楚地“地势饶食，无饥馑之患”。

20 绘制文字段 使用“文字工具”在画布中绘制文本框，在该文本框中输入文字，并为文字应用刚刚创建的名为“菜系介绍”的字符样式。

21 **绘制分界线** 使用“钢笔工具”，设置“描边”为黑色，描边“粗细”为0.75pt，在画布中绘制线条图形。

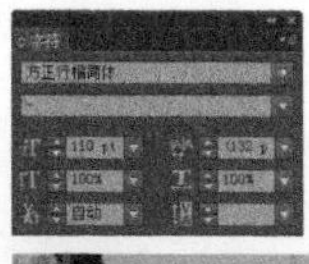

22 **创建直排文字** 使用“直排文字工具”，在“字符”面板中对相关选项进行设置，在画布中单击并输入文字。

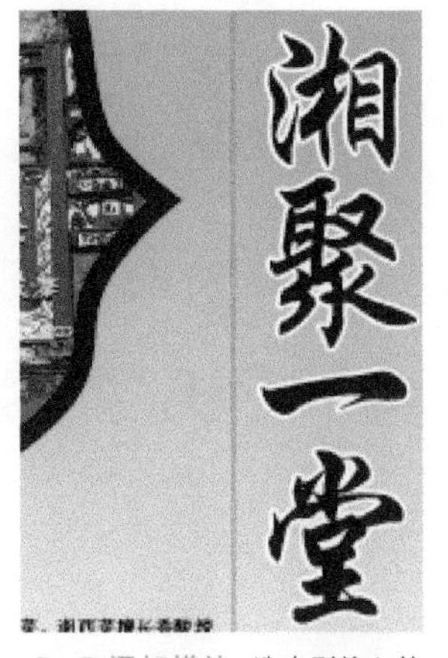

23 **添加描边** 选中刚输入的文字，复制并按快捷键Ctrl+F原位粘贴，设置“描边”为白色，“粗细”为5pt，并将描边文字后移一层。

24 **置入图片** 执行“文件>置入”命令，置入相应的素材图像并分别调整至合适的位置。

TIPS

在制作文字“描边”时，为了增加文字边线的厚度效果且不影响文字的本身填色，应制作重叠的两层文字，通过设置底层文字的“描边”来实现这一效果。

25 **创建直排文字** 使用相同的制作方法，在画布中输入相应的直排文字。

26 **绘制六边形** 使用“多边形工具”，设置“描边”为黑色，“粗细”为2pt，在画布绘制一个六边形。

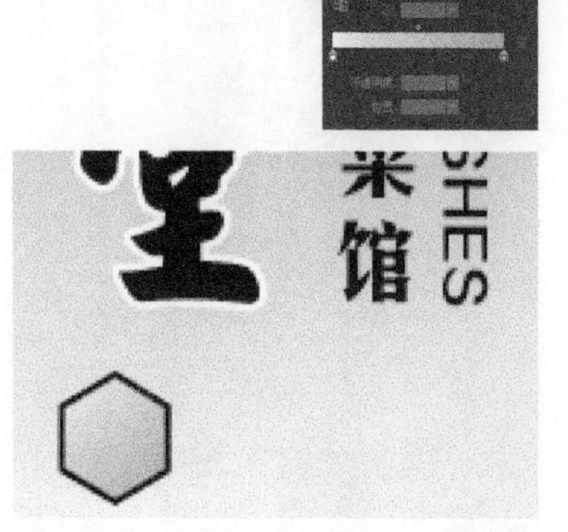

27 **渐变填充** 打开“渐变”面板，设置渐变颜色，使用“渐变工具”在刚绘制的多边形上填充渐变颜色。

28 输入文字　使用“文字工具”，设置“填色”为红色，在画布中单击并输入文字。

29 绘制其他图形　使用相同的制作方法，可以完成相似部分内容的制作。

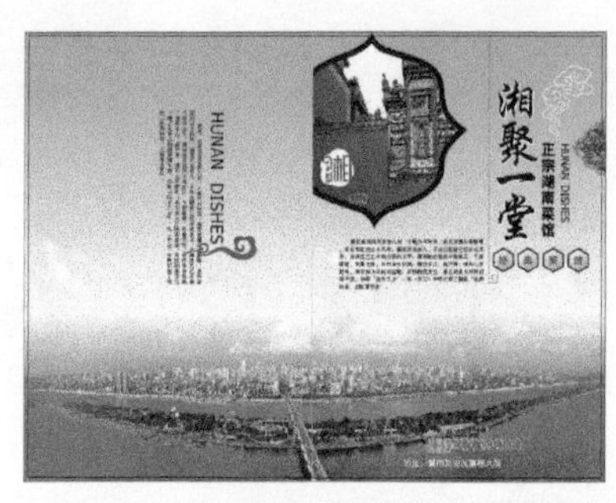

30 封底制作　使用相同的制作方法，可以完成菜单封面和封底的制作。

Part 02：制作菜单内页一

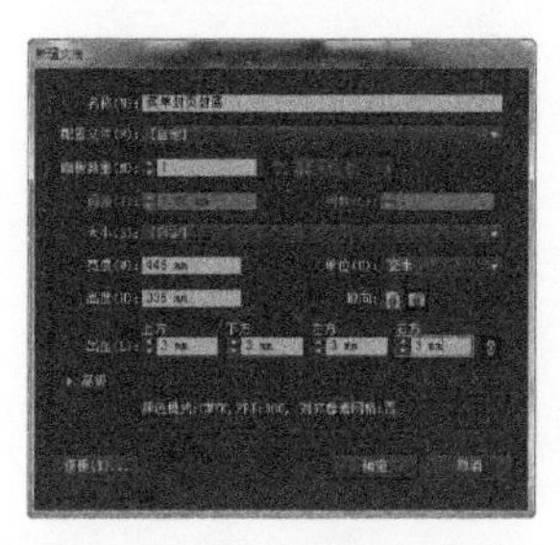

01 新建文档　执行“文件>新建”命令，对相关选项进行设置，单击“确定”按钮，创建空白文档。

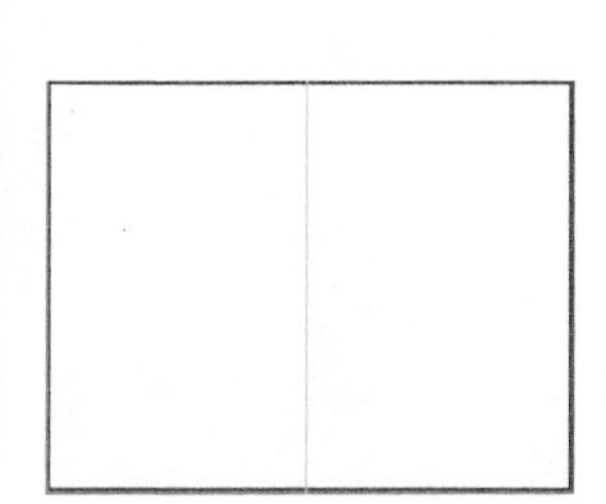

02 建立参考线　从文档标尺中拖出参考线，区分菜单内页左右部分内容。

03 绘制矩形　使用“矩形工具”，设置“填色”CMYK（18、30、37、0），在画布中绘制矩形。

TIPS

将位图调大制作出血的方法严格来讲是错误的。因为会降低图像的印刷质量。但是对于一般的印刷品，使用素材的图片足够大，并不会产生太明显的差别。

04 置入图片　执行“文件>置入”命令，置入素材“资源文件\源文件\第6章\素材\6214.tif”。

05 创建直排文字　使用“直排文字工具”，在画布中单击并输入文字。

06 绘制矩形　使用“矩形工具”，设置“描边”为无，在画布中绘制一个矩形，为矩形填充渐变颜色。

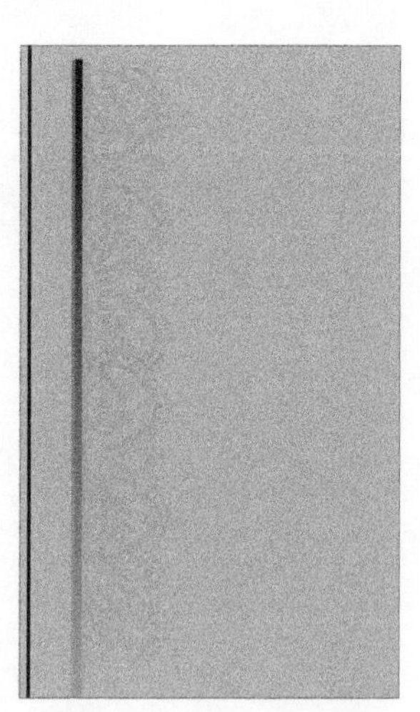

07 置入图片并复制　执行“文件>置入”命令，置入“资源文件\源文件\第6章\素材\6313.tif”图片，并对该素材进行复制。

08 输入文字 使用“文字工具”，在画布中单击并输入文字。

09 设置投影 执行“效果>风格化>投影”命令，弹出“投影”对话框，对相关选项进行设置，单击“确定”按钮。

10 渐变填充 选中“汤”文字，将文字创建轮廓，为文字填充渐变颜色。

11 输入文字 使用“直排文字工具”，在画布中单击并输入直排文字，置入相应的素材。

12 置入其他图片 使用相同的制作方法，置入相应的素材，并分别调整到合适的大小和位置。

TIPS

文字只能设置“描边”和“填色”，如果要填充渐变颜色，必须对文字执行“文字>创建轮廓”命令。创建轮廓后的文字不能再使用文字样式，可以在文字创建轮廓前备份一下文字。

13 创建字符样式 打开“字符样式”面板，新建字符样式，并将其重命名为“菜名”。

14 设置字符样式 双击“菜名”字符样式，弹出“字符样式选项”对话框，对相关选项进行设置，单击“确定”按钮。

15 创建字符样式 使用“文字工具”，在画布中单击并输入文字，为文字应用“菜名”字符样式。

16 改变字体颜色 使用“文字工具”选中相应的文字，设置“填色”为CMYK（0、100、100、0）。

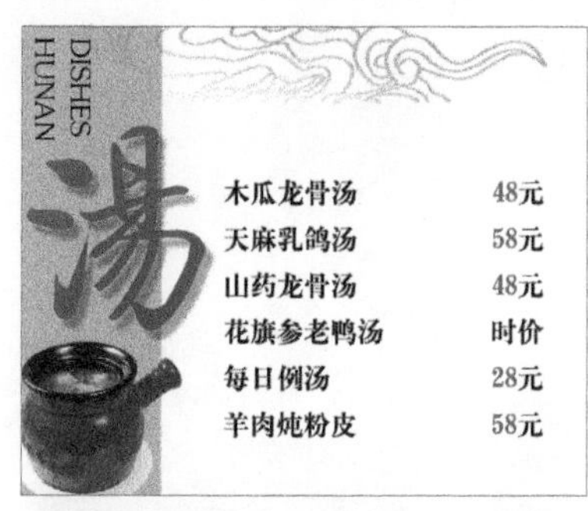

17 输入其他文字 使用相同的制作方法，完成其他文字输入，并分别应用“菜名”字符样式。

18 完成菜单内页第1页的制作 完成第1个菜单内页的制作，可以看到该菜单内页的整体效果。

Part 03：制作菜单内页二

01 创建矩形 使用“矩形工具”，设置“描边”为无，在画布中绘制矩形，为该矩形填充渐变颜色。

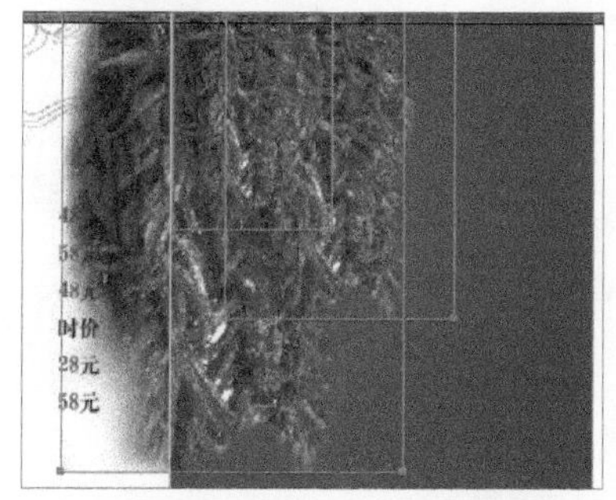

02 置入图片 执行“文件>置入”命令，置入素材“资源文件\源文件\第6章\素材\6210.tif”，对该素材进行复制并分别调整到合适的大小和位置。

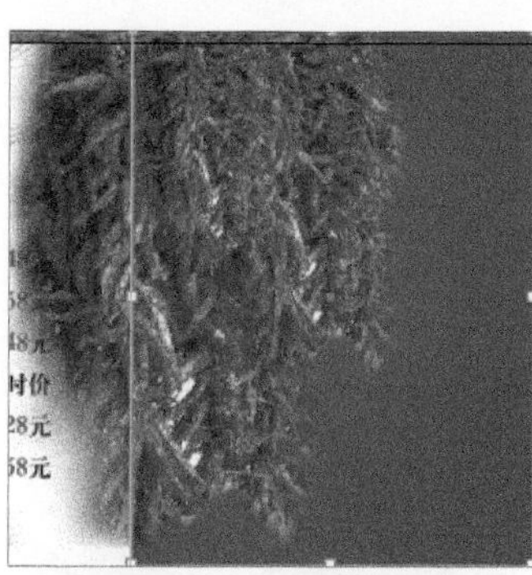

03 绘制矩形 使用“矩形工具”，设置“填色”和“描边”均为无，在画布中合适的位置绘制矩形路径。

TIPS

在设计过程中，素材在选择上尽可能简单实用，随后在Illustrator软件中进行设计时可以通过各种操作改变素材的显示方式，达到页面的统一性和可控性。

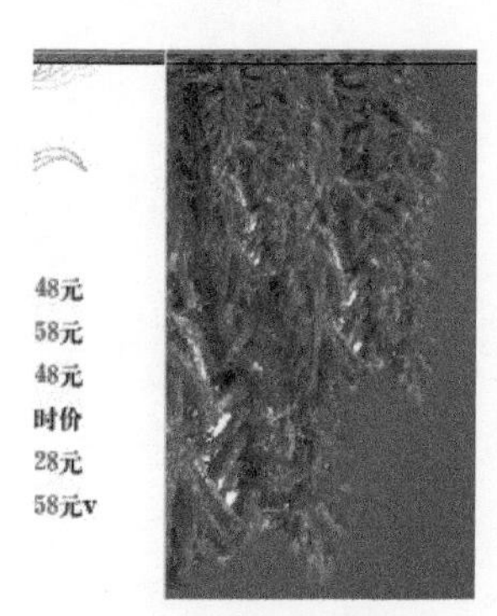

04 创建剪切蒙版 同时选中刚刚绘制的矩形和置入的素材，执行“对象>剪切蒙版>建立”命令，创建剪切蒙版。

05 置入图片 执行“文件>置入”命令，置入素材“资源文件\源文件\第6章\素材\6216.tif”。

06 绘制矩形 使用“矩形工具”，设置“填色”为CMYK（0、100、100、0），在画布中绘制矩形。

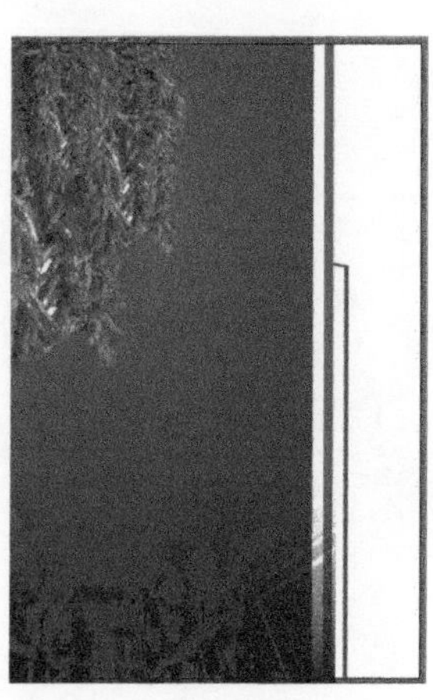

07 绘制图形 使用“钢笔工具”，设置“填色”为CMYK（0、100、100、30），在画布中绘制图形。

08 绘制不规则图形　使用封面中相同的制作方法，可以制作出相似的图形效果。

09 输入文字　使用“文字工具”，设置“填色”为黑色，“描边”为白色，“粗细”为0.5pt，在画布中单击并输入文字，调整部分文字的大小和颜色。

10 绘制圆角矩形　使用“圆角矩形工具”，设置“填色”为白色，“描边”为无，在画布中绘制圆角矩形。

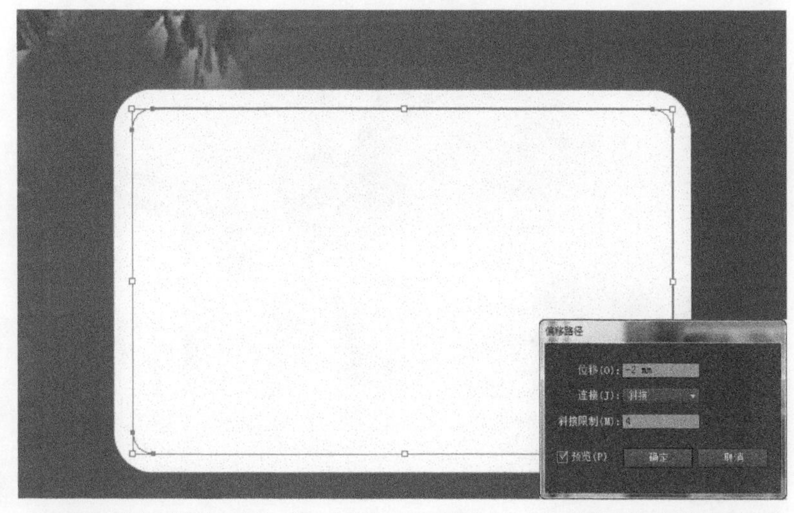

11 偏移路径　选中圆角矩形，执行“对象>路径>偏移路径”命令，在弹出的对话框中对相关选项进行设置，单击“确定”按钮。

12 后移图层　置入相应的图片，调整素材到合适的大小和位置，将素材后移一层。

13 创建剪切蒙版　同时选中偏移的路径和置入的素材，执行“对象>剪切蒙版>建立”命令，创建剪切蒙版。

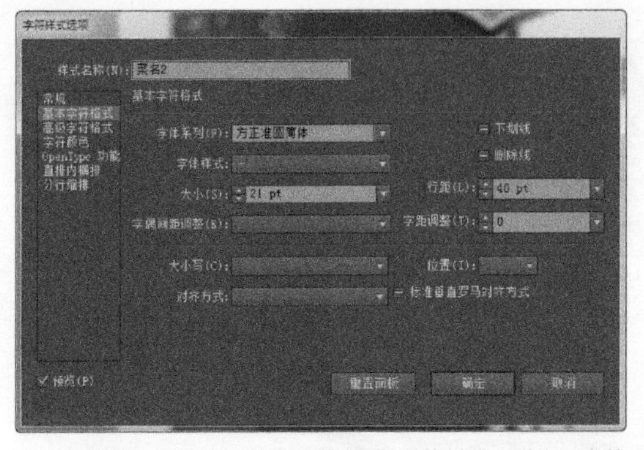

14 创建文字样式 打开“字符样式”面板，新建字符样式，并将其重命名为“菜名2”。

15 设置文字样式 双击“菜名2”字符样式，弹出“字符样式选项”对话框，对相关选项进行设置，单击“确定”按钮。

16 输入文字 使用“文字工具”，设置“填色”为黑色，“描边”为白色，“粗细”为0.5pt，在画布中单击并输入文字，应用“菜名2”字符样式，并调整部分文字的大小和颜色。

17 为文字添加颜色 选中相应的文字，设置其“字体大小”为36pt，“填色”为红色。

18 绘制其他图形 使用相同的制作方法，可以完成其他图形的绘制和文字的输入。

TIPS

制作完成圆角矩形内容后，可以将圆角矩形中的内容全部选中进行编组，这样在进行图形排列时更加方便。

19 绘制矩形 使用“矩形工具”，设置“填色”和“描边”均为无，在画布中绘制一个矩形路径。

20 创建剪切蒙版 选中刚刚绘制的矩形路径和所有菜单内页对象，执行“对象>剪切蒙版>建立”命令，创建剪切蒙版。

21 最终效果　完成该中餐厅菜单封面封底和菜单内容的制作，可以看到菜单的最终效果。

6.2.1　对比分析

菜单是各酒店餐馆的必备，菜单制作最基本的是要传达菜名及菜价的基本信息，如何使用文字表现菜单的特色是菜单设计中的重要一环，同样图片所传达的信息也要符合酒店以及餐馆的形象定位。

❶ 将文字颜色设置为黑色，与周围文字没有形成鲜明对比，不能很好地展示这一菜单内页的主题特色。

❷ 圆角矩形与内页其他圆角矩形重复，画面显得刻板、单调。

❸ 圆角矩形横排，并将圆角矩形缩小，这样与红色背景的竖排方式不协调，还会产生画面的大量空白。

❹ 将直排文字替换菜单页脚的背景图片，会使文字与圆角矩形产生冲突，突出不了重点。

❶ 文字填充红色渐变与周围黑色文字形成对比，突出了主题。

❷ 不规则图形的运用使画面显得生动富有特色，并且突出了主推菜品。

❸ 将图形竖直排列并改变圆角矩形的大小避免了画面的刻板和单调。

❹ 文字的竖排与页面的竖排方式吻合，放置在画布的白色背景上能更好地突显文字。

Before

After

6.2.2　知识扩展

对菜单设计的详细说明可以体现一个餐厅的特色与文化，在印刷菜单的尺寸、材料以及插图选择上同样要注意餐厅的特色。

菜单设计一般基本要求

一般情况下，餐厅菜单的理想尺寸为 23 厘米 ~30 厘米。在菜单设计排版过程中，文字内容占页面的面积不应该超过 50%。印刷成品菜单的材料对于餐厅菜单来说也非常重要，通常情况下印刷菜单的材料主要有纸张、PVC 胶片、写真背胶、原色木片或竹片，还有一些餐厅为了标新立异，也会使用一些特殊材料来制作菜单，如比较薄的强化玻璃等。

餐厅菜单不仅仅是一张印有字的纸，更希望菜单能够成为餐厅文化特色的载体，能够充分反映出餐厅的文化，让消费者感受到餐厅的特色。

在菜单设计过程中，经常在菜单中出现的插图主要有：菜品图片、餐厅环境图片、名胜古迹、名人在餐厅就餐的图片和题名等。下图（左、右）所示为设计精美的菜单。

快速操作路径对象

"路径查找器"面板中提供的各按钮命令可以使两个以上的对象结合、分离或肢解，并且可以通过对象的重叠部分建立新的对象，这对制作复杂的图形很有帮助。执行"窗口 > 路径查找器"命令，打开"路径查找器"面板，如右图所示。

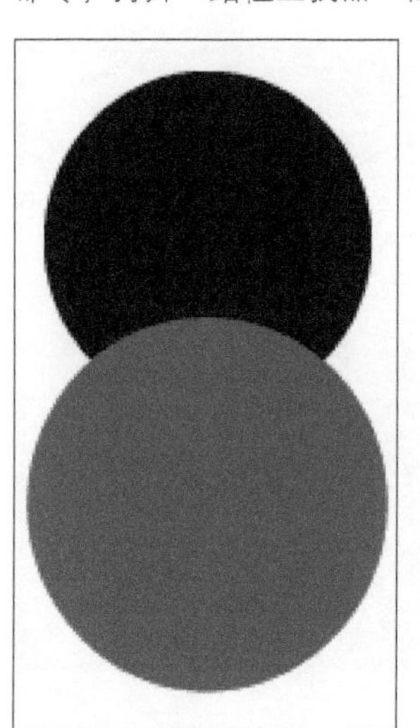

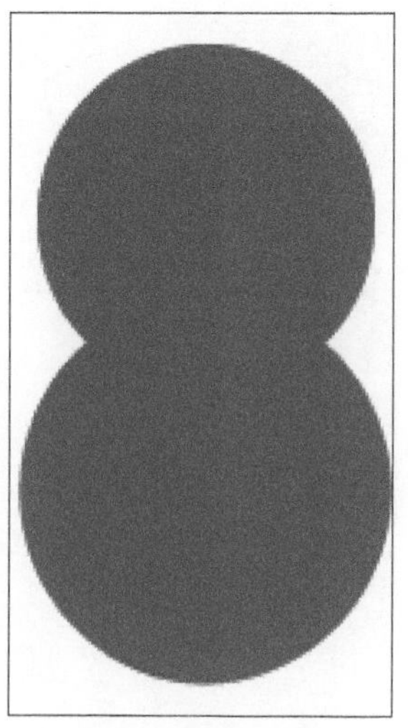

01 "路径查找器"面板中的"联集"按钮，可以将所有被选中的图形变成封闭图形，不同图形的重叠区域将会融为一体，如上图（左、右）所示。

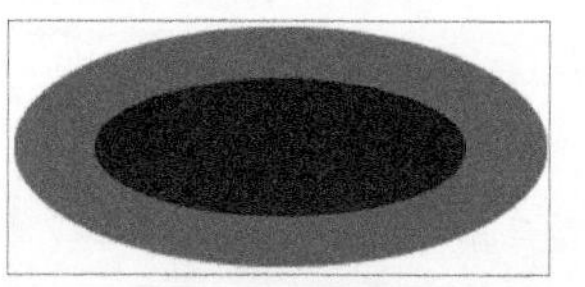

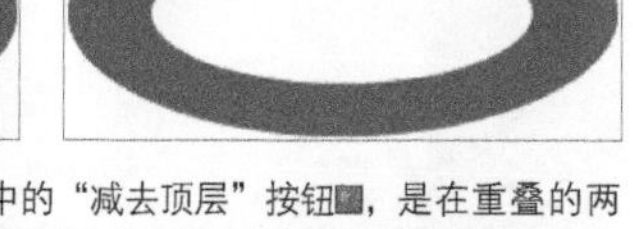

02 单击"路径查找器"面板中的"减去顶层"按钮，是在重叠的两个图形当中，用后面的图形减去前面的图形，如上图（左、右）所示。

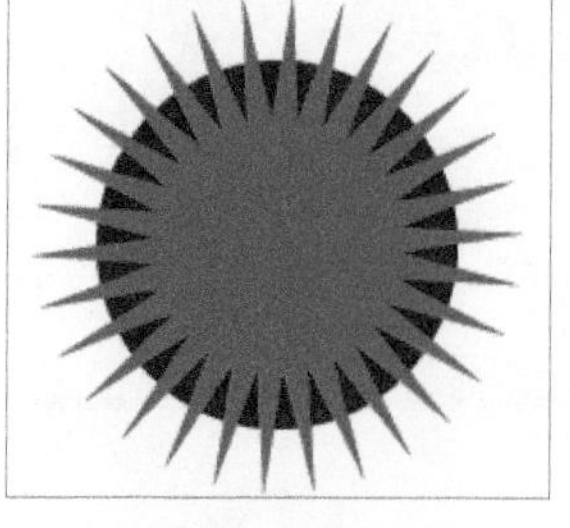

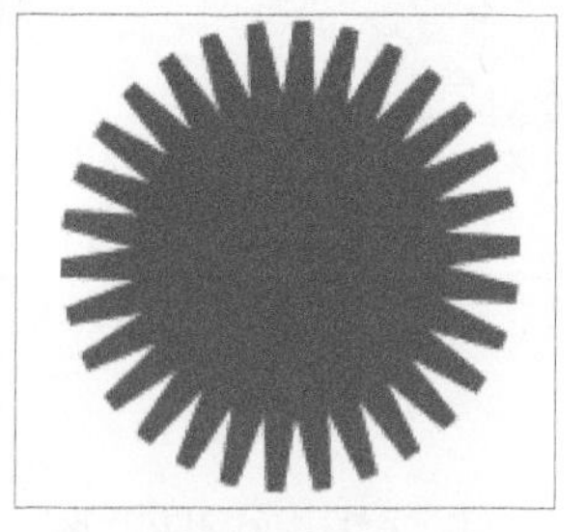

03 "路径查找器"面板中的"交集"按钮，是将图形之间的重叠部分保留，最终图形将会有和最前面的图形相同的填充色和边线色，如上图（左、右）所示。

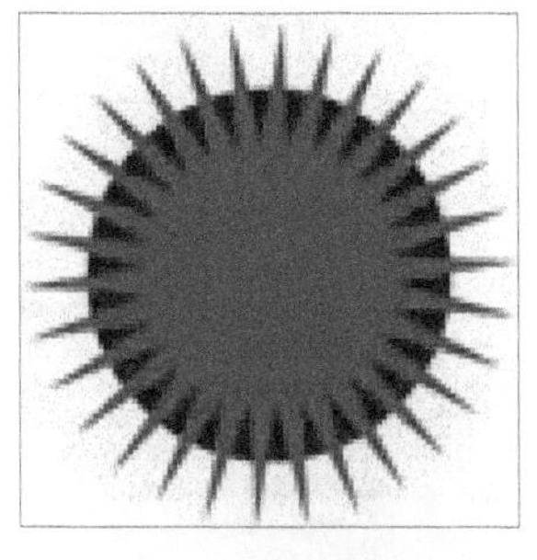

04单击“路径查找器”面板中的“差集”按钮，是将图形之间的非重叠区域保留，重叠区域挖空成透明状，如上图（左、右）所示。

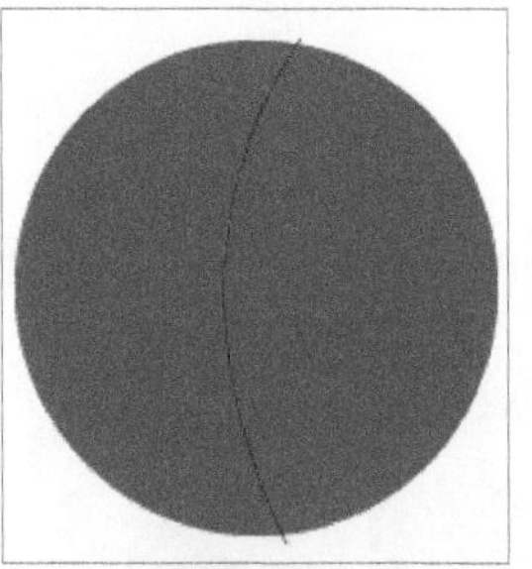

05“路径查找器”面板中的“分割”按钮，可根据路径将图形分割，也可以执行图形与图形之间的分割，如上图（左、右）所示。

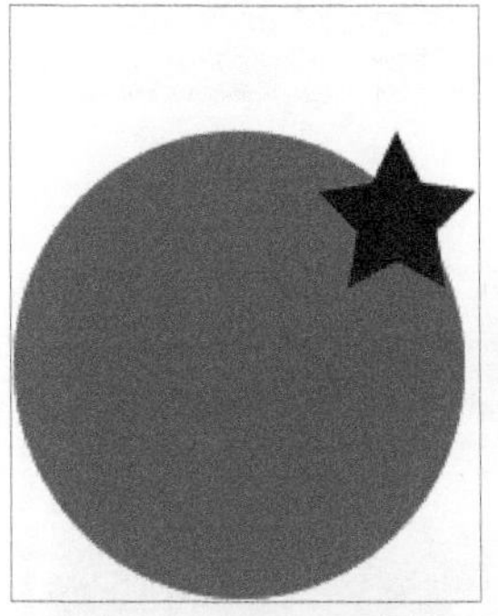

06单击“路径查找器”面板中的“修边”按钮，可以将后面图形被覆盖的部分剪掉，如上图（左、右）所示。

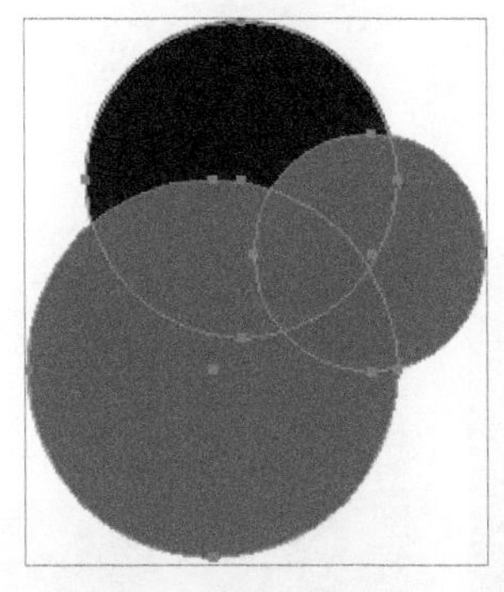

07“路径查找器”面板中的“合并”按钮，可以删除已填充被隐藏的部分。它会删除所有描边，且会合并具有相同颜色的相邻或重叠对象，如上图（左、右）所示。

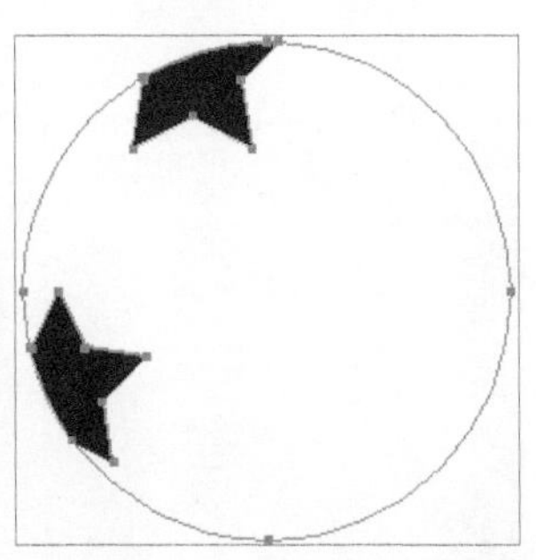

08单击“路径查找器”面板中的“裁剪”按钮，将图稿分割为作为其构成成分的填充表面，然后删除图稿中所有落在最上方的对象边界，如上图（左、右）所示。

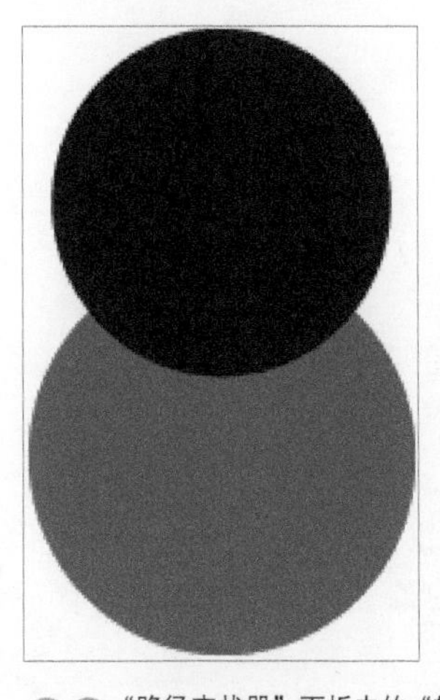
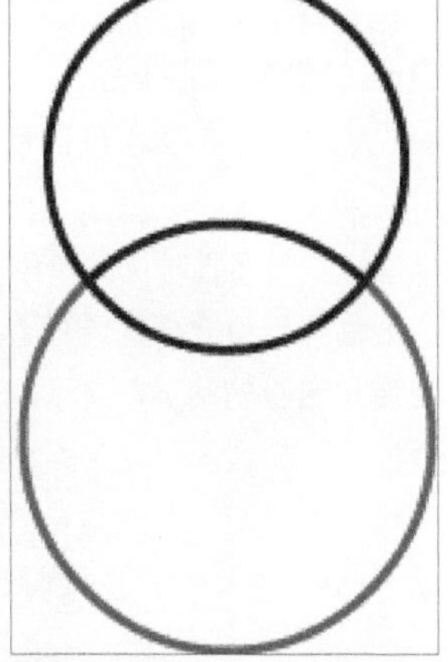

09“路径查找器”面板中的“轮廓按钮”，是将所有填充图形转换成轮廓线，轮廓线的颜色和原来图形的填充颜色相同，被分割成的开放路径将自动成组，如上图（左、右）所示。

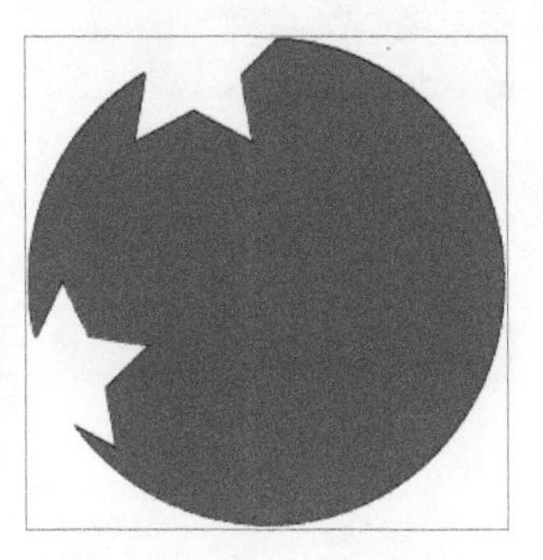

10单击“路径查找器”面板中的“减去后方对象”按钮，执行的结果与“裁剪”按钮执行的结果相反，是前面的图形减去后面的图形，前面图形的非重叠区域被保留，如左图（左、右）所示。

6.3 咖啡厅酒水单设计

设计思维过程

❶使用特殊文字和置入相应素材完成对咖啡菜单的封面制作。

❷对字体和页面设置与咖啡相近的颜色，从而使菜单风格更具有浓厚醇香的感觉。

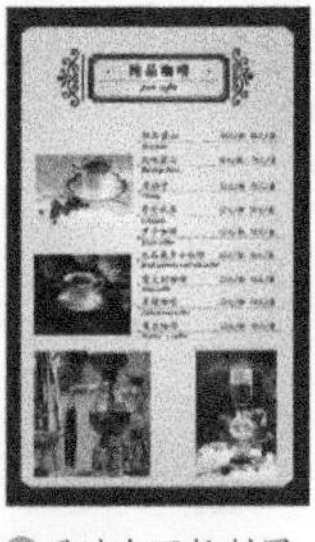
❸通过合理控制图片大小和分布段落文字来使菜单页条理有序。

❹置入大幅图片来营造顾客的视觉享受。

设计关键字：图文搭配

本实例中在文字设计和颜色的使用搭配上迎合了咖啡馆的定位，不仅塑造了咖啡厅独有的特点，也在一定程度上宣传了咖啡厅的特色。

咖啡厅所要传达给顾客的是一种浓厚醇香、舒适、浪漫和温馨的感觉，文字的字体选择上要突出时尚化和个性化，如右图（左）所示；字体颜色选择上要与页面背景合理搭配，不能与背景颜色产生冲突，也不能使用单一颜色，否则会产生画面的僵硬感，如右图（右）所示。

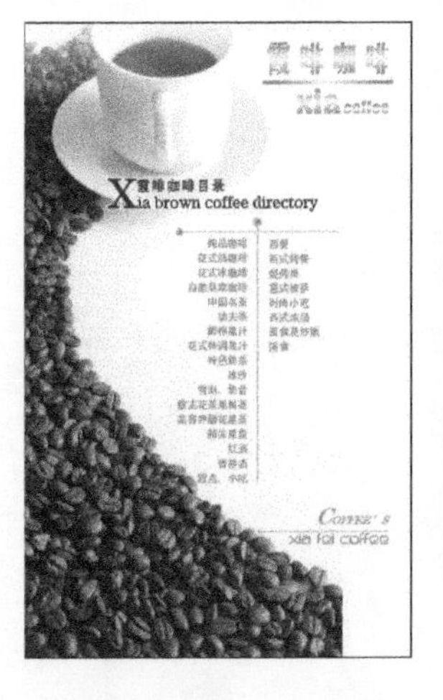

色彩搭配秘籍：紫色、咖啡色、黄色

本实例制作了一个咖啡厅的菜单，紫色代表一种高贵，在这里表现出咖啡馆独有的贵族气质，如右图（左上）所示；咖啡色表现了咖啡独有的浓厚香醇，如右图（右上）所示；浅黄色能给人们一种闲暇和舒适感，寓意着咖啡带给人们的安静享受，如右图（左下）所示。

RGB（94、32、60）
CMYK（70、100、70、20）

RGB（49、2、5）
CMYK（68、97、94、67）

RGB（197、137、20）
CMYK（30、50、100、0）

软件功能提炼

❶ 使用“矩形工具”绘制矩形
❷ 使用“路径查找器”得到新的路径图形
❸ 使用“字符样式”为文字添加样式
❹ 使用“文字工具”输入文字

实例步骤解析

本实例是对咖啡厅酒水单的制作，首先使用背景颜色完成对整个菜单封面的风格塑造，其次输入不同的文字表现咖啡厅的情调与气质，内页在制作上也是同样如此。

Part 01：制作咖啡厅菜单封面

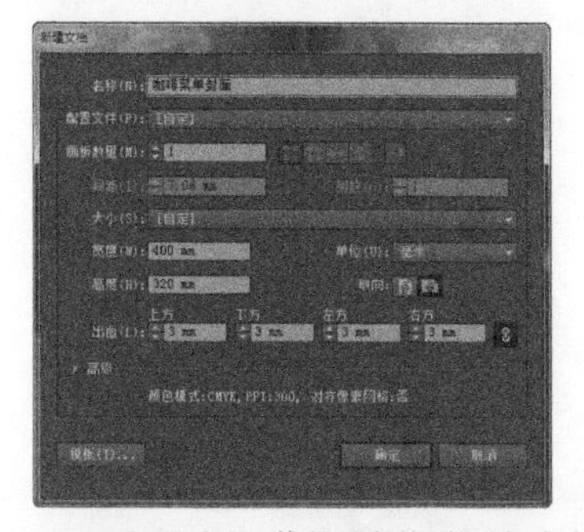

01 新建文档 执行“文件>新建”命令，对相关选项进行设置，单击“确定”按钮，新建空白文档。

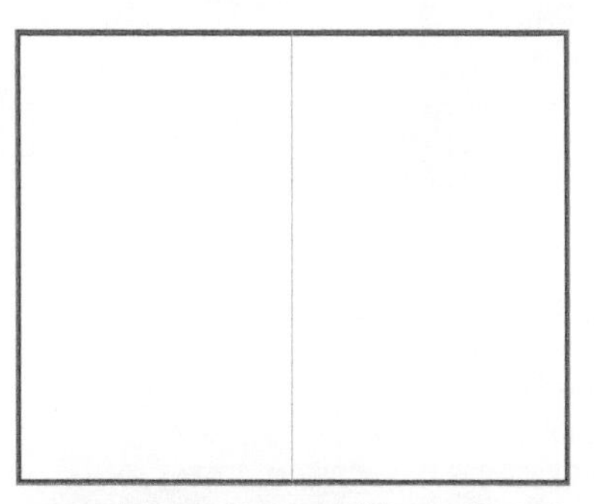

02 绘制参考线 显示文档标尺，从标尺中拖出参考线，区分封底和封面区域。

03 绘制矩形 使用“矩形工具”，设置“描边”为无，在画布中绘制矩形并移至合适位置。为该矩形填充渐变颜色。

04 绘制矩形 使用“矩形工具”，设置“填色”为白色，“描边”为无，在画布中绘制矩形。

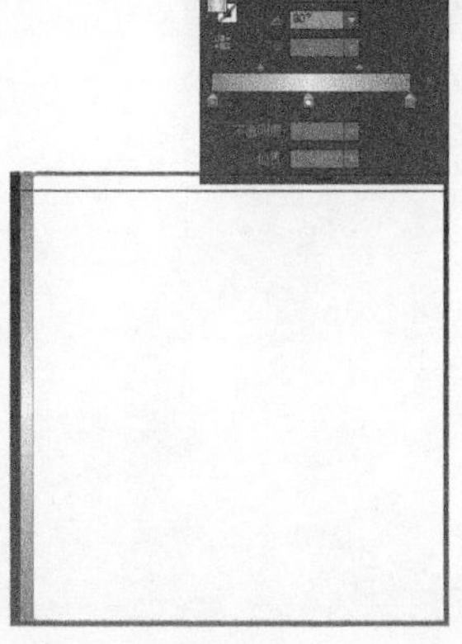

05 绘制矩形 使用“矩形工具”，设置“描边”为无，在画布中绘制矩形，为该矩形填充渐变颜色。

06 绘制另一个矩形 按住Alt键拖动刚刚绘制的矩形，复制该矩形并调整到合适的位置。

07 置入素材 执行“文件>置入”命令，置入相关素材，并分别调整到合适位置。

08 输入文字 使用“文字工具”，设置“描边”白色，“粗细”为5pt，在画布中单击并输入文字。

09 复制文字 复制刚刚输入的文字，按快捷键Ctrl+F原位粘贴，设置“描边”为无。

10 渐变填充 选择复制得到的文字，将文字创建轮廓，设置渐变颜色，为文字填充渐变颜色。

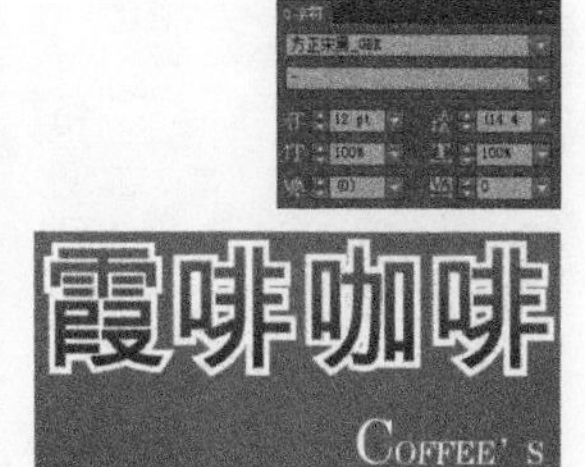

11 输入文字 使用“文字工具”，设置“填色”为白色，“描边”为无，在画布中单击并输入文字。选中相应的文字，设置“字体大小”为24pt。

12 倾斜文字 打开“变换”面板，设置“倾斜”为20°，对文字进行倾斜处理。

13 绘制圆形和直线 使用“椭圆工具”和“直线段工具”，设置“填色”为白色，在画布中绘制正圆形和一条直线。

14 输入文字 使用相同的制作方法，可以在画布中输入其他文字。

TIPS

绘制圆形和水平直线时可以按住 Shift 键在画布中拖动绘制，按快捷键 Ctrl+U 开启智能参考线，依据参考线的提示完成对组合图形的绘制。

15 封底制作 使用相同的制作方法，可以完成菜单封底的制作。

16 最终效果 完成咖啡厅酒水单封面和封底的制作，可以看到封面和封底的整体效果。

Part 02：制作咖啡厅菜单目录

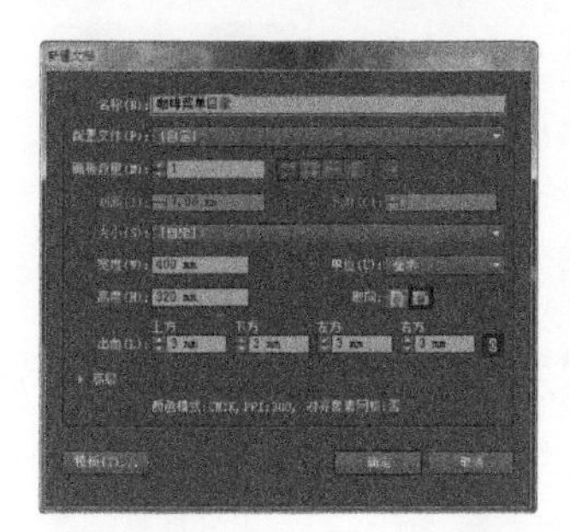

01 新建文档 执行“文件>新建”命令，对相关选项进行设置，单击“确定”按钮，新建空白文档。

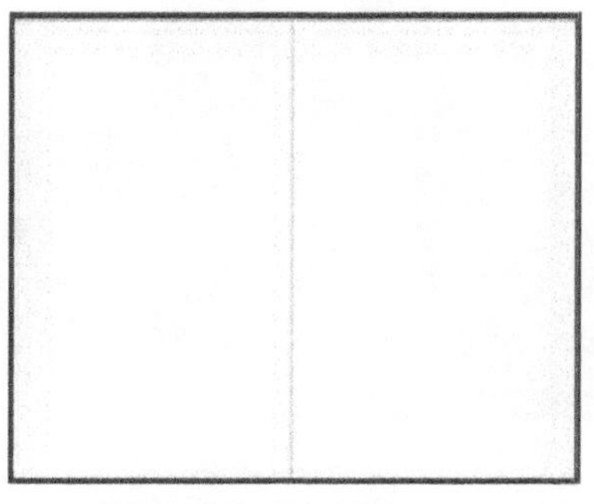

02 绘制参考线 显示文档标尺，从标尺中拖出参考线区分左右页面。

03 置入素材 执行“文件>置入”命令，置入素材“资源文件\源文件\第6章\素材\6311.tif”。

04 输入文字 使用“文字工具”设置“描边”为无，在画布中单击并输入文字。将文字创建轮廓，并填充渐变颜色。

05 绘制矩形并填充渐变色 使用“矩形工具”，设置“描边”为无，在画布中绘制矩形，为该矩形填充渐变颜色。

06 输入文字 使用相同的制作方法，在画布中合适的位置输入相应的文字，并进行相应的处理。

07 设置文字大小 使用“文字工具”，选中刚输入文字中相应的字符，对相关属性进行设置。

08 原位粘贴 选中刚输入的文字，复制并按快捷键Ctrl+F原位粘贴，选中复制得到文字，设置“描边”为白色，“粗细”为4pt，并将其后移一层。

09 输入另一段文字 使用相同的制作方法，完成相似文字效果的制作。

10 绘制圆形 使用“椭圆工具”，设置“描边”为CMYK（0、30、80、30），“粗细”为0.75pt，在画布中绘制正圆形。使用相同的制作方法，再绘制一个正圆形。

11 绘制矩形 使用“矩形工具”，“填色”为CMYK（0、30、80、30），“描边”为无，在画布中绘制矩形。

12 绘制组合图形 使用相同的制作方法，可以绘制出相似的图形效果。

13 新建段落样式　打开“段落样式”面板，新建段落样式，并重命名为“菜单目录文字”。

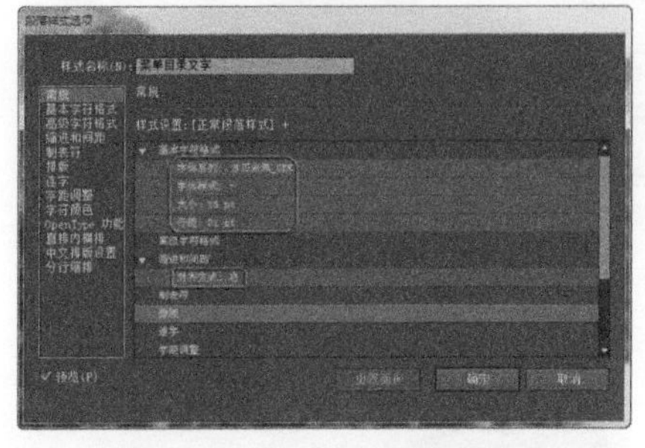

14 设置段落样式　双击“菜单目录文字”段落样式，弹出“段落样式选项”对话框，分别对字体、字体大小和段落对齐方式进行设置。

TIPS

对于文字的输入要尽量使用段落样式进行控制，不要使用回车键和空格键。正确地使用段间距和行间距就可以更好地实现文本排列的效果。

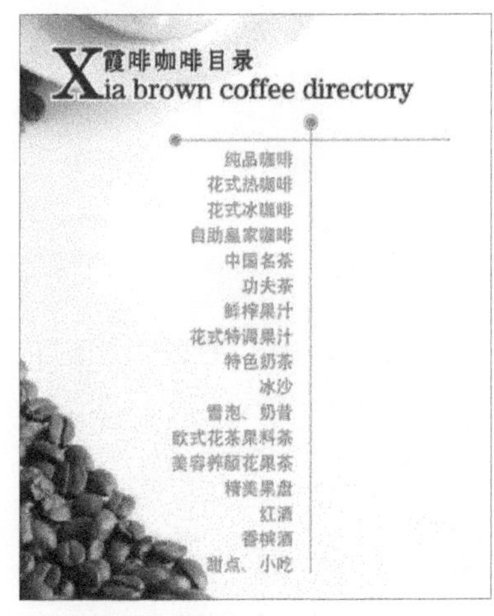

15 输入文字　使用“文字工具”，在画布中绘制一个文本框，设置“描边”为无，在文本框中输入文字。

16 输入另一段文字　使用相同的制作方法，可以完成另一段文字的制作。

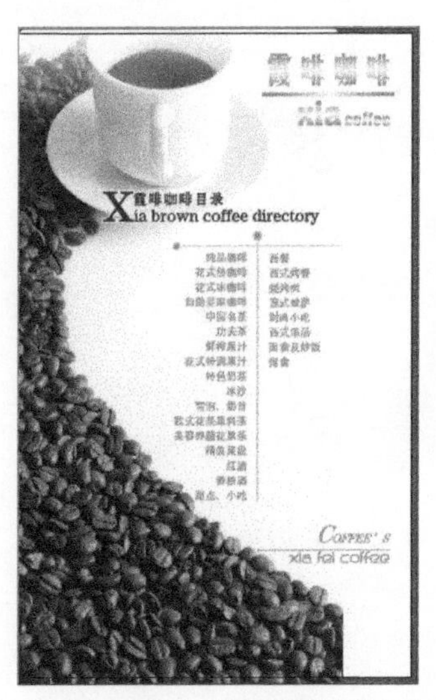

17 输入文字　使用相同的制作方法，可以完成其他部分内容的制作。

18 置入素材　使用相同制作方法，可以完成菜单左侧页面效果的制作。

Part 03：制作咖啡厅菜单内页

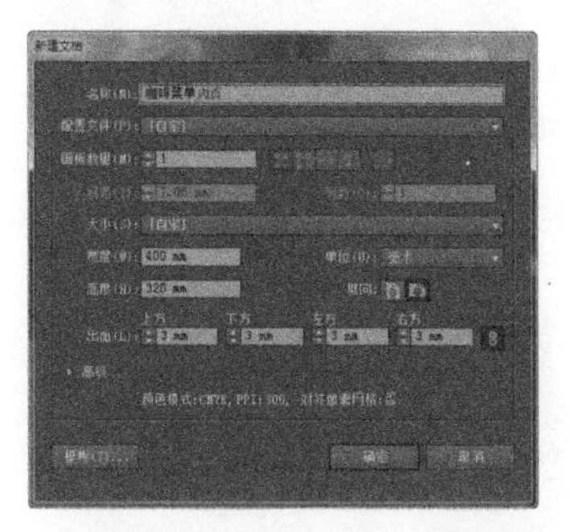

01 新建文档　执行“文件>新建”命令，对相关选项进行设置，单击“确定”按钮，新建空白文档。

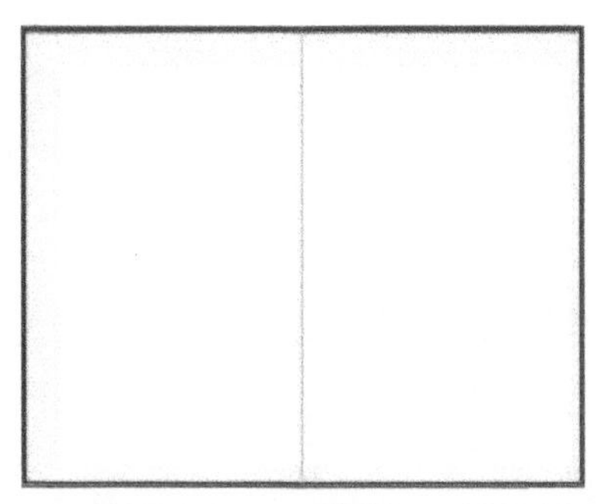

02 绘制参考线　显示文档标尺，从标尺中拖出参考线，区分左右页面。

03 绘制矩形　使用“矩形工具”，设置“填色”为CMYK（8、97、94、67），“描边”为无，在画布中绘制矩形。

04 绘制多边形　使用“钢笔工具”，设置“描边”为无，在画布中绘制路径图形。

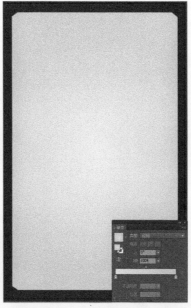

05 渐变填充　打开“渐变”面板，设置渐变的颜色，为刚刚绘制的图形填充渐变颜色。

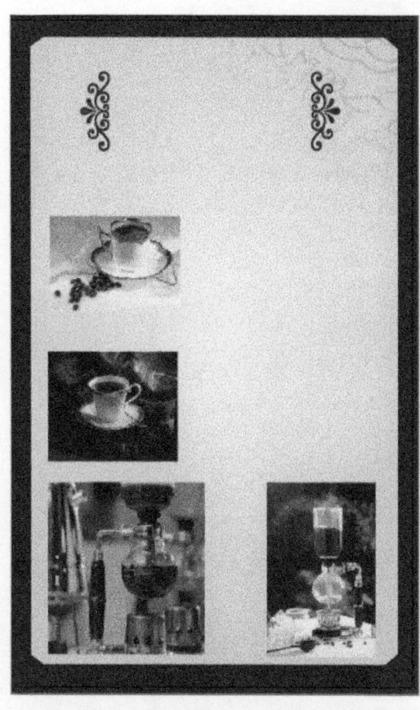

06 置入相关素材　执行“文件>置入”命令，并分别调整素材到合适的大小和位置。

TIPS

在绘制此处的多边形时也可以使用“路径偏移”的方法。在画布中绘制一个矩形，执行“效果>路径>位移路径”命令，在弹出的“偏移路径”对话框中设置偏移路径的“连接”选项为“斜角”，“斜接限制”为4，即向外偏移4mm，即可得出上面的多边形。

07 绘制矩形　使用“矩形工具”，设置“填色”为CMYK（50、100、100、60），“描边”为CMYK（62、100、92、59），“粗细”为3pt，在画布中绘制矩形。

08 绘制圆形　使用“椭圆工具”，在画布中绘制一个正圆形。

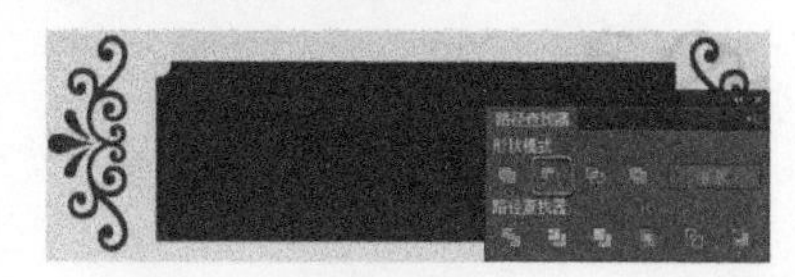

09 减去顶层　同时选中绘制的正圆形和矩形，打开“路径查找器”面板，单击“减去顶层”按钮。

10 **改变直角** 使用相同的制作方法，可以得到需要的图形。

11 **绘制内层图形** 使用相同的制作方法，可以绘制出相似的图形，设置渐变的颜色，为图形填充渐变颜色。

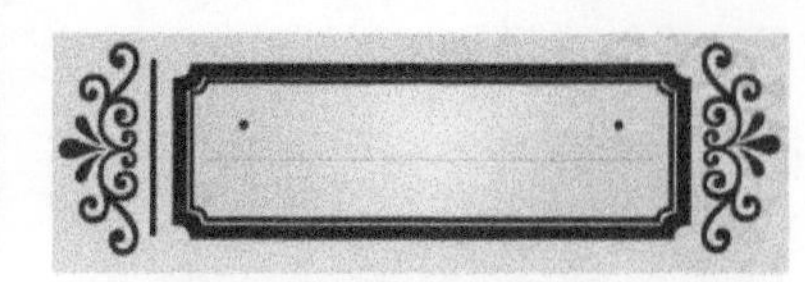

12 **绘制其他图形** 使用“矩形工具”和“椭圆工具”在画布中绘制出其他图形。

TIPS

“路径查找器”中的“减去顶层”按钮所执行的命令是后面的图形减去前面的图形，前面的图形和两图形重叠部分被减去，只保留后面图形非重叠的区域，所以在此例中圆形应在矩形的上一层，否则不能实现这一制作效果。

13 **输入文字** 使用“文字工具”，设置“填色”为CMYK（68、97、94、67），“描边”为无，在画布中输入相应的文字。

14 **绘制图形** 使用“椭圆工具”和“直线工具”，在画布中绘制正圆形和虚线效果。

15 **新建字符样式** 打开“字符样式”面板，新建字符样式，并将其重命名为“咖啡名”。

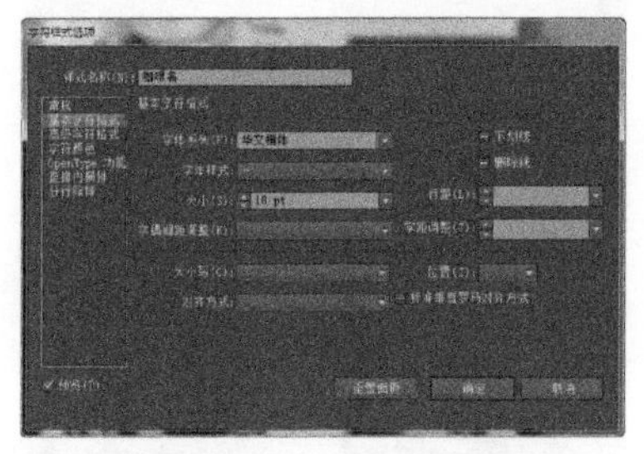

16 **设置字符样式** 双击“咖啡名”字符样式，弹出“字符样式选项”对话框，对相关选项进行设置。

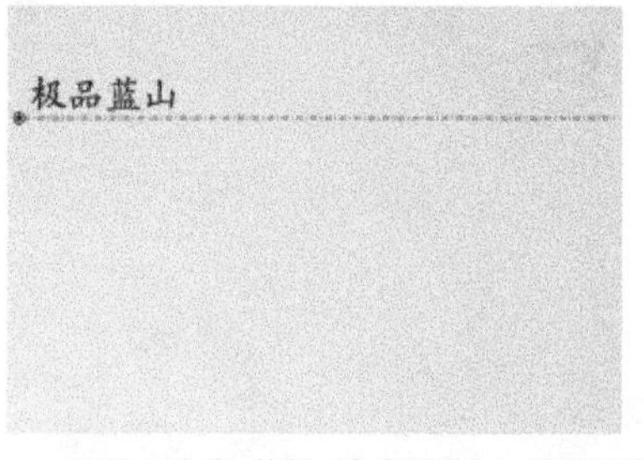

17 **输入文字** 使用“文字工具”，设置“描边”为无，在画布单击并输入文字，为文字应用名为“咖啡名”的字符样式。

18 **新建其他字符样式** 使用相同的制作方法，可以创建出名为“咖啡英文名”和“价格名”的字符样式。

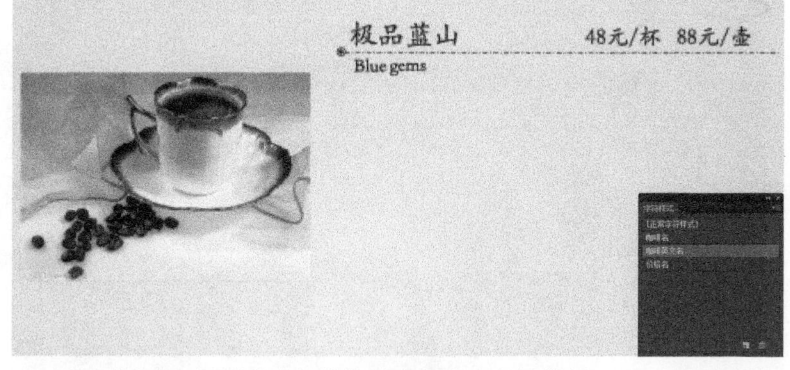

19 **输入英文名文字和价格文字** 使用“文字工具”，设置“描边”为无，在画布输入相应的文字，为文字应用名为“咖啡英文名”和“价格名”的字符样式。

20 **输入其他文字** 使用相同的制作方法，完成其他目录文字的输入和设置。

21 **置入图片和输入文字** 在文档中输入相应的素材，并输入相应的文字，完成咖啡厅菜单内容效果的制作。

6.3.1 对比分析

咖啡厅酒水单的制作要依据于咖啡厅本身的性质，制作过程中需要传达咖啡厅带给顾客的感受，这些感受包括时尚感、浪漫感、温馨感和舒适感，菜单设计中的元素要符合这些条件。

❶ 矩形作为页面的第 2 层背景与底部背景形状相重合，使得页面层次感不强，体现不出新意和美感。

❷ 单一的文字体现不出咖啡馆的贵族气质和浓厚的文化基调。

❸ 图片布局过于规整和严肃，与咖啡馆所表现的舒适气质不吻合。

❶ 背景采用多边形的方式打破了矩形在此页面所带来的重复感，艺术感增强。

❷ 特殊线条和图形的绘制增强了菜单文字的贵族气质，同样也表现了咖啡馆的文化历史。

❸ 图片布局轻松活泼，与文字布局相呼应，使菜单页面舒适温馨。

Before

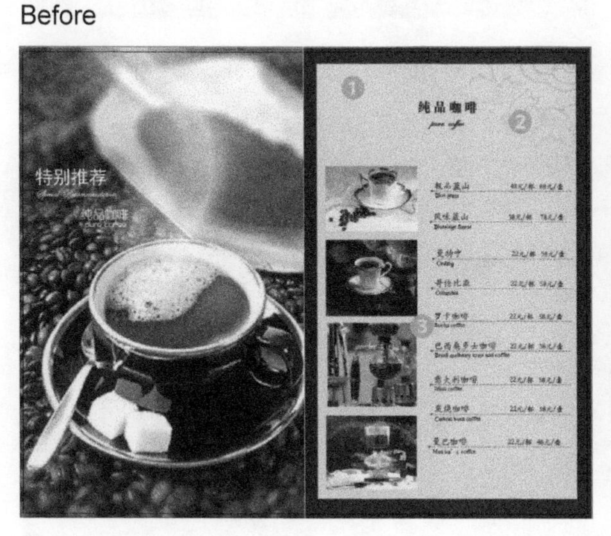

After

6.3.2 知识扩展

通过对菜单具体设计过程的讲解，我们了解了菜单在 Illustrator 软件中具体的制作步骤，之后我们还要考虑菜单的制作材料，通过对制作材料的知识讲解才能真正掌握菜单的制作工艺。

菜单制作材料及装订方式

随着社会经济的发展及市场需求的变化，菜单的设计也被大大小小的餐厅重视起来，不仅对菜单设计有一定的要求，对于菜单的制作工艺要求也越来越高。市场上有多种制作菜单的材料，应该说要做出一本精致的菜谱，制作菜单的材料对于菜单的成功与否也起着至关重要的作用。

目前市场上大多数餐厅菜单所使用的材质为普通铜版纸或布纹铜版纸。普通铜版纸在涂料后又经过超级压光机压光，表面平滑度高、光泽度好、强度高，印刷时网点光洁、再现性好、图像清晰、色彩鲜艳，商业印刷中常使用铜版纸来印刷彩色广告、画册和包装纸袋等。布纹铜版纸是用旧毛毯压过的，用来印刷风景画、年历等可以取得特殊的质地效果。

星级宾馆等高档餐厅可以使用一些高档的特种纸张，印刷出来的菜谱更有新意，目前可选择的材料主要有 PVC 包装材料、皮面、布面等高档装帧材料，可以根据不同的设计风格进行选择。下图（左、右）所示为使用特种纸张印刷的菜单。

菜单的制作工艺复杂，不仅对印刷材料有一定的要求，对于菜单的装订要求也非常高。目前，菜单装订的主要方式有铁环装、线装、胶装、古书装和对裱精装等。可以根据餐厅的风格选择合适的装订方式，例如，西餐厅可以选择对裱精装，复古中餐厅可以选择古书装，下图（左、中、右）所示为铁环装的咖啡厅菜单。

创建与应用字符样式

字符样式是一系列字符的格式，可以在页面中为某一类重复使用同一样式的文字创建一种统一格式，这样在实际制作中减少了工作量。下面是字符样式的具体创建和应用的方法。

执行“窗口 > 文字 > 字符样式”命令，打开“字符样式”面板，单击“创建新样式”按钮，即可新建字符样式，如右图（左）所示。双击“字符样式 1”，修改字符样式名称，如右图（右）所示。

双击“名词解释”字符样式，弹出“字符样式选项”对话框，设置相关参数，如右图（左）所示。使用“文字工具”，在画布中单击并输入文字，如右图（右）所示。

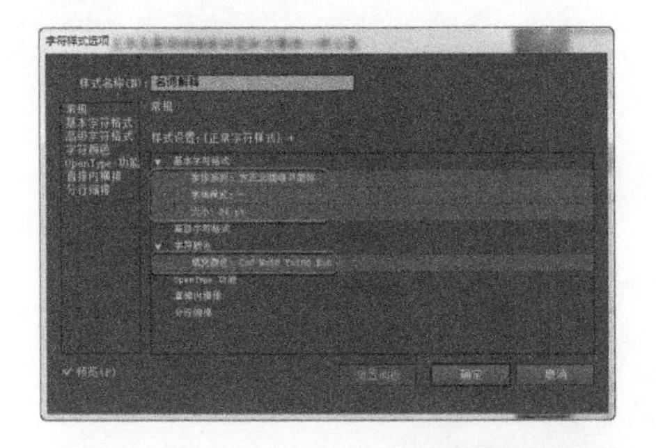

菜单是餐馆提供顾客浏览和点餐的一种工具

选中刚输入的文字，打开“字符样式”面板，单击刚创建的字符样式，如右图（左）所示。即可为选中的文字该字符样式，效果如右图（右）所示。

菜单是餐馆供顾客浏览和点餐的一种工具

6.4 模版欣赏

完成本章内容的学习，希望读者能够掌握各种类型菜单的设计制作方法。本节将提供一些精美的菜单设计模版供读者欣赏。读者可以自己动手试着练习一下，检验一下自己是否也能够设计制作出这样的菜单。

吧台 特推 CHINES E STYL EJUICE TEA

名称 Name	价格 Price
◆蓝莓汁 Blueberry juice	38元 Cup
◆酸奶苹果汁 Yogurtapple juice	38元 Cup
◆暖姜奶茶 Warm ginger milk tea	48元 Cup
◆杏仁奶茶 Almond milk tea	48元 Cup
◆桂圆红枣奶茶 Longan tea	58元 Cup

图片仅供参考 Pictures are for consultation only

中餐 特推 CHINES E BAOZAI FAN

名称 Name	价格 Price
◆滑蛋虾仁饭 Slippery egg shrimp meals	38元 Copy
◆辣仔肥肠饭 Spicy food fatty intestine taipa	38元 Copy
◆金牌咸肉煲 Gold bacon pot	38元 Copy
◆霉干菜扣肉煲仔饭 KouRou fermented BaoZaiFan	42元 Copy
◆韩式烩牛肉饭 Korean stewed beef rice	42元 Copy
◆泡椒牛小排饭 Bubble pepper cow small platoon rice	42元 Copy
◆金针菇牛腩饭 Mushroom flank pot	48元 Copy
◆原味牛仔骨饭 Flavor to the cowboy bone meal	58元 Copy

图片仅供参考 Pictures are for consultation only

精致单品咖啡类
特级蓝山 50元/杯 80元/壶
蓝山 28元/杯 45元/壶
摩卡 25元/杯 35元/壶
巴西山多士 25元/杯 35元/壶
黄金曼特宁 25元/杯 35元/壶
品位炭烧 25元/杯 35元/壶
哥伦比亚 25元/杯 35元/壶
麦香爪哇 25元/杯 35元/壶
意大利式 25元/杯 35元/壶
御筵热咖啡 25元/杯 35元/壶
御国冰咖啡 25元/杯
椰子冰咖啡 25元/杯
拉丁冰咖啡 25元/杯
西班牙冰咖啡 25元/杯
才子佳人冰咖啡 25元/杯
霜冻香蕉冰咖啡 25元/杯
热舞拿铁 25元/杯
维也纳交响式咖啡 25元/杯
卡布基诺咖啡 25元/杯
爱尔兰式 25元/杯
拿铁咖啡 25元/杯

特惠下午茶
TEA TIME MENU
A
澳门猪扒包 Macao bread with pork
法兰西多士 French toast
火腿蛋三文治 Ham&egg sandwich
香脆炸鸡翼 Deep-fried chicken wing
法式炸鱼柳配薯条 Deep-fried fish with french fries
吉列炸鸡扒 Deep-fried chicken
干炒牛河 Fried noodle with beef
三丝炒公仔面 Fried noodle with sliced chicken, beef & ham
B
新鲜蒸馏咖啡 Fresh coffee
港式奶茶 Milk tea
可乐 Cola
鲜奶 Fresh milk
柠檬茶 Lemon tea
柠蜜 Lemon honey
鸳鸯 Tea & coffee
阿华田 Ovaltine
以上A和B中任选一款搭配只需28元
另收10%服务费
供应时间：14:00--17：00

銀星西餐扒房
Silverworld Western Food
10元/杯
RMB10/glass
特价鲜榨健康蔬果汁
SPECIAL FRESH FRUIT JUICE
鲜榨西瓜汁 Fresh water melon juice
鲜榨雪梨汁 Fresh pear juice
鲜榨青瓜汁 Fresh cucumber juice
以上另收10%服务费
供应时间：11:00--21：00

特惠下午茶
TEA TIME MENU
A
澳门猪扒包
Macao bread with pork
法兰西多士
French toast
火腿蛋三文治
Ham&egg sandwich
香脆炸鸡翼
Deep-fried chicken wing
法式炸薯条
French fries
吉列炸鸡扒
Deep-fried chicken
干炒牛河
Fried noodle with beef
双面黄脆鸡丝炒面
Fried noodle with chicken
朱古力慕丝蛋糕
Chocolate cakes
B
新鲜蒸馏咖啡 Fresh coffee
港式奶茶 Milk tea
柠檬可乐 Lemon coke
雪碧 Sprite
鲜牛奶 Fresh milk
柠檬茶 Lemon tea
柠蜜 Lemon honey
椰汁 Coconut juice
28
銀星西餐扒房
10元/杯
RMB10/glass
特价鲜榨健康蔬果汁
SPECIAL FRESH FRUIT JUICE
鲜榨西瓜汁 Fresh water melon juice
鲜榨雪梨汁 Fresh pear juice
鲜榨苹果甘笋汁 Fresh apple &carrot juice
鲜榨青瓜汁 Fresh cucumber juice
供应时间：11:00--23:00

6.5 课后练习

学习了有关菜单设计的内容，并通过菜单实例的制作练习，是否已经掌握了有关菜单设计的方法和技巧呢？本节通过两个练习，巩固对本章内容的理解并检验读者对菜单设计制作方法的掌握。

6.5.1　制作特色餐厅菜单

在菜单设计中，菜品图像素材的质量非常重要，拍摄精美、效果诱人的菜品图像在菜单设计中起到决定性的作用，再搭配文字与基本图形，从而构成精美的菜单。本实例所制作的特色餐厅菜单，主要是通过菜单图像与基本图形相结合，再通过简单的文字排版，体现出菜单的高档、精致。

❶ 置入素材图像调整到合适的大小和位置，使用“矩形工具”绘制矩形。

❷ 绘制矩形并输入文字，注意对文字的排版及字体大小的设置。

❸ 置入素材图像，并分别调整到合适的大小和位置。

❹ 绘制矩形并输入文字，注意对文字的排版及字体大小的设置。

6.5.2 制作餐厅酒水单

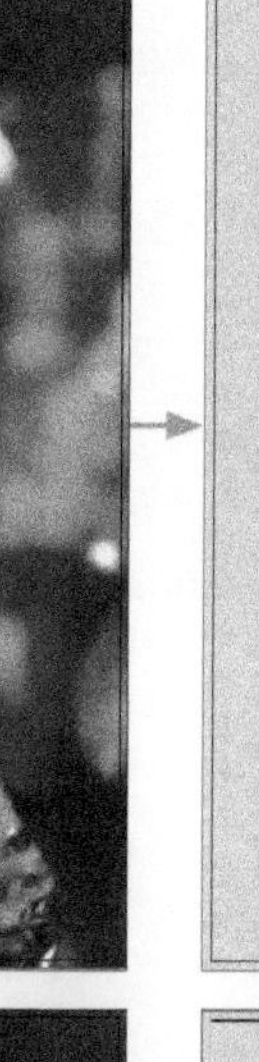

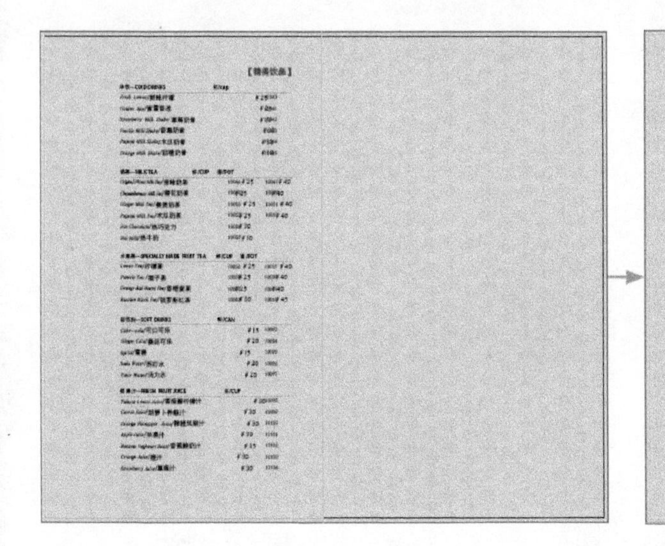

【精美饮品】

冷饮—COLD DRINKS

[illegible]/鲜柠檬 ￥25

[illegible] ￥[illegible]

[illegible] Milk Shake/草莓奶昔 ￥[illegible]

[illegible] Milk Shake/香草奶昔 ￥[illegible]

Papaya Milk Shake/木瓜奶昔 ￥[illegible]

Orange Milk Shake/甜橙奶昔 ￥[illegible]

奶茶—MILK TEA 杯/CUP 壶/POT

[illegible] Milk Tea/原味奶茶 ￥25 ￥40

[illegible] Milk Tea/[illegible]奶茶 ￥25 ￥40

Ginger Milk Tea/姜汁奶茶 ￥25 ￥40

Papaya Milk Tea/木瓜奶茶 ￥25 ￥40

Hot Chocolate/热巧克力 ￥30

Hot Milk/热牛奶 ￥10

水果茶—SPECIALLY MADE FRUIT TEA 杯/CUP 壶/POT

Lemon Tea/柠檬茶 ￥25 ￥40

[illegible] Tea/柚子茶 ￥25 ￥40

[illegible] Tea/香橙蜜茶 ￥25 ￥40

[illegible] Black Tea/[illegible]红茶 ￥30 ￥45

软饮料—SOFT DRINKS 听/CAN

Coke-cola/可口可乐 ￥15

Ginger Cola/姜汁可乐 ￥20

Sprite/雪碧 ￥15

Soda Water/苏打水 ￥20

[illegible] Water/[illegible] ￥20

鲜果汁—FRESH FRUIT JUICE 杯/CUP

[illegible] Lemon Juice/[illegible]柠檬汁 ￥30

Carrot Juice/胡萝卜[illegible]汁 ￥30

Orange Pineapple Juice/[illegible]汁 ￥30

Apple Juice/苹果汁 ￥30

Banana Yoghourt Juice/香蕉酸奶汁 ￥25

Orange Juice/橙汁 ￥30

Strawberry Juice/草莓汁 ￥30

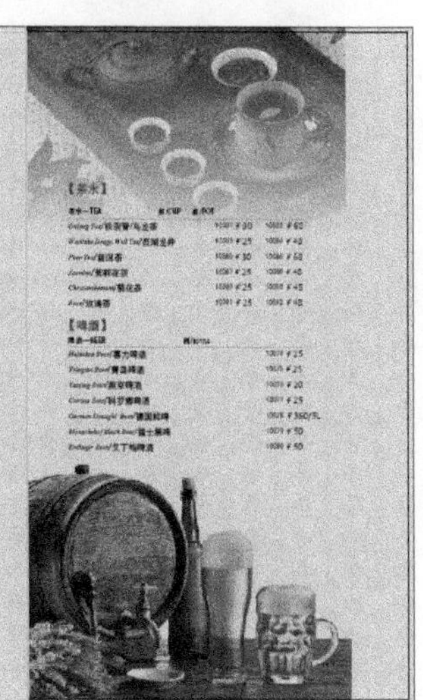

千元之王
双模风暴
价值4299元
超值风暴价
1199元时尚双模双待手机
+3100元话费+缤纷礼品
仅需
1299元
3G
400-xxx-xxx

Fruit Garden
Mango Lemon Orange Green Tea

Fruit Garden

光纤里的北京，已没有拥堵

star
chips

第07章 宣传广告设计——对象的基本操作

宣传广告是伴随着商品交换的产生而出现的，可以说哪里有商品的生产和交易，哪里就有宣传广告。宣传广告所起的作用不只是单纯的刺激需要，它更为微妙的任务在于改变人们的习俗。宣传广告的普遍渗透性，使之成为新生活方式展示新价值观的预告。

本章将向读者介绍有关宣传广告的相关知识，并通过宣传广告实例的设计制作，拓展读者在广告设计方面的思路，使读者能够设计出更好的广告作品。

精彩案例：

● 制作产品宣传广告
● 制作活动宣传广告

7.1 宣传广告设计知识

当我们打开电话、翻看杂志、逛街或浏览网页，都会看到各种类型的广告。广告是为了某种特定的需要，通过一定的媒介向大众传播信息的一种宣传手段。广告有广义和狭义之分，广义广告包括非经济广告和经济广告，狭义广告仅指经济广告，即商业广告。

7.1.1 宣传广告的要素

对于一则具体的宣传广告，都有一些基本的要素，包括广告主、信息、广告媒介、广告费用和广告受众。

广告主

所谓广告主，即进行广告者，是指提出发布宣传广告的企业、团体或个人，如工厂、商店、宾馆、饭店、公司、戏院或个体生产者等。广告的传播起始于广告主，并最终由它决定广告的目标、受众、发布的媒体、开支金额以及活动持续时间。

内容

宣传广告的主要内容包括商品信息、活动信息和观念信息等。商品信息包括产品的性能、质量、产地和用途等。活动信息包括各种非商品形式的买卖或半商品形式的买卖服务性的消息，如文化活动、旅游服务、餐饮、医疗以及信息咨询服务等行业的信息。观念信息是指通过广告活动倡导某种意识，使消费者树立一种有利于广告者推销其商品的消费观念。例如，旅游公司印发的宣传小册子，不是首先谈其经营项目，而是重点渲染介绍世界各地的大好河山、名胜古迹和异国风情，使读者产生对自然风光和异域风情的审美情趣，从而激发他们参加旅游团的欲望。广告的观念信息，其实质也是为了推销其商品，只是采取了不同的表现手法。下图（左、中、右）所示为不同内容形式的宣传广告。

广告媒介

广告活动是一种有计划的大众传播活动，其信息要运用一定的物质技术手段才能得以广泛传播。广告媒介也可以称为广告媒体，是将信息从广告主传达给受众的沟通渠道，也就是传播信息的中介物，它的具体形式有报纸、杂志、广播、电视和广告牌等。国外把广告业称为传播产业，因为广告离开媒介传播信息，交流就停止了，由此可见广告媒介的重要性。下图（左、右）所示为宣传广告在不同媒介中的表现。

广告费用

所谓广告费，就是从事广告活动所需要付出的费用。广告活动需要经费，利用媒介要支付各种费用，如购买报纸或杂志版面需要支付相应的费用，购买电台或电视的时间也需要支付费用。广告主进行广告投资，支付广告费用，其目的是要扩大商品销售，获得更多的利润。

广告受众

广告受众即与广告对应的宣传对象——受众群体，所有的广告策略都始于受众。作为广告受众的消费群体的构成和分类取决于不同的社会和文化因素。不同的文化群体背景可以产生行为取向的不同类型。另外，社会地位、教育、收入、财产、职业、家庭、年龄和性别等都是形成消费群体差异的因素。在广告策略中，每一个方针和手段都是以细分的受众为目标制定的。

7.1.2　宣传广告的分类

广告的分类极为繁琐，其主要是为了适应广告策划的需要，按照不同的目的与要求将广告划分为不同的类型。因为只有分类得合理准确，才能为广告策划提供基础，为广告设计和制作提供依据，使整个广告活动正常运转，从而实现广告目标并最终取得最佳广告效益。

广告可以按照不同的区分标准进行分类，例如，按广告的目的、对象、广告地区、广告媒介、诉求方式和商品不同生命周期等来划分广告类别。随着生产和商品流通的不断发展，广告种类也越分越细，下面从各种不同的角度对广告的种类进行划分。

商业广告和非商业广告

从广告的最终目的出发，可以划分为商业广告和非商业广告两大类。商业广告又称盈利性广告或经济广告，广告的目的是通过宣传推销商品或劳务，从而取得利润，如下图（左 1、左 2）所示。非商业广告又称非盈利性广告，一般是指具有非盈利目的并通过一定的媒介而发布的广告，如下图（左 3、左 4）所示。

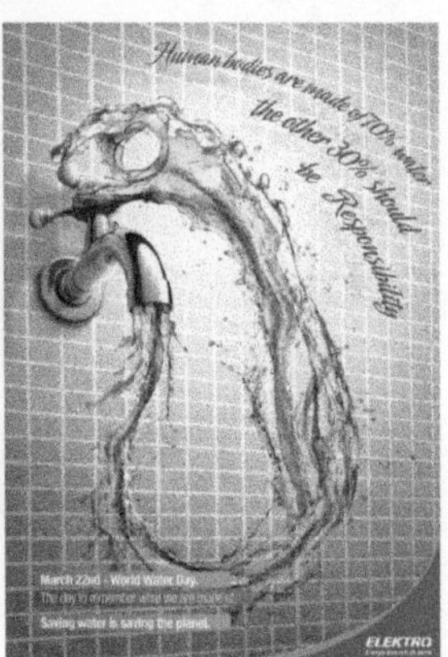

目标群体

商品的消费和流通各有其不同的目标群体，这些目标群体就是消费者、工业厂商、批发商以及能直接对消费习惯产生影响的社会专业人士或职业团体。不同的目标群体所处的地位不同，其购买目的、购买习惯和消费方式等也有所不同。广告活动必须根据不同的目标群体实施不同的诉求。可以按宣传广告的目标群体对广告进行分类，即消费者广告、工业用户广告、商业批发广告和媒介性广告。

宣传目的

宣传广告的最终目的都是为了推销商品，取得利润。但其直接目的有时是不同的，也就是说，达到其最终目的手段具有不同的形式。以这种手段的不同来区分商业广告，又可以把其分为商品销售广告、企业形象广告、企业观念广告三类，如下图（左、中、右）所示。

目标地区

由于宣传广告所选用的媒体不同，广告影响所涉及范围不同，因此按广告传播的地区又可以分为全球性广告、全国性广告、区域性广告和地区性广告。

不同媒介

按照广告所选用的媒体，可以把广告分为报纸广告、杂志广告、印刷广告、广播广告、电视广告和电脑网络广告。此外，还有邮寄广告、招贴广告和路牌广告等各种形式。广告可采取一种形式，也可以多种并用，各广告形式之间是相互补充的关系。

诉求方式

按照广告的诉求方式来分类，是指广告借用什么样的表达方式以引起消费者的购买欲望并采取购买行动的一种分类方法。它可以分为理性诉求广告和感性诉求广告两大类。

商品不同生命周期

按照商品生命周期阶段分类的广告可以分为开拓期广告、竞争期广告和维持期广告。

7.1.3 宣传广告的设计要求

宣传广告的设计重点在于主题明确、设计新颖和吸引受众人群。宣传广告设计中的画面构图就是为了吸引消费者的视线，以提高自身价值为主要目的，在广告构图中解决形与空间的关系。宣传广告的设计要求主要有以下几点。

新颖性

在宣传广告的设计过程中要敢于打破陈旧的规律，善于在被人已司空见惯的东西上发现美的东西，并表现出来。

合理性

合理性主要指形象之间的主次关系、黑白关系、色彩关系等均应做到合理安排，做到内容的安排条理化，宣传说明合理化等。

统一性

尽可能地保持画面的完整，提高美感。

7.2 产品宣传广告设计

设计思维过程

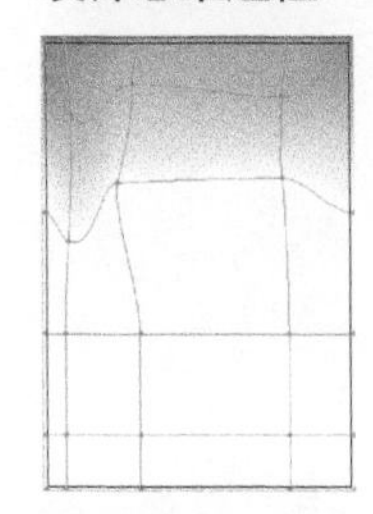

❶绘制背景矩形，使用“网格工具”添加网格点，创建渐变网格效果。

❷使用“直接选择工具”选择网格上的锚点，分别设置颜色，创建出渐变背景效果。

❸置入相应的广告素材图像，并使用“镜像工具”和蒙版制作出镜像投影效果。

❹在广告中输入相应的文字，并分别调整到合适的大小和位置。

设计关键字：渐变网格、镜像投影

本实例中使用了“网格工具”填充渐变，使画面的色彩搭配更加突出、新颖别致，如下图（左）所示；镜像投影使产品更加具有立体感，从而达到引人注目、有感染力的视觉效果，如下图（右）所示；广告文字的编排，有较好的视觉平衡感，明确主体。

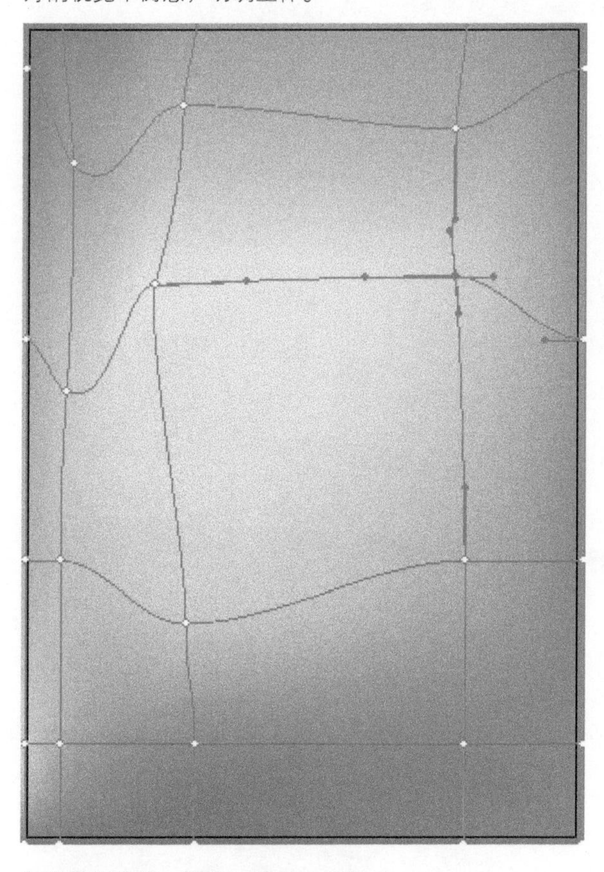

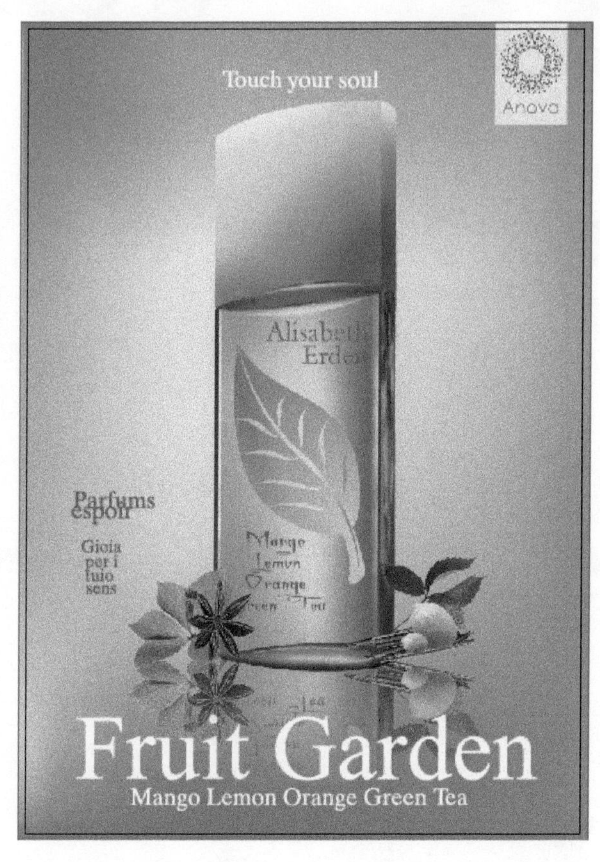

色彩搭配秘籍：橙色、黄色、白色

本案例的色彩搭配采用了暖色调为主的色调；主要以粉红色渐变为主色调，整个画面给人一种温暖和唯美的视觉感，如下图（左）所示；橙色兼有红与黄的优点，明度柔和，因此，橙色又易引起营养、香甜的联想，是易于被人们所接受的颜色，如下图（中）所示；在暖色调的背景上运用白色的粗体文字，形成色彩反差，突出文字内容，给人洁净、清爽的感觉，如下图（中）所示。

RGB（228、128、109）
CMYK（7、61、50、0）

RGB（247、219、176）
CMYK（3、17、34、0）

RGB（255、255、255）
CMYK（0、0、0、0）

软件功能提炼

❶ 使用“网格工具”制作渐变网格背景
❷ 使用“镜像工具”制作产品镜像效果
❸ 使用蒙版功能制作出镜像投影效果
❹ 使用“文字工具”添加广告文字内容

实例步骤解析

本实例制作一款香水宣传广告，因其产品的受众人群和定位主要是年轻女性，所以广告背景使用橙色渐变，明度柔和，使人感到温暖又明快。米黄色给人一种光明和高贵感，制作投影效果发挥出产品特有的个性，为广告创意锦上添花。

Part 01：制作渐变网格背景

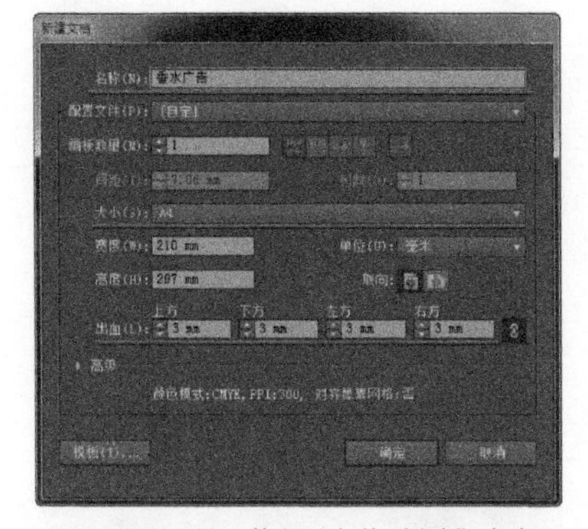

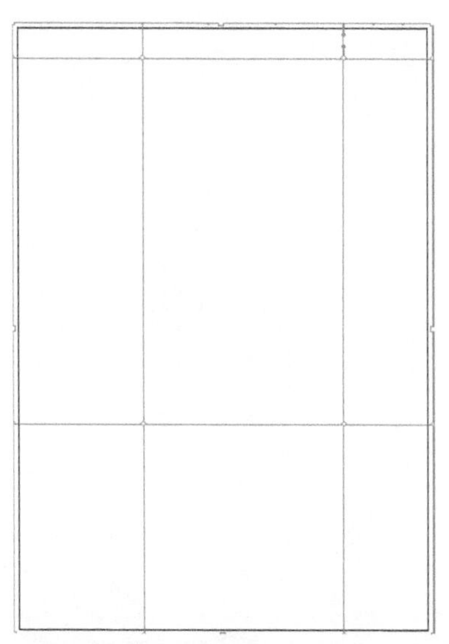

01 新建文档　执行“文件>新建”命令，设置相应的参数，单击“确定”按钮，新建文件。

02 绘制矩形　使用“矩形工具”，设置“填色”为白色，“描边”为无，在画布中绘制与画布大小相同的矩形。

03 添加网格点　使用“网格工具”，在刚刚绘制的矩形中合适的位置单击，添加网格点。

TIPS

在设计制作广告作品时，创建文件必须要留出血，这样有助于印刷剪裁。

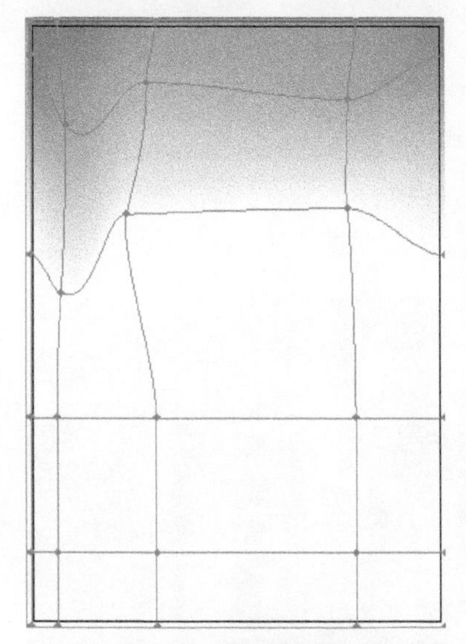

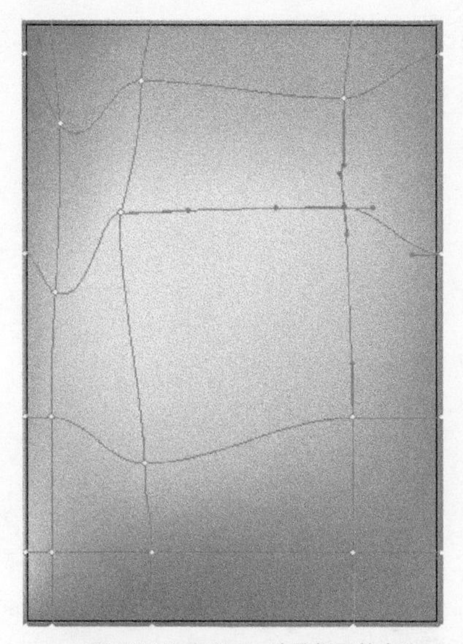

04 调整网格点　使用“直接选择工具”调整网格锚点，并设置相应的网格锚点颜色。

05 设置网格点颜色　使用相同的方法，为其他各网格点填充相应的颜色。

06 融合渐变颜色　使用“直接选择工具”调整网格锚点，使渐变颜色更加融合。

TIPS

绘制相应的网格填充渐变，首先讲究色调要统一，一边填色一边调整锚点，使颜色融合到一起，填充的渐变颜色才能达到理想中的效果。

Part 02：制作产品镜像投影效果

01 置入素材 执行“文件>置入”命令，置入素材“资源文件\源文件\第7章\素材7201.tif”，调整素材到合适的大小和位置。

02 置入素材 使用相同的方法，置入其他素材，并分别调整到合适的大小和位置。将产品部分的素材图像编组。

03 镜像复制图形 选中刚编组的素材，使用“镜像工具”，按住Alt键在画布中合适的位置单击，在弹出的对话框中进行设置，单击“复制”按钮，得到镜像图形。

TIPS

使用蒙版制作产品投影，必须填充黑白渐变，才能做出产品投影的效果。

04 绘制矩形 使用“矩形工具”，设置“描边”为无，在画布中绘制矩形，为矩形填充黑白线性渐变。

05 制作蒙版 同时选中刚绘制的矩形和镜像得到的图形，打开“透明度”面板，单击“制作蒙版”按钮。

06 完成效果 通过蒙版的方式制作出产品的镜像投影效果。

Part 03：输入广告文字

01 输入文字 使用“文字工具”，设置“填色”为白色，“描边”为无，打开“字符”面板，设置参数，在画布中单击输入文字。

02 输入文字 使用相同的方法，在画布中合适的位置输入文字。

03 输入文字 使用相同的方法，在画布中合适的位置输入文字。

04 最终效果 完成该产品广告的制作，对广告中各部分内容进行微调，使整个画面更加美观、合理。

TIPS

在印刷广告作品时，要注意看凸起的位置和印刷图案的位置是不是对齐。如果没有对齐，就要及时和印刷厂沟通。

7.2.1 对比分析

制作不同类型的宣传广告应该根据产品的特征和受众人群的需求，采用不同类型的配色方式和表现方法，以强化产品本身独有的特色。画面中的文字处理也应该根据产品的特点、需求、受众人群的喜好使用不同的表现方式，才能够使整个画面更加专业和形象。

Before

❶ 纯色的背景突出不了主题，色彩是广告表现的一个重要因素，广告色彩是向消费者传递商品信息的，而在这个画面中给人一种很平凡、没有突出空间效果。

❷ 没有投影的衬托，主体图形感觉是飘在画面上的，和画面结合不到一起。

❸ 文字使用的是渐变填充，不但体现不出简洁大方，而且和画面色调相接近，不易于消费者的视觉浏览，会引发消费者的不满。

After

❶ 背景使用渐变网格颜色填充，使得广告背景更丰富、更强烈、更富有视觉冲击力。整体色调的搭配都融合在一起，突出了空间效果。

❷ 镜像投影的效果不仅没有喧宾夺主，而是使画面更加饱满和充实，具有鲜明的主题、新颖的构思和生动的表现等特色。

❸ 文字使用白色填充，不会抢占主题广告的视野，又不会被消费者忽视，使得整个画面显得干净和大方。

7.2.2 知识扩展

在现代社会中，宣传广告已经渗透到人们生活的各个层面，作为沟通产品和大众之间的桥梁而存在，特别是进入大众消费领域的商品都具有一定美的艺术形态，这样美的形态同产品本身的使用价值紧紧地附在一起，形成可视、可感、可触和可用的“生活之美”。

宣传广告的常用创意手法

再好的广告创意策略也需要建立在产品的高品质基础上，同时具有卓越的品质和服务，辅以准确的策略。宣传广告创意的主要策略有以下几种：目标策略、传达策略、诉求策略、个性策略和品牌策略。下图（左、中、右）所示为创意独特的宣传广告。

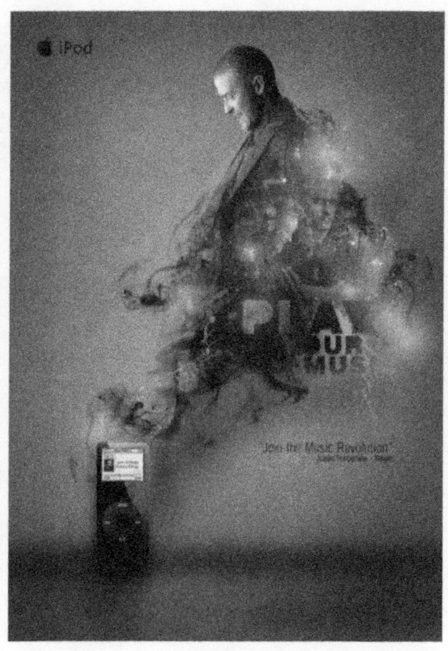

精致的宣传广告能够吸引住消费者，它能够把一种概念、一种思想通过精美的构图和版式，将信息传达给消费者。宣传广告常用的创意手法有：展示法、联想法、特征法、系列法、比喻法、幽默法、夸张法、对比法、悬念法、迷幻法和情感法。下图（左、中、右）所示为使用系列法的宣传广告。

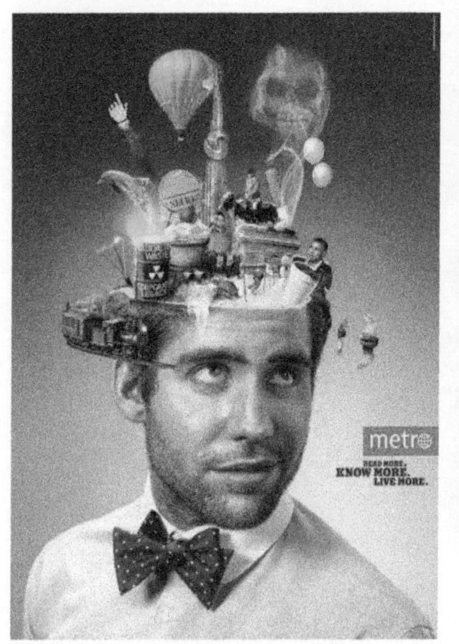

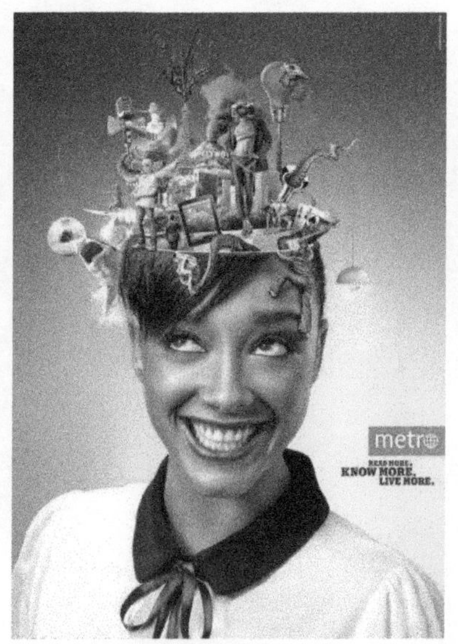

渐变网格的应用

渐变网格是一种多色对象，其颜色可沿着不同方向顺畅分布，并且从一点平滑过渡到另一点。创建网格对象时，将会有多条线（称为网格线）交叉穿过对象，这为处理对象上的颜色过渡提供了一种简便方法。通过移动和编辑网格线上的点可以更改颜色的变化强度或者更改对象上的着色区域范围。

❶ 添加网格点

绘制一个矩形，使用“网格工具”，将鼠标指针放在图形上时，鼠标指针下就出现了一个小加号形状，如右图（左）所示。在图形边缘单击鼠标，图形中的节点就成为了网格点，如右图（右）所示。

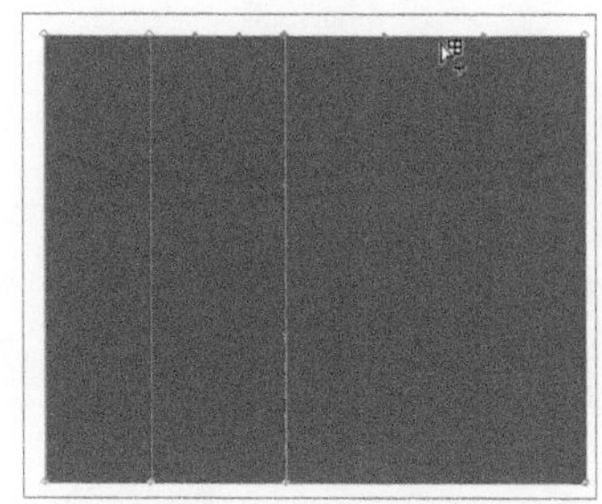

❷ 删除网格点

在图形内单击鼠标就会形成网格线，同时鼠标单击的地方就生成了一个网格点。按住 Alt 键，把鼠标指针放在网格点上，鼠标指针多出一个小减号，如右图（左）所示。此时单击鼠标就会删除此网格点以及形成此网格点的两条网格线，如右图（右）所示。

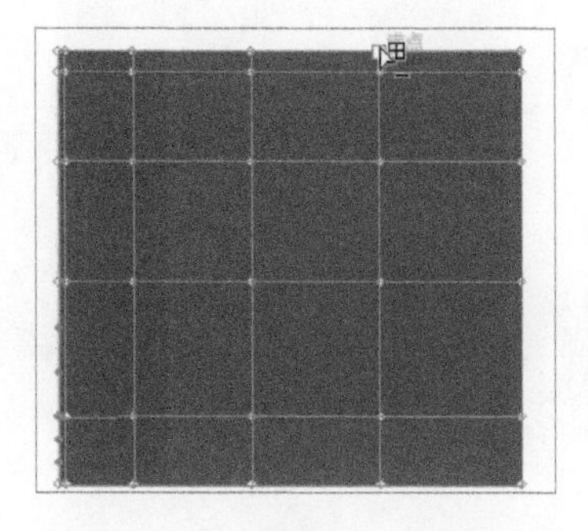
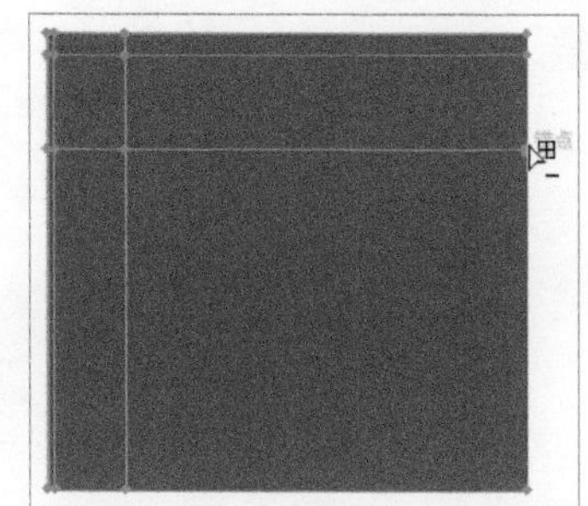

❸ 移动网格点

使用“添加锚点工具”可以增加网格点，如右图（左）所示。使用“删除锚点工具”可以删除网格点。可以使用“网格工具”或“直接选择工具”拖动网格点，调整网格点的位置。按住 Shift 键拖动网格点，可以使网格点的移动保持在水平或垂直方向上，如右图（右）所示。

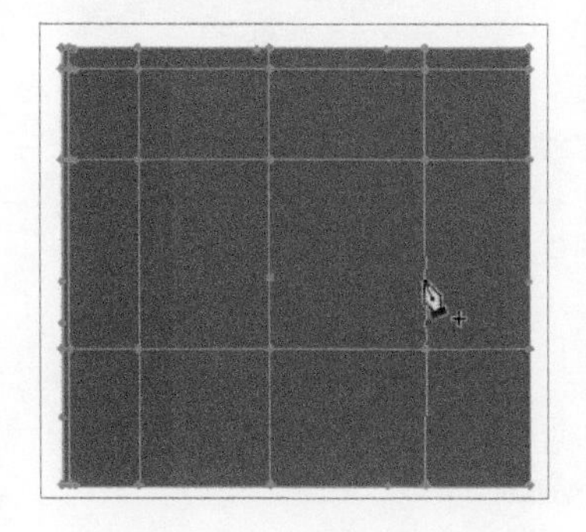
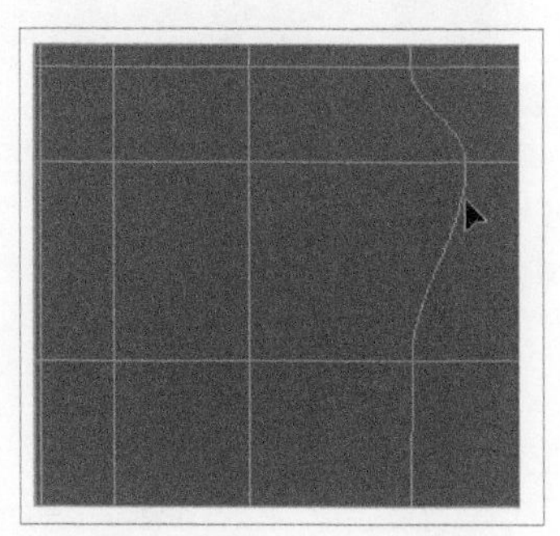

❹ 更改网格点或网格面片的颜色

使用“直接选择工具”单击选中网格点或者网格面片，如右图（左）所示。设置“填色”值可以填充网格点或网格面片，从而创造出任意的渐变颜色效果，如右图（右）所示。

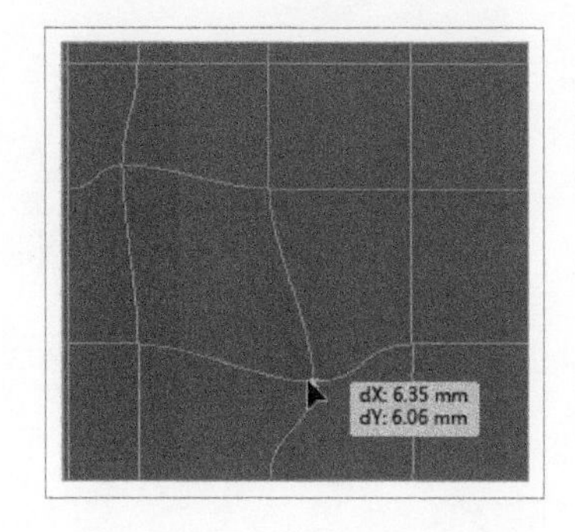

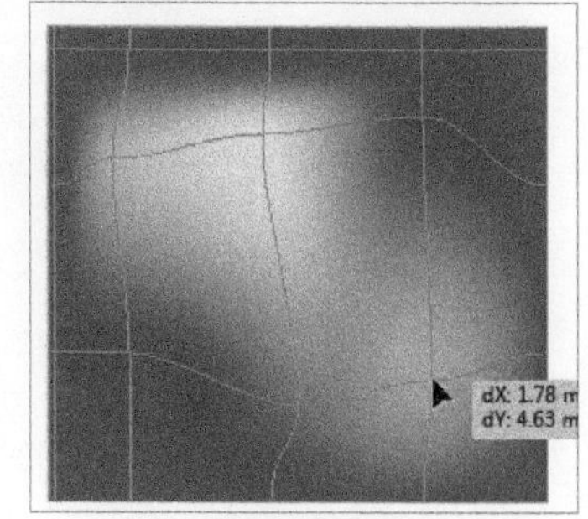

7.3 活动宣传广告设计

设计思维过程

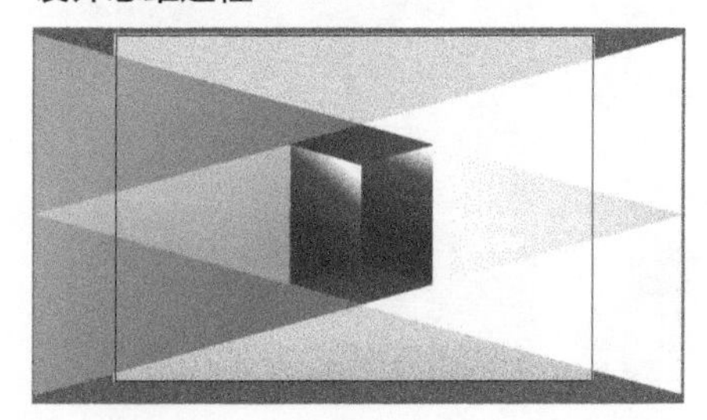

❶绘制三角形和矩形图形，并分别填充相应的渐变颜色，构成广告的背景，突出表现广告的个性化。

❷通过对主题文字进行透视处理，可以使整个广告画面产生立体感和纵深感。

❸在文本框输入文字以及制作需要变化的文字。

❹设置“混合模式”，添加光晕素材效果。

设计关键字：不规则背景和透视文字搭配

本实例中背景图使用多种三角图形进行构图，非常独特，艺术表现手法很丰富，具有灵巧的构思，给人印象深刻。渐变的使用，只需两种色彩，给人感觉似乎包含了无数色彩，而且色彩的变化非常均匀，突出主题，视觉冲击力较强，如右图（左）所示。透视文字的倾斜效果，表现力非常强，与背景相配合，使整个画面有一种纵深感，使整个广告画面个性十足，如右图（右）所示。

色彩搭配秘籍：蓝色、洋红色、白色

本实例的色彩搭配采用了蓝色、红色、白色的渐变，画面新颖别致、突出主题，呈现出个性化、唯美化、多元化和国际化的趋势，图形、文字和色彩的转换都表现出了视觉的要素特点，色彩搭配有条理地组织成一个和谐的整体，如下图（左、中、右）所示。

RGB（0、163、223）
CMYK（75、15、0、0）

RGB（169、0、57）
CMYK（0、100、48、37）

RGB（255、255、255）
CMYK（0、0、0、0）

软件功能提炼

❶ 使用“钢笔工具”绘制图形

❷ 使用“直接选择工具”调整图形锚点

❸ 使用“渐变工具”填充渐变颜色

❹ 通过快捷键的方式制作透视效果

实例步骤解析

整个广告画面带给人一种很绚丽的感觉。背景颜色采用蓝色与白色的渐变效果，给人一种清爽和舒畅的感觉，画面中间使用红色渐变颜色，产生强烈的对比效果，使主题突出，是时尚、现代和个性的颜色搭配风格，整体布局都显得时尚和大气。

Part 01：制作绚丽广告背景

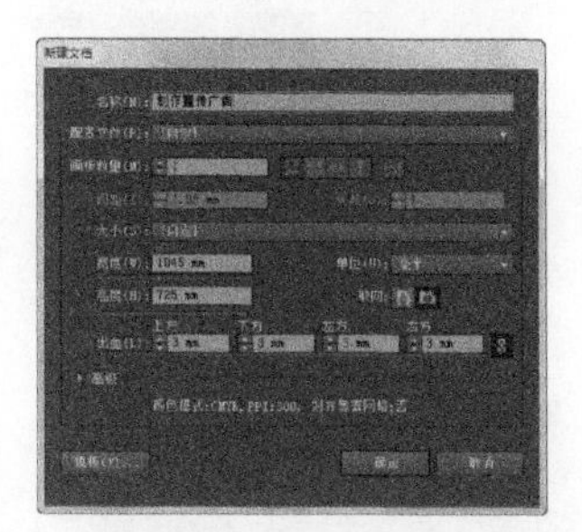

01 新建文档　执行“文件>新建”命令，设置相应的参数，单击“确定”按钮新建文件。

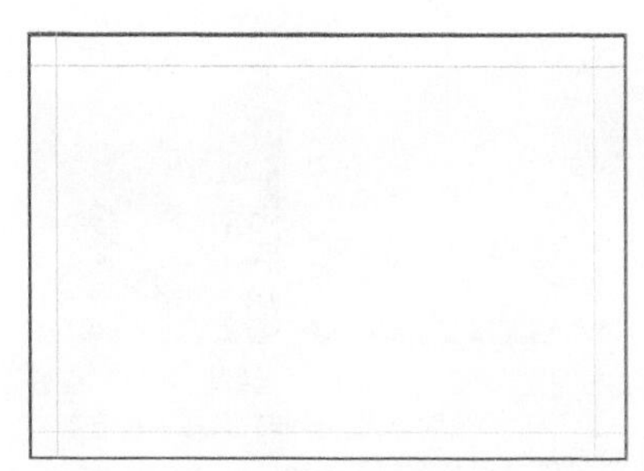

02 建立参考线　执行“视图>标尺>显示标尺”命令，显示文档标尺，从标尺中拖出相应的参考线。

03 填充渐变颜色　使用“矩形工具”，设置“描边”为无，在画布中绘制矩形。打开“渐变”面板，设置渐变颜色值为CMYK（0、0、0、40）、（0、0、0、20），为矩形填充渐变。

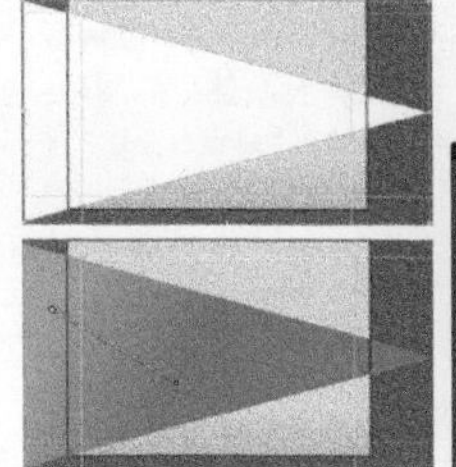

04 绘制三角形　使用“钢笔工具”，设置“描边”为无，绘制三角形。打开“渐变”面板，设置渐变颜色值为CMYK（70、15、0、0）、（85、50、0、0），为三角形填充渐变颜色。

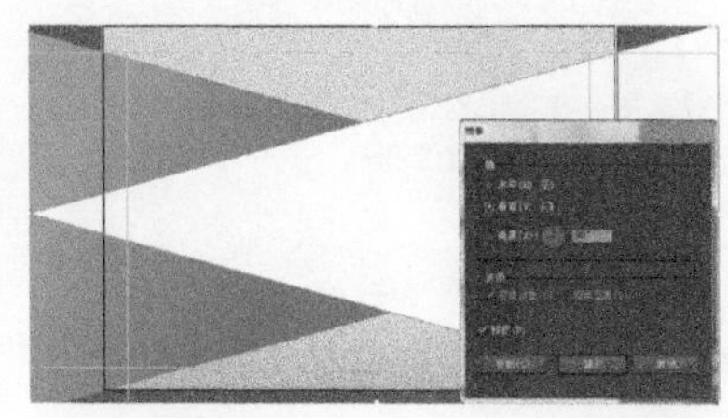

05 镜像图形　使用“镜像工具”，垂直复制图形，填充白色。

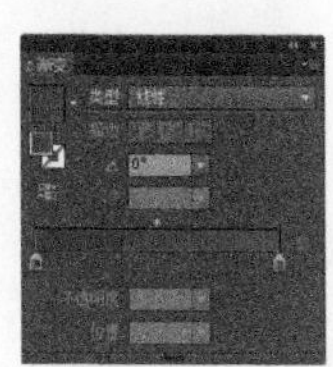

06 制作图形　使用“钢笔工具”，在合适位置绘制图形，设置渐变颜色值为CMYK（20、100、40、0）、（0、90、0、0），为图形填充渐变颜色。

TIPS

使用不规则图形制作背景，可以使画面更丰富，增强画面的视觉冲击力，使受众人群记忆犹新。

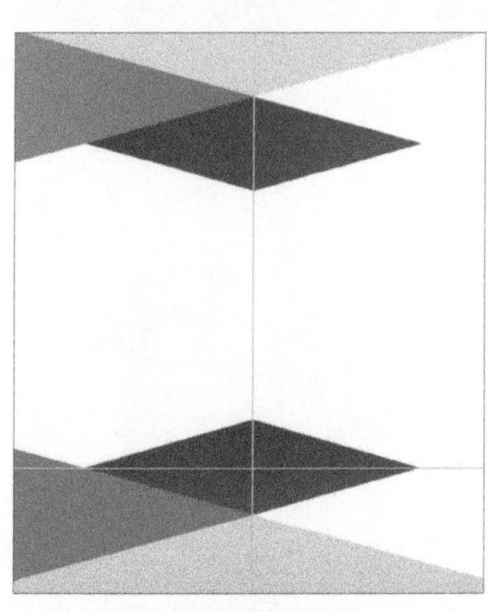

07 复制图形 复制刚刚绘制的图形，并将其调整到合适的位置。

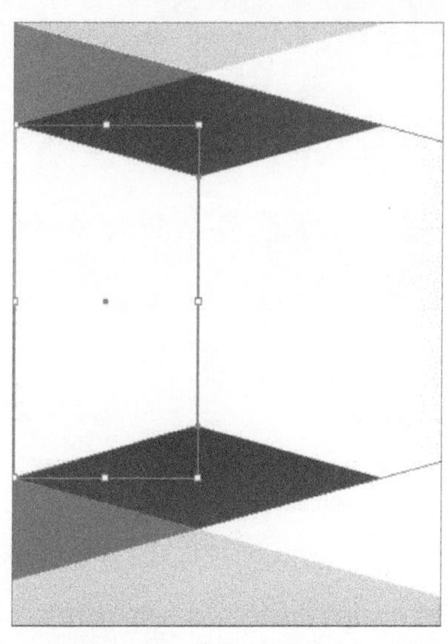

08 绘制矩形 使用“矩形工具”，设置“填色”和“描边”均为无，在画布中绘制矩形路径。

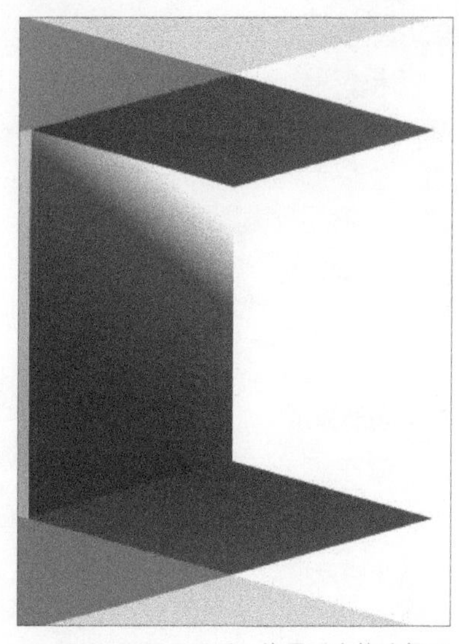

09 填充渐变颜色 使用“直接选择工具”，对矩形相应的锚点进行调整，设置渐变颜色值为CMYK（0、0、0、0）、CMYK（0、0、0、0）、CMYK（0、90、0、0）、CMYK（0、100、48、37），填充渐变颜色。

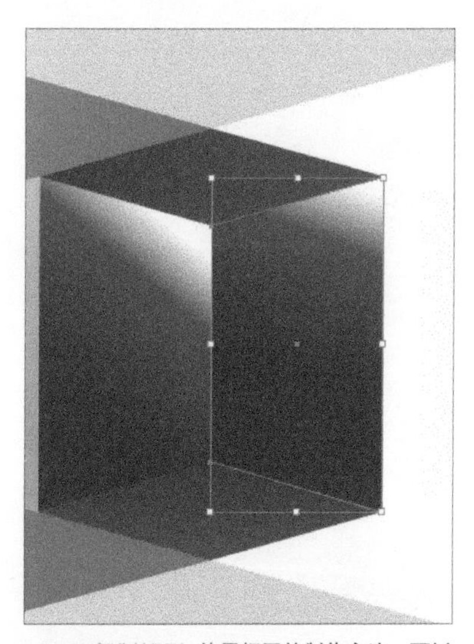

10 复制矩形 使用相同的制作方法，可以绘制出相似的图形效果。

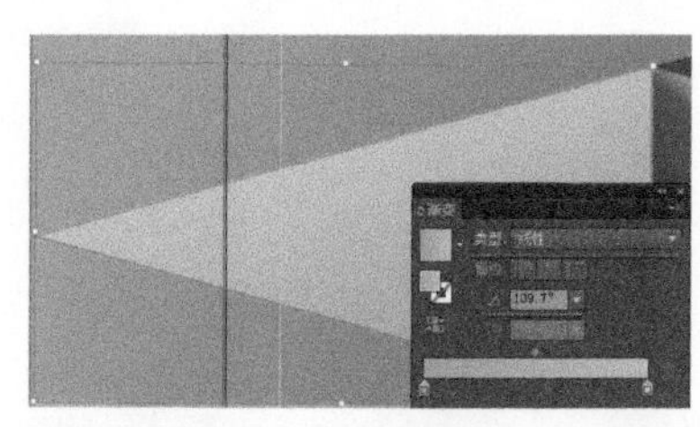

11 绘制图形 使用“钢笔工具”，设置“描边”为无，绘制三角形，设置渐变颜色值为CMYK（70、15、0、0）、（50、0、0、0），为三角形填充渐变颜色。

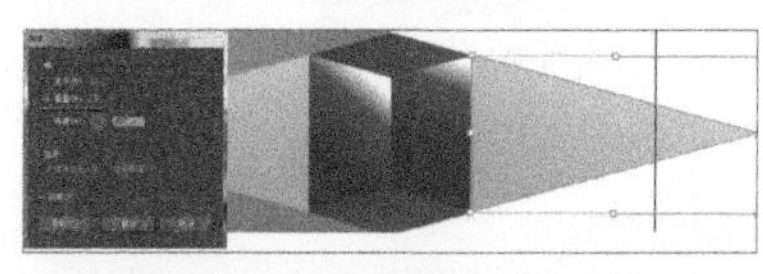

12 镜像图形 选中刚绘制的三角形，使用“镜像工具”，按住Alt键在合适的位置单击，在弹出对话框中进行设置，单击“复制”按钮，得到镜像图形。

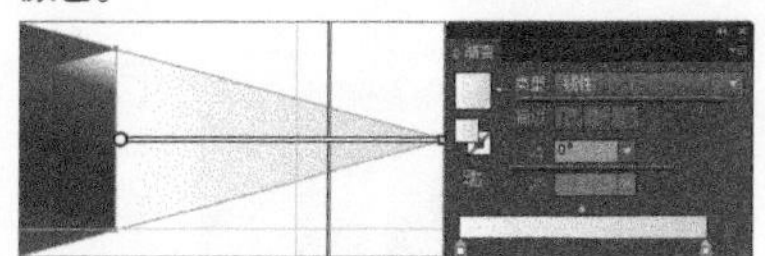

13 填充渐变颜色 选中镜像复制得到的图形，设置渐变颜色值为CMYK（0、0、0、0）、CMYK（0、0、0、20），为该图形填充渐变颜色。

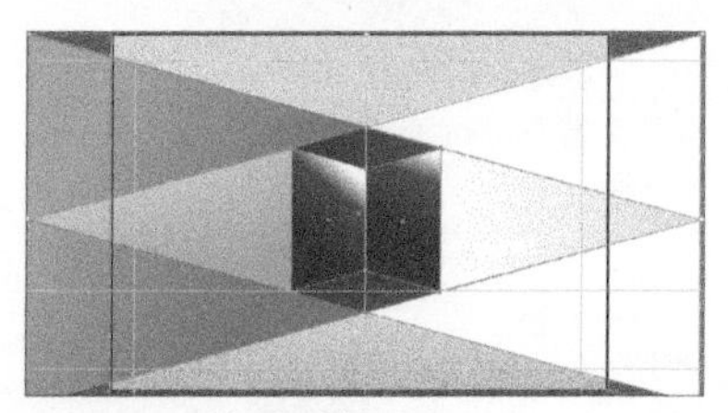

14 调整编组 完成广告背景部分的制作，选中全部图形，执行“对象>编组”命令，将图形编组。

TIPS

制作出血的主要目的是为了保证印刷品在裁切时不会因为对不齐而出现事故，使用辅助线可以更精确地确定每个图形的位置。

Part 02：制作广告主题文字

01 置入素材 执行“文件>置入”命令，置入素材“资源文件\源文件\第7章\素材7301.tif”。使用相同的方法，置入其他素材，输入相应的文字。

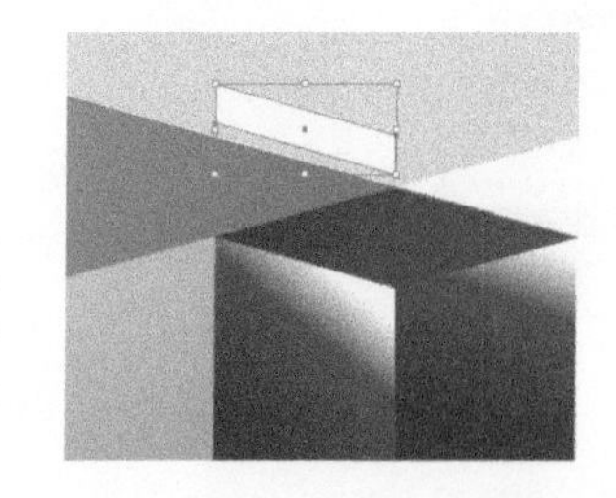

02 绘制矩形 使用“矩形工具”，设置“描边”为无，绘制矩形，调整锚点。

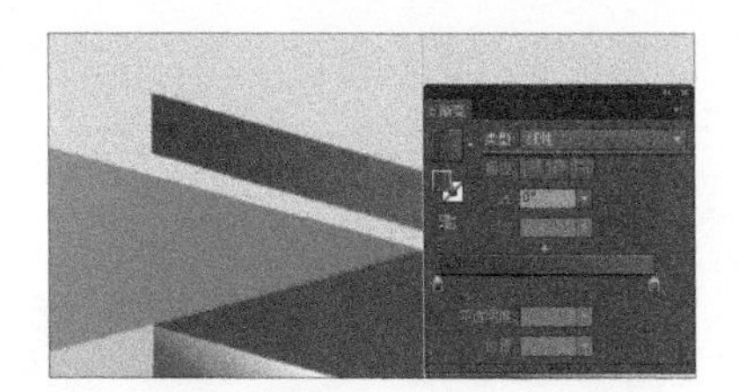

03 填充渐变颜色　打开“渐变”面板，设置渐变颜色值为CMYK（40、100、60、0）、CMYK（15、80、0、0），为该图形填充渐变颜色。

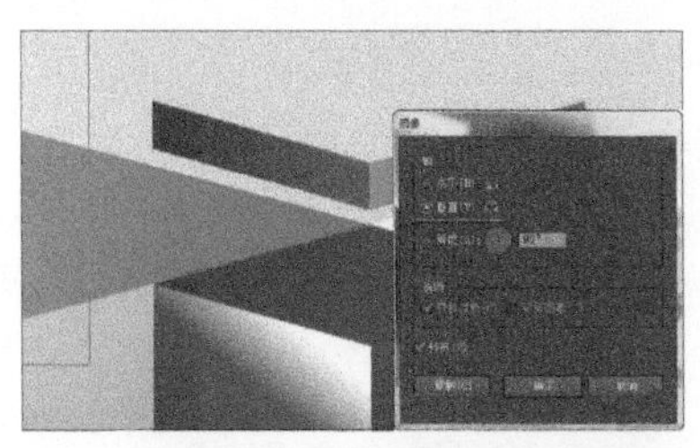

04 镜像复制　使用相同的方法，镜像复制图形，填充渐变颜色值为CMYK（100、50、0、20）、CMYK（100、20、0、0）。

05 制作倾斜文字　使用“文字工具”，在画布中单击输入文字，使用“倾斜工具”对文字进行倾斜操作。

06 创建文字　使用相同的制作方法，在画布中单击输入相应的文字。

07 创建轮廓　使用“文字工具”，设置“字符”参数，在画布中单击输入文字，创建文字轮廓。

08 倾斜文字　使用“自由变换工具”，按快捷键Shift+Alt，对文字进行等比例缩放，在按住Shift+Alt键的同时再按Ctrl键，对文字进行透视调整。

09 增加文字效果　复制文字，设置“填充”为CMYK（100、67、0、6），将复制得到的文字后移一层，并调整到合适的位置。

10 倾斜文字　使用相同的方法，在画布中输入文字，并对文字进行相应的倾斜和旋转操作。

TIPS

对文字图形使用“自由变换工具”操作时，要结合快捷键的使用来完成文字的倾斜和透视效果。

Part 03：丰富广告效果

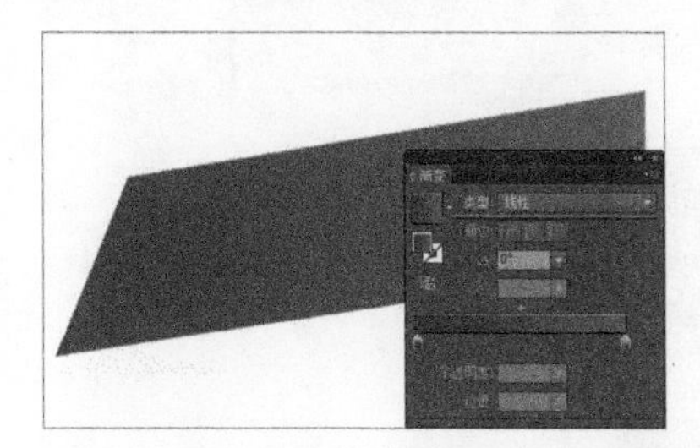

01 绘制图形　使用“钢笔工具”，在画布中绘制图形，设置渐变颜色值为CMYK（40、100、60、0）、（15、80、0、0），为图形填充渐变颜色。

02 创建文字　使用“文字工具”，在画布中单击输入文字，对文字进行倾斜和旋转操作。

03 填充渐变颜色　使用相同的方法，可以制作出相似效果的文字。填充渐变颜色。

04 完成效果 使用相同的方法，绘制出相似的图形效果，并分别填充渐变颜色。

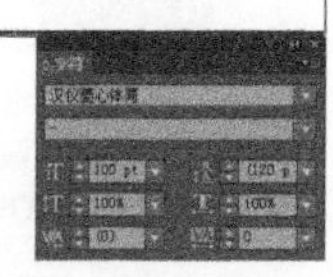

05 文本框文字 使用“文字工具”，设置“填色”为CMYK（100、30、0、0），“描边”为无，在画布中绘制文本框并输入文字。

06 字体变化 选中相应的文字，设置“填色”为CMYK（0、95、20、0），在“字符”面板中修改相应的参数。

TIPS

使用“文字工具”、“直排文字工具”、“区域文字工具”和“直排区域文字工具”都可以基于一个图形创建区域文字。

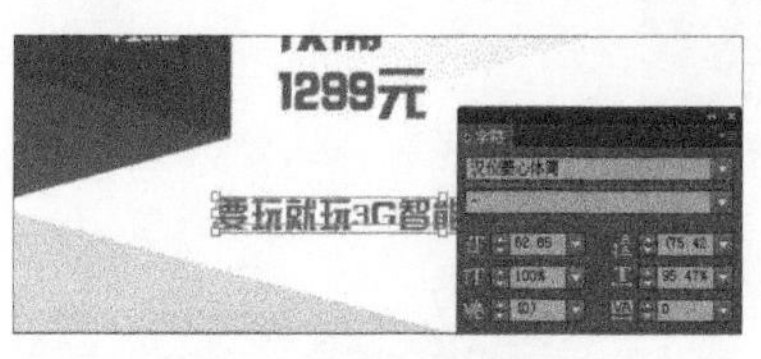

07 创建文字 使用“文字工具”，设置“填色”为CMYK（100、75、0、0），“描边”为无，在画布中单击输入文字。

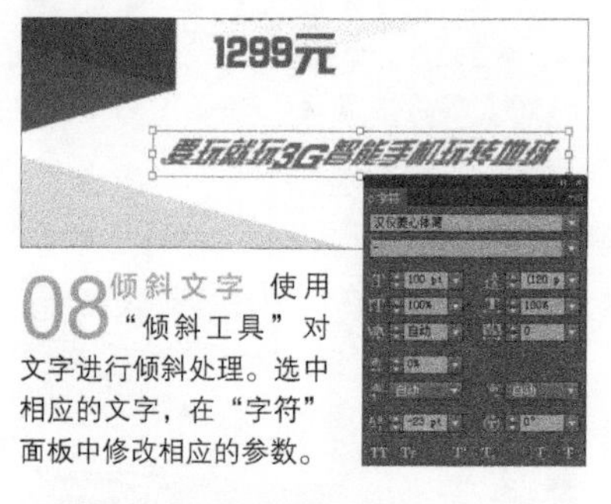

08 倾斜文字 使用“倾斜工具”对文字进行倾斜处理。选中相应的文字，在“字符”面板中修改相应的参数。

09 文字变形 将文字创建轮廓，取消编组，使用“添加锚点工具”和“直接选择工具”对文字路径进行调整，对文字进行变形处理。

10 完成效果 使用“矩形工具”，设置“描边”为无，在画布中绘制两个矩形。

11 制作底部 使用“文字工具”，在画布中单击输入相应的文字。

TIPS

将“直接选择工具”放在路径上，当指针在锚点上方时，光标会显示为形状，单击即可以选择当前锚点，选中的锚点显示为实心方块，而未选中的锚点显示为空心方块。

12 置入光晕效果 置入素材“资源文件\源文件\第7章\素材7304.tif”，打开“透明度”面板，设置“混合模式”为“滤色”。

13 创建路径 使用“矩形工具”，设置“填色”和“描边”均为无，在画布中绘制矩形路径。

14 建立剪切蒙版　选中画布中的所有对象，执行“对象>剪切蒙版>建立”命令，创建剪切蒙版。

7.3.1　对比分析

整幅宣传广告具有鲜明的主题、新颖的背景绘制构思、生动的表现等，以快速、有效、美观的方式达到宣传的目的。通过必要的艺术构思，运用恰当的创作手法，揭示产品未发现的优点，表现出为消费者利益着想的意图，从而拉近消费者的感情，获得广告对象的信任。

Before

❶ 整个画面都是以蓝色渐变为主，没有别的颜色衬托，无法产生强烈的视觉对比。

❷ 主题文字没有一点特殊表现，吸引不了消费者的眼球，整个画面显得很平凡、没有空间感。

❸ 图形文字太古板，活跃不了主题。

❹ 红色渐变的矩形图形，没有突出画面的空间效果，使画面看起来很沉闷，整个画面没有一点可吸引人的部分。

After

❶ 背景使用了两个三角形的渐变图形，使画面整体看起来新颖别致，富有个性、有强烈的视觉冲击力。

❷ 文字的透视变形处理，使整个画面凸显空间感，体现出文字的立体感，突出主题文字。

❸ 图形文字运用了对比的手法，进行重新组合和创新，最后图形的形式与内容具有统一性，更加吸引人们的眼球。

❹ 使用菱形图形并填充渐变颜色，使该图形构成视觉上的纵涤感和立体感，使得广告的表现效果更佳突出。

7.3.2　知识扩展

宣传广告要引起消费者注意而且让消费者感兴趣，必须要重视赏心悦目的艺术表现，从而使消费者对广告引起注意和情绪冲击，并乐于阅读和欣赏。宣传广告要让消费者留下良好的品牌印象，必须要有“伟大构想”，让消费者永远难忘。

宣传广告的设计原则

宣传广告的设计制作要依据平面广告的性质和目的，具有一定的设计原则，包括真实性原则、创新性原则、形象性原则和情感性原则。

❶ **真实性**

真实性是宣传广告的生命和本质，是广告的灵魂。宣传广告作为一种负责任的信息传递，真实性原则始终是宣传广告设计首要的和基本的原则。在广告设计过程中，无论如何进行艺术处理，其所宣传的产品或服务等内容应该是真实的。

❷ **创新性**

宣传广告的设计还需要体现创新性的原则，个性化的广告内容和独创的表现形式都能够充分体现出宣传广告的独创性。遵循宣传广告的创新性原则有助于塑造鲜明的品牌个性，让产品脱颖而出。

❸ **形象性**

宣传广告需要重视品牌和企业形象的塑造。每一个平面广告作品，都是对产品或企业形象的长期投资。因此应该努力遵循形象性原则，在广告设计中注重品牌和企业形象的创造，充分发挥形象的感染力和冲击力。

❹ **情感性**

在宣传广告设计中还需要注意情感性原则的运用，尤其对于某些具有浓厚感情色彩的平面广告，更是设计中不容忽视的表现因素。要在平面广告中极力渲染感情色彩，烘托产品给人们带来的精神美的享受，诱发消费者的感情，使其沉醉于商品形象所给予的愉悦之中，从而产生购买的愿望。

对象的倾斜与镜像操作

使用“镜像工具”可按镜像轴旋转图形。当鼠标指针移到画布中时，鼠标指针变成十字交叉的符号，此时可按住鼠标单击拖曳，在拖曳过程中，如果按Shift键，则可强制以90°的对称轴来执行镜像旋转。如果要通过镜像旋转复制一个新的图形，则在鼠标拖曳镜像旋转的过程中按住Alt键，镜像旋转完成后，原来的图形保持位置不变，新复制的图形相对于原来的图形镜像旋转了180°，如右图所示。

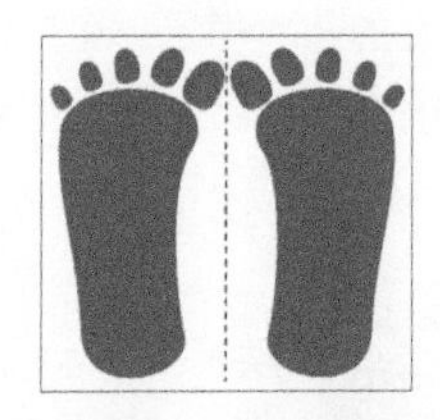

如果要精确定义对称轴的角度，则按住Alt键单击鼠标（因为鼠标的单击位置将成为对称轴的轴心，所以单击鼠标之前就要选好位置），此时就会弹出“镜像”对话框，或者双击工具箱中的“镜像工具”也会弹出该对话框，在“轴”选项组中有3个选项，分别为“水平”、“垂直”和“角度”。当选择“角度”单选按钮后，可在后面的文本框中输入相应的角度值。如果勾选“预览”复选框，就可以看到画布中图形的变化，如右图所示。

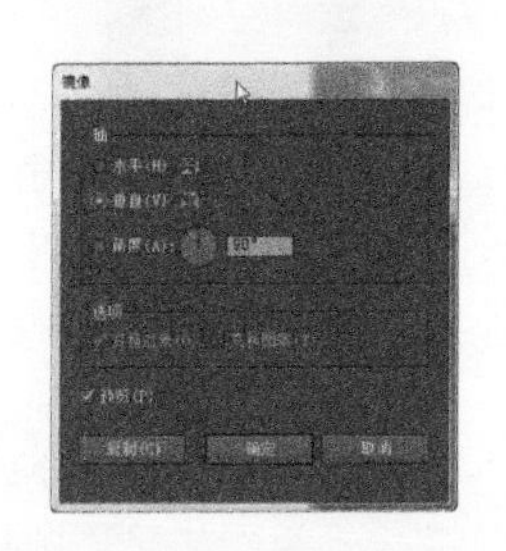

倾斜工具可使图形发生倾斜，在使用过程中和前面讲的工具类似，需要先确定基准点。首先绘制图形，当鼠标指针移到画布中时，鼠标指针变成十字交叉的符号，此时可单击鼠标拖曳，十字图标代表的是倾斜的固定点。在拖曳过程中，鼠标指针变成箭头图标，当拖动鼠标时，图形就会发生倾斜变形，如右图（左）所示。倾斜的中心点不同，倾斜的效果也不同，如右图（右）所示。

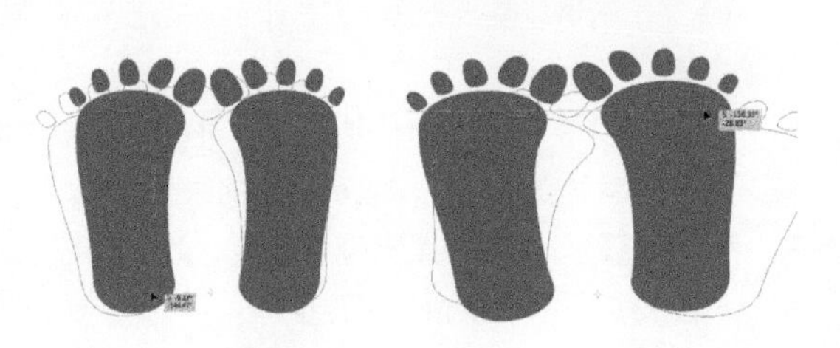

如果要通过倾斜复制一个新的对象，则可在鼠标拖曳倾斜的过程中按住Alt键，倾斜完成后，原来的对象保持位置不变，新复制的对象相对于原来的对象倾斜了一个角度。这一操作对于制作图形的投影非常方便。

7.4 模版欣赏

完成本章内容的学习，希望读者能够掌握宣传广告的设计制作方法。本节将提供一些精美的宣传广告设计模版供读者欣赏。读者可以自己动手试着练习一下，检验一下自己是否也能够设计制作出这样的宣传广告。

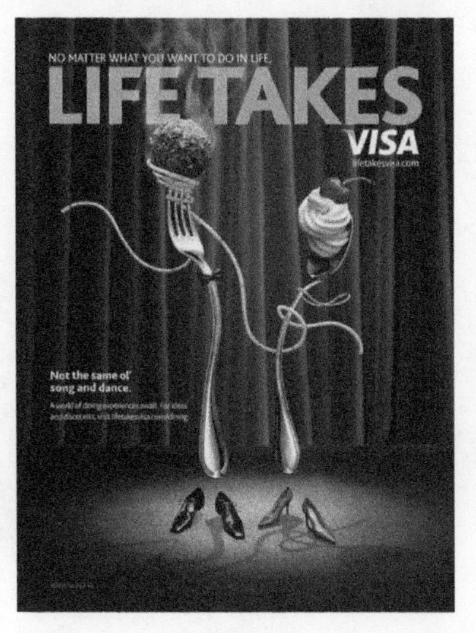

7.5 课后练习

学习了有关宣传广告设计的内容，并通过宣传广告实例的制作练习，是否已经掌握了有关宣传广告设计的方法和技巧呢？本节通过两个练习，巩固对本章内容的理解并检验读者对宣传广告设计制作方法的掌握。

7.5.1 制作楼盘宣传广告

宣传广告的设计通常需要使用新颖的形式突出表达主题内容，本实例所制作的楼盘宣传广告重点使用变形文字设计突出广告的主题内容，广告内容简约、直观。

❶ 新建文档，置入素材并调整到合适的大小。

❷ 绘制 Logo 图形，输入文字，对文字进行变形处理并填充渐变颜色。

❸ 输入文字，将文字创建轮廓，对文字进行变形处理并填充渐变颜色。

❹ 输入文字并填充渐变颜色，通过剪贴蒙版，突出文字层次感。

7.5.2 制作产品促销广告

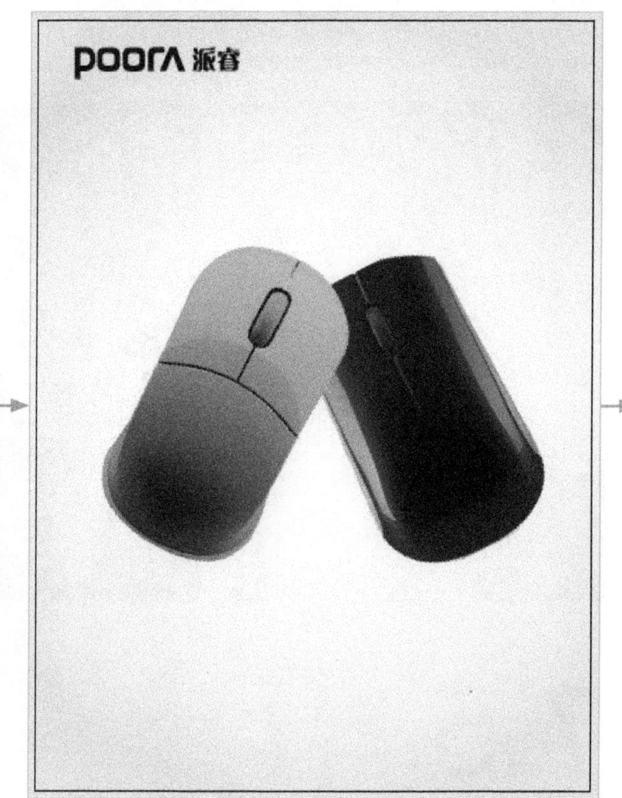

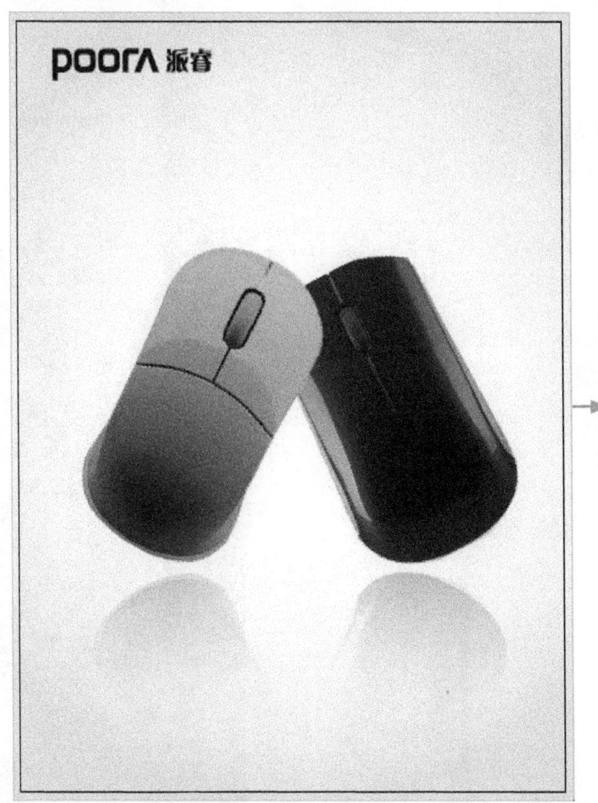
poora 派睿

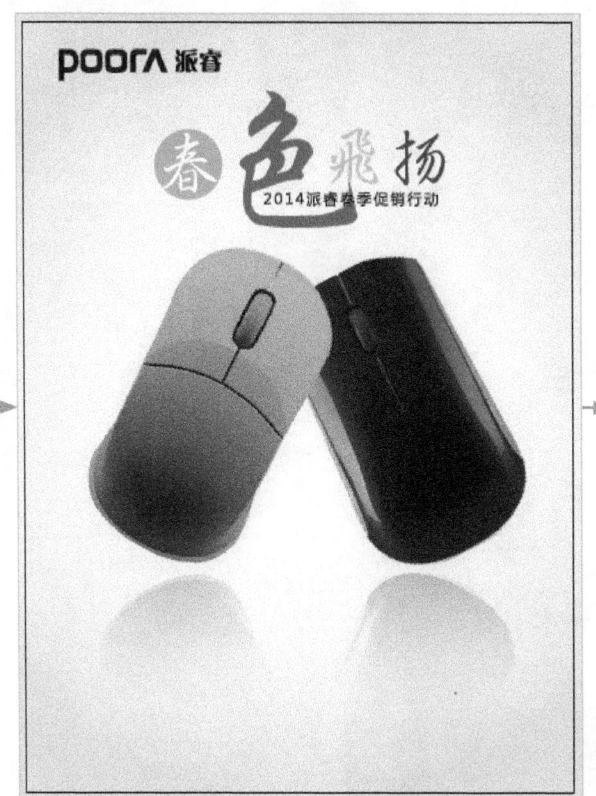
poora 派睿
春色飛扬
2014派睿春季促销行动

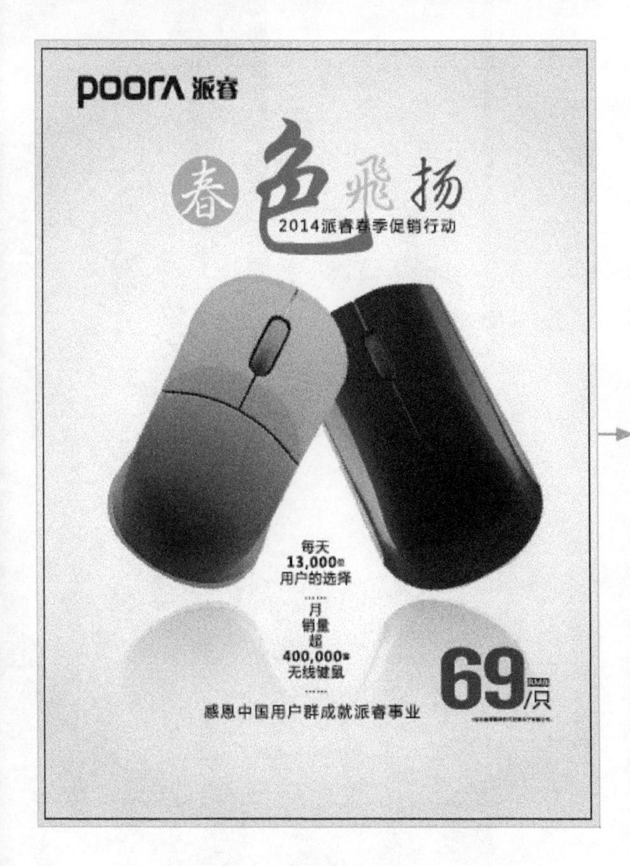
poora 派睿
春色飛扬
2014派睿春季促销行动
每天
13,000
用户的选择
月
销量
超
400,000
无线键鼠
感恩中国用户群成就派睿事业
69
RMB
/只

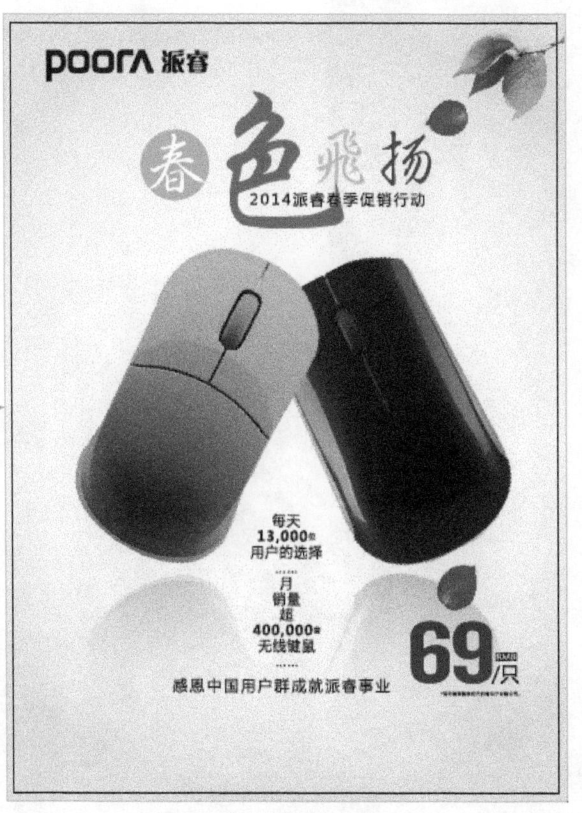
poora 派睿
春色飛扬
2014派睿春季促销行动
每天
13,000
用户的选择
月
销量
超
400,000
无线键鼠
感恩中国用户群成就派睿事业
69
RMB
/只

PLAYGROUP
Letterland Phonics BB
拼音认字班
学前游戏适应班

状元府幼稚园预备班

Letterland Phonics
BB 拼音认字班
BB记忆卡运用及练习
(FLASH CARD)

FASHION
FESTIVAL
4美轮美奂
美丽百货第4届服装节

即将登场

状元府
Num1 Path
状元府Num1 Path
教育培训中心
0岁
6岁
12岁

第08章

DM广告设计——文字的设计与排版

DM广告设计的重点是将广告创作通过一定的形式具体地表现出来，体现设计者的思想。DM广告在总体上要求新求异，充分体现广告创意的内容，将商品信息或广告主信息最大限度地传递给目标市场，画面布局的好坏直接影响到广告宣传的效果。

本章将向大家介绍DM广告的相关基础知识，并通过不同类型的DM广告实例的设计制作，使读者更加了解DM广告的设计方法和技巧。

精彩案例：

- 商场促销宣传DM
- 教育培训DM折页

8.1 DM广告设计知识

DM是英文Direct Mail Advertising的省略表达，直译为“直接邮寄广告”，即通过邮寄、赠送等形式将宣传品送到消费者手中、家里或公司所在地，是一种广告宣传的手段。也可以将DM表述为Direct Magazine Advertising（直投杂志广告）。两者没有本质上的区别，都强调直接投递或邮寄。因此，DM是区别于传统的广告刊载媒体、报纸、电视、广播、互联网等的新型广告发布载体。DM通常由8开或16开广告纸正反面彩色印刷而成，采取邮寄、定点派发、选择性派送到消费者住处等多种方式进行宣传，是超市最重要的促销方式之一。

8.1.1 常见DM广告的分类

DM广告形式有广义和狭义之分，广义上包括广告单页，如大家熟悉的街头巷尾、商场超市散布的传单，肯德基、麦当劳的优惠券也包括其中，如下图（左）所示为DM广告单页。狭义上的DM广告仅指装订成册的集纳型广告宣传画册，页数在10多页至200多页不等，如一些大型超市邮寄广告页数一般都在20页左右，如下图（右）所示为DM广告宣传册。

常见的DM广告类型主要有销售函件、商品目录、商品说明书、小册子、名片、明信片、贺年卡、传真以及电子邮件广告等。免费杂志成为近几年DM广告中发展得比较快的媒介，目前主要分布在既具备消费实力又有足够高素质人群的大中型城市中，如右图（左、右）所示为常见DM广告。

8.1.2 DM广告的作用

DM 广告就是要最大限度地促进销售、提高业绩，其作用大致可以归纳为以下几点。

1. 在一定时期内，扩大营业额，并提高毛利率。
2. 稳定已有的顾客群并吸引新顾客，以提高客流量。
3. 增加特定商品（新产品、季节性商品和自身商品等）的销售，以提高人均消费额。
4. 介绍新产品、时令商品或公司重点推广的商品，以稳定消费群。
5. 增强企业形象，提高公司知名度。
6. 与同行举办的促销活动竞争。
7. 刺激消费者的计划性购买和冲动性购买，提高超市或商场的营业额。

8.1.3 DM广告的形式

DM 广告源于国外，至今已有 50 年的历史了，并被国外有关人士称为继影视、广播、报纸和书刊 4 大媒体之后的第 5 大媒体。

DM 广告的主题主要有新产品的介绍、超市所推销的商品介绍、招待展示会、发表会的宣传、开业或新装修后的纪念性销售、利用每个月的特色进行宣传、廉价打折的宣传和节庆的销售宣传，如下图（左、中、右）所示。

TIPS

根据 DM 广告的不同主题，可以选择小册子（最便宜、利用度最高）、销售信函（容易使顾客有亲切感）以及商品目录等形式。

DM 广告的形式多种多样，派发形式也是多种多样，主要的派发方式有如下几种。

邮寄

按会员地址邮寄给过去 1 个月内有消费记录的会员。

夹报

夹在当地畅销的报纸中进行投递。

店内派发

商品快要上架的前两日，由公司客服部组织员工在店内或商场内派发。

街头派发

组织人员在车站、广场、市场等人群密集区域进行派发。

上门投递

组织员工将 DM 投送到生活水准较高的生活社区居民家中。

8.1.4 DM广告设计的要求

DM 广告是指采用排版印刷技术制作，以图文作为传播载体的视觉媒体广告。这类广告一般以宣传单页或杂志、报纸、手册等形式出现，对于 DM 广告的设计制作主要有以下几点要求。

了解产品，熟悉消费心理

设计师需要透彻地了解商品，熟知消费者的心理习惯和规律，做到知己知彼，才能够百战不殆。

新颖的创意和精美的外观

DM 的设计形式没有固定的法则，设计师可以根据具体的情况灵活地掌握，自由发挥，出奇制胜。爱美之心，人皆有之，因此 DM 广告设计要新颖有创意，印刷要精致美观，以吸引更多消费者的眼球。

独特的表现方式

设计制作 DM 广告时要充分考虑其折叠方式、尺寸大小、实际重量，以便于邮寄。设计师可以在 DM 广告的折叠方法上玩一些小花样，如借鉴中国传统折纸艺术，让人耳目一新，但切记要使接收邮寄者能够方便地拆阅。

良好的色彩与配图

在为 DM 广告配图时，多选择与所传递信息有强烈关联的图案，刺激记忆。设计制作 DM 广告时，设计者需要充分考虑到色彩的魅力，合理地运用色彩可以达到更好的宣传作用，给受众群体留下深刻印象。

此外，好的 DM 广告还需要纵深拓展，形成系列，以积累广告资源。在普通消费者眼里，DM 与街头散发的小广告没有多大的区别，印刷粗糙、内容低俗，是一种避之不及的广告垃圾。其实，要想打动并非铁石心肠的消费者，不在设计 DM 广告时下一番工夫是不行的。如果想使设计出的 DM 广告是精品，就必须借助一些有效的广告技巧来提高所设计的 DM 效果。这些技巧能使设计的 DM 看起来更美、更招人喜爱，成为企业与消费者建立良好互动关系的桥梁。下图（左、右）所示为设计精美的 DM 广告。

8.2 商场促销宣传DM

设计思维过程

❶通过绘制矩形和置入素材完成对广告宣传单背景的制作。

❷通过使用“矩形工具”和设置不同的填色，绘制出马赛克背景效果。

❸输入文字并创建轮廓，对文字进行变形处理，并且填充渐变颜色，并制作出多层文字的效果。

❹输入文字并创建轮廓，填充渐变颜色，完成该商场促销宣传DM的制作。

设计关键字：文字效果表现

本实例设计制作的是关于一个百货公司的促销宣传DM广告，广告以暖色为主色调，其中对字体的“描边”和“渐变填充”是设计制作中的一个亮点。

对字体应用描边可以很好地为字体添加艺术效果，对描边颜色的设置可以制作出不同的阴影叠加效果，使字体具有立体感，如右图（左）所示。文字颜色的渐变填充可以模拟出光的明暗效果，丰富此广告宣传单所要表达的主题，显得年轻时尚，如右图（右）所示。

色彩搭配秘籍：黄色、深红色、灰色

本实例的色彩很好地突出了DM广告所要表达的主题，颜色以暖色为主色调，色彩温和，给人以视觉享受。黄色是暖色，是一种高贵与典雅的象征，代表了此广告的受众人群多数为女性，如下图（左）所示；深红色代表了一种喜庆，颜色鲜艳能够吸引受众注意，如下图（中）所示；灰色在广告宣传单中是很好的中间色带，在广告宣传单中对其他色彩起到了很好的过渡作用，如下图（右）所示。

RGB（241、131、0）
CMYK（0、60、100、0）

RGB（132、48、40）
CMYK（53、93、97、12）

RGB（201、202、202）
CMYK（0、0、0、30）

软件功能提炼

1. 使用“渐变工具”为文字填充渐变
2. 使用“复合路径”功能建立复合路径
3. 设置“描边”为图形添加不同形式的描边
4. 使用“剪切蒙版”创建剪切图形

实例步骤解析

本实例设计制作商场促销DM广告，通过使用不规则的条纹来丰富广告背景的效果，广告主体部分简洁大方。重点是广告主题文字效果的制作，通过对文字进行变形处理，并且为文字添加渐变的描边效果，突出表现广告文字的效果。

Part 01：制作DM广告背景

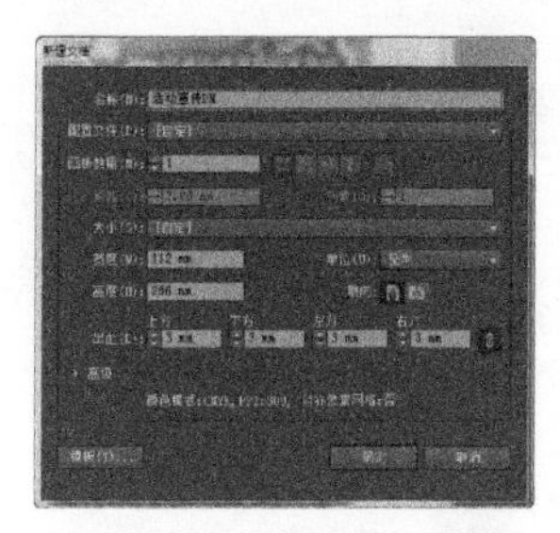

01 新建文档 执行“文件>新建”命令，对相关选项进行设置，单击“确定”按钮，新建一个空白文档。

TIPS

置入素材后，可以执行“对象>锁定>所选对象”命令，将素材锁定，这样在其上方操作其他图形时不受背景素材的影响，也可以执行“对象>全部解锁”命令，将其解锁。

02 绘制矩形 使用“矩形工具”，设置“填色”为CMYK（0、0、15、0），“描边”为无，在画布中绘制一个矩形。

03 填充渐变色 执行“文件>置入”命令，置入素材“资源文件\源文件\第8章\素材\8201.ai”。

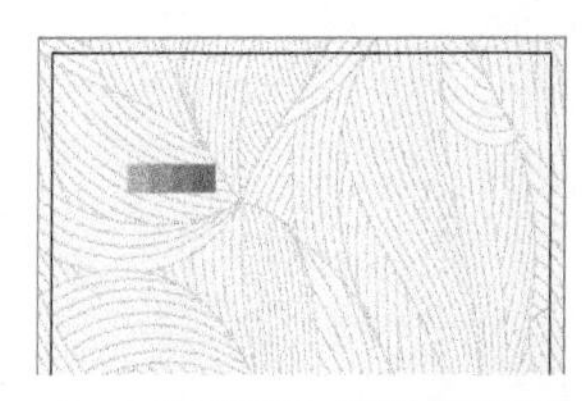

04 绘制矩形 使用“矩形工具”在画布中绘制4个矩形，设置“填色”分别为CMYK（0、30、100、10）、CMYK（0、50、100、10）、CMYK（10、60、100、10）、CMYK（20、70、100、10）。

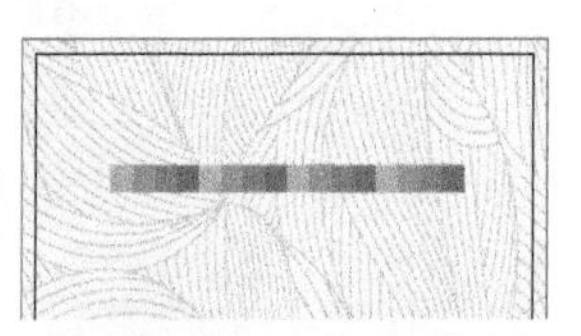

05 绘制一行矩形组 复制刚刚绘制的4个矩形，调整复制得到的图形至合适的位置。

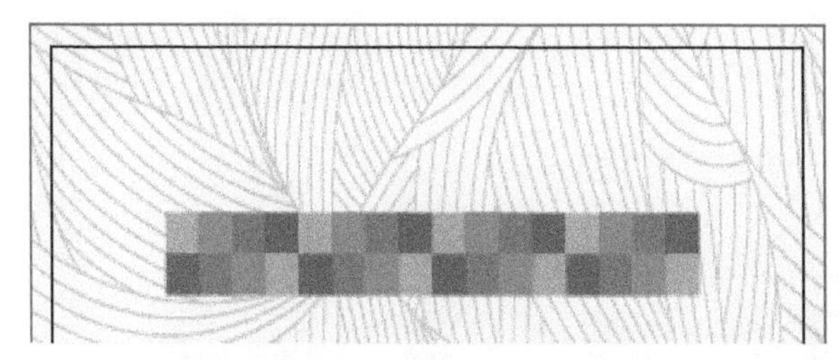

06 绘制第2行矩形组 使用相同的制作方法，可以绘制出第2行的小矩形方块。

07 复制矩形组 复制刚刚绘制的两行矩形组，由上往下依次粘贴。

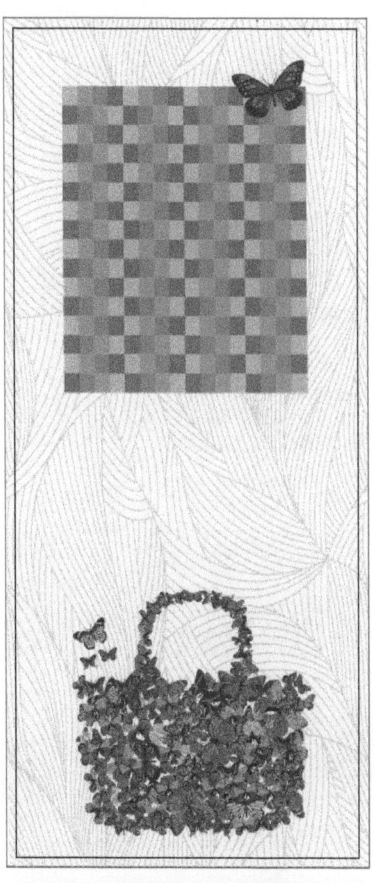

08 置入相应素材 执行“文件>置入”命令，置入相应的素材，在画布中分别调整到合适位置。

Part 02：制作广告主题文字

01 输入文字 使用“文字工具”，设置“填色”为白色，“描边”为CMYK（0、10、30、10），“粗细”为3pt，在画布中单击并输入文字。

02 原位粘贴 复制刚刚输入的文字，按快捷键Ctrl+F，原位粘贴。设置复制得到的文字“填色”和“描边”均为无，并将其创建轮廓。

03 建立复合路径 选中文字路径，将其取消编组，执行“对象>复合路径>建立”命令，将文字路径创建为复合路径。

04 绘制直线 使用“直线段工具”，设置“描边”为CMYK（0、10、30、10），“粗细”为1.7pt，在画布中绘制直线。

05 绘制其他直线 将刚刚绘制的直线复制多次，并进行排列。同时选中全部直线，创建复合路径。

06 创建剪切蒙版 选中刚刚创建的文字路径，将其移至所有对象上方，同时选中刚绘制的直线和文字路径，执行“对象>剪切蒙版>建立”命令，创建剪切蒙版。

07 创建剪切蒙版 使用相同的制作方法，可以制作出相似的文字效果。

08 输入文字 使用“文字工具”，设置“填色”为白色，“描边”为无，在画布中单击并输入文字。

09 创建轮廓并取消编组 选中刚刚输入的文字，将文字创建轮廓并取消编组。

10 绘制图形 使用“钢笔工具”，设置“填色”为白色，“描边”为无，在画布中绘制路径图形。

11 **变换字形** 选中“轮”文字，打开“变换”面板，设置相关参数和属性，并调整其到合适的大小和位置。

12 **其他文字设置** 使用相同的制作方法，完成对其他文字的调整。选中所有文字路径，执行“对象>复合路径>建立”命令，创建复合路径。

13 **描边** 选中刚刚创建的复合路径，设置“填色”为白色，“描边”为白色，描边“粗细”为3pt。

14 **原位粘贴** 选中复合路径，复制该图形并按快捷键Ctrl+F，原位粘贴。设置“填色”为无，“描边”为CMYK（60、95、95、20），描边“粗细”为2pt。

15 **原位粘贴** 选中顶层的复合路径，复制该图形并按快捷键Ctrl+F，原位粘贴。设置“填色”为无，描边“粗细”为2pt。

16 **描边渐变** 选中刚刚复制得到的复合路径，打开“渐变”面板，在面板上设置“描边”渐变的相关颜色值和参数。

TIPS

对“描边”进行渐变时，只能使用“渐变”面板将渐变应用于描边，在“渐变”面板中设置渐变类型和调整渐变角度，这与图形的“填色”渐变有所区别。

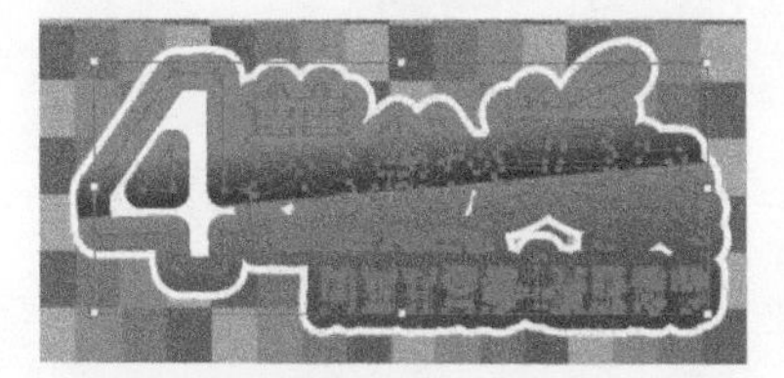

17 **原位粘贴** 选中顶层的复合路径，复制并进行原位粘贴。设置“描边”为无，执行“对象>复合路径>释放”命令，释放复合路径。

18 **渐变填充** 选中“美”文字路径，打开“渐变”面板，设置渐变颜色，调整渐变填充效果。

19 **渐变填充其他图形** 使用相同的制作方法，可以分别为其他的文字路径填充渐变颜色。

20 **路径偏移** 选中“4”文字路径，执行“对象>路径>偏移路径”命令，在弹出的对话框中进行设置。

21 **渐变填充** 选中偏移得到的路径，打开“渐变”面板，设置渐变颜色，在该路径上填充渐变颜色。

22 **后移一层** 选中刚刚渐变填充的路径，并将其后移一层。

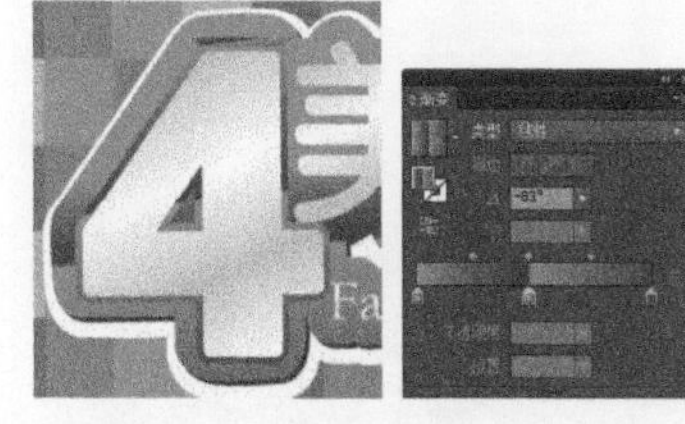

23 **绘制图形** 使用“钢笔工具”，设置“描边”为无，在画布中绘制图形，设置渐变颜色，为刚刚绘制的图形填充渐变颜色。

24 **绘制其他图形** 使用相同的制作方法，完成相似图形效果的制作。

25 完成DM制作 使用相同的制作方法，可以完成该商场促销DM广告的制作。

26 绘制其他广告宣传单 使用相同的制作方法，还可以完成该促销DM广告中其他一系列广告的制作。

8.2.1 对比分析

DM广告设计注重的是向受众传达一种商业活动信息，特点是内容简单、信息明确、图片丰富和艺术效果强，设计制作时应注意各种细节的把握，完善各种效果，使页面中元素之间达到平衡。

❶ 使用单色的矩形会使DM广告颜色单调，艺术效果不强。

❷ 文字的样式过于简单，不能很好地突出广告的时尚主题。

❸ 主题文字为单色描边，颜色过于单调，没有立体感，与中间文字的渐变效果不吻合，页面不协调。

❶ 不同颜色矩形组成的矩形组很好地衬托出活动的丰富多彩，不同的颜色过渡能带给人们丰富的视觉享受。

❷ 文字内部的斜线与背景的线条相呼应能实现整个页面的平衡。

❸ 主题文字的描边颜色使用渐变颜色进行表现，从而实现文字的凸起效果，立体感增强。

Before

After

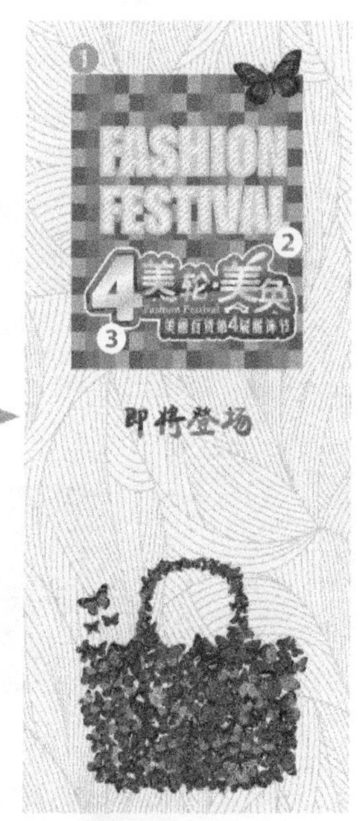

8.2.2　知识扩展

通过对 DM 广告的设计与制作，发现 DM 广告在设计上与其他媒体广告相比还是有区别的，下面通过分析 DM 广告与其他广告的特点来展现 DM 广告的优势所在。

DM广告的优势

与其他媒体广告相比，DM 广告可以直接将广告信息传送给真正的消费者，具有成本低、认知度高等优点，为商家宣传自身形象和商品提供了良好的载体。DM 广告的优势主要表现在如下几个方面。

❶ 针对性强

DM 广告具有强烈的选择性和针对性，其他媒介只能将广告信息笼统地传递给所有消费者，不管消费者是否是广告信息的目标对象。

❷ 广告费用低

与报刊、杂志、电台、电视等媒体发布广告的高昂费用相比，其产生的成本是相当低廉的。

❸ 灵活性强

DM 广告的广告主可以根据自身情况来任意选择版面大小，并自行确定广告信息的长短及选择全色或单色的印刷形式。

❹ 持续时间长

拿到 DM 广告后，消费者可以反复翻阅直邮广告信息，并以此作为参照物来详尽了解产品的各项性能指标，直到最后做出购买或舍弃的决定。

❺ 广告效应较好

DM 广告是由广告主直接派发或寄送给个人的，广告主在付诸实际行动之前，可以参照人口统计因素和地理区域因素选择受传对象，以保证最大限度地使广告信息为受传对象所接受，同时受传者在收到 DM 广告后会比较专注地了解其中的内容，不受外界干扰。

❻ 可测定性高

在发出直邮广告之后，可以借助产品销售数量的增减变化情况及变化幅度来了解广告信息传出之后产生的效果。

❼ 时间可长可短

DM 广告既可以作为专门指定在某一时间期限内送到以产生即时效果的短期广告，也可作为经常性、常年性寄送的长期广告。如一些新开办的商店、餐馆等在开业前夕通常都要向社区居民寄送或派发开业请柬，以吸引顾客、壮大声势。

❽ 范围可大可小

DM 广告既可用于小范围的社会、市区广告，也可用于区域性或全国性广告，如连锁店可采用这种方式提前向消费者进行宣传。

❾ 隐蔽性强

DM 广告是一种非轰动性广告，不易引起竞争对手的察觉和重视。

路径偏移操作

使用“路径偏移”命令可以以原路径为中心生成新的封闭图形，执行“对象 > 路径 > 偏移路径”命令，在弹出的“偏移路径”对话框中设置相应参数，如右图所示。❶ 位移。在画布中绘制一个圆形，设置其描边，如下图（左）所示。在“偏移路径”对话框中设置其“位移”数值为 4mm，效果如下图（中）所示。如果位移值是负值，则向圆内偏移，如下图（右）所示。

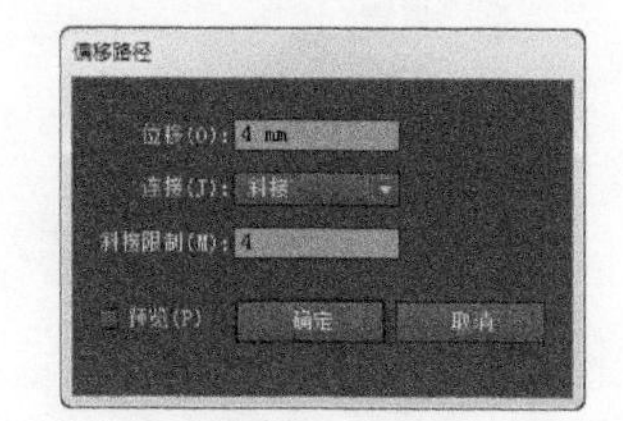

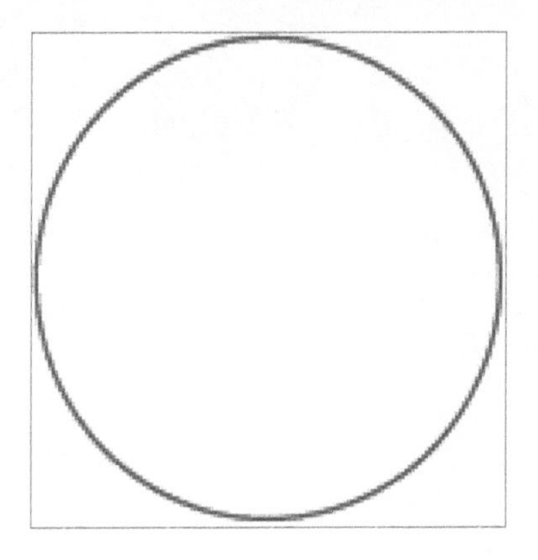

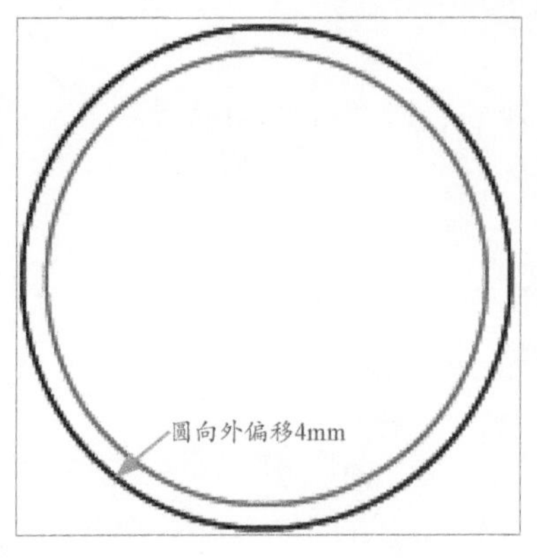

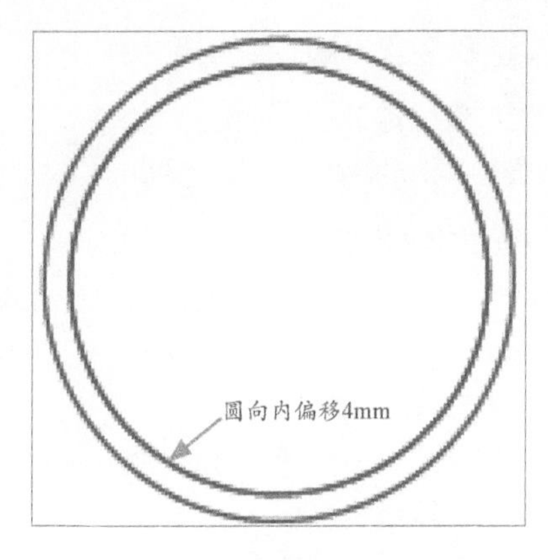

❷ 连接。“连接”下拉列表中有3个选项，分别为“斜接”、“圆角”、“斜角”。这3个选项用来定义路径拐角处的连接情况。在画布中绘制一个矩形，如下图（左1）所示。选中矩形，设置“位移”值为4mm，设置“连接”为“斜接”，如下图（左2）所示。设置“连接”为“圆角”，如下图（左3）所示。设置“连接”为“斜角”，如下图（左4）所示。

❸ 斜接限制。用来控制斜接的角度，在画布中绘制一个矩形，如下图（左）所示。当角度数值变小时，“斜接”会自动变成“斜角”，设置“斜接限制”为1，如下图（中）所示。角度数值变大时，可容忍角度变大，设置“斜接限制”为4，如下图（右）所示。

8.3 教育培训DM折页

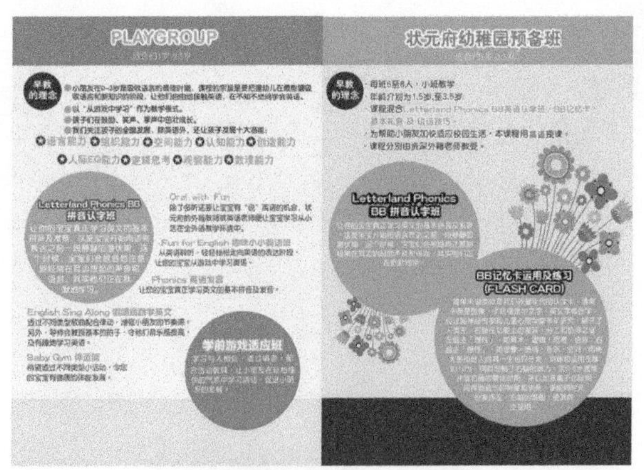

设计思维过程

❶使用“椭圆工具”和“矩形工具”构成页面背景效果，并使用路径文字使背景图形与内容更好地结合。

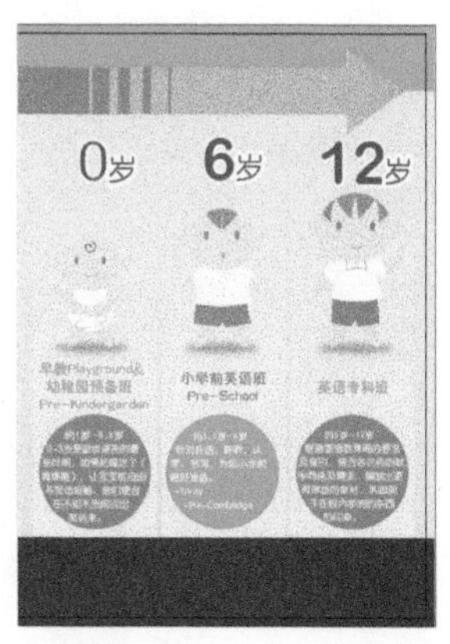

❷置入相关素材，使用“椭圆工具”和“文字工具”制作折页，并为相应的文字添加描边效果。

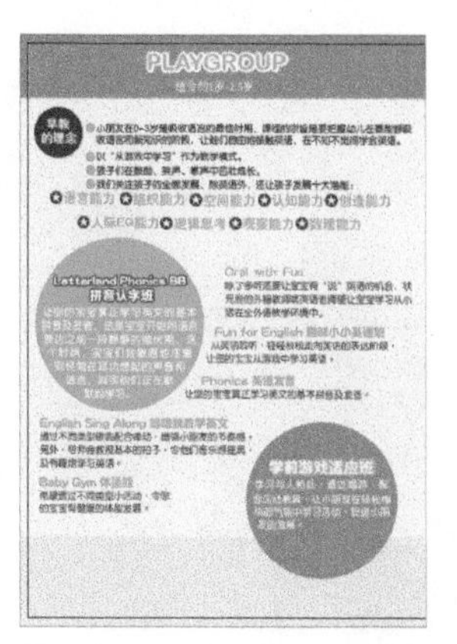

❸通过设置圆内文字的不同样式完成此折页的制作。

❹置入素材，使用与前3个折页相同的制作方法完成该部分内容的制作。

设计关键字：颜色图形搭配

本实例中通过使用不同颜色搭配来表现此类广告单的特色，如折页广告第 1 页的制作采用浅黄色与橘黄色相搭配，充满阳光和活力，如右图（左）所示；在折页广告第 4 页中，暖色与冷色的搭配使画面视觉感增强，如右图（右）所示。

浅黄色与橘黄色的搭配使人感到舒适、温暖，作为教育与培训类广告非常适合，冷色与暖色的搭配丰富了页面色彩，增强了视觉感受。

色彩搭配秘籍：黄绿色、蓝色、橙色

本实例中的色彩迎合了大多数教育培训的广告需求，黄绿色是一种自然色，它是一种生机勃勃的象征，如下图（左）所示；蓝色是一种理想和追求的象征，能够向目标人群传达信心和向往，如下图（中）所示；橙色代表的是一种温暖和舒适，在该广告中也是一种主色调，象征着这一培训机构的温馨气氛，如下图（右）所示。

RGB（218、224、32）
CMYK（20、0、90、0）

RGB（17、175、174）
CMYK（73、4、36、0）

RGB（238、119、11）
CMYK（0、65、95、0）

软件功能提炼

❶ 使用“椭圆工具”绘制正圆形

❷ 设置文字描边的颜色和粗细

❸ 使用“路径文字工具”创建路径文字

❹ 使用“填色”为图形和文字填充颜色

实例步骤解析

本实例制作一个儿童教育培训 DM 折页，在该折页的制作过程中主要通过多种不同类型的基本图形将页面有机地分割成不同的栏目和区域，通过路径文字的方式在相应的区域中输入文字，并且图形的搭配大多采用对比配色方式，整体效果和谐并能够突出重点。

Part 01：制作DM折页封面

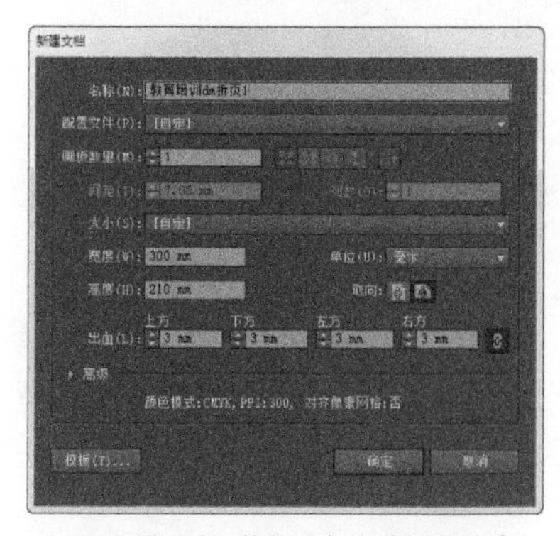

01 新建文档 执行“文件>新建”命令，对相关选项进行设置，单击“确定”按钮，新建一个空白文档。

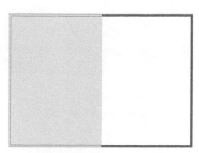

02 创建参考线 按快捷键Ctrl+R，显示文档标尺，从标尺中拖出相应的参考线，并锁定参考线。

03 绘制矩形 使用“矩形工具”，设置“填色”为CMYK（20、0、90、0），“描边”为无，在画布中绘制矩形。

04 绘制圆形 使用“椭圆工具”，设置“填色”为白色，“描边”为无，在画布中绘制正圆形。

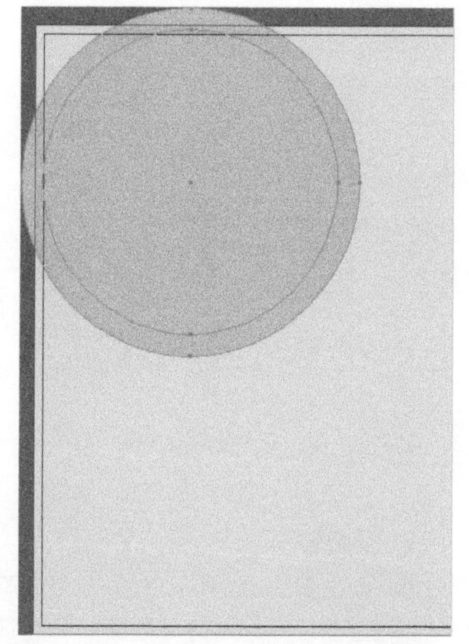

05 绘制圆形 使用“椭圆工具”，设置“填色”为CMYK（3、32、84、0），“描边”为无，在画布中合适的位置绘制正圆形。

06 差集 同时选中刚刚绘制的两个同心圆，打开“路径查找器”面板，单击“差集”按钮。打开“透明度”面板，设置新得到图形的“不透明度”为25%。

TIPS

同时选中绘制的两个同心圆，打开“路径查找器”面板，单击“分割”或“修边”按钮删除不需要的部分，同样可以实现“差集”一样的效果。

07 置入素材 执行“文件>置入”命令，置入“资源文件\源文件\第8章\素材\8301.ai”，调整移至合适位置。

08 输入文字 使用“文字工具”，设置“描边”为无，在画布中单击并输入文字。

09 设置颜色 将文字创建轮廓并取消编组。依次为设置文字的“填色”为CMYK（85、20、100、10）、CMYK（20、0、90、0）、CMYK（45、0、100、0）。

10 输入文字 使用相同的制作方法，完成相应文字的输入。

11 输入文字 使用“文字工具”，设置“填色”为CMYK（85、20、100、10），“描边”为无，在画布中单击并输入文字。

12 渐变填充 选中刚刚输入的文字，执行“效果>风格化>投影”命令，在弹出对话框中对相关选项进行设置，单击“确定”按钮。

13 绘制圆角矩形 使用“圆角矩形工具”，设置“填色”为CMYK（85、20、100、10），设置“描边”为无，在画布中绘制圆角矩形。

14 输入文字 使用“文字工具”，设置“填色”为白色，“描边”为无，在画布中单击并输入文字。

15 绘制圆形 使用“椭圆工具”，设置“填色”为CMYK（0、65、100、0），“描边”为无，在画布中绘制正圆形。

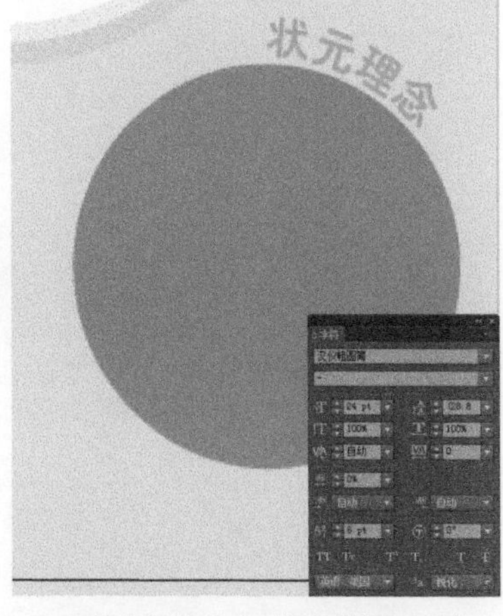

16 输入圆外文字 使用“椭圆工具”，设置“填色”和“描边”均为无，在画布中绘制正圆形路径。使用“路径文字工具”，设置“填色”为CMYK（73、4、36、0），“描边”为无，在刚绘制的正圆形路径上单击并输入路径文字。

TIPS

在填充颜色的圆形边上输入路径文字时，如果想保留绘制的圆形，可以在输入路径文字前将此圆形复制并原位粘贴，之后再输入路径文字。

17 设置描边 复制刚刚输入的路径文字，按快捷键Ctrl+F，原位粘贴。设置“描边”为白色，描边“粗细”为3pt，将其后移一层。

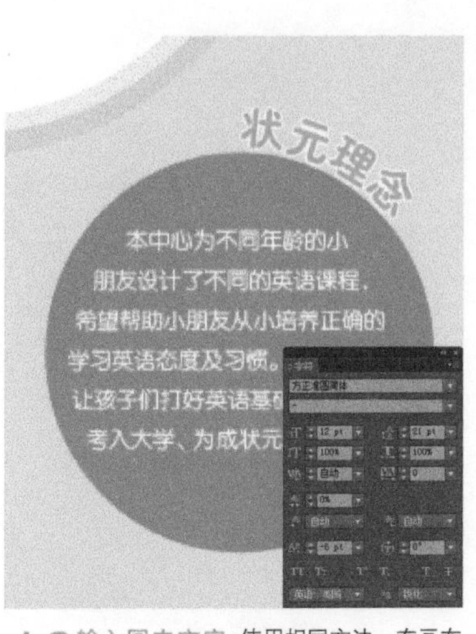

18 输入圆内文字 使用相同方法，在画布中绘制路径，使用“路径文字工具”，设置“填色”为白色，“描边”为无，在刚刚绘制的路径中单击并输入文字。

19 置入素材和输入其他文字 执行“文件>置入”命令，置入素材“资源文件\源文件\第8章\素材\8302.ai”。使用相同的制作方法，可以完成其他部分内容的制作。

20 绘制矩形 使用“矩形工具”，设置“填色”CMYK（10、0、90、0），“描边”为无，在画布中绘制矩形。使用相同的制作方法，可以绘制出其他矩形。

21 绘制矩形 使用“矩形工具”，设置“填色”CMYK（3、32、84、0），“描边”为无，在画布中的合适位置绘制矩形。使用相同方法，在刚刚绘制的矩形内部绘制其他矩形。

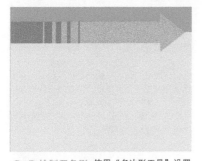

22 绘制三角形 使用“多边形工具”设置“填色”CMYK（3、32、84、0），“描边”为无，在画布中绘制三角形。

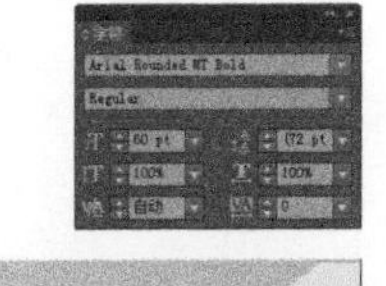

0岁

23 输入文字 使用“文字工具”，设置“填色”为CMYK（0、100、0、0），“描边”为无，在画布中单击并输入文字。复制文字并原位粘贴，设置“描边”为白色，“粗细”为5pt，并将其后移一层。

24 输入其他文字 使用相同的制作方法，可以制作出其他相似的文字效果。

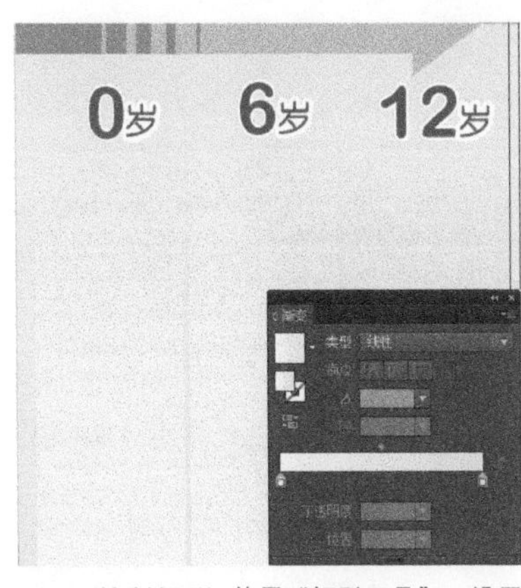

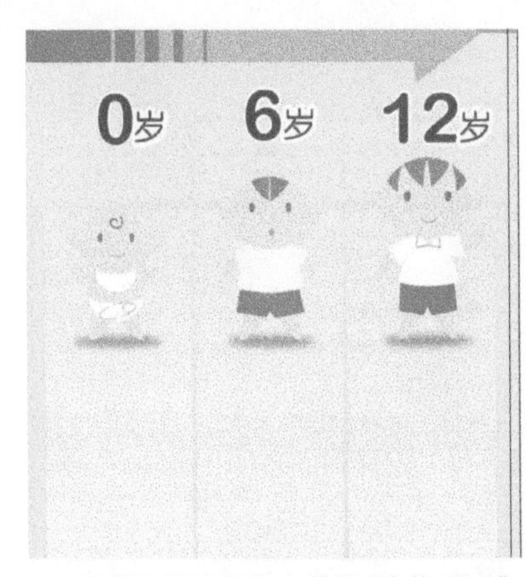

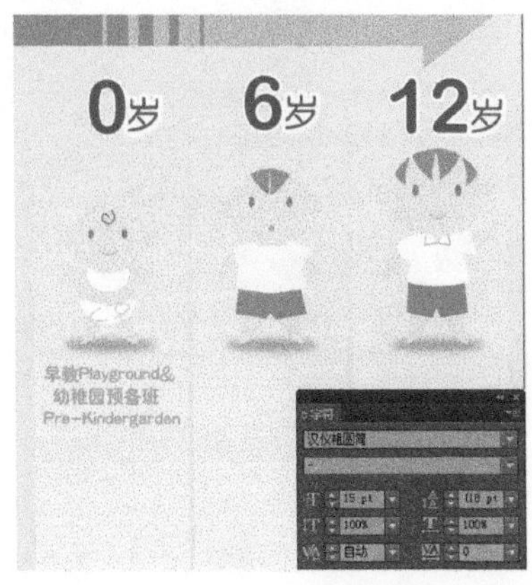

25 绘制矩形　使用“矩形工具”，设置“描边”为无，在画布中绘制矩形，设置渐变的颜色，为矩形填充渐变颜色，并复制该矩形。

26 置入相关的素材　执行“文件>置入”命令，置入相应的素材，并分别调整到合适的位置。

27 输入文字　使用“文字工具”，设置“填色”为CMYK（73、4、36、0），“描边”为无，在画布中单击并输入文字。

28 设置描边　复制刚刚输入的文字，按快捷键Ctrl+F，原位粘贴。设置“描边”为白色，“粗细”为3pt，并将其后移一层。

29 绘制圆形　使用“椭圆工具”，设置“填色”为CMYK（0、65、100、0），“描边”为无，在画布中绘制正圆形。

30 输入圆内文字　使用“椭圆工具”，设置“填色”和“描边”均为无，在画布中绘制路径。使用“路径文字工具”，在正圆形内部单击并输入路径文字。

31 制作其他文字　使用相同的制作方法，可以制作出其他类似部分的效果。

TIPS

设计过程中，对于版面中文字的颜色，要根据背景颜色进行设置，可以选择同色系搭配和补色搭配的方式进行设置。

32 制作完成　完成教育培训DM折页封面部分的制作。

Part 02：制作DM折页内页

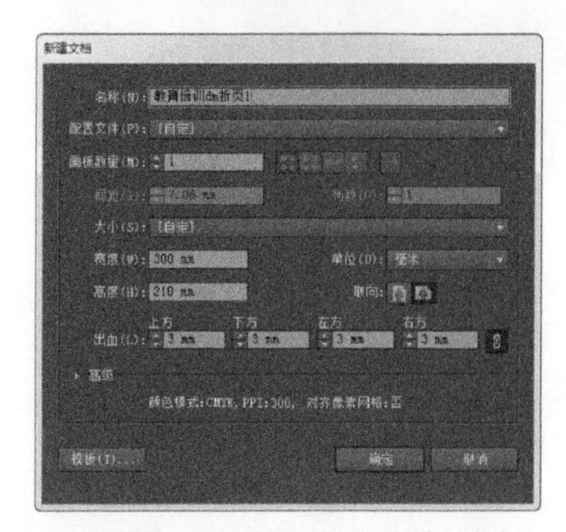

01 新建文档 执行“文件>新建”命令，对相关选项进行设置，单击“确定”按钮，新建空白文档。

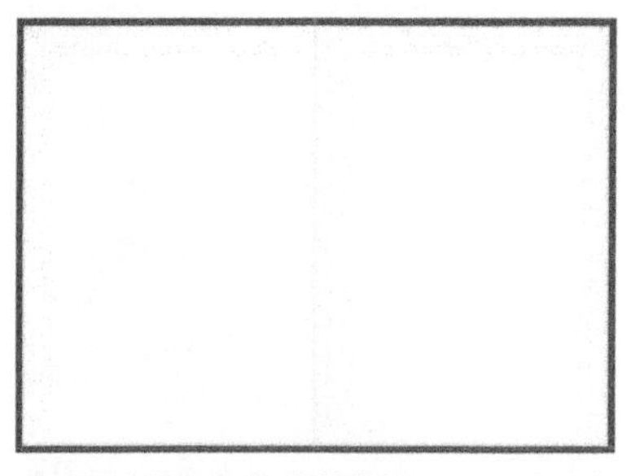

02 绘制参考线 按快捷键Ctrl+R，显示文档标尺，从标尺中拖出参考线，区分折页的左右部分。

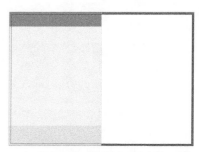

03 绘制矩形 使用“矩形工具”，设置“填色”为CMYK（0、0、40、0），“描边”为无，在画布中绘制矩形。使用相同的方法，可以绘制出其他矩形。

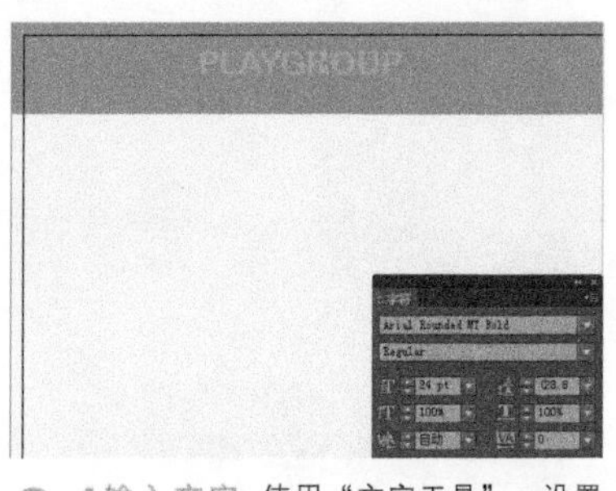

04 输入文字 使用“文字工具”，设置“填色”为CMYK（73、4、36、0），“描边”为无，在画布中单击并输入文字。

05 设置描边 复制刚输入的文字并原位粘贴，设置复制得到的文字“描边”为白色，“粗细”为5pt，并将其后移一层。相同的制作方法，可以输入其他文字。

06 绘制圆形并在圆内输入文字 使用“椭圆工具”，设置“填色”为CMYK（47、71、94、59），“描边”为无，在画布中绘制正圆形，使用“文字工具”，在画布中单击并输入相应的文字。

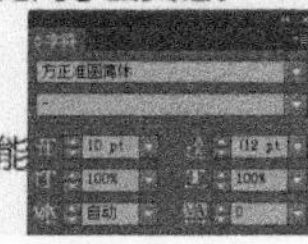

07 绘制圆形并输入文字 使用“椭圆工具”，设置“填色”为CMYK（73、4、36、0），“描边”为无，在画布中绘制正圆形。使用“文字工具”，在画布中单击并输入文字。

08 绘制组合图形 使用“椭圆工具”，设置“填色”为CMYK（47、71、94、59），“描边”为无，在画布中绘制正圆形。使用“星形工具”，设置“填色”为CMYK（0、0、40、0），“描边”为无，在正圆形中绘制五角星形。

09 输入文字 使用“文字工具”，设置“填色”为CMYK（73、4、36），在画布中单击并输入文字。

10 绘制其他图形并输入文字 使用相同的制作方法，可以制作出其他类似部分内容。

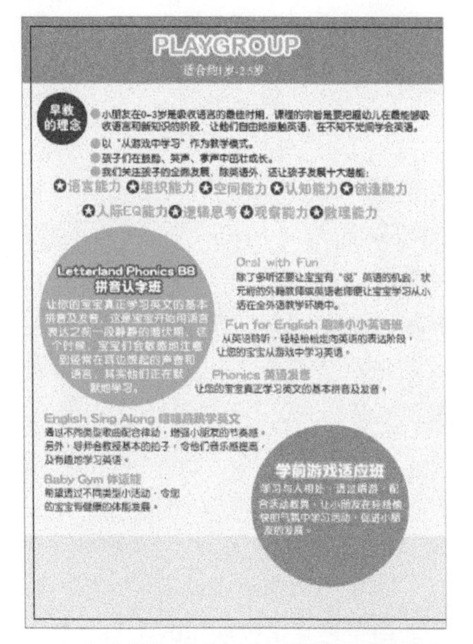
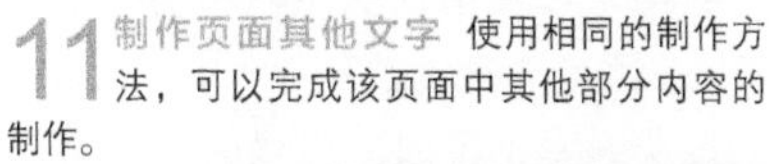

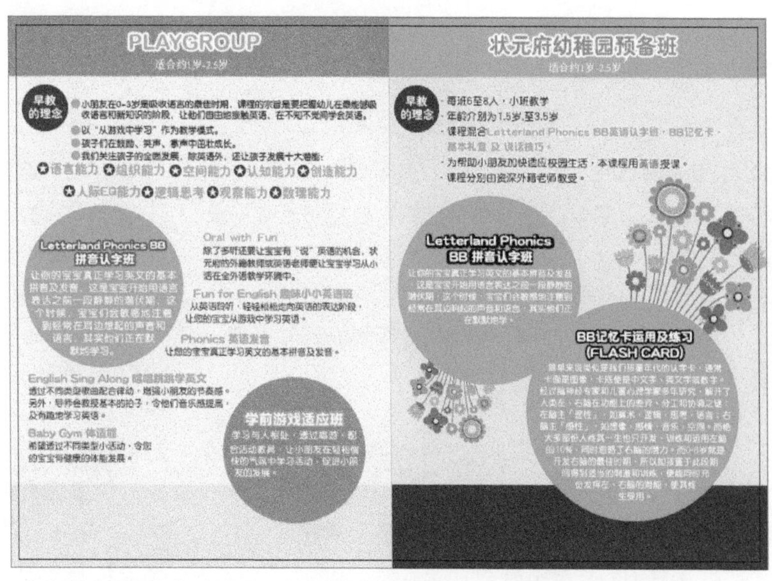

11 制作页面其他文字　使用相同的制作方法，可以完成该页面中其他部分内容的制作。

12 输入圆内文字　完成该DM折页内页中内容的制作，可以看到DM折页内页的效果。

TIPS

此案例中绘制了大量的圆形图形，在设计中圆形图形的绘制可以迎合人们视觉上的感知，在页面中形成一个关注焦点，吸引人们对焦点的关注。

8.3.1　对比分析

本实例所制作的教育培训DM折页定位于较小儿童，在颜色使用上多为暖色，文字的布局多位于不同的几何体中，使文字形象化。颜色使用上较为丰富，不同颜色的布局利用，在形式上更要讲究统一性。

Before

❶ 矩形与矩形之间颜色形状重复，画面不协调。

❷ 页面色彩不够丰富，且与其他页面不协调。

❸ 文字的输入方式过于生硬、不够活泼，画面布局方式太过单调。

After

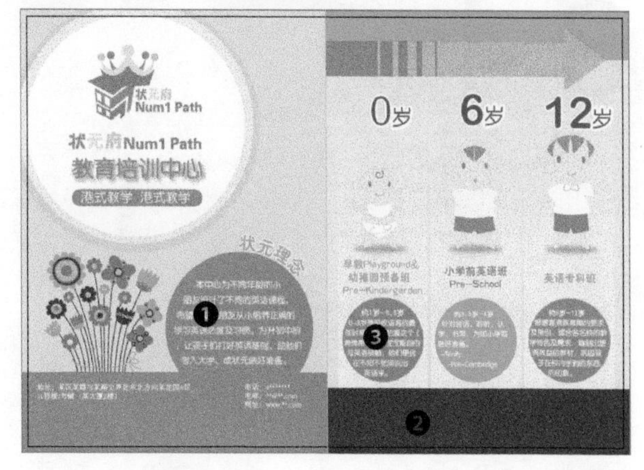

❶ 文字放置在圆内，与底部的矩形色块相区别且与页面的大圆相呼应，画面显得生动活泼。

❷ 添加色块丰富了页面的背景，并且使内容有所区分。

❸ 文字放置在正圆形内部，使整个页面的布局更加丰富，且与矩形线条相区别，从而更好地突出了文字。

8.3.2 知识扩展

通过对 DM 广告的设计，我们知道了 DM 广告的作用以及宣传特点等，但它的局限性同样不可忽视，了解其局限性可以让我们在设计和制作过程中能够尽量避免。

DM广告的局限性

DM 广告虽然有众多的自身优势，但是它也存在着一定的局限性。

❶ 针对性不强

发送目标形式单一，邮寄对象的选定较为困难。这样给广告的发行带来了一定的盲目性，同时造成了大量的资源浪费。

针对目标单一到达率不高的弊端，必须以提高直邮广告的成功率来解决。因此，有必要在大规模投递前做效果测评，将风险降至广告主可以承受的程度。

❷ 邮件的到达率不高

据调查，24% 的目标受众可能永远接收不到邮件，16% 的 DM 广告被完全抛弃，尤其是那些制作不突出、没有鲜明个性的 DM 广告。

❸ 易引起反感

DM 广告的功利性表露明显，容易使消费者产生反感。有的消费者将直邮视为是对个人隐私的侵犯。

针对功利性的弊端，需要对 DM 广告做相应的调整。一方面，直接邮寄广告应该注重人情味的表达，注意图像的趣味性和文案描述的亲和力；另一方面，DM 广告应该注意发挥这种媒体互动性强的特点，多运用可以使目标消费者主动参与的项目，如小常识或小问答等方式。

❹ 质量良莠不齐

DM 广告良莠不齐，有的直邮信函明显不含好意，是一个充满诱惑的陷阱。由于经常发生欺诈的现象，可信度大大降低，从而使消费者心存戒备。

针对信任危机的解决方案，可以运用赠送样品的方式，使消费者有真实感和可预测感，为其决策提供更多翔实的咨询信息。

路径文字的操作技巧

使用“路径文字工具”可将文字沿着路径输入，如下图（左）所示。还可以在路径上编辑文字的位置，路径上的文字被路径起点、中点和终点包围，调节这三点可以改变路径文字的位置。拖曳位于起点的图标可以让文字沿着路径移动，如下图（中）所示。如果要翻转文字可以拖动中点图标，将其拖曳到另一侧，如下图（右）所示。

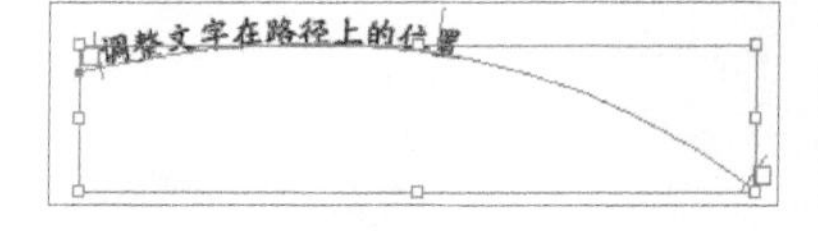

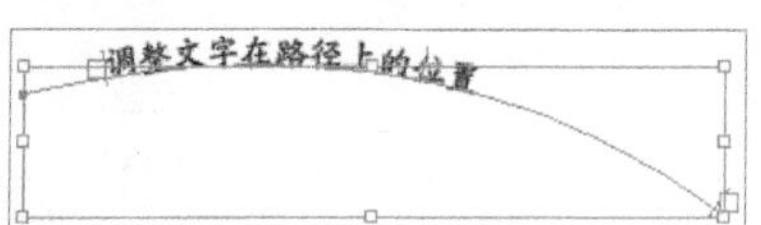

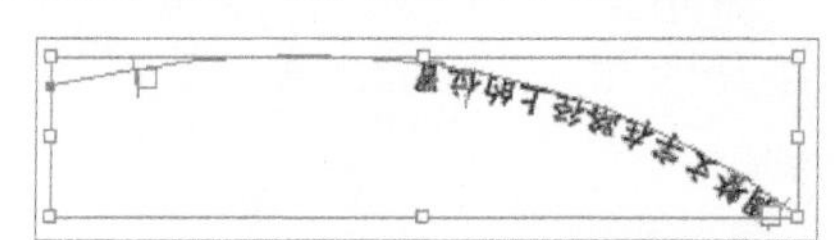

在 Illustrator 中新增了路径文字的效果，执行“文字 > 路径文字 > 路径文字选项”命令，弹出“路径文字选项”对话框，在该对话框中可以调整路径文字的效果及对齐方式，如右图所示。

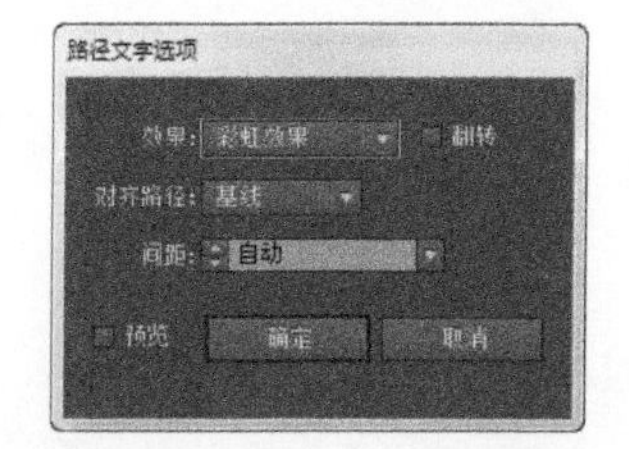

8.4 模版欣赏

完成本章内容的学习，希望读者能够掌握 DM 广告的设计制作方法。本节将提供一些精美的 DM 广告设计模版供读者欣赏。读者可以自己动手试着练习一下，检验一下自己是否也能够设计制作出这样的 DM 广告。

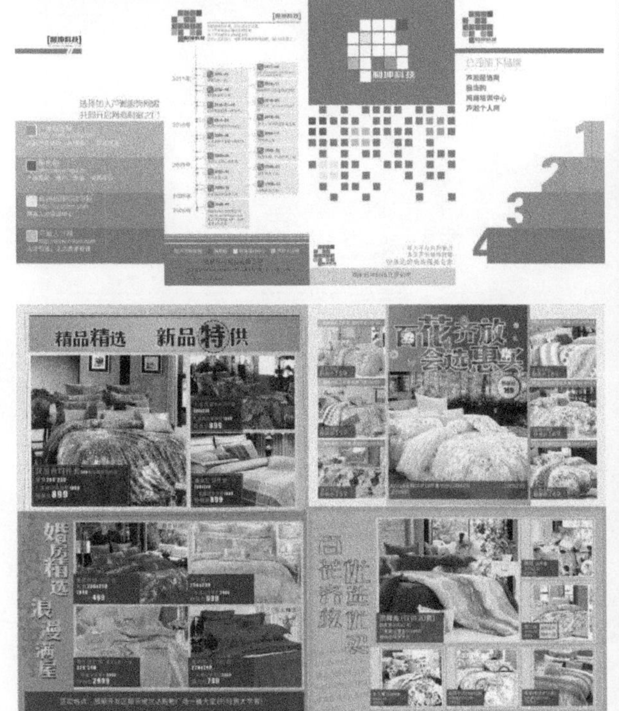

8.5 课后练习

学习了有关 DM 广告设计的内容，并通过 DM 广告实例的制作练习，是否已经掌握了有关 DM 广告设计的方法和技巧呢？本节通过两个练习，巩固对本章内容的理解并检验读者对 DM 广告设计制作方法的掌握。

8.5.1 制作活动宣传DM单页

本实例制作一个通信业活动宣传 DM 单页，使用不同形状的白色透明光束图形，丰富广告背景的层次感。在整体的构图上，使用具有特殊艺术效果的文字生动而直接地突出了宣传的重点，让人一目了然。

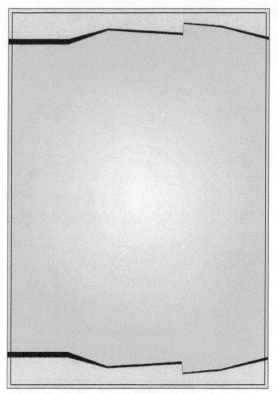

❶ 绘制矩形并填充径向渐变颜色。使用“钢笔工具”绘制图形，制作出 DM 页背景。

❷ 绘制三角形并通过旋转复制的方法得到光芒的效果，拖入素材，丰富背景的效果。

❸ 输入文字，为文字填充渐变颜色，并进行多次描边处理，制作出主题文字效果。

❹ 置入素材图像，并输入其他文字，对文字进行描边和变形处理，完成 DM 宣传单页的制作。

8.5.2　制作活动宣传卡

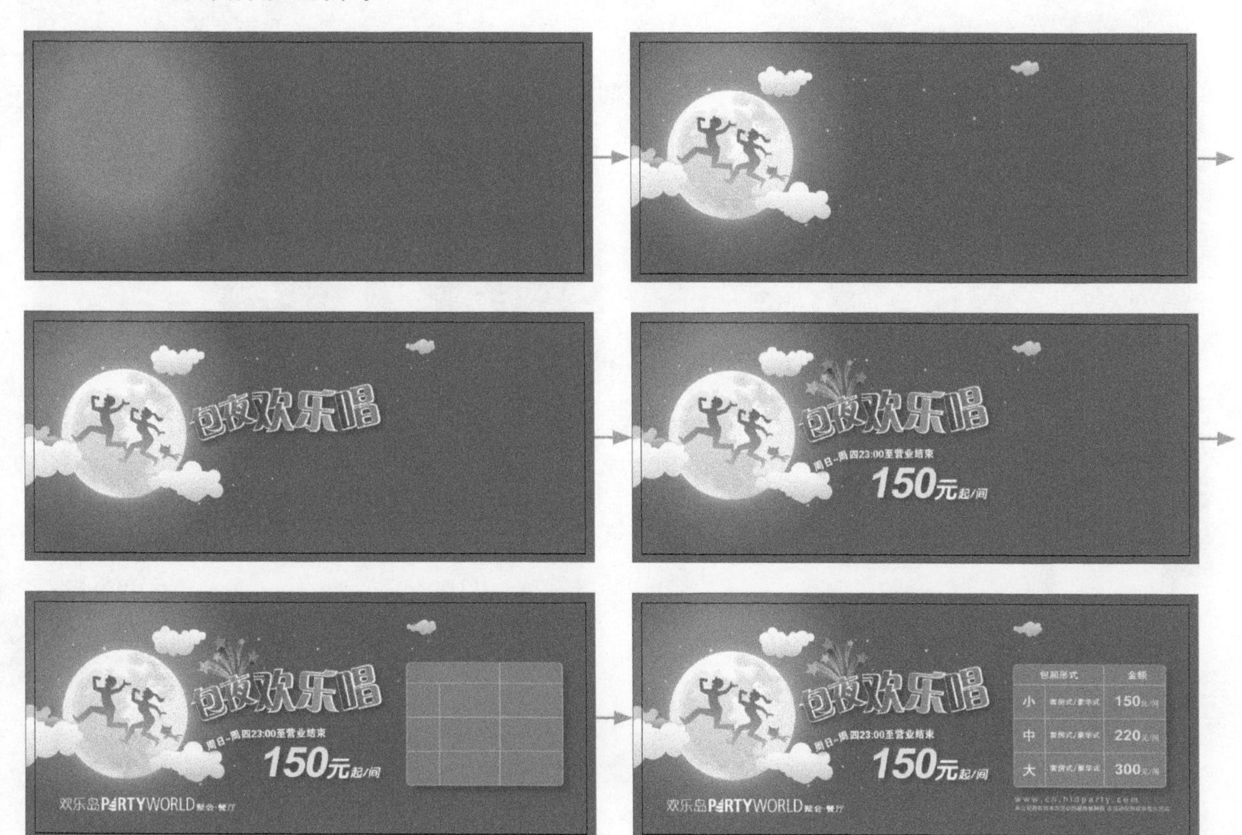
包夜欢乐唱
周日~周四23:00至营业结束
150元起/间
欢乐岛PARTYWORLD
包厢形式
金额
小
中
大
150
220
300

快乐可以很简单
Be happy so easy
PEPCO

THE THREE LIONS.
CHEERED ON BY A TIGER.
Tiger

POEMA
INVITES
JUAN SANCHEZ · MAKCIM
OLENE KADAR · JOEY DANIEL

film dream
dream
hello China
首届电影创投计划 600,000资金扶持
5月15日盛大开启

舞动青春
欢乐畅想

010-88xxxxxx

第  章

海报设计——3D与混合功能应用

海报是一种十分常见的广告形式，具有很高的吸引力，每一张海报本身就是一件高级的艺术品。海报是一种信息传递艺术，是一种大众化的宣传工具。海报设计总的要求是使人一目了然，必须有相当的号召力与艺术感染力，要调动形象、色彩、构图、形式等因素形成强烈的视觉效果；海报的画面应有较强的视觉效果，应力求新颖、单纯，还必须具有独特的艺术风格和设计特点。

本章将向读者介绍有关海报的相关知识，并通过海报实例的设计制作，拓展读者在海报设计方面的思路，使读者能够设计出更好的海报作品。

精彩案例：

- 制作活动宣传海报
- 制作电影节海报

9.1 海报设计知识

海报也叫招贴，英文名为Poster，是在公共场所以张贴或散发形式发出的一种印刷品广告。海报具有发布时间短、时效强、印刷精美、视觉冲击力强、成本低廉、对发布环境地要求较低等特点。其内容必须真实准确，语言要生动并有吸引力，篇幅必须短小。可以根据内容需要搭配适当的图案或图画，以增强宣传感染力。海报艺术是一种美学艺术表现形式，其表现形式具有多样化的特点。

9.1.1 海报设计的分类

以海报的设计风格定义可以将海报分为商品宣传海报、活动宣传海报、影视宣传海报和公益海报 4 种。

商品宣传海报

商品宣传海报的宣传对象为某种商品或某种服务，其宣传目的为在短期内迅速提高销售量，创造经济效益。这类海报是最常见的海报形式，如右图（左、中、右）所示。

商品宣传类海报在设计上要求客观准确，通常采取写实的表现手法，并突出商品的显著特征，以激发消费者的购买欲望。

活动宣传海报

活动宣传海报的宣传对象为有具体的时间、地点、主办单位的文化或商业活动，其宣传目的为扩大活动的影响力，吸引更多的参与者，要求信息的传达准确完整，因此文字的比例要大于其他类型的海报，如右图（左、中、右）所示。

影视宣传海报

影视宣传海报的宣传对象为电影、电视剧等，海报的发布时间在影视作品发布前或发布过程中，宣传目的为扩大影视作品的影响力。此类海报往往与剧情相结合，海报内容通常为影视作品的主要演员或重要情节，海报色彩的运用也与影视作品的感情基调有直接联系，如下图（左、中、右）所示。

公益海报

公益海报的宣传内容为人们所关注的社会问题，其宣传目的为教育与警示观众，引起人们对这些社会问题的关注，如下图（左、中、右）所示。

9.1.2　海报设计的构图

海报是一种大众化的宣传工具，它的画面应具有较强的视觉效果。海报的表现形式多种多样，其题材广泛、限制较少，海报的外观构图应该让人赏心悦目，能在视觉上给人美好的印象。

设计海报时，首先要确定主题，再进行构图。海报的设计不仅要注意文字和图片的灵活运用，更要注重色彩的搭配，海报的构图不仅要吸引人，而且还要传达更多的信息，从而促进消费，达到宣传的目的，下面是 3 张设计精美的海报，如下图（左、中、右）所示。

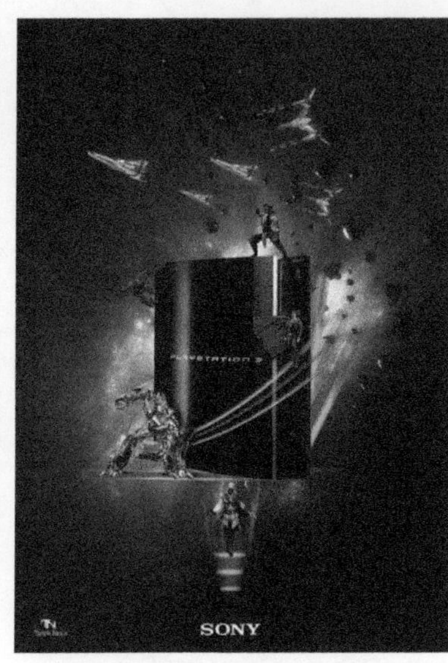

图9-5

9.1.3 海报设计的要求

海报是以图形和文字为内容，以宣传观念、报导消息或推销产品等为目的。设计海报时，首先要确定主题，再进行构图，最后使用技术手段制作出海报并补实完善。下面向大家介绍海报创意设计的一般方法。

明确的主题

整幅海报应力求有鲜明的主题、新颖的构思和生动的表现等创作原则，才能以快速、有效和美观的方式达到传送信息的目标。任何广告对象都有多种特点，只要抓住一点，一经表现出来，就必然形成一种感召力，促使广告对象产生冲动，达到广告的目的。在设计海报时，要对广告对象的特点加以分析，仔细研究，选择出最具有代表性的特点。

视觉吸引力

首先要根据对象和广告目的采取正确的视觉形式；其次要正确运用对比的手法；再次要善于运用创新方式表现出海报的新鲜感；最后海报的形式与内容应该具有一致性，这样才能使其具有较强的吸引力。

科学性和艺术性

随着科学技术的进步，海报的表现手段越来越丰富，也使海报设计越来越具有科学性。但是，海报的对象是人，海报是通过艺术手段按照美的规律去进行创作的，所以它又不是一门纯粹的科学。海报设计是在广告策划的指导下，用视觉语言传达各类信息。

灵巧的构思

设计要有灵巧的构思，使作品能够传神达意，这样的作品才具有生命力。通过必要的艺术构思，运用夸张和幽默的手法揭示产品未发现的优点，明显地表现出为消费者利益着想的意图，从而可以拉近消费者的感情，获得广告对象的信任。

用语精练

海报的用词造句应力求精练，在语气上应感情化，使文字在广告中真正起到画龙点睛的作用。

构图赏心悦目

海报的外观构图应该让人赏心悦目，给人以美好的第一印象。

内容的体现

设计一张海报除了纸张大小之外，通常还需要掌握文字、图画、色彩及编排等设计原则。标题文字是和海报主题有直接关系的，因此除了使用醒目的字体与大小外，还要配合文字的速读性与可读性，以及关注远看和边走边看的效果。

自由的表现方式

海报里图画的表现方式可以非常自由，但是要有创意的构思，才能令观赏者产生共鸣。除了使用插画或摄影的方式之外，画面也可以使用纯粹的几何抽象图形来表现。海报的色彩宜采用比较鲜明的颜色，并能衬托出主题，引人注目。编排虽然没有一定的格式，但是必须达到画面的美感效果，以及合乎视觉顺序的动线，因此在版面的编排上应该掌握形式原理，如均衡、比例、韵律、对比和调和等要素，也要注意版面的留白。

9.2 活动宣传海报设计

设计思维过程

❶使用蓝色到白色的渐变颜色作为海报的背景，并绘制四射的图形效果。

❷添加相应的素材图形，形成碧海蓝天的效果，并且制作相应素材的阴影。

❸通过置入素材图像并绘制相应的图形，以丰富海报主体部分的背景效果。

❹输入海报主题文字，并对文字进行变形处理，为文字添加多层次描边效果。

设计关键字：变形与多层次文字描边

本实例中使用了渐变填充、图形的混合模式的处理，使画面具有独特的艺术风格和设计特点，如下图（左）所示；

各种图形的操作，都是围绕主题文字的需要，从而达到引人注目、有感染力的视觉效果；海报主题文字的变形和描边处理，更加突出了宣传海报的设计风格，如下图（右）所示。

色彩搭配秘籍：黄色、蓝色、白色

本实例的色彩主要以冷色调为主，色调的运用与主题相结合，如下图（左、中、右）所示。冷色的透明感强，有很远的感觉；背景颜色的渐变效果，给人一种清爽和舒畅的感觉。宣传海报设计中，除了色彩的变化影响着人们外，还需要利用文字与图形的配合充分发挥广告作品丰富的联想作用。

RGB（240、199、38）
CMYK（6、23、87、0）

RGB（89、189、231）
CMYK（58、0、0、7）

RGB（255、255、255）
CMYK（0、0、0、0）

软件功能提炼

❶ 使用“渐变工具”填充背景渐变
❷ 使用“高斯模糊”制作投影
❸ 使用“钢笔工具”绘制图形
❹ 使用“文字工具”创建文字

实例步骤解析

整体的画面和文字传达的海报信息十分清晰、突出和有力。海报画面本身具有生动、直观的特点，反复不断地积累能加深人们对宣传活动的印象，获得较好的宣传效果，从而发挥出活动特有的个性，为宣传活动的创意锦上添花。

Part 01：制作海报背景

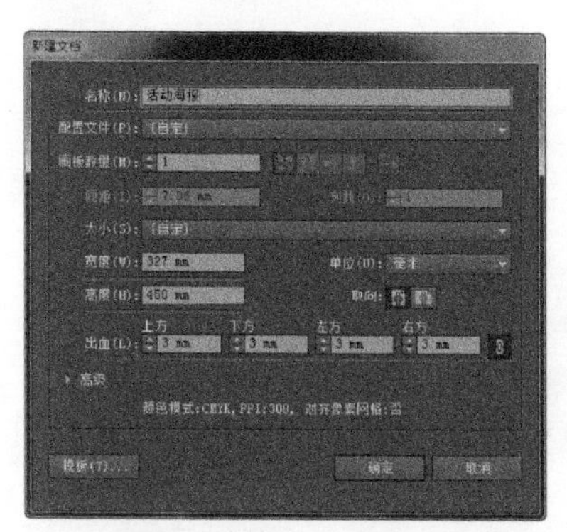

01 新建文档 执行“文件>新建”命令，对相关选项进行设置，单击“确定”按钮，新建空白文档。

02 绘制矩形 使用“矩形工具”，设置“填色”为CMYK（6、23、87、0），“描边”为无，绘制与画布大小相同的矩形。

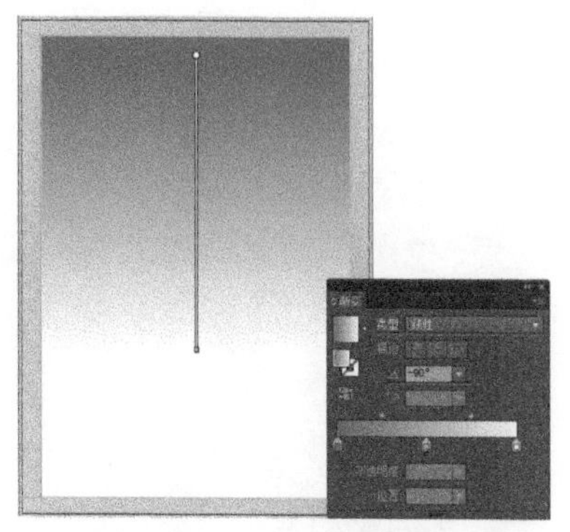

03 填充渐变颜色 使用“矩形工具”，在画布中绘制矩形，设置渐变颜色值为CMYK（89、63、11、0）、（40、4、8、0）、（0、0、0、0），为刚刚所绘制的矩形填充渐变颜色。

04 绘制图形 使用“矩形工具”，设置“填色”为CMYK（58、0、0、7），在画布中绘制矩形，使用“直接选择工具”对矩形锚点进行调整。

05 旋转复制图形 使用“旋转工具”，将图形中心点移至合适的位置，按住Alt键不放拖动图形，即可旋转并复制图形。

TIPS

使用“旋转工具”，需要准确的定位好图形中心点，再结合快捷键的操作进行多次旋转复制图形。

06 再次旋转复制图形 按快捷键Ctrl+D，可以执行上一次的操作，旋转复制出多个图形。

07 设置混合模式 同时选中所有三角形，将其编组，打开“透明度”面板，设置“混合模式”为“柔光”。

08 置入素材 执行“文件>置入”命令，置入素材“资源文件\源文件\第9章\素材9201.tif”。

09 制作投影 使用相同的方法，置入相应的素材，使用“镜像工具”，按住Alt键在画布中合适的位置单击，在弹出中的对话框中进行设置，单击“复制”按钮，得到镜像复制图形，并调整位置。

TIPS

"柔光"混合模式的原理是：如果上层颜色亮度高于中性灰，则用增加亮度的方法来使得画面变亮，反之用降低亮度的方法来使画面变暗。

10 模糊处理图像 执行"效果>模糊>高斯模糊"命令，在弹出的对话框中进行设置，单击"确定"按钮。打开"透明度"面板，对相关选项进行设置。

11 创建剪切蒙版 使用"矩形工具"，设置"填色"和"描边"均为无，在画布中绘制路径，同时选中刚刚绘制的矩形路径和所有背景图形，创建剪切蒙版。

12 置入素材 使用相同的制作方法，置入相应的素材，并分别调整到合适的大小和位置。

TIPS

使用"高斯模糊"效果，可以使对象产生模糊的效果，在"高斯模糊"对话框中可以对"半径"选项进行设置，从而控制对象的模糊程度。这里使用"高斯模糊"效果制作出对象的投影效果。

Part 02：制作海报主体部分

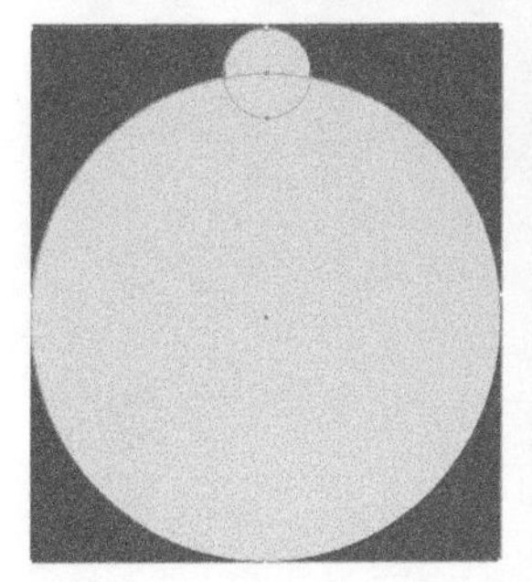

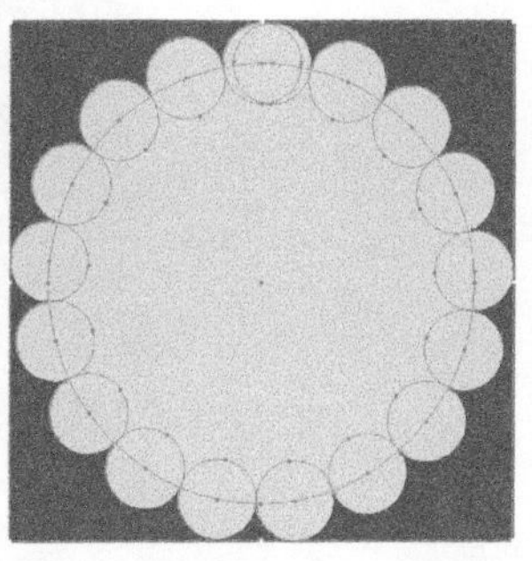

01 绘制正圆形 使用"椭圆工具"，设置"填色"值为CMYK（13、4、86、0），在画布中绘制正圆形。在相应的位置绘制小正圆形，沿着大圆旋转复制。

02 得到新的路径图形 选中所有图形，打开"路径查找器"面板，单击"减去顶层"按钮。

03 绘制正圆形 使用"椭圆工具"，设置"填色"为CMYK（17、76、99、0），"描边"为无，在画布中绘制正圆形。

TIPS

单击"路径查找器"面板上的"减去顶层"按钮，可以删除图形重叠区域被隐藏的部分，剩下的部分自动创建为群组。

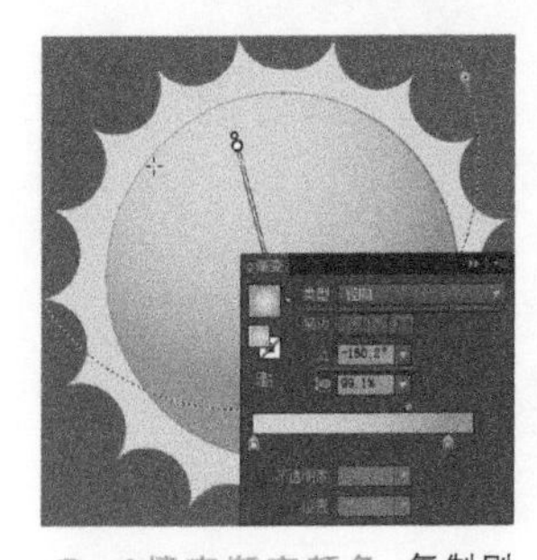

04 填充渐变颜色 复制刚刚绘制的正圆形，设置渐变颜色值为CMYK（15、46、94、0）、CMYK（12、4、86、0），为该图形填充渐变颜色。

05 输入文字 使用"文字工具"，设置"填色"为白色，"描边"为无，在画布中单击并输出文字。

06 倾斜并旋转文字 使用"倾斜工具"，对刚刚所输入的文字进行倾斜处理，并对文字进行旋转。

07 文字投影 选中文字，执行"效果>风格化>投影"命令，弹出"投影"对话框，对相关选项进行设置，单击"确定"按钮。

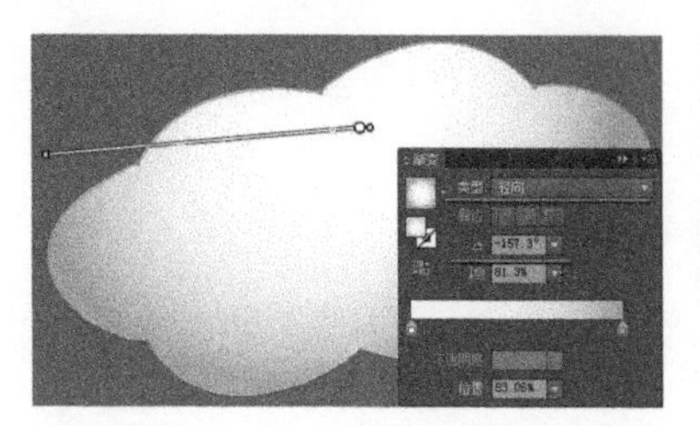

08 绘制图形并填充渐变颜色 使用“钢笔工具”，设置“描边”为无，在画布中绘制路径图形，并为该图形填充渐变颜色。

09 输入文字 将图形调整至合适的大小和位置，使用“文字工具”，设置“填色”为CMYK（89、64、10、0），在画布中单击并输入文字。

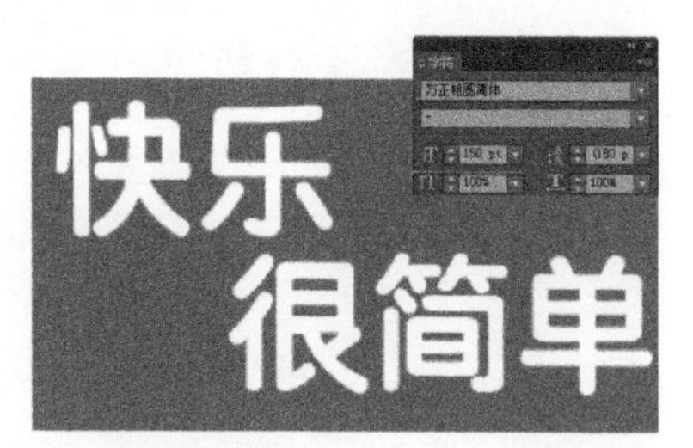

10 输入文字 使用文字工具，在画布中单击并分别输入相应的文字，将文字创建轮廓。

TIPS

要使设计出的海报具有创意，首先要学会欣赏，从欣赏别人作品的过程中进行自我学习，使创意思考能力得到增进。通过对生活中的海报欣赏，可以分析总结海报的设计要求。

11 文字变形处理 根据前面章节介绍的对文字进行变形处理的方法，对文字进行编辑处理，并将文字路径编组。

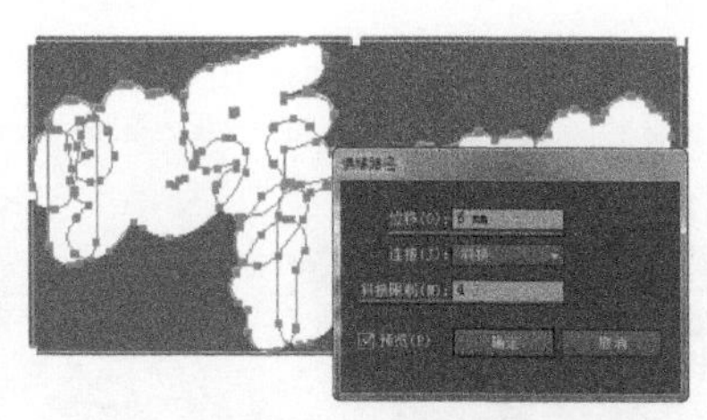

12 文字偏移路径 选择文字，执行“对象>路径>偏移路径”命令，在弹出对话框中进行设置，单击“确定”按钮。

13 填充颜色 打开“路径查找器”面板，单击“联集”按钮，取消编组，设置“填色”为CMYK（89、65、9、0），将该路径图形置于最底层。

14 文字偏移路径 使用相同的制作方法，可以再制作出一层文字描边效果。

15 添加内发光效果 选中蓝色图形，执行“效果>风格化>内发光”命令，弹出“内发光”对话框，对相关选项进行设置，单击“确定”按钮。

16 添加投影效果 执行“效果>风格化>投影”命令，在弹出的对话框中对相关选项进行设置，单击“确定”按钮。

TIPS

使用“投影”效果可以为对象添加投影，创建立体效果。在“投影”对话框中可以对参数进行设置，从而控制对象所产生的投影效果。

17 绘制图形 使用“钢笔工具”，设置“填色”为白色，“描边”为无，在画布中绘制修饰图形。

18 最终效果 将所有图形调整至合适的位置和大小，输入相应的文字并编组。

9.2.1 对比分析

本实例设计制作的是以快乐为主题的活动海报，突出踏青之旅活动，作品中所有的图形和文字都是活动海报的特点及构思。本实例的主题为“快乐很简单”，字体与主题下方的图形制作都可以体现出主题的快乐之感，其中多次对图形和文字运用了一些特殊效果，使其层次分明、丰富多彩。

❶ 蓝色渐变的背景看起来很吸引人们的视野，但只是一瞬间，对人们的印象不深刻，突出不了整体主题的效果。

❷ 蓝色背景和素材图形不搭配，无法使整个画面融为一起，给人的视野也很乱，不易于人的视觉浏览，因此会引发出不满，起不到宣传效果。

❸ 文字部分是整个活动海报的主题，它的制作应该有较强的视觉效果，应该力求新颖。

❶ 背景使用了两种填充颜色的效果，给人的第一感觉就很独特，让人一眼就看得到这个活动的主体内容。

❷ 背景中添加的混合模式效果的图形，使人眼前一亮，给人一种想要继续往下看的欲望，把整个画面巧妙地融为一体。

❸ 文字部分是海报的主要部分，它有较强的视觉效果，有相当的号召力和感染力。

Before

After

9.2.2 知识扩展

海报是以印刷张贴为传播方式，分布的范围极为广泛，能在户内、户外多种环境中使用，如商场、文化娱乐场所、码头、车站、机场、剧院或其他公共场所等地方。海报不是捧在手上的设计，而是要张贴在热闹的场所，以大画面及突出的形象和色彩展现在人们面前。

海报的常用规格

在生活中经常会看到风格迥异的各种海报，不同类型的海报对尺寸的要求也会有所不同，常见的标准海报尺寸有如下几种。

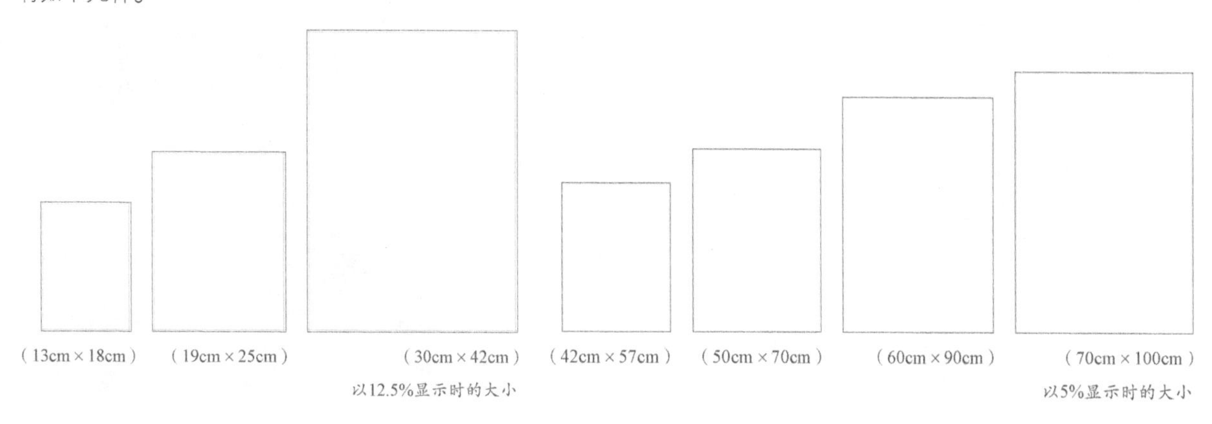

但是海报的尺寸不能一概而论，也要考虑到外界的因素，如现场空间的大小、客户的需求等，下面是一些在生活中会经常看到的海报，如下图（左、中、右）所示。

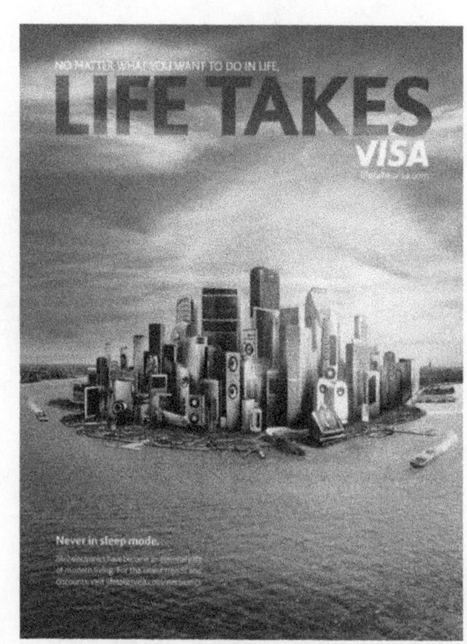

对象旋转复制技巧

“旋转工具”可以使对象绕中心点进行旋转。

首先绘制一个图形，使用“旋转工具”，当鼠标指针移到画布中时，鼠标指针变成十字交叉的符号，如右图（左）所示。此时可单击拖曳，十字图标所代表的是旋转的中心点，在拖曳的过程中鼠标指针变成箭头图标，如右图（右）所示。

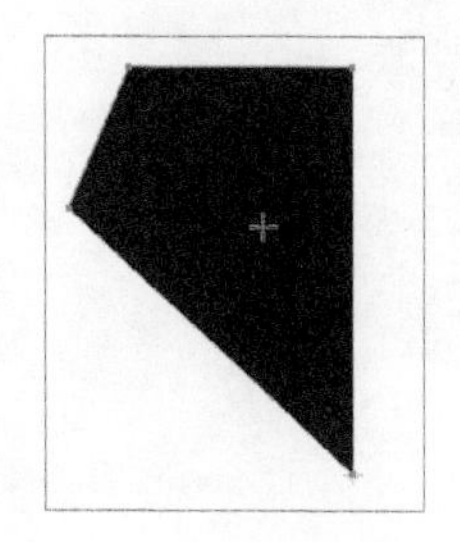

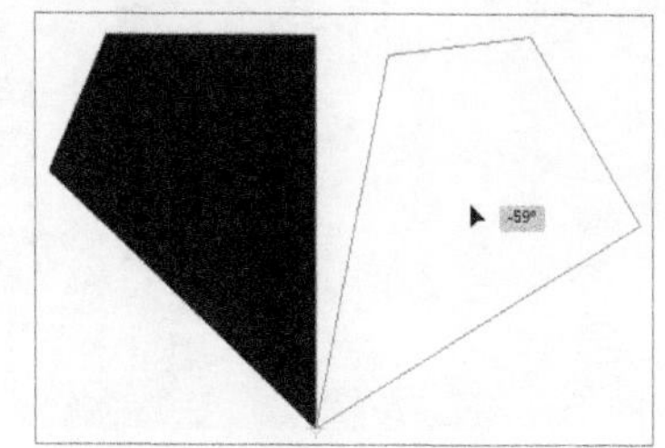

如果想通过旋转复制一个新的图形，则在鼠标拖曳旋转的过程中按住 Alt 键，旋转完成后，原来的图形位置不变，新复制的图形相对于原来的图形旋转了一个角度，如右图所示。

如果想精确控制旋转的角度，则选择“旋转工具”后，按住 Alt 键单击鼠标（因为鼠标的单击位置将成为旋转的中心点，所以单击鼠标之前就要选好位置），就会弹出“旋转”对话框，或者双击工具箱中的“旋转工具”也会弹出该对话框，在“角度”文本框中输入旋转的角度值，勾选“预览”复选框，可以查看画布中图形的变化，如右图（左下）所示。

如果要保留原图形，可以复制一个图形进行旋转，则单击“复制”按钮，对图形进行 4 次复制后得到的结果，如右图（右）所示。需要注意的是，其旋转中心一定要选择好。

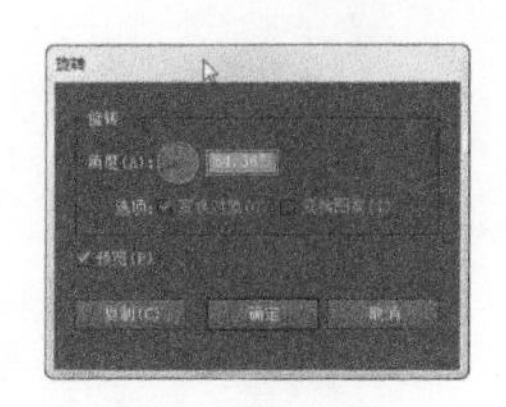

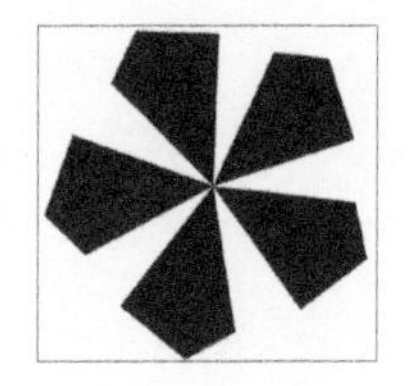

9.3 电影节海报设计

设计思维过程

❶暗紫渐变的背景图形搭配矩形图形的修饰，制作出光芒的背景效果。

❷线条绘制得流畅均匀，渐变颜色的填充与背景颜色形成对比。

❸海报主题文字是海报设计中的重点，这是使用多层次渐变的方式突出表现海报主题。

❹3D效果更加突出画面，使画面有立体感、层次分明。

设计关键字：3D文字

本实例中使用了“钢笔工具”绘制的路径图形，所制作出的路径图形的线条流畅均匀。调整锚点对文字进行变形操作，使用3D效果增添文字特效，使文字更加绚丽、有层次、透视效果强，如右图（左）所示。而且色彩的渐变处理非常均匀，突出主题神秘感，视觉冲击力较强，如右图（右）所示。

色彩搭配秘籍：紫色、黄色、白色

本实例的色彩搭配采用了紫色渐变填充，紫色具有优美高雅、雍荣华贵的气质，它含有红的个性，又有蓝的特征。暗紫色的背景给人一种神秘的感觉，突出了电影节海报的神秘，更加吸引人们的好奇心。文字的3D效果制作，使画面新颖别致、突出主题，呈现出个性化。下图（左、中、右）所示为紫色、黄色、白色的RGB和CMYK值。

RGB（105、35、96）
CMYK（70、100、41、4）

RGB（233、228、59）
CMYK（13、3、83、0）

RGB（255、255、255）
CMYK（0、0、0、0）

软件功能提炼

❶ 使用“矩形工具”绘制矩形
❷ 使用“旋转工具”旋转复制图形
❸ 使用“混合选项”制作文字的立体效果
❹ 使用“3D旋转”功能制作文字的透视效果

实例步骤解析

本实例制作一个电影节宣传海报，背景颜色采用暗紫色渐变填充的效果，给人一种高雅神秘的感觉；文字的 3D 效果更加突出画面，文字的操作处理是整个海报的重点，是一个引人注目的焦点；每个图形的制作线条流畅均匀，整体文字、颜色、图形的搭配都很出色。

Part 01：制作海报背景

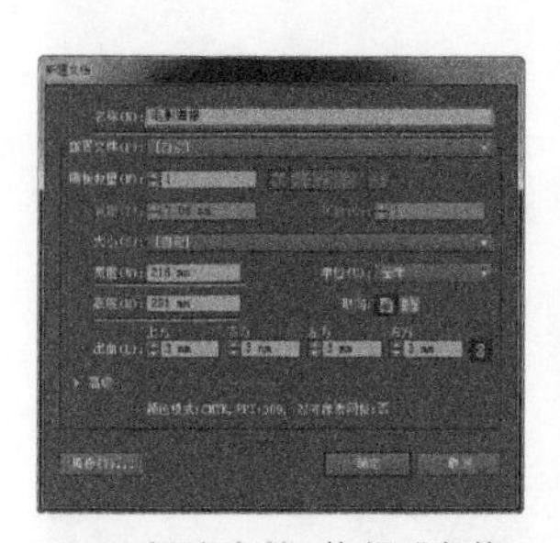

01 新建文档 执行“文件>新建”命令，对相关选项进行设置，单击“确定”按钮，新建空白文档。

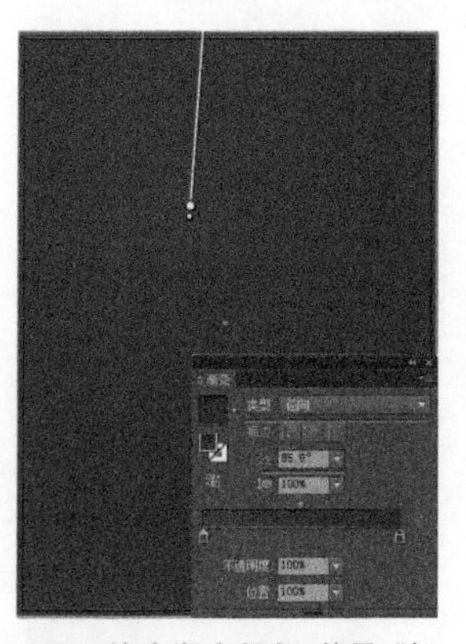

02 填充渐变颜色 使用“矩形工具”，设置“描边”为无，在画布中绘制矩形，并为该其填充渐变颜色。

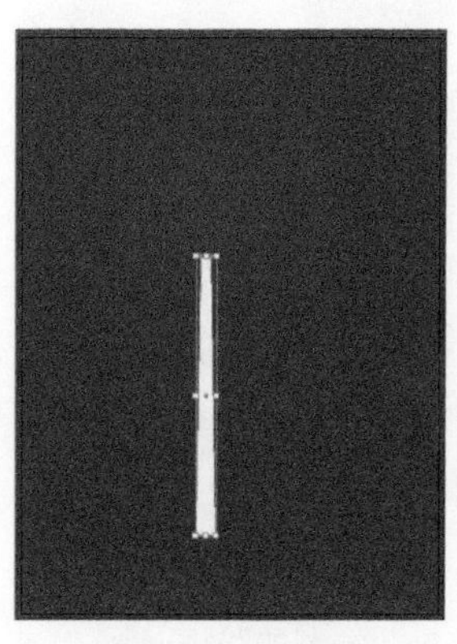

03 绘制矩形并填充渐变颜色 使用“矩形工具”，在画布中绘制矩形，对矩形锚点进行调整，为图形填充渐变颜色。

04 旋转复制图形 使用“旋转工具”，将中心点移至合适的位置，按住快捷键Alt键，同时单击旋转复制图形。

05 多次旋转复制图形 按快捷键Ctrl+D，可以执行上一次操作，旋转并复制出多个图形，将旋转复制出的多个图形编组。

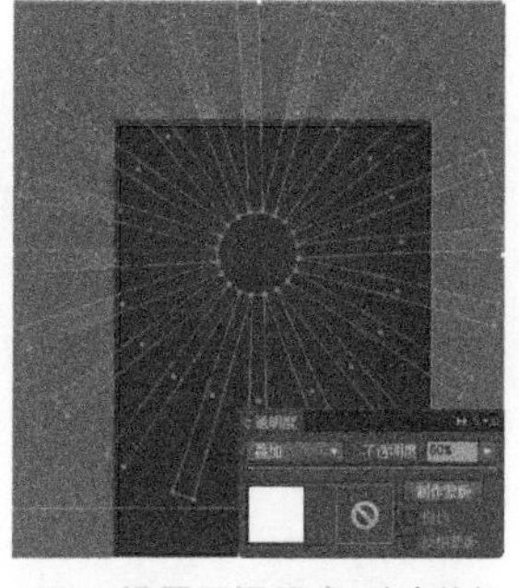

06 设置不透明度 选中编组图形，打开“透明度”面板，对相关选项进行设置。

TIPS

“不透明度”选项用来设置对象的不透明度百分比，当值为0%时，对象完全透明；当值为100%时，对象完全不透明。

07 创建剪切蒙版 使用矩形工具，设置“填色”和“描边”均为无，在画布中绘制矩形路径。同时选中画布中的所有图形，创建剪切蒙版。

08 置入素材 执行“文件>置入”命令，置入素材“资源文件\源文件\第9章\素材\9301.tif”，设置“混合模式”为“强光”。

TIPS

置入的素材有两种方式选择：一种是链接，一种是嵌入。嵌入素材的文件体积比链接体积大，但是无需将素材随文件一起拷贝，可根据不同情况选择不同方式。

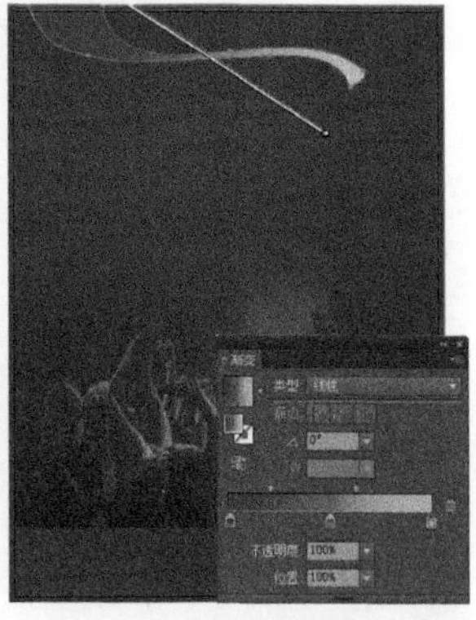

09绘制图形并填充渐变颜色 使用“钢笔工具”，在画布中绘制图形，设置渐变颜色为CMYK（64、100、33、0）、CMYK（17、78、62、0）、CMYK（13、27、87、0），为图形填充渐变颜色。

10填充渐变颜色 使用相同的制作方法，在画布中绘制图形并填充渐变颜色。

11联集图形 同时选中刚刚绘制的两个图形，打开“路径查找器”面板，单击“联集”按钮。

12绘制图形 使用“钢笔工具”，设置“填色”值为CMYK（13、3、83、0），“描边”为无，在画布中绘制图形。

13复制图形 复制刚刚绘制的图形，调整锚点，为该图形填充渐变颜色，渐变颜色值为CMYK（92、95、56、34）、CMYK（75、100、44、9）。

14置入素材 使用相同的制作方法，置入相应的素材，并分别调整到合适的大小和位置。

TIPS

单击“路径查找器”面板上的“联集”按钮，可以使两个重叠的图形自动创建为一个图形，它会删除两个对象之间的描边，但不会改变颜色。

Part 02：制作海报主题文字

01输入文字 使用“文字工具”，在画布中单击并输入文字。

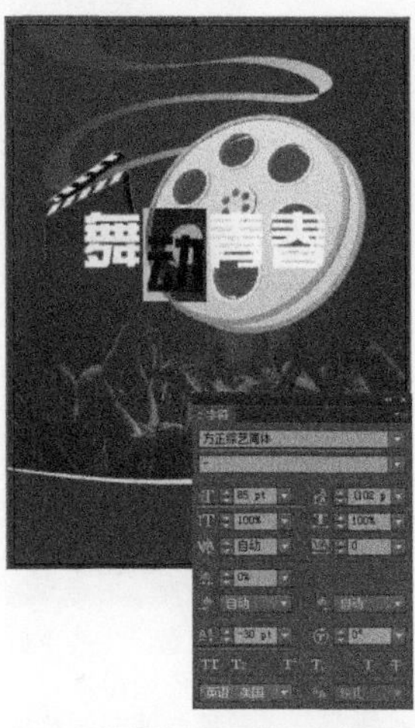

02设置文字属性 选中相应的文字，对文字属性进行设置。

03变形文字 将文字创建轮廓，取消编组，使用“直接选择工具”，对文字路径进行调整。

TIPS

要想将一段文字中制作出有大有小的效果，在“字符”面板中设置相应的参数，可以看到画布中文字的变化，以达到满意的效果。

04 输入文字 使用相同的制作方法，输入文字并创建轮廓。选中所有文字路径，单击“路径查找器”面板上的“联集”按钮。

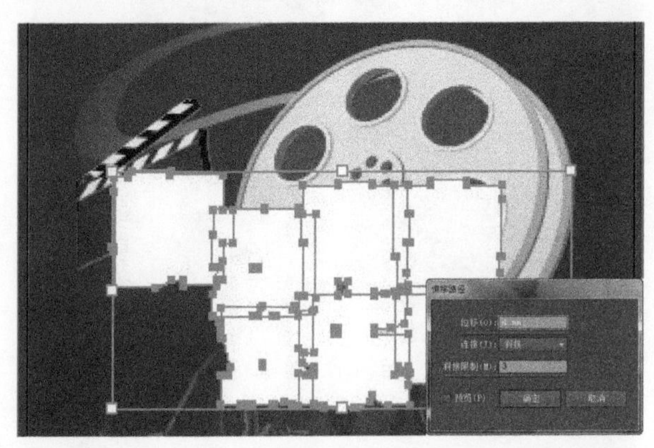

05 偏移路径 执行“对象>路径>偏移路径”命令，弹出“偏移路径”对话框，设置参数，单击“确定”按钮。

06 调整偏移路径 单击“联集”按钮，将偏移图形填充黑色，并将偏移得到的路径后移一层。

07 填充渐变颜色 选中偏移得到的路径图形，为其填充渐变颜色，渐变颜色值为CMYK（42、100、24、0）、（66、100、20、0）、CMYK（100、99、31、0）。

TIPS

图形偏移路径之后，必须单击“联集”按钮，以方便对偏移路径的操作和填充。

08 偏移路径 使用相同的制作方法，创建偏移路径，填充为白色，并后移一层。

09 填充渐变颜色 选中偏移得到的路径图形，为其填充渐变颜色，渐变颜色值为CMYK（13、3、83、0）、CMYK（12、66、39、0）、CMYK（21、87、19、0）、CMYK（78、100、31、0）。

10 复制并原位粘贴文字 选中最上层的白色文字路径，复制文字路径，原位粘贴文字路径两次，将上层的文字向左下方移动。

TIPS

混合对象是创建形状并在两个对象之间平均分布形状；也可以在两个开放路径之间进行混合，在对象之间创建平滑的过渡；或者组合颜色和对象的混合，在特定对象形状中创建颜色过渡。

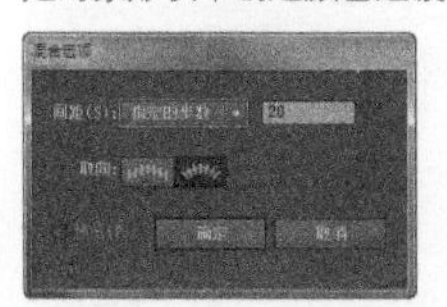

11 **设置混合选项** 选中两个复制得到的文字，设置“填色”为CMYK（72、65、19、0），执行“对象>混合>混合选项”命令，弹出“混合选项”对话框，对相关选项进行设置，单击“确定”按钮。

12 **创建文字混合效果** 执行“对象>混合>建立”命令，创建混合效果。

13 **调整文字叠放** 将左下方的文字移到混合文字上层，调整至合适的位置，选中所有文字编组。

14 **添加投影效果** 执行“效果>风格化>投影”命令，弹出“投影”对话框，设置参数，单击“确定”按钮。

15 **创建文字背景混合效果** 使用相同的制作方法，制作混合图形，将制作的混合图形调整至文字的下方。

16 **对文字进行3D旋转** 同时选中所有文字对象，将其编组。执行“效果>3D>旋转”命令，弹出“3D旋转选项”对话框，对相关选项进行设置，单击“确定”按钮。

17 **添加外发光效果** 选中文字编组图形，执行“效果>风格化>外发光”命令，弹出“外发光”对话框，对相关选项进行设置，单击“确定”按钮。

TIPS

高于150的透镜角度会使对象延伸超出用户的视觉点，并呈现扭曲。

18 输入文字 使用相同的制作方法，在画布中输入其他文字。

19 置入素材并输入文字 使用相同的制作方法，可以制作出海报底部的相关内容。

20 最终效果 完成该电影节海报的设计制作，可以看到海报的最终效果。

9.3.1 对比分析

电影节宣传海报，此类海报往往有明确的时间和宣传主题，通常运用写实的方式明确地表达活动的主题内容，使受众能够一目了然并能够被其吸引。

❶ 背景图形中失去修饰图形的衬托，整体色调暗淡了很多，没有亮点，素材图形就像漂浮在画面中一样。

❷ 主题文字没有立体感，画面显得很拥挤，吸引不了群众的眼球。整个画面显得很平凡，没有空间感。

❸ 图形文字太古板沉闷了，海报的表现手法一点也不丰富，活跃不了主题。

Before

After

❶ 背景中增添了使用矩形绘制的图形，有衬托背景之意，整个画面都亮起来了，使画面背景看起来新颖别致，有一定的视觉冲击力，对受众群体有吸引力。

❷ 文字的特殊变形操作及建立的混合图形使整个画面突显空间感，体现出文字的立体感，突出主题文字。

❸ 矩形图形的变形操作使画面变得活跃，黄色图形使人眼前一亮，又不喧宾夺主，整个画面的视觉效果较强。

9.3.2　知识扩展

海报是机关团体和企事业单位对外发布消息时在特定的位置贴出的广告，也是一种向大众传播信息的媒体。它属于平面媒体的一种，没有音效，只能借助形与色来强化传达的信息，因此色彩方面的突显是很重要的。

海报设计准则

通常人们看海报的时间很短暂，所以海报的设计一定要能够吸引人们的眼球。使用美观、装饰性的色彩有助于海报效果的表达，由此形成的海报具有说服力，能够有效地传达信息。一般来说，海报的设计有如下的准则。

❶ 立意要好。

❷ 色彩鲜明。即采用能吸引人们注意的色彩。

❸ 构思新颖。要用新的方式和角度去理解问题，创造新的视野、新的观念。

❹ 构图简练。要用最简单的方式说明问题，引起人们的注意。

❺ 海报要重点传达商品的信息，运用色彩的心理效应，使用强化印象的用色技巧。

使用3D旋转功能创建透视效果

“3D 旋转”功能是将对象进行空间旋转。它会自动帮助用户区别前景和后景，其受光面呈现亮色，而背光面则发暗。

选中需要进行 3D 旋转的对象，执行“效果 >3D> 旋转”命令，弹出“3D 旋转选项”对话框，如右图所示。

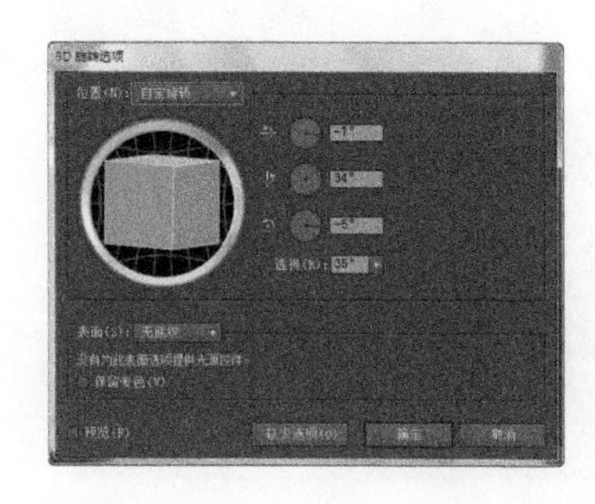

在“位置”下拉列表中可以选择一个预设位置。

对于自定义旋转，可以拖动模拟立方体的表面。对象的前表面用立方体的蓝色表面表示，对象的上表面和下表面为浅灰色，两侧为中灰色，后表面为深灰色。

如果要限制对象沿一条全局轴旋转，则按住 Shift 键的同时水平拖动（围绕全局 Y 轴）或垂直拖动（围绕全局 X 轴旋转）。如果要使对象围绕全局 Z 轴旋转，则拖动围住模拟立方体的蓝色表面。

如果要限制对象围绕一条对象轴旋转，则拖动模拟立方体的一个边缘，鼠标指针将变为箭头形状，并且立方体边缘将改变颜色以标识对象旋转时所围绕的轴。红色边缘表示对象的 X 轴，绿色表示对象的 Y 轴，蓝色边缘表示对象的 Z 轴。

在水平（X）轴、垂直（Y）轴和深度（Z）轴文本框中输入一个介于 -180° ~180° 的值，同样可以使对象产生 3D 旋转的效果。

要调整透视角度，则在“透视”文本框中输入一个介于 0° ~160° 的值。较小的镜头角度类似于长焦照相镜头，较大的镜头角度类似于广角照相机镜头。如右图所示为 3D 旋转的文字效果。

9.4 模版欣赏

完成本章内容的学习，希望读者能够掌握海报的设计制作方法。本节将提供一些精美的海报设计模版供读者欣赏。读者可以自己动手试着练习一下，检验一下自己是否也能够设计制作出这样的宣传海报。

CLARINS
PARIS
Huile "Tonic"
Body Treatment Oil
植物金萃
逾50载经典传奇
CLARINS

30
DAYS OF
NIGHT
OCTOBER

网聚青年影人 创投电影梦想
film dream
originality
创
意
investment
想
梦
dream
passion
helloChina
首届电影创投计划 600,000資金扶持
为热爱电影的导演、编剧、演员提供展示的窗口
为优秀的电影创作者搭建实现梦想的舞台
5月15日盛大开启

第二十三屆全國荷花展
暨第九屆澳門荷花節
The Scent of Lotus
Perfumes the City of
Macao
10/6
28/6
2009
荷香樂滿城
O AROMA DO
LOTUS PERFUMA
A CIDADE DE
MACAU
2888 0087

9.5 课后练习

学习了有关海报设计的内容，并通过海报实例的制作练习，是否已经掌握了有关海报设计的方法和技巧呢？本节通过两个练习，巩固对本章内容的理解并检验读者对海报设计制作方法的掌握。

9.5.1　制作手机海报

每一张海报就是一张高级的艺术品，海报画面应该具有较强的视觉效果，并力求新颖，此外还必须具有独特的艺术风格。本实例制作的手机海报，通过素材图像与手机产品相结合，营造出一种校园、时尚的氛围。

❶ 新建文档，置入素材图像并调整到合适的大小和位置。

❷ 置入其他素材图像，绘制图形，并设置不透明度，丰富海报的背景。

❸ 输入文字，对文字进行描边和投影处理，并置入素材，强化主题。

❹ 置入产品素材进行处理，输入相应的文字，完成手机海报制作。

9.5.2 制作促销海报

Australia's first volume produced electric car is on sale now.
ENERGIE

第 10 章

户外媒体设计——剪切蒙版的应用

在媒体分类中，户外媒体广告是继广播、电视、报纸和杂志之后第5大媒体。传统的户外广告主要有路牌广告、楼体广告等。近几年来新型户外广告形式不断涌现，如汽车车身广告、公路沿线广告、城市道路灯杆挂旗广告和电子屏幕广告等。这些广告形式的出现，不但丰富了户外广告形式，而且也使户外广告的内容不断扩大。

本章将向读者介绍有关户外媒体广告的相关知识，并通过户外媒体广告实例的设计制作，拓展读者在户外媒体广告设计方面的思路，使读者能够设计出更好的户外媒体广告作品。

精彩案例：

- 制作公交站牌广告
- 制作地产围挡广告

10.1 户外媒体设计知识

户外媒体广告简称OD广告，主要指在城市的交通要道两边、主要建筑物的楼顶、商业区的门前和路边等户外场地发布的广告。一般能在露天或公共场合通过广告表现形式同时向许多消费者进行诉求，并能达到推销商品目的的都可以称为户外媒体广告。

10.1.1 户外媒体的分类

户外媒体广告种类很多，从空间角度可划分为平面户外广告和立体户外广告；从技术含量上可以分为电子类户外广告和非电子类户外广告；从物理形态角度去划分可以分为静止类户外广告和运动类户外广告；从购买形式上还可以分为单一类户外广告和组合类户外广告。

电子类

电子类户外广告包括有霓虹灯广告、激光射灯广告、三面电子翻转广告牌、电子翻转灯箱和电子显示屏等，如下图（左）所示。

非电子类

非电子类户外广告包括有路牌、商店招牌、条幅以及车站广告、车体广告、充气模型广告和热气球广告等，如下图（右）所示。

静止类

静止类户外广告包括户外看板、外墙广告、霓虹广告、电话亭广告、报刊亭广告、候车亭广告、单立柱路牌广告、电视墙、LED电子广告看板、广告气球、灯箱广告、公交站台广告、地铁站台广告、机场车站内广告等，如右图（左）所示。

运动类

运动类户外广告包括公交车车体广告、公交车车箱内广告、地铁车箱内广告、索道广告、热气球广告等，如右图（右）所示。

单一类

单一类户外广告是指在购买户外媒体时单独购买的媒体，如射灯广告、单立柱广告、霓虹灯广告、墙体广告和多面翻转广告牌等，如下图（左）所示。

组合类

组合为户外广告是指可以按组或套装形式购买的媒体，如路牌广告、候车亭广告、车身广告、地铁机场和火车站广告等，如下图（右）所示。

10.1.2　户外媒体的优势

户外媒体已经成为真正的大众媒体，其性价比较突出。需要注意的是，一定要选择较好的地段，并且着眼全市在多个关键地段设立广告牌，并配合其他媒体才能达到更好的宣传效果。户外广告与其他媒体广告相比较具有如下的优势。

长期性和反复性

长时间张贴（一般为一个月至一年）可以保证广告效果持续存在，从而加深受众对产品的印象。户外广告设置于较固定的场所进行信息的持续传播，有反复诉求的特点，起着重复提示和诱导的作用。

时效性强

可以与电视广告配合使用，使广大受众通过户外广告画面回想起电视广告的卖点，从而加深受众对某产品广告的整体印象，最终提高广告活动的整体传播效果。

地域性强

户外媒体广告有较强的地域性，某些产品在销售过程中要针对特定地区加以宣传，从而通过户外广告宣传对这一指定地区的消费者进行强化性的购买提示。例如，房地产类的楼盘促销广告，习惯选定特定区域重点宣传。

形式自由

户外广告在广告的内容、形式、规模、地点和档次方面有一定的灵活性。大多数户外广告展示的空间面积比其他媒体大很多。另外，户外广告的种类繁多、形式多样，在传播的形式上也要比其他媒体丰富，如右图（左、中、右）所示。

覆盖面积广

由于个别的运动型户外广告的特性，可以在大城市里进行流动性的宣传，广告的到达率较高，可以迅速提高产品的认知度，节省大笔媒体费用，在一定程度上甚至接近报纸这种大众媒体的广告效果。

习惯性和强制性

由于城市公交和地铁广告的逐渐发展，根据每天利用交通工具的乘客数量，确保广告出现的次数，从而加深印象。特别是车厢内的广告效果尤其显著，即使对广告不感兴趣的对象也会产生效果，如下图（左、右）所示。

10.1.3 户外媒体设计要求

由于户外广告针对的目标受众在广告面前停留的时间短暂且快速，可以接受的信息容量有限。而要使受众在短暂的时间中理解并接受户外广告传递的信息，户外广告就必须更强烈地表现出给人提示和强化印象留存的作用。户外广告力求简洁和单纯，重点传达企业自身的品牌标志形象或产品形象，充分展现企业和产品的个性化特征，注重其直观性、表现手法的统一性和一贯性。

户外广告的设计定位，是对广告所要宣传的产品、消费对象、企业文化理念做出科学的前期分析，是对消费者的消费需求、消费心理等诸多领域进行探究，是市场营销战略的一部分；广告设计定位也是对产品属性定位的结果，没有准确的定位，就无法形成完备的广告运作整体框架。

在设计方面，一是可以讲究质朴、明快、易于辨认和记忆，注重解释功能和诱导功能的发挥；二是能够体现创意性，将奇思妙想注入户外广告当中，如下图（左）所示。

户外广告的设计可以增加一定的诱导性与互动性，可以用制作悬念的方式来诱导消费者的注意力；也可以在户外广告中开设有趣味的互动功能。如此一来，广告的目的达到了，公司也省去了一大笔的市场调查费用，可谓一举两得，如下图（右）所示。

在文字设计方面讲究简短、诱人。内容集中在品牌名、产品名、企业名或标准统一的广告用语上，字体选择应该尽量单一化，不可以选择过多的字体，注意应用企业的标准字体。

在色彩明度、纯度和色相等方面注意各因素彼此间的对比统一关系，注意运用企业和产品的标准色系或形象色彩。

10.2 公交站牌广告设计

设计思维过程

❶通过不规则的图形将广告背景画面分割成两个部分，分别放置不同的广告内容。

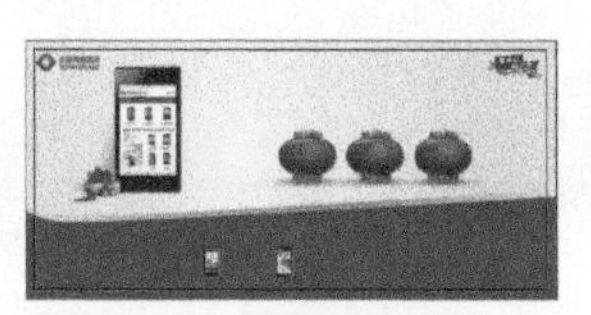

❷置入的素材中有红色灯笼，表现出传统的节日喜庆气氛。

❸文字表达了广告的主题，变形的红色“福”字，起到吸引人们目光的作用。

❹填充渐变颜色的字，增强了广告的视觉感，也弥补了色彩的单调性。

设计关键字：不规则形状及颜色搭配

公交车站牌广告设计以吸引人们的眼球，达到宣传自身的产品为目的。本实例设计的通信广告，通过设置特殊字体、更改字体样式，吸引人们的注意。

在本实例中通过不规则形状的搭配，将整个广告画面分割为上下两个部分，突破了传统的设计思维，活跃了广告画面。红色本身就容易引起人们的注意，跟米黄色搭配营造了一种喜庆、火热的气氛，通过合理的文字表达出通信广告的主题，如右图所示。

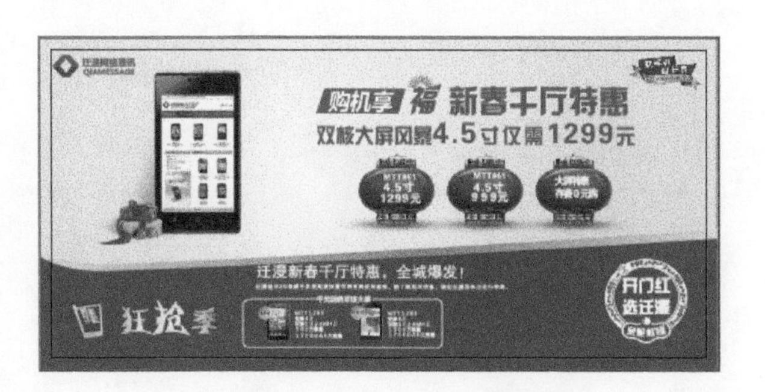

色彩搭配秘籍：红色、米黄、白色

红色占据了近一半的画面，使整个画面充满了喜庆和活力的氛围，如下图（左）所示。米黄色是主体色，是为了更好地突显红色，如下图（中）所示。白色衬托了红色，形成视觉上的冲击和对比，如下图（右）所示。

RGB（230、0、18）
CMYK（0、100、100、0）

RGB（253、229、185）
CMYK（0、13、31、0）

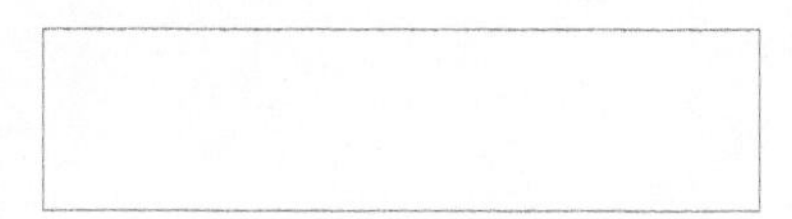

RGB（255、255、255）
CMYK（0、0、0、0）

软件功能提炼

❶ 使用“钢笔工具”绘制图形
❷ 使用“文字工具”输入文字
❸ 设置“变换”面板倾斜图形
❹ 使用“渐变工具”填充渐变

实例步骤解析

本实例制作公交站牌广告，画面中包含多个零碎元素，但实际的操作步骤并不复杂。先通过绘制不规则图形制作出广告背景，然后是对字体进行变形处理，制作出特殊效果。

Part 01：制作广告不规则背景

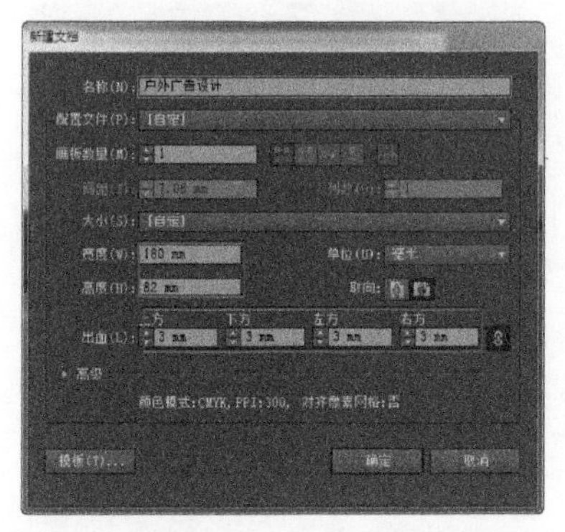

01 新建文档 执行“文件>新建”命令，对相关选项进行设置，单击“确定”按钮，新建空白文档。

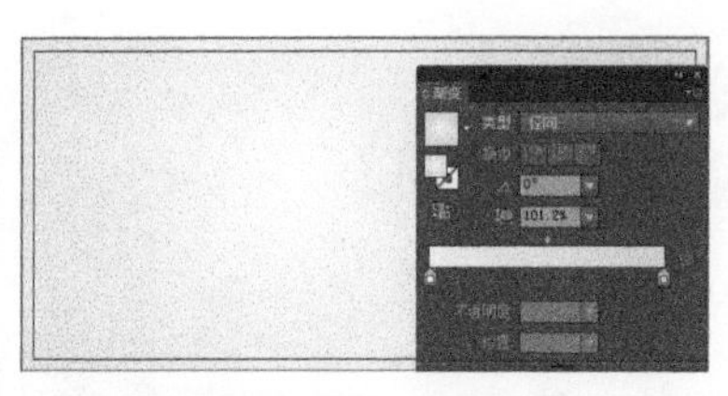

02 绘制矩形 使用“矩形工具”，设置“描边”为无，在画布中绘制矩形，为该矩形填充渐变颜色。

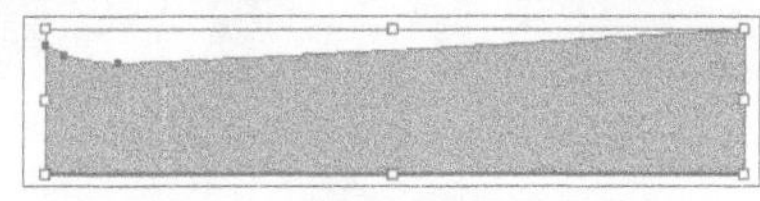

03 绘制图形 使用“钢笔工具”，设置“描边”为无，在画布中绘制图形。

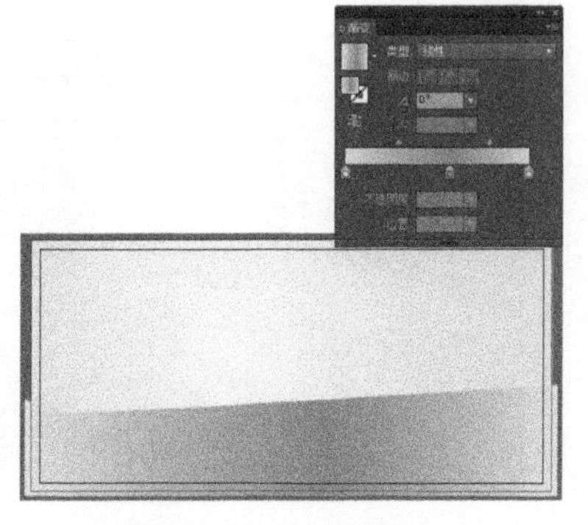

04 填充渐变 选中刚刚绘制的图形，移到合适的位置。打开“渐变”面板，设置渐变颜色，为该图形填充渐变颜色。

05 绘制图形 使用相同的制作方法，可以绘制出相似的图形效果。

06 绘制矩形 使用“矩形工具”，设置“填色”和“描边”均为无，在画布中绘制矩形路径。

07 创建剪切蒙版 同时选中画布中的所有图形，执行“对象>剪切蒙版>建立”命令，创建剪切蒙版。

TIPS

使用“钢笔工具”在画布中绘制图形时，很难一次就绘制出理想中的图形，这时可以使用“直接选择工具”对所绘制路径上的锚点进行调整。

08 置入Logo素材 执行“文件>置入”命令，置入素材“资源文件\源文件\第10章\素材\10201.ai”，将其调整到合适的大小和位置。

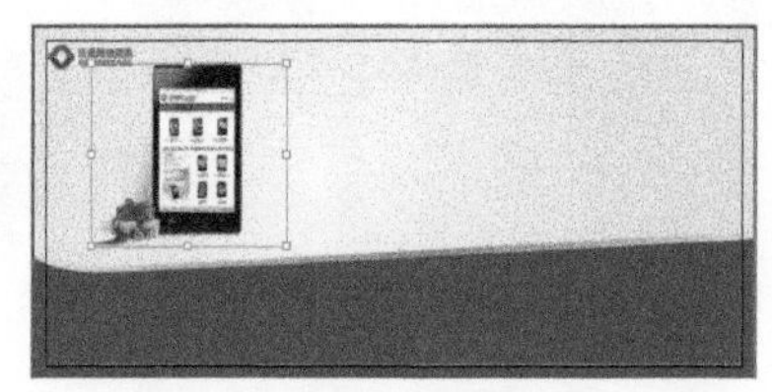

09 置入素材 执行“文件>置入”命令，置入素材“资源文件\源文件\第10章\素材\10202.tif”，将其调整到合适的大小和位置。

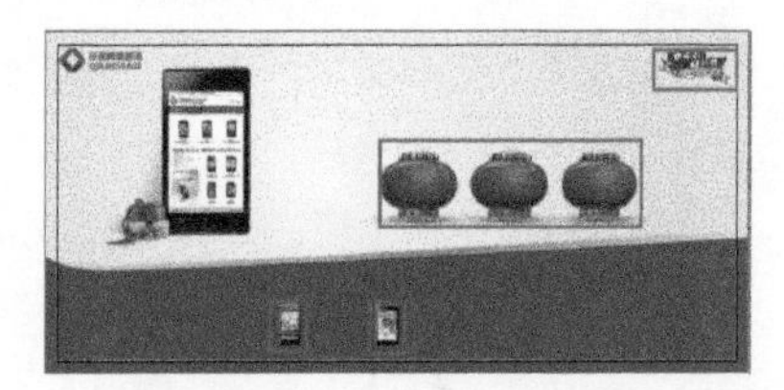

10 置入其他素材 使用相同的制作方法，置入其他素材，并分别调整到合适的大小和位置。

Part 02：制作广告主题文字

01 绘制矩形 使用“矩形工具”，设置“填色”为CMYK（0、100、100、0），“描边”为无，在画布中绘制矩形。

02 倾斜调整 使用“倾斜工具”，按住Shift键在水平方向拖动鼠标，对矩形进行倾斜操作。

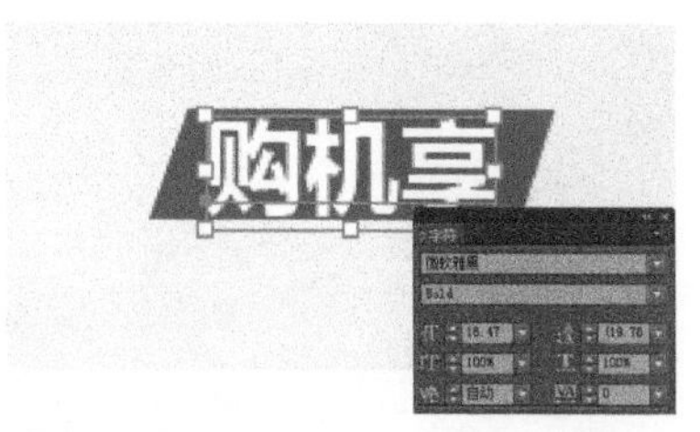

03 输入文字 使用“文字工具”，设置“填色”为白色，“描边”为无，在画布中单击并输入文字。

TIPS

在确定了主色调和配色后，所有后面使用的颜色尽量在两者之间选择，这样可以保证整个画面杂而不乱。

04 倾斜文字 选中文字，打开“变换”面板，设置倾斜角度为10°。

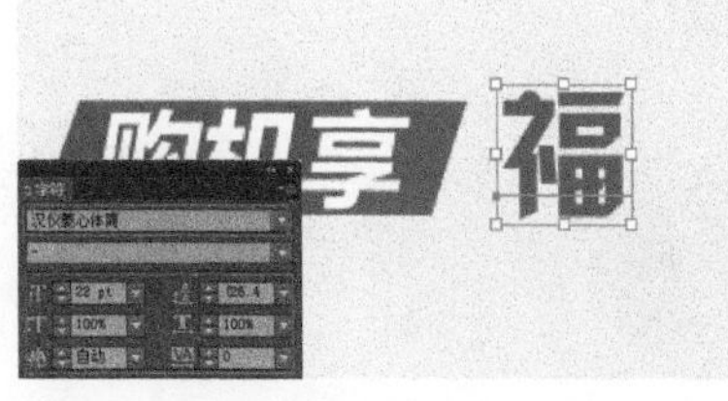

05 输入文字 使用“文字工具”，设置“填色”为红色，“描边”为无，在画布中单击并输入文字。

06 倾斜文字 选中刚输入的文字，打开“变换”面板，设置倾斜角度为15°。

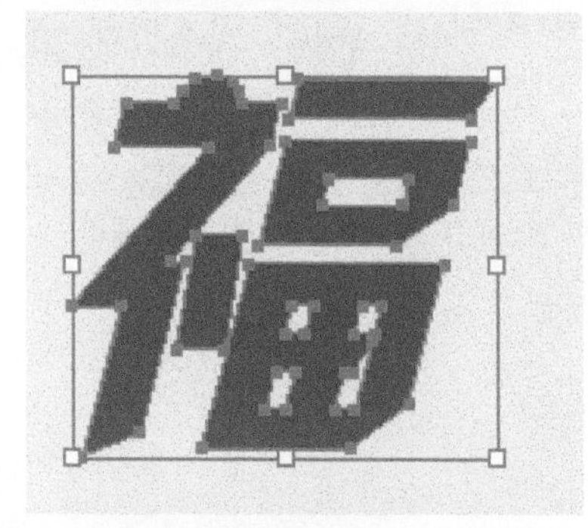

07 创建轮廓 选中文字，执行“文字>创建轮廓”命令，将文字创建轮廓。

08 删除锚点 使用“直接选择工具”，选中文字路径上相应的锚点，将其删除。

TIPS

将文字转换为轮廓的目的是为了在文字的基础上进行变形操作，通过对文字路径进行调整，可以将文字修改为任意的形状。

09 创建矩形 使用“矩形工具”，设置“填色”为红色，“描边”为无，在画布中绘制矩形，并对矩形进行倾斜操作。

10 绘制多个矩形 使用相同的制作方法，可以绘制出相似的图形效果。

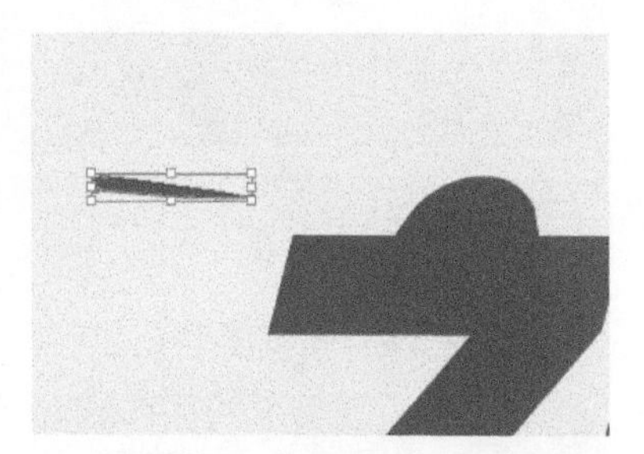

11 绘制图形 使用“钢笔工具”，设置“填色”为红色，“描边”为无，在画布中绘制图形。

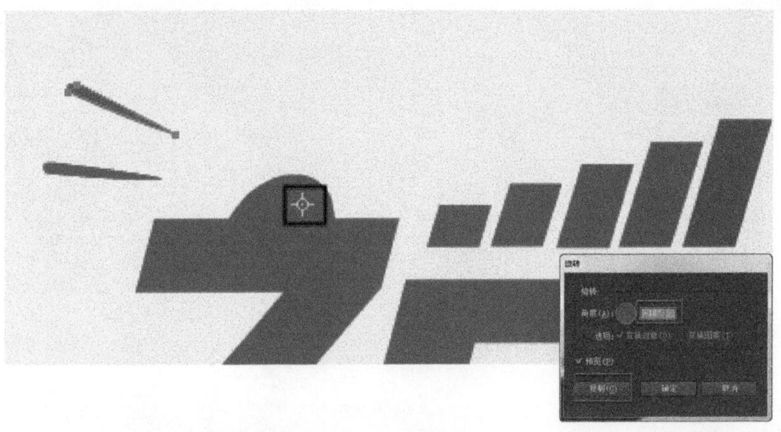

12 旋转复制图形 选中刚绘制的图形，使用“旋转工具”，按住Alt键在旋转中心点单击，弹出“旋转”对话框，对相关选项进行设置，单击“复制”按钮，得到旋转复制的图形。

13 旋转复制多个图形 按快捷键Ctrl+D重复上步执行的操作，旋转复制出多个图形。

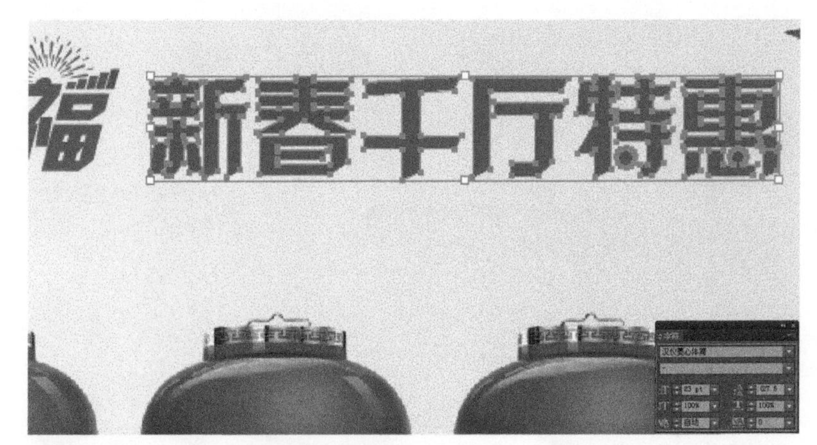

14 绘制图形 使用相同的制作方法，可以绘制出相似的图形效果。

15 输入文字 使用“文字工具”，设置“填色”为红色，“描边”为无，在画布中单击并输入文字。选中文字，将文字创建轮廓。

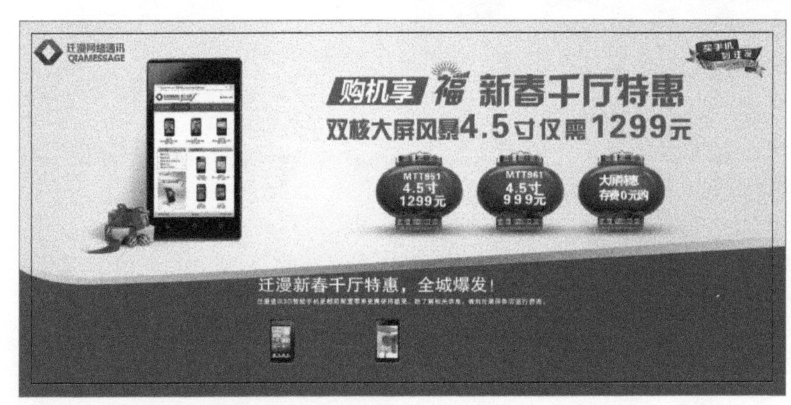

16 输入文字 使用相同的制作方法，在画布中合适的位置输入相应的文字。

TIPS

户外媒体的优势在于具有流动性、强制性、针对性和实效性等特点，内容丰富。不仅有广告的形式，还有节目的形式，强化了企业形象，增强了品牌的知名度。

Part 03：丰富广告内容

01 绘制圆角矩形 使用“圆角矩形工具”，设置“填色”为无，“描边”为白色，“粗细”为1pt，在画布中绘制圆角矩形。

02 添加锚点 使用“钢笔工具”，在刚刚绘制的圆角矩形路径上单击添加两个锚点。

03 剪刀工具 使用“剪刀工具”，分别在刚刚添加的两个锚点上单击，选中两个锚点之间的路径，将其删除。

使用“剪刀工具”只需要在路径的锚点上单击，即可快速、方便地将路径剪开为开放路径。

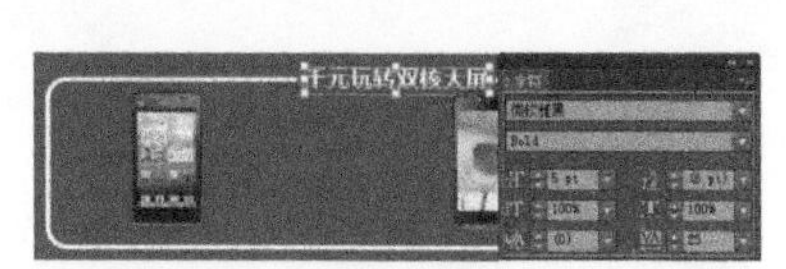

04 输入文字 使用“文字工具”，设置“填色”为白色，“描边”为无，在画布中单击并输入文字。

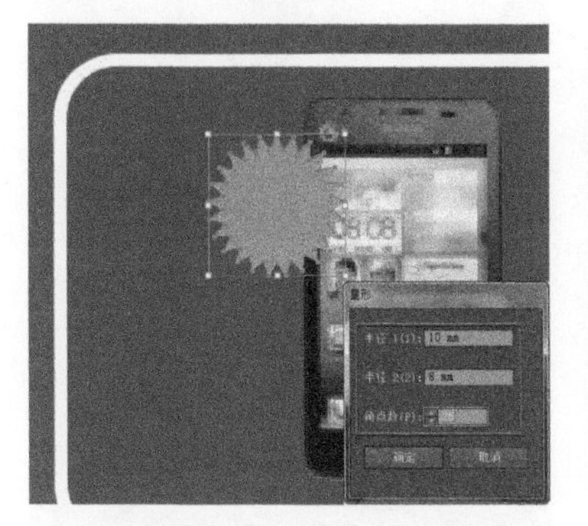

05 绘制多角星形 使用“星形工具”，设置“描边”为无，在画布中单击，弹出“星形”对话框，对相关选项进行设置，单击“确定”按钮，在画布中绘制星形。将星形调整到合适的大小和位置。

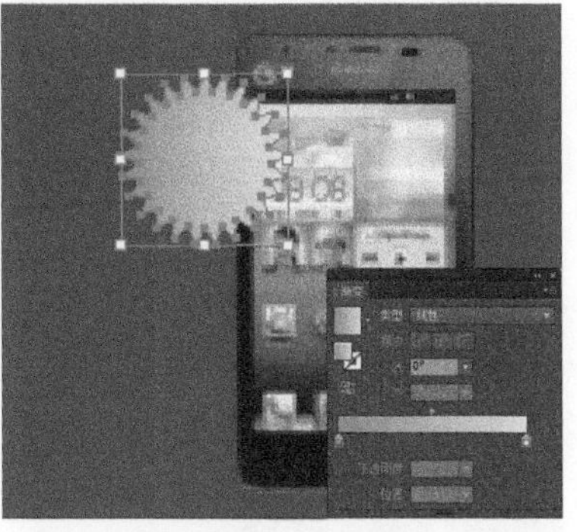

06 填充渐变颜色 选中星形，打开“渐变”面板，设置渐变颜色，为星形填充渐变颜色。

TIPS

需要更改“星形”角数时，利用“星形”对话框中的“角点数”选项可设置3~1000的角点，也可在绘制时按住键盘上的向上、向下方向键来增加或减少星形角点数，绘制出不同边角的星形。

07 复制星形 复制星形图形，使用“剪刀工具”，将复制得到的星形图形裁剪成两半。

08 填充渐变颜色 选中半个星形，打开“渐变”面板，设置渐变颜色，为该图形填充渐变颜色，并移至合适的位置。

09 输入文字 使用“文字工具”，设置“填色”为白色，“描边”为无，在画布中单击并输入文字。

公交站牌广告能够引起过客的关注，但公交站牌广告需要时常更新，一方面为了吸引大量的客户，另一方面是对更多广告信息的推广有所帮助。现在的户外广告形式投放竞争激励，做公交站牌广告也是一种广告策略。

10 复制文字 复制刚输入的文字，按快捷键Ctrl+F，原位粘贴文字。将复制得到的文字“填色”修改为CMYK（100、100、0、0），调整其位置。

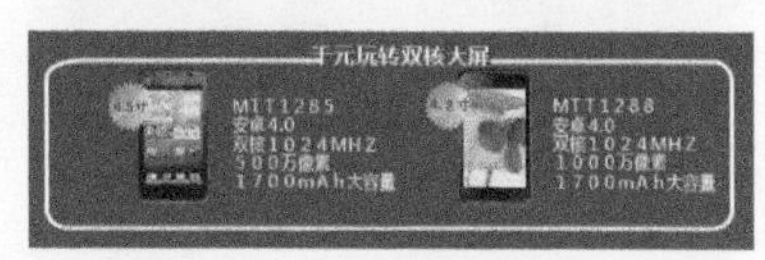

11 输入文字 使用相同的制作方法，可以完成相似部分内容的制作。

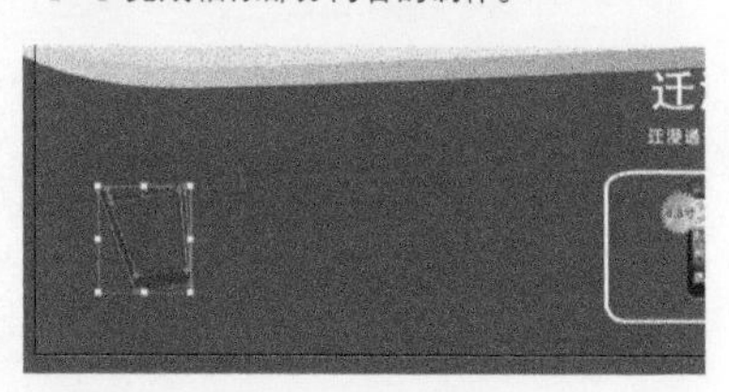

12 绘制图形 使用“钢笔工具”，设置“填色”和“描边”均为CMYK（0、100、100、50），描边“粗细”为1pt，在画布中绘制路径图形。

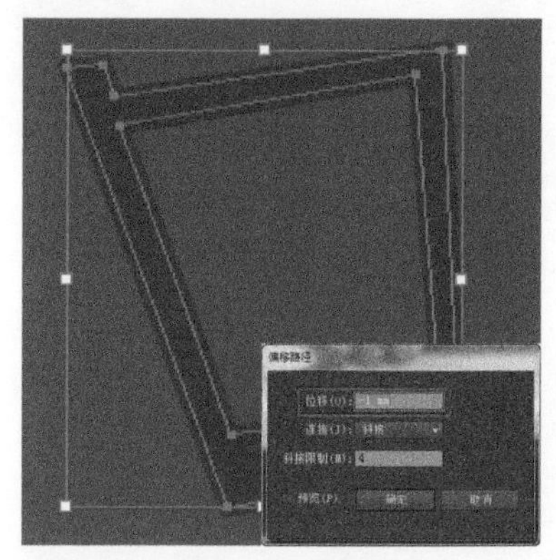

13 偏移路径 选中刚刚绘制的图形，执行“对象>路径>偏移路径”打开“偏移路径”对话框，设置其参数，单击“确定”按钮，得到偏移的图形。

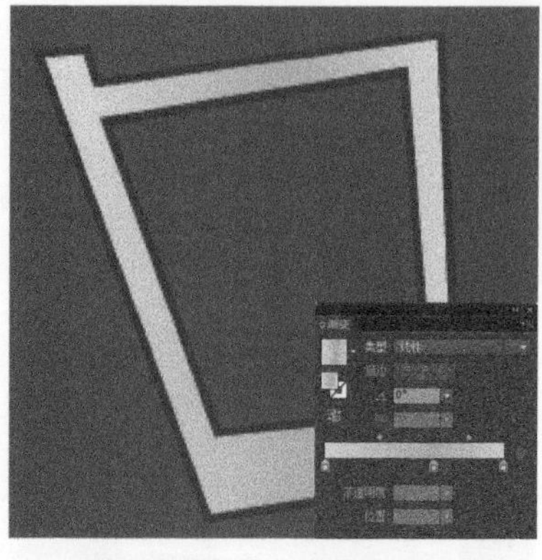

14 填充渐变颜色 选中偏移得到的图形，设置“描边”为无，打开“渐变”面板，设置渐变颜色，为该图形填充渐变颜色。

15 绘制图形 使用相同的制作方法，可以绘制出相似的图形。

16 输入文字 使用“文字工具”，设置“填色”为CMYK（0、100、100、50），“描边”为无，在画布中单击并输入文字。

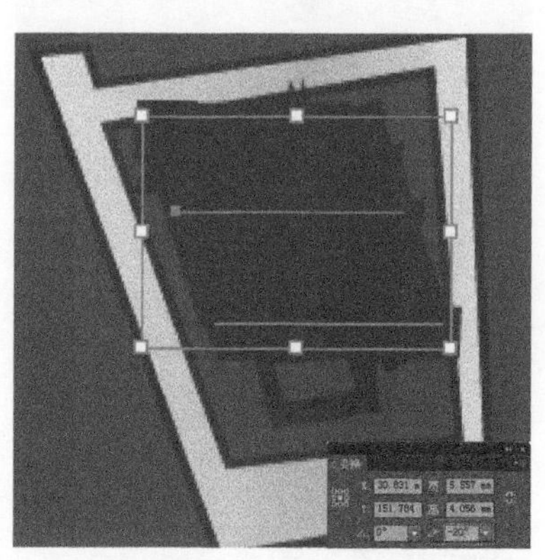

17 倾斜文字并描边 选中文字，打开“变换”面板，设置倾斜角度为-20°。设置“描边”颜色为CMYK（0、100、100、50），“粗细”为2pt。

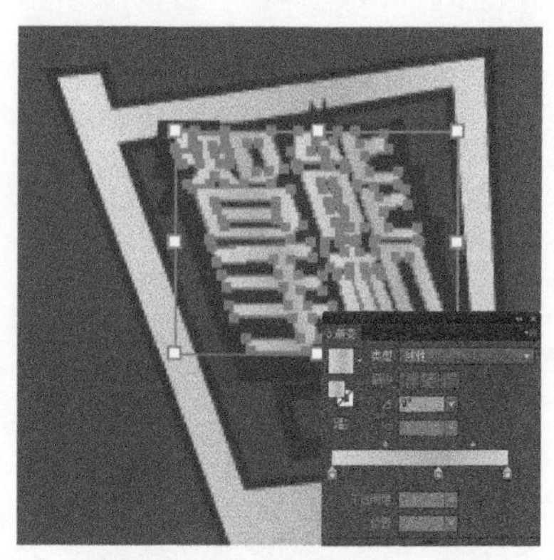

18 复制文字并填充渐变颜色 复制文字并原位粘贴。设置复制得到的文字“描边”为无，并将其创建轮廓，为其填充渐变颜色。

TIPS

将文字转化为路径之后，可以对文字应用填充和描边，或者通过对锚点的调整对文字进行变形等操作。

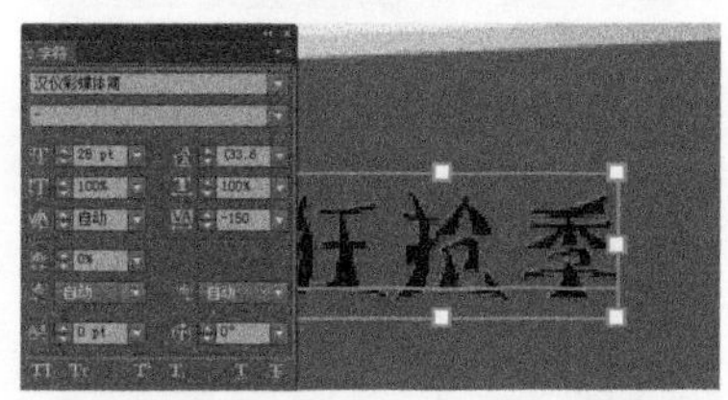

19 输入文字 使用“文字工具”，设置“描边”为无，在画布中单击并输入文字。

20 分别为文字填充渐变颜色 使用“文字工具”选中“抢”字，打开“字符”面板，设置相关参数，分别为文字填充不同的渐变效果。

21 置入素材 执行“文件>置入”命令，置入素材“资源文件\源文件\第10章\素材\10207.tif”，调其整到合适的大小和位置。

22 最终效果 完成该公交站牌广告的设计制作，可以看到该广告的最终效果。

10.2.1　对比分析

公交站牌广告在候车时随处可见，制作公交站牌广告需要根据产品的特征表达出主题思想，以达到快速和直观的信息传达效果。所以在设计时需要做到传达信息清晰和准确，图形、色彩和文字选用恰当。

❶ 没有对文字进行变形处理，使得整个广告主题文字毫无新意，突出不了广告宣传的主题。

❷ 采用矩形框设计的图形过于刻板，缺乏活力。

❸ 采用纯色作为背景使整个画面显得过于单调，体现不出层次感。

❶ 对主题文字进行变形处理，使得主题文字突出，成为广告主题中的亮点，使人有眼前一亮的感觉。

❷ 采用流线型线框，给人一种动态的感觉，打破了画面的沉闷。

❸ 采用渐变色作为背景，使画面有了光亮感和层次感。

Before

After

10.2.2　知识扩展

户外广告的最初形式源自于招贴，到现在已经有几千年的历史，是广告中最古老的媒介。户外广告发展到今天，已经成为企业进行广告发布时媒介组合运作的重要组成部分。

常见户外广告的制作方法

户外广告设计稿是户外广告制作的第 1 步，表现手法以手工绘制或电脑喷绘小样为主。户外广告的制作方法，因种类不同而各有差异，户外广告的材料、制作工艺日新月异，接下来简单介绍几种常见的户外广告制作方式。

❶ 路牌广告

路牌广告包括从中型到超大型的广告牌、柱式广告和墙体广告等。目前在制作上主要有手工绘制、电脑喷绘、手工与电脑喷绘相结合和印刷品拼贴几种形式，如下图（左）所示。

❷ 印刷品拼贴和电脑喷绘的路牌广告

这种路牌广告的质量除了设计者的水平以外，主要取决于印刷设备的先进状况、印刷用纸张和颜料的塑胶纸印刷。其优点是画面精致、能逼真地反映物体的真实面貌，其效果是任何手工与电脑喷绘难以达到的，如下图（右）所示。

❸ **布幅广告**

使用喷绘、拓印、丝网印刷或缝制的方法将图形或文字绘制于确定好的布幅。布幅一般采用结实、富有弹力的布料，再使用绳系于气球、建筑物或一些公共设施上。

❹ **车体广告**

包括在出租车顶的广告牌、公交车上的写真喷绘广告等。这一类型的户外广告可以采用写真喷绘和悬挂广告牌两种形式，在设计时需要注意车窗和设备窗口的开启特点，注意使二者有效地结合。在设计制作时应该以品牌识别形态为主要视觉元素，广告的其他文案内容应尽量舍弃，如下图（左）所示。

❺ **公交站台灯箱广告**

首先要考虑的是公交站台整体的立体形态，再考虑灯箱的尺寸、形状和位置。灯箱的制作方法可以使用透明胶片、电脑刻绘的即时贴和有色纤维板等材料粘贴于毛玻璃、纤维板或有机塑料板上，并用日光灯或白色霓虹灯以及专用射灯为光源。其效果由灯箱的大小和要求的能见度来决定，如下图（右）所示。

路径描边的设置

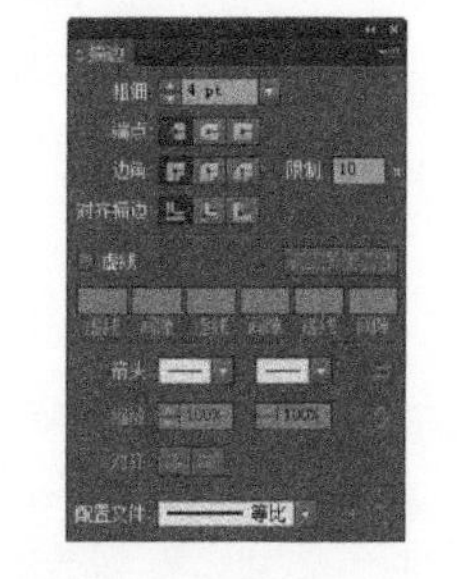

选择“窗口 > 描边”命令，即可显示或隐藏“描边”面板，如右图所示。下面对该面板中的各个选项进行详细的介绍。

“粗细”选项用来设置路径的宽度，也就是描边的粗细。单击上三角按钮或下三角按钮可使数值框中的数字以 1 为单位递增或递减，也可以直接在数值框中输入任意宽度值；另外，用鼠标单击数值框右侧的下三角按钮会弹出一个下拉列表，在该下拉列表中有一些定义好的数值供选择。

“端点”选项右侧有 3 个不同的按钮，表示 3 种不同的端点，第 1 种平头端点，第 2 种是圆头端点，第 3 种是方头端点，对于闭合路径不起作用。

“限制”选项用来设置斜接的角度。

“边角”选项右侧同样有 3 个按钮，用于表示不同的拐角连接状态，分别为斜接连接、圆角连接和斜角连接。使用不同的方式将得到不同的路径连接结果，如右图（左、中、右）所示。

（斜接连接）

（圆角连接）

（斜角连接）

当拐角连接状态设置为“斜接连接”时，“限制”数值框中的数值使可以调整的；当拐角连接状态设置为“圆角链接”或“斜角链接”时，“限制”数值框呈灰色，为不可设置状态。

当拐角角度很小时，斜接会自动变成斜角连接。拐角不同时，斜接连接自动变成斜角连接时的“限制”数值框中的数值也不同。“限制”数值框中的数值用来控制变化的角度，数值越大，可容忍的角度越大。

“对齐描边”选项右侧有3个按钮，可以使用“使描边居中对齐”、“使描边内侧对齐”或“使描边外侧对齐”按钮来设置路径上描边的位置。

如右图（左）所示为路径使用“使描边居中对齐”的效果；如右图（中）所示为路径使用“使描边内侧对齐”的效果；如右图（右）所示为路径使用“使描边外侧对齐”的效果。

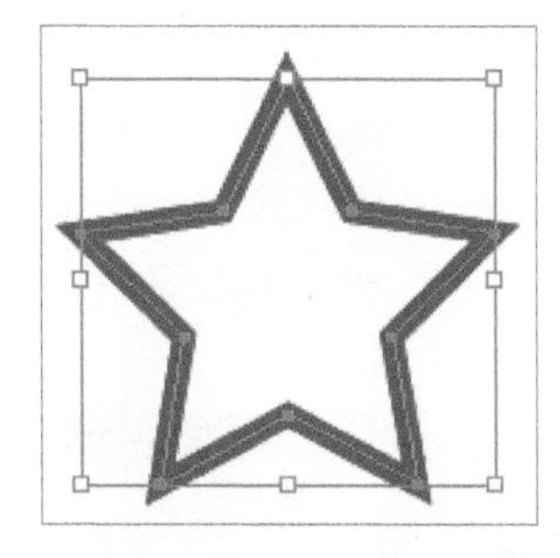

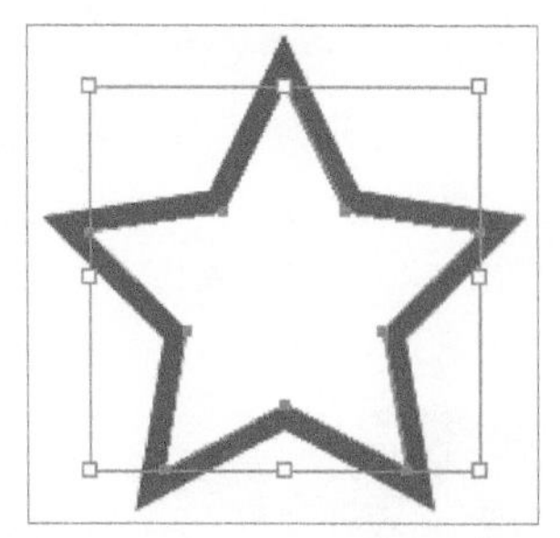

“虚线”选项是Illustrator软件的特色。选中“虚线”复选框，在该选项的下面有6个文本框，在其中可输入相应的数值。数值不同，所得到的虚线效果也不同，再配合不同的粗细的线及线段的形状，会产生各种各样的效果，如右图（左、右）所示。

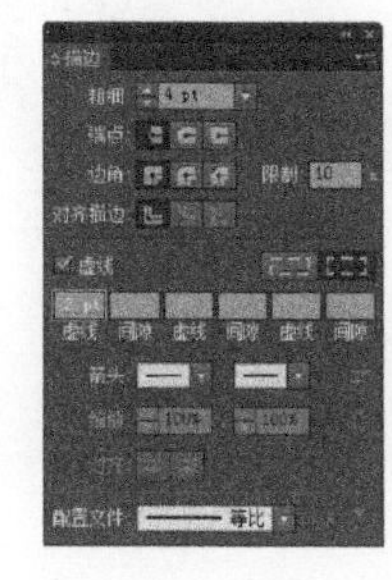

10.3 地产围档广告

设计思维过程

❶将背景填充为蓝色，是为了与置入的素材形成强烈的视觉对比。

❷通过不规则的图形将广告背景画面分割成两个部分，分别放置不同的广告内容。

❸置入Logo图形并绘制出一些曲线与Logo图形相搭配，丰富画面的视觉效果。

❹文字是为了更好地阐述广告主题，最后在广告中添加主题文字。

设计关键字：流畅简洁

户外围挡广告通常都不能设计得过于复杂，因为没有人会停下脚步仔细地看广告的内容，所以设计制作围档广告时需要注意广告画面要精美流畅，主题内容要简洁，使人能够一眼就能明白广告的主题和含义。本实例的地产围挡广告，通过简洁的弧线进行构图，使整个广告画面非常流畅；设计精美的地产项目效果图，给人留下深刻的印象；搭配地产 Logo 和主题文字，简单明了地阐述广告主题。

流畅简洁

色彩搭配秘籍：黄色、深蓝色、紫色

本实例的色彩搭配很好地表现出产品高贵奢华，无尽荣耀的特征。紫色象征着高贵，如下图（左）所示；黄色占据整体图形中间位置，有种光芒四射的感觉，如下图（中）所示；深蓝色表现出一种沉稳冷静，与黄色形成视觉上的冲击和对比，如下图（右）所示。

RGB（223、192、93）
CMYK（15、25、70、0）

RGB（8、37、58）
CMYK（98、88、62、42）

RGB（116、83、146）
CMYK（64、73、13、0）

软件功能提炼

❶ 使用“矩形工具”绘制矩形

❷ 使用“文字工具”输入文字

❸ 使用“钢笔工具”绘制图形

❹ 使用“剪切蒙版”功能创建剪切蒙版

实例步骤解析

本实例先使用矩形工具确定页面的整体布局，接着逐步加入相关的图形、Logo、主题文字等元素，营造出一种高贵奢华的感觉。

Part 01：制作地产广告背景

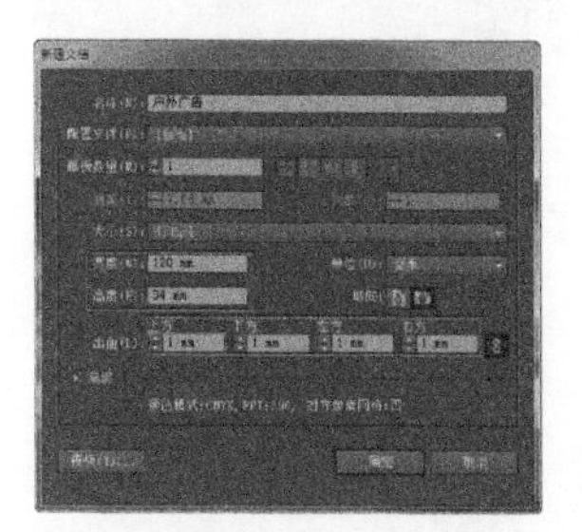

01 新建文档 执行“文件>新建”命令，对相关选项进行设置，单击“确定”按钮，新建空白文档。

02 绘制矩形 使用“矩形工具”，设置“填色”为CMYK（98、88、62、42），“描边”为无，在画布中绘制矩形。

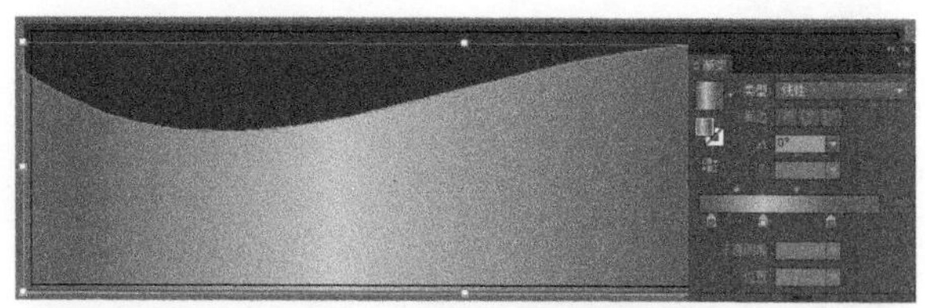

03 绘制图形 使用“钢笔工具”，设置“描边”为无，在画布中绘制路径图形。打开“渐变”面板，设置渐变颜色，为图形填充渐变颜色。

04 置入素材 执行“文件>置入”命令，置入素材“资源文件\源文件\第10章\素材\10303.tif”，将其调整到合适的大小和位置。

05 绘制路径 使用“钢笔工具”，设置“填色”和“描边”均为无，在画布中绘制路径。

06 创建剪切蒙版 同时选中刚绘制的路径和置入的素材，执行“对象>剪切蒙版>建立”命令，创建剪切蒙版。

TIPS

选择填充渐变的对象后，可以在“渐变”面板中增加或减少渐变颜色的数量、调整渐变颜色的位置，以及修改渐变设置。

Part 02：制作地产广告内容

01 绘制虚线 使用“钢笔工具”，设置“填色”为无，“描边”为CMYK（0、0、0、0），在画布中绘制曲线，在“描边”面板中进行设置。

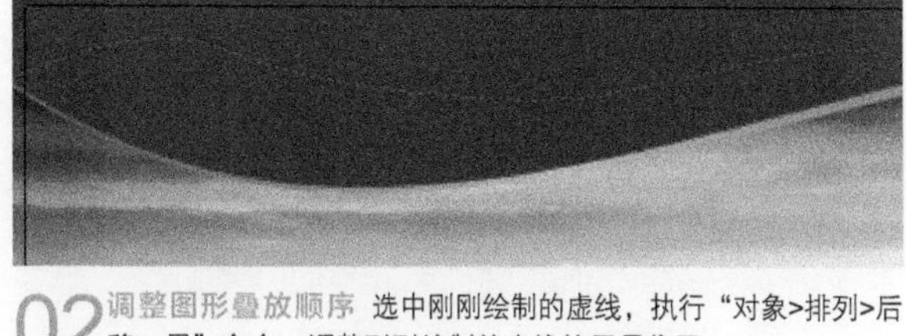

02 调整图形叠放顺序 选中刚刚绘制的虚线，执行“对象>排列>后移一层”命令，调整刚刚绘制的虚线的层叠位置。

03 绘制多条曲线 使用相同的制作方法，绘制出其他的曲线效果。

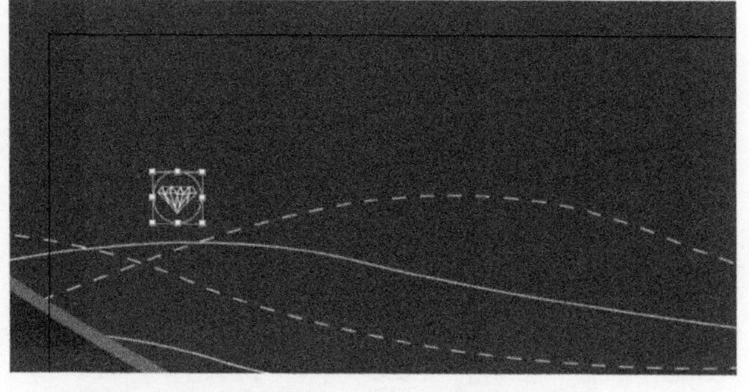

04 置入素材 置入素材“资源文件\源文件\第10章\素材\10302.ai”，调整其到合适的大小和位置。

TIPS

在使用“直线段工具”或“钢笔工具”绘制虚线时，可以通过“描边”面板，勾选“虚线”复选框，设置大小，在画布中单击并拖动鼠标即可绘制出虚线效果。

05 复制素材 将刚刚置入的素材复制多个，并分别调整到不同的位置。

06 置入Logo素材 置入素材“资源文件\源文件\第10章\素材\10301.ai”，将其调整到合适的大小和位置。

TIPS

与一般文字相比较，标准字在字体上的最大差别是除造型外观不同外，还在于特定的配置关系，一般文字的设计出发点着重于字体的均衡组合，可依据需要进行上下左右的任意组合。标准字则不同，其设计时是根据企业品牌名称、活动的主题语内容而精心设计的。

07 输入文字 使用“文字工具”，设置“填色”为CMYK（100、100、65、50），“描边”为无，在画布中单击并输入文字。

08 创建轮廓 选中文字，执行“文字>创建轮廓”命令，将文字创建轮廓。

09 输入文字 使用相同的制作方法，在画布中合适的位置单击并输入文字。

10 绘制正圆形 使用“椭圆工具”，设置“填色”为无，“描边”为CMYK（100、100、65、50），“粗细”为0.4pt，按住Shift键绘制正圆形。

11 绘制图形 使用“钢笔工具”，设置“填色”为CMYK（100、100、65、50），“描边”为无，在画布中绘制图形。

12 绘制图形 使用相同的制作方法，可以绘制出类似的图形。

13 输入文字 使用“文字工具”，设置“填色”为CMYK（100、100、65、50），“描边”为无，在画布中单击并输入文字，并将文字创建轮廓。

14 绘制矩形路径 使用“矩形工具”，设置“填色”和“描边”均为无，在画布中绘制矩形路径。

15 创建剪切蒙版 选中画布中所有对象，执行“对象>剪切蒙版>建立”命令，创建剪切蒙版。

16 最终效果 完成地产围挡广告的设计制作，可以看到地产围档广告的最终效果。

17 制作其他围挡广告效果 使用相同的制作方法，可以制作出一系列的地产围挡广告。

10.3.1　对比分析

在户外广告中，图形最能吸引人们的注意力，需要注意的是画面形象越繁杂，给人们的感觉越紊乱；画面越单纯，消费者的注意值也就越高，力图给人们留有充分的想象空间。

❶ 文字放在广告上端，导致广告下端太过空旷，使整个广告看起来不协调。

❷ 背景中普通的矩形图形与背景分割不明显，感觉图形都混在一起，画面完全失去了活力。

Before

❶ 文字放置在图片上，与图片相辅相成，更好地阐述主题。

❷ 流畅的不规则图形给整体图像带来了一种流动的动态感，打破了画面的沉闷。

After

10.3.2　知识扩展

户外媒体广告具有传播力强、成本低的特点，有利于开拓市场，提高企业知名度。户外媒体广告的表现方式多种多样，而且也具有其他媒体广告无法达到的效果，但是户外媒体广告也具有一定的局限性。

户外广告的局限性

❶ 针对性弱

户外媒体广告的诉求对象是户外活动的大众，他们具有复杂性和流动性的特点。人们在接触广告作品时都是无心的、随意的，信息接受时间也很短暂，因此针对性较弱。

❷ 广告信息泛滥

现在城市中到处都是户外广告，过于密集的户外广告也使受众在视觉与记忆上形成了厌烦心理。有些广告作品很可能被淹没在户外广告的海洋中，根本不被受众发现。另外，户外广告开发过度，使得户外广告泛滥成灾，不但会影响市容，还会引发信息污染等后果。

❸ 使用寿命不长

户外广告由于是在户外发布，极易因为时间的推移而受到自然现象的损坏。例如，经过一段时间的日晒雨淋过后，有些户外广告脱色情况较为严重，有些照明设施也会有所损坏，因此在广告发布的有效期内，要对户外广告进行定期的维护与管理。

剪切蒙版的使用方法和技巧

剪切蒙版可以裁剪部分图形，从而只有一部分图形透过创建的一个或多个形状得到显示。将一个矩形路径置于要裁剪的图像之上，通过执行“对象 > 剪切蒙版 > 建立”命令，对图形进行剪切蒙版处理。如下图（左）所示为应用剪切蒙版前的效果，如下图（右）所示为应用剪切蒙版后的效果。

制作蒙版的路径可以包括一般路径、复合路径以及创建为轮廓后的文字路径。有蒙版所遮盖的对象包括多个对象组合的部分、个别对象以及置入的位图。为了使多个对象作为一个蒙版，首先需要将这些对象同时选中，并且把它们制作成复合路径。无论在何种情况下，将多个对象所形成的复合路径都制作成一个单一的蒙版。

使用“文字工具”在画布上输入文字（不需要把字符转化为轮廓），将文字置于图像之上，如下图（左）所示。选中这两个对象，单击鼠标右键，在弹出菜单中选择“建立剪切蒙版”命令，即可呈现剪切蒙版效果，如下图（右）所示。

10.4 模版欣赏

完成本章内容的学习，希望读者能够掌握户外媒体广告的设计制作方法。本节将提供一些精美的户外媒体广告设计模版供读者欣赏。读者可以自己动手试着练习一下，检验一下自己是否也能够设计制作出这样的户外广告。

EXPECT BIG THINGS.
primesight

别跟我谈 出身
因为我出身名门
别跟我讲 血统

ABSOLUT BLOODY

XCTRAVELS.COM

科技广场

i-MiEV. Australia's first volume produced electric car is on sale now.
love that car

ENERGIE
NATURELLE

10.5 课后练习

学习了有关户外媒体广告设计的内容，并通过户外媒体广告实例的制作练习，是否已经掌握了有关户外媒体广告设计的方法和技巧呢？本节通过两个练习，巩固对本章内容的理解并检验读者对户外媒体广告设计制作方法的掌握。

10.5.1 制作地产户外广告

户外媒体广告与其他广告类型最大的区别在于要求广告主题内容直观、清晰。本实例制作的地产户外广告，通过符合主题的图形对广告氛围进行渲染，并将主题文字通过文字变形的方式来呈现，时刻紧扣主题，广告内容清晰、突出。

❶ 绘制矩形并填充线性渐变颜色，置入素材，将素材创建不透明蒙版。

❷ 拖入素材并分别调整到合适的大小和位置，丰富广告的背景与主题。

❸ 输入主题文字，对文字进行变形处理，并为文字添加层次和投影效果。

④ 制作出其他的变形文字，并输入其他文字内容，完成地产户外广告的制作。

10.5.2　制作活动户外展架

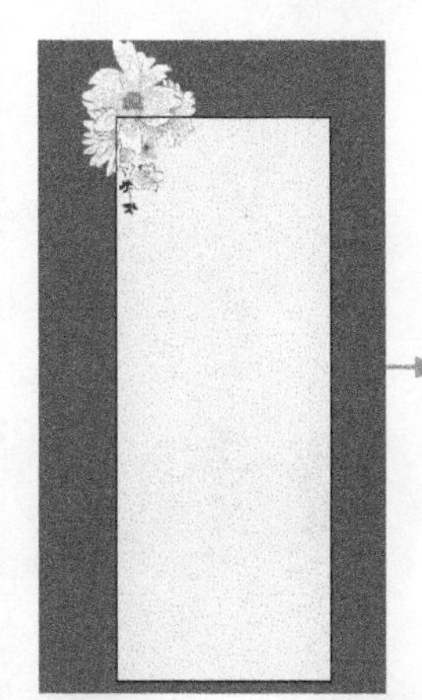

pact
building local promise
Pact envisions a world where those who are poor and marginalized exercise their voice, build their own solutions, and take ownership over their future.

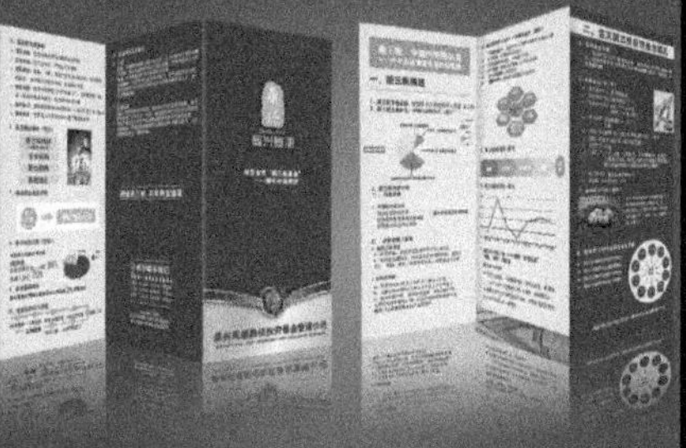

Clean Diesel
Tips on Buying a Green Car

第11章 折页画册设计——表格与图表的应用

企业宣传画册和折页是企业的一张名片，它包含着企业的文化、荣誉和产品等内容，展示了企业的精神和理念。企业宣传画册和折页必须能够正确传达企业的文化内涵，同时给受众带来卓越的视觉感受，进而达到宣传企业文化和提升企业价值的作用。

本章将向读者介绍有关企业宣传画册和折页的相关知识，并通过宣传画册和折页实例的设计制作，拓展读者在画册折页设计方面的思路，使读者能够设计出更好的宣传画册和折页作品。

精彩案例：

- 企业宣传画册设计
- 企业宣传三折页设计
- 金融折页设计

11.1 画册折页设计知识

在现代商务活动中，画册在企业形象的推广和产品营销中起着越来越重要的作用。宣传画册和折页可以展示企业的文化、传达理念、提升企业的品牌形象，起到沟通桥梁的作用。

11.1.1 画册折页设计的分类

一本优秀的画册是宣传企业形象、提升品牌价值、打造企业影响力的媒介，企业宣传画册和折页主要可以分为3种类型，即展示型、问题型和思想型。

展示型

展示型宣传画册和折页主要用来展示企业的优势，注重企业的整体形象，画册的使用周期一般为一年。

问题型

问题型宣传画册和折页主要用来解决企业的营销问题和品牌知名度等，适合于发展快速、新上市、需转型或出现转折期的企业，比较注重企业的产品和品牌理念，画册的使用周期较短。

思想型

思想型宣传画册一般出现在领导型企业，比较注重的是企业思想的传达，使用周期为一年。如下图（左、右）所示为精美的企业画册。

11.1.2 画册折页设计的特点

企业宣传画册和折页不仅要体现企业及企业产品的特点，更要美观。通过宣传画册和折页可以了解有关企业的发展战略、未来前景以及企业的理念，有助于提升企业的品牌力量。优秀的画册和折页都具备一定的特点，在设计企业宣传画册和折页时一定要注意这些特点的把握。

❶ 好主题

确定宣传画册和折页的主题是设计画册的第 1 步，主题主要是对企业发展战略的提炼。没有好的主题，那么画册就会变得很单调和机械。

❷ 好构架

有了好的架构就好像是一部电影有能够吸引人的故事情节，吸引人们去观赏。

❸ 好创意

好的创意符合宣传画册和折页的表现策略。

❹ 好版式

版式就好像是人们的衣服，人人都追求时尚和潮流，版式也要吸纳一些国际化的元素。

❺ 好图片

在企业宣传画册和折页的设计中，常常会使用到许多有关企业或产品的图片，这些摄影图片的好坏直接影响所制作出的画册和折页的质量，好的图片可以引人入胜，让人浮想联翩。如下图（左、右）所示为精美的企业画册。

11.1.3　画册折页版式设计要求

版式设计就是在版面上将有限的视觉元素进行有机的排列组合，将理性思维个性化地表现出来，是一种具有个人风格和艺术特色的视觉传达方式。然而版式的设计也有很多的要求，主要表现在以下几个方面。

❶ 主题鲜明突出

版式设计的最终目的是使版面产生清晰的条理性，用悦目的组织来更好地突出主题，达到最佳诉求效果。按照主从关系的顺序，使主体形象占据视觉中心，以充分表达主题思想。将文案中的多种信息作整体编排设计，有助于主体形象的建立。在主体形象四周增加空白量，可使被强调的主题形象更加鲜明和突出。

❷ 形式与内容统一

版式设计的前提是，版式所追求的完美形式必须符合主题的思想内容。通过完美新颖的形式表达主题。

❸ 强化整体布局

将版面的各种编排要素在编排结构及色彩上作整体设计。加强整体的结构组织和方向视觉秩序，如水平结构、垂直结构、斜向结构和曲线结构；加强文案的集合性，将文案中的多种信息合成块状，使版面具有条理性；加强展开页的整体性，无论是产品目录的展开版，还是跨页版，均为统一视线下展示；加强整体性可获得良好的视觉效果，如下图（左、右）所示为精美的版式设计。

11.2 企业宣传画册设计

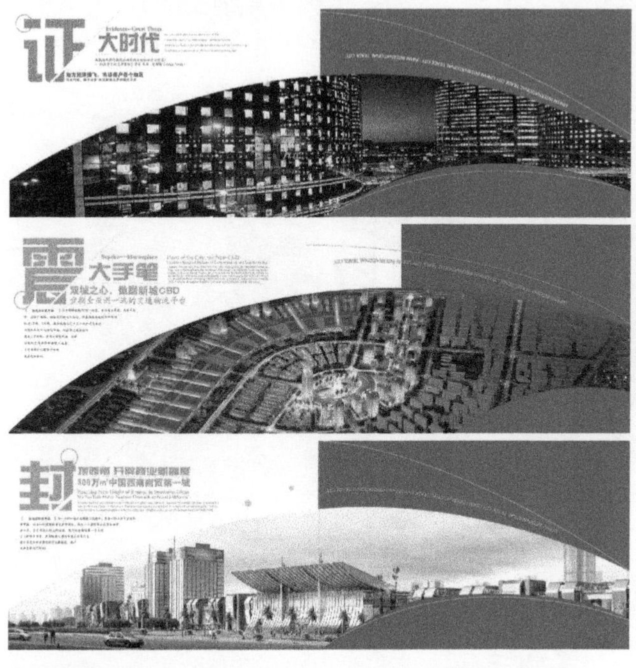

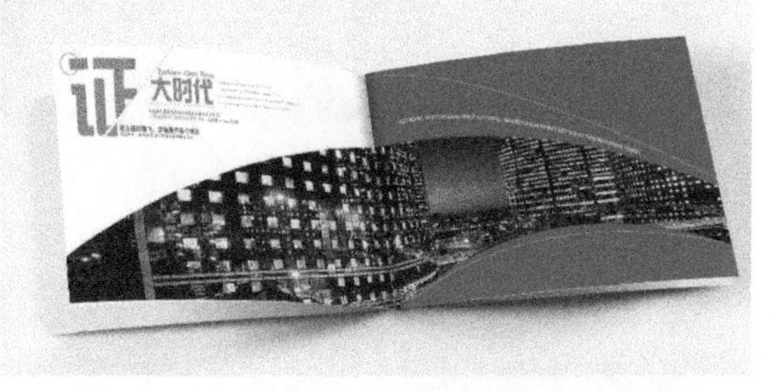

设计思维过程

❶通过对蓝色背景的制作和金黄色素材的置入，为企业折页封面塑造了大气、简洁的效果。

❷通过对不同文字段落的布局，使页面中的重点区域一目了然。

❸使用曲线对页面进行构图，使页面平滑过渡、顺其自然。

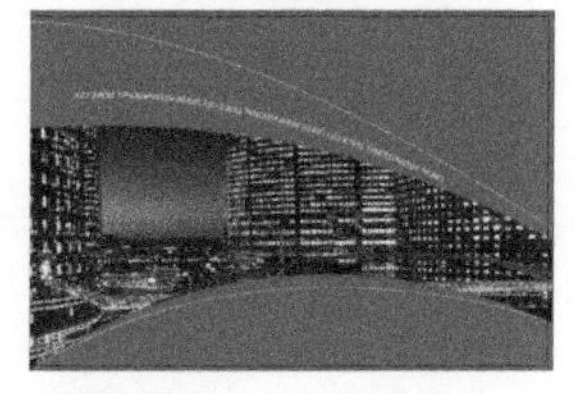
❹绘制的线条和输入的文字与构图紧密相连，相辅相成。

设计关键字：简洁与不规则构图

本实例设计制作的是关于一个企业的宣传画册，企业所要对外宣传的是企业的性质和精神理念，在这幅画册中，无论是对字体颜色选择还是对页面的整体构图都体现了简洁这一特点，如右图（左、右）所示。

画册制作上的简洁能反应一个企业严谨的商业理念和严肃的商业态度，不规则图形构图可以为画册增添活力。

色彩搭配秘籍：蓝色、黄色、白色

本实例的色彩很好地突出了企业公司画册所要表达的主题，蓝色占据画册颜色的大部分，它所代表的是一种理想、广阔与深沉，传达出企业厚重的文化底蕴、远大抱负和广阔的视野，如下图（左）所示。此实例中使用的黄色是金黄色，它所代表的是一种辉煌与财富，应用于企业再合适不过，如下图（中）所示；白色背景在实例中可以更好地突出文字和图片，如下图（右）所示。

RGB（0、82、147）
CMYK（100、50、0、30）

RGB（165、135、33）
CMYK（43、47、100、0）

RGB（255、255、255）
CMYK（0、0、0、0）

软件功能提炼

❶ 使用“渐变工具”为背景填充渐变
❷ 设置“段落样式”控制段落文字
❸ 使用“文字工具”输入文字
❹ 使用“剪切蒙版”创建剪切图形

实例步骤解析

本实例首先通过绘制不规则图形来对企业画册做整体布局，随后通过置入相关素材和输入主题文字完成对折页内容的填充，从整体上塑造出简洁、严谨的感觉。

Part 01：制作企业宣传画册封面

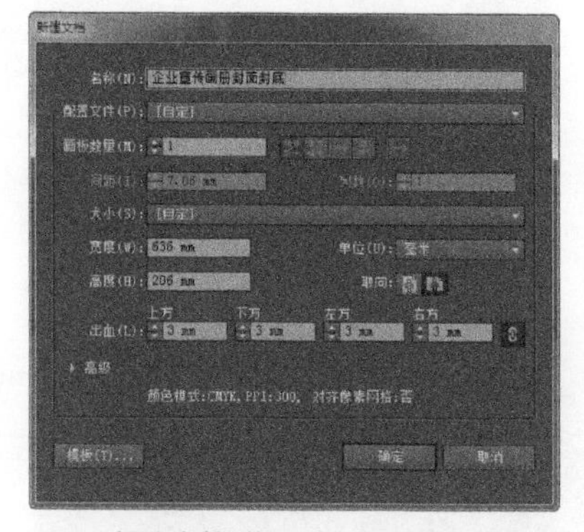

01 新建文档 执行“文件>新建”命令，对相关选项进行设置，单击“确定”按钮，新建空白文档。

02 拖出参考线 按快捷键Ctrl+R，显示文档标尺，从标尺中拖出参考线，区分画册封面和封底。

03 填充渐变颜色 使用“矩形工具”，设置“描边”为无，在画布中绘制矩形，设置渐变颜色，为矩形填充渐变颜色。复制刚绘制的矩形并调整到合适的位置。

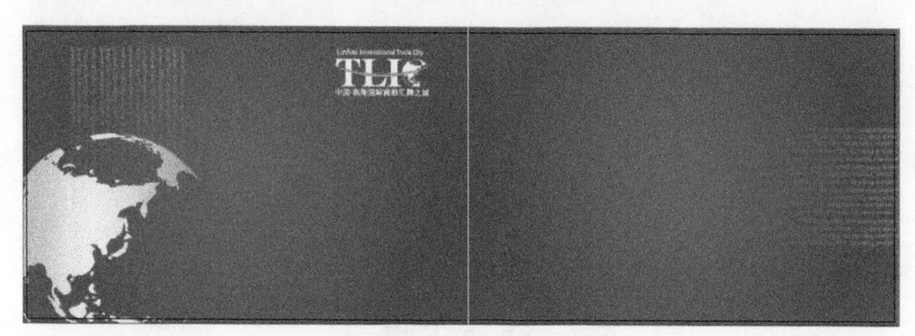

04 置入素材 执行“文件>置入”命令，置入相关素材，并分别调整到合适的大小和位置。

05 绘制曲线 使用“钢笔工具”，设置“填色”为无，“描边”为CMYK（25、45、0、0），“粗细”为0.75pt，在画布中绘制曲线。

06 绘制多条曲线 使用相同的制作方法，可以绘制出多条曲线效果。

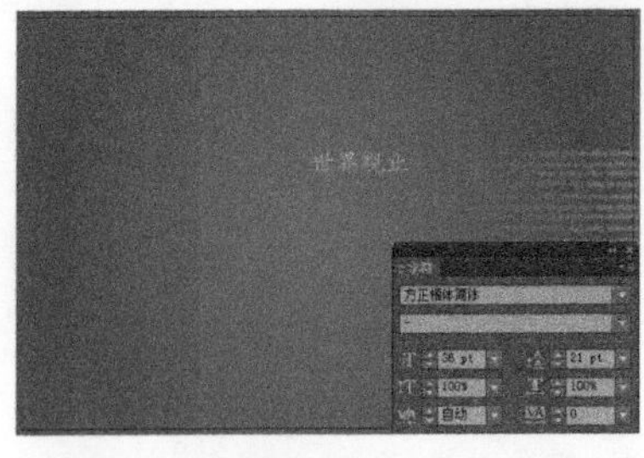

07 输入文字 使用“文字工具”，设置“填色”为CMYK（0、18、100、19），“描边”为无，在画布中单击并输入文字。

08 输入文字 使用“文字工具”，在画布中绘制文本框并输入文字。打开“段落”面板，设置段落文字居中对齐。

TIPS

使用“文字工具”输入段落文字时，如果段落文字中存在着多个不同的字符样式，可以使用“文字工具”选中文字，打开“字符”面板设置相应的字符样式。

09 绘制曲线 使用“钢笔工具”，设置“填色”为无，“描边”为CMYK（0、50、100、0），“粗细”为0.5pt，在画布中绘制曲线。

10 绘制多条曲线 使用相同的制作方法，可以绘制出多条曲线效果。

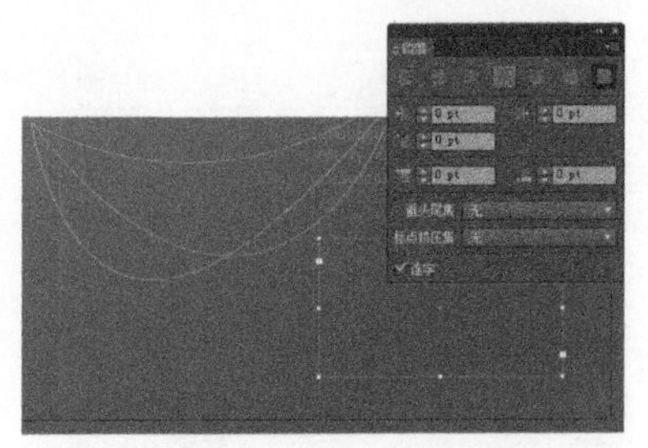

11 绘制文本框 使用“文字工具”，在画布中拖动鼠标绘制文本框。打开“段落”面板，设置段落文字“全部两端对齐”。

12 输入文字 使用“文字工具”，在文本框中输入相应的段落文字。

13 完成封面封底制作 完成企业宣传画册封面和封底的设计制作，可以看到画册封面和封底的效果。

Part 02：制作企业宣传画册内页

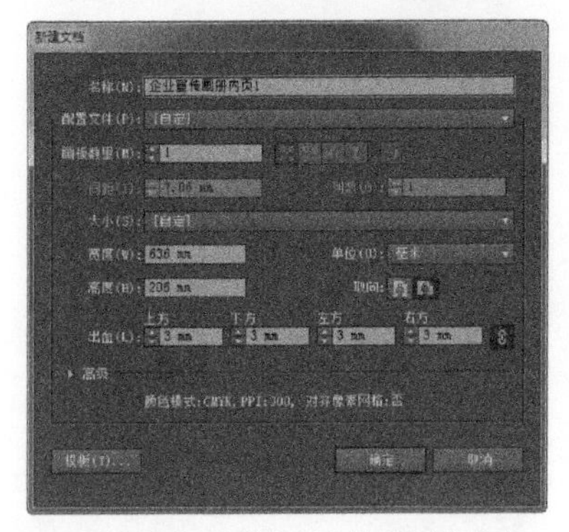

01 新建文档 执行“文件>新建”命令，对相关选项进行设置，单击“确定”按钮，新建空白文档。

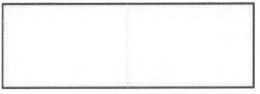

02 拖出参考线 按快捷键Ctrl+R，显示文档标尺，从标尺中拖出参考线，区分画册内页左右。

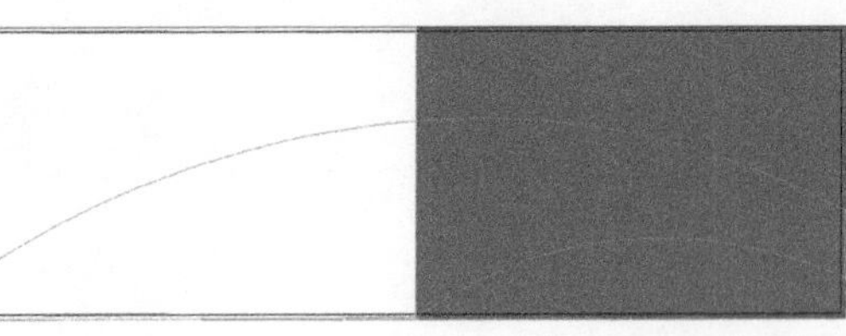

03 绘制矩形和不规则路径 使用“矩形工具”，设置“填色”为CMYK（100、50、0、30），“描边”为无，在画布中绘制矩形。使用“钢笔工具”，设置“填色”和“描边”均为无，在画布中绘制路径。

04 置入素材并调整叠放顺序　置入相应的素材，将其后移一层，同时选中刚绘制的路径和置入的素材。

05 创建剪切蒙版　执行“对象>剪切蒙版>建立”命令，创建剪切蒙版。

06 输入文字　使用“椭圆工具”，设置“填色”为无，“描边”为CMYK（0、18、100、35），“粗细”为2pt，在画布中绘制正圆形。使用“文字工具”，在画布中单击并输入文字。

TIPS

使用路径和图片创建剪切蒙版时，路径的排列顺序要在图片之前，否则无法创建剪切蒙版。

07 绘制线段　将文字创建轮廓，使用“直线段工具”，在画布中的合适位置绘制一条线段，同时选中文字路径和绘制的直线段。

08 分割图形　打开“路径查找器”面板，单击“分割”按钮，取消编组，将不需要的图形部分删除。

09 绘制直线段　使用“直线段工具”，设置“描边”颜色为CMYK（0、18、100、35），“粗细”为0.5pt，在画布中绘制一条直线段。

10 绘制三角形　使用“多边形工具”，设置“填色”为CMYK（0、18、100、35），“描边”为无，在画布中绘制三角形。

11 输入文字　使用“文字工具”，对文字的相关属性进行设置，在画布中输入相应的文字。

12 新建段落样式　打开“段落样式”面板，单击“创建新样式”按钮，新建名为“英文介绍”的段落样式。

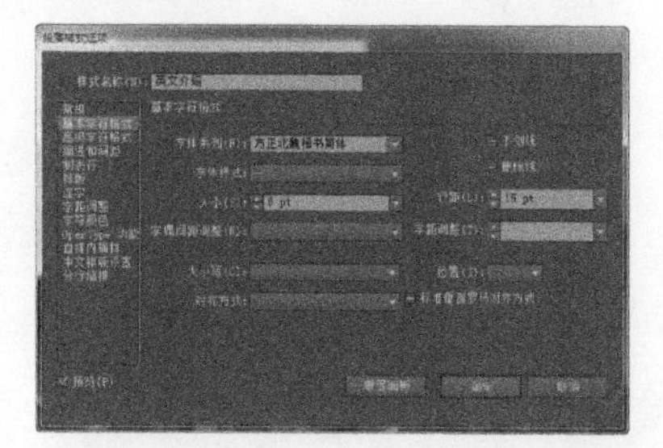

13 设置段落样式　双击“英文介绍”段落样式，弹出“段落样式选项”对话框，对相关选项进行设置。

Evidence--Great Times

大时代

发展壮大最有效的办法是遍及全球的自由贸易！
——经济学之父《国富论》作者 亚当．史密斯（Adam Smith）

14 应用段落样式　使用“文字工具”，设置“填色”为CMYK（25、40、65、0），“描边”为无，在画布中单击输入段落文字，并应用刚刚创建的段落样式。

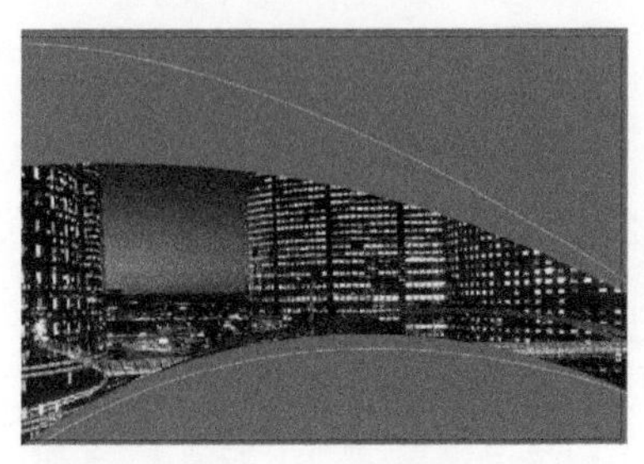

15 绘制曲线 使用“钢笔工具”，设置“填色”为无，“描边”为白色，“粗细”为1pt，在画布中绘制两条曲线。

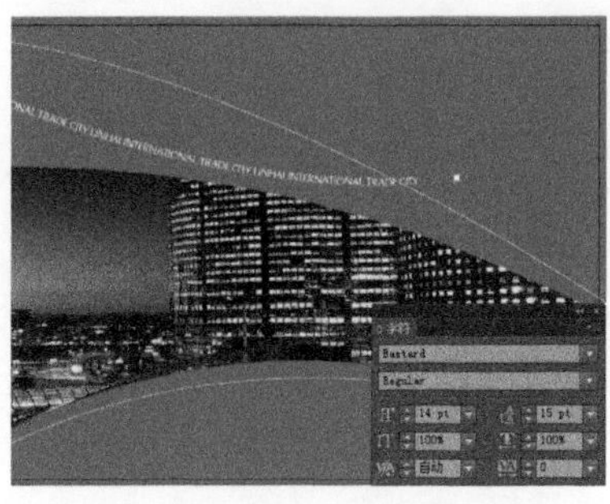

16 输入路径文字 使用“钢笔工具”，设置“填色”和“描边”均为无，在画布中绘制曲线，使用“路径文字工具”，在刚绘制的路径上单击并输入路径文字。

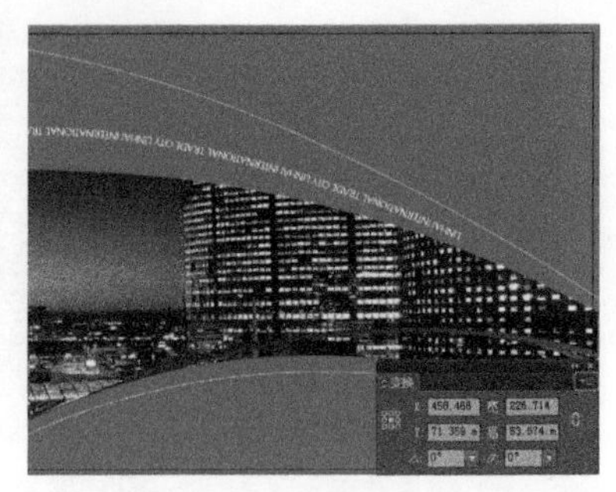

17 变换文字 选中路径文字，打开“变换”面板，单击“选项”按钮，在弹出菜单中分别选择“垂直翻转”和“水平翻转”选项，对文字进行翻转处理。

18 创建剪切蒙版 使用“矩形工具”，设置“填色”和“描边”均为无，在画布中绘制矩形路径。选中画布中所有对象，执行“对象>剪切蒙版>建立”命令，创建剪切蒙版。

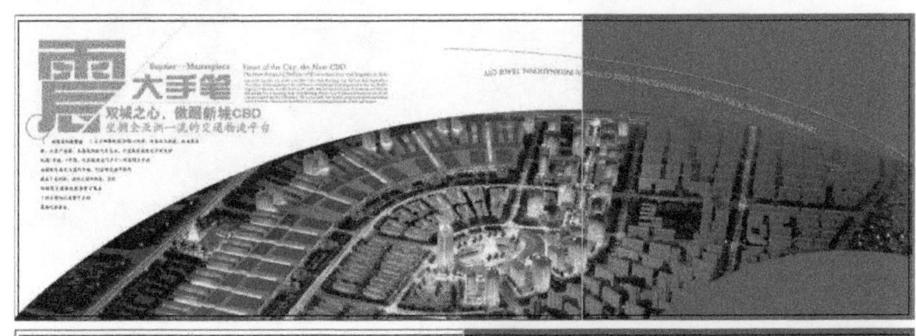

19 制作企业宣传画册的其他内页 使用相同的制作方法，还可以制作出该企业宣传画册中的其他内页。

TIPS

路径文字的变换效果也可以通过选中制作的路径文字，使用“选择工具”对路径文字进行旋转，旋转到理想的位置。

11.2.1 对比分析

企业宣传册的目的是要宣传企业的产品理念和企业的精神内涵，其内容涵盖了企业的一些基本介绍和企业产品的特点介绍等。在设计制作过程中，要根据企业的性质和特点决定设计的风格。

❶ 大的字号文字对页面具有统领作用，如果与其他字号文字联系不紧密，这种效果就不会增强。

❷ 由于企业性质，矩形能够使画册多一些严肃感和权威感，但在制作过程中却忽视了美感，欣赏性不强，不能够吸引大众。

❸ 文字在此位置是要强调其装饰性，独立成行会影响整个页面的美感。

❶ 不同字体联系紧密，既维持了严肃、简洁的风格又不失观赏性。

❷ 曲线绘制的页面多了几分动感，很好地完成了宣传册从一页到另一页的过渡。

❸ 文字在页面中起到了很好的装饰作用。

Before

After

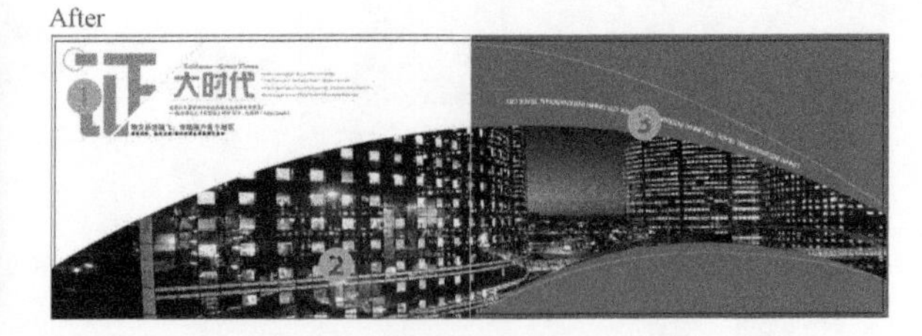

11.2.2 知识扩展

企业宣传画册常常用于展现企业精神和文化，或者展示企业的产品和服务。在企业宣传画册的设计过程中，文字与图片的排版至关重要。良好的版式可以使画册内容整齐、直观，可以说良好的版式是企业宣传画册成功的一半。

画册版式设计的类型

在画册版式设计中，版式的类型可分为：骨格型、满版型、上下分割型、左右分割型、中轴型、曲线型、倾斜型、对称型、重心型、三角型、并置型、自由型和四角型等13种。

❶ 骨格型

骨格型版式是规范的、理性的分割方法。常见的骨格有：竖向通栏、双栏、三栏和四栏等。一般以竖向分栏为多。图片和文字的编排上，严格按照骨格比例进行编排配置，给人以严谨、和谐和理性的美。骨格经过相互混合后的版式，既理性有条理，又活泼而具有弹性。

❷ 满版型

版面以图像充满整版，主要以图像为诉求，视觉传达直观而强烈。文字配置压置在上下、左右或中部(边部和中心)的图像上。满版型，给人大方和舒展的感觉，是商品广告常用的形式。

❸ 上下分割型

整个版面分成上下两部分，在上半部或下半部配置图片（可以是单幅或多幅），另一部分则配置文字。图片部分感性而有活力，而文字则理性而静止。

❹ 左右分割型

整个版面分割为左右两部分，分别配置文字和图片。左右两部分形成强弱对比时，会造成视觉心理的不平衡。这仅仅是视觉习惯（左右对称）的问题，不如上下分割型的视觉自然。如果将分割线虚化处理，或用文字左右重复穿插，左右图与文字会变得自然和谐。

❺ 中轴型

将图形作水平方向或垂直方向排列，文字配置在上下或左右。水平排列的版面，给人稳定、安静、平和、含蓄之感。垂直排列的版面，给人强烈的动感。

❻ 曲线型

图片和文字排列成曲线，产生韵律与节奏的感觉。

❼ 倾斜型

版面主体形象或多幅图像作倾斜编排，造成版面强烈的动感和不稳定因素，引人注目。

❽ 对称型

对称的版式，给人稳定和理性的感受。对称分为绝对对称和相对对称。一般多采用相对对称手法，以避免过于严谨。对称一般以左右对称居多。

❾ 重心型

重心型版式产生视觉焦点，使其更加突出。向心是视觉元素向版面中心聚拢的运动。离心是犹如石子投入水中，产生一圈一圈向外扩散的弧线的运动。

❿ 三角型

在圆形、矩形或三角形等基本图形中，正三角形（金字塔形）最具有安全稳定因素。

⓫ 并置型

将相同或不同的图片作大小相同而位置不同的重复排列。并置型构成的版面有比较和解说的意味，给予原本复杂喧闹的版面以秩序、安静、调和与节奏感。

⓫ 自由型

无规律的、随意的编排构成，有活泼和轻快的感觉。

⓬ 四角型

版面四角以及连接四角的对角线结构上编排图形，给人严谨和规范的感觉。

使用段落样式

在制作一系列的宣传画册时，为了使页面在视觉上形成统一，在对文字段落进行输入时要使用统一段落样式，段落样式的具体操作方法如下。

执行“窗口 > 文字 > 段落样式”命令，打开“段落样式”面板，单击“创建新样式”按钮，如右图（左）所示。双击“段落样式 1”，可以修改段落样式名称，如右图（右）所示。

双击“地区介绍”段落样式，弹出“段落样式选项”对话框，设置相关参数，如下图（左 1）所示。使用“文字工具”在画布中绘制文字区域并输入段落文字，如下图（左 2）所示。

打开“段落样式”面板，单击需要应用的段落样式名称，如图 11-8 所示。即可为选中的段落文字应用该段落样式，如图 11-9 所示。

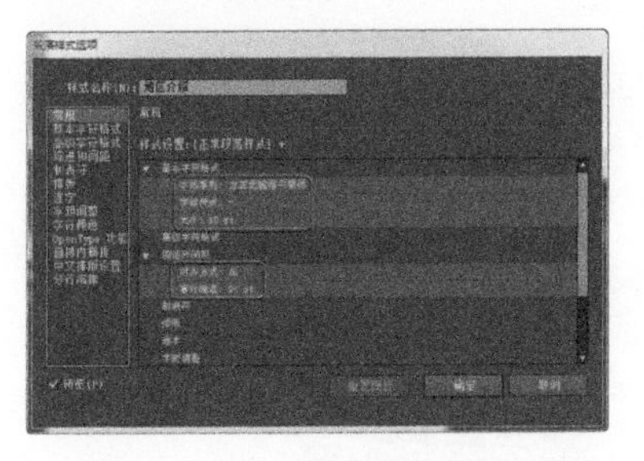

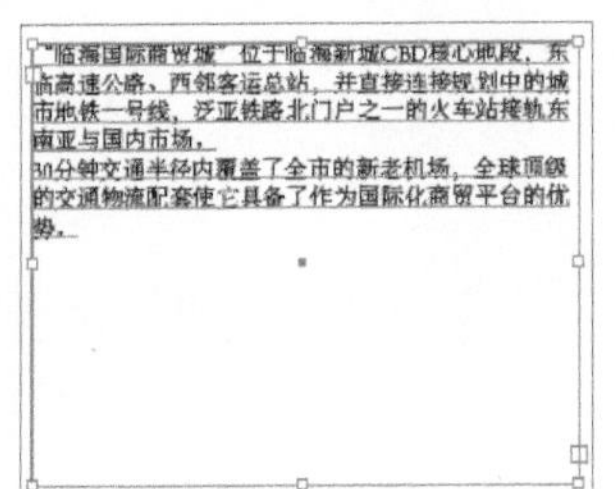

“临海国际商贸城”位于临海新城CBD核心地段，东临高速公路、西邻客运总站，并直接连接规划中的城市地铁一号线，泛亚铁路北门户之一的火车站接轨东南亚与国内市场。

30分钟交通半径内覆盖了全市的新老机场，全球顶级的交通物流配套使它具备了作为国际化商贸平台的优势。

11.3 企业宣传三折页设计

设计思维过程

❶文字的颜色符合了企业名的特点，通过置入不同素材来表现产品的一些独特品质。

❷通过设计条理清晰的表格对不同产品进行比较，突显企业产品的优势，达到很好的宣传效果。

❸通过加大文字字号来表现产品的有利地位。绘制图标对文字段落进行控制，使页面条理有序。

❹通过对不规则图片的制作，增强视觉效果，完成对折页的制作。

设计关键字：合理的图文布局

本实例中企业宣传三折页的制作使用了大量文字和配图介绍了旗下的产品，图文布局的形式在每一个折页中都有所表现。例如，三折页背面通过制作表格将各类介绍文字进行合理分配，内容页中通过制作图标对文字段进行分段化处理。

图文布局中，表格文字的制作可以很清晰地表达产品信息，让受众一目了然，如右图（左）所示。段落文字使用图标进行管理，既可以使文字段落达到一致性又可以对不同信息进行分类，如右图（右）所示。

色彩搭配秘籍：蓝色、橙色、黄色

本实例中的颜色使用了企业宣传册中常用的设计色彩，背景中的大片蓝色一方面可以使观看者心情愉悦，另一方面也象征着企业的成功和博大胸怀，如下图（左）所示。橙色主要是宣传单的文字颜色，与背景蓝色形成鲜明对比，能够突出主题，如下图（中）所示。黄色在此宣传单中是作为一个辅助色，对其他颜色加以区分和突出，如下图（右）所示。

RGB（0、78、162）
CMYK（100、70、0、0）

RGB（234、84、20）
CMYK（0、80、95、0）

RGB（255、240、0）
CMYK（0、0、100、0）

软件功能提炼

❶ 使用“矩形网格工具”绘制表格
❷ 使用“渐变工具”对背景进行填充
❸ 使用“文字工具”输入文字
❹ 执行“剪切蒙版”命令创建蒙版

实例步骤解析

本实例首先通过确定企业宣传册的主色调完成对整个折页所用颜色的把握，随后通过输入文字和置入素材，分别围绕主色调进行相关设置，营造出企业产品的独特优势。

Part 01：制作三折页封面

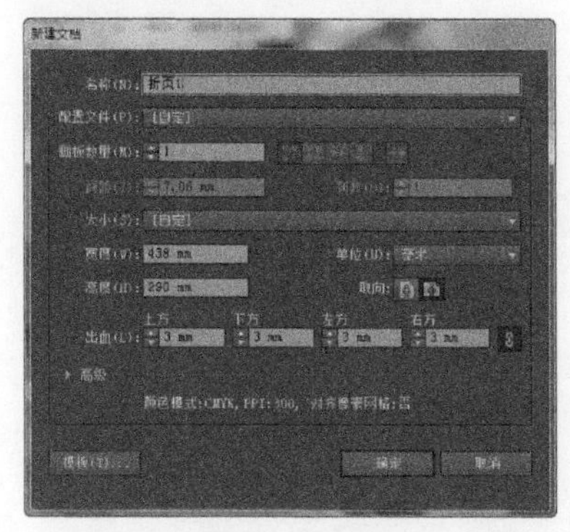

01 **新建文档** 执行“文件>新建”命令，对相关选项进行设置，单击“确定”按钮，新建空白文档。

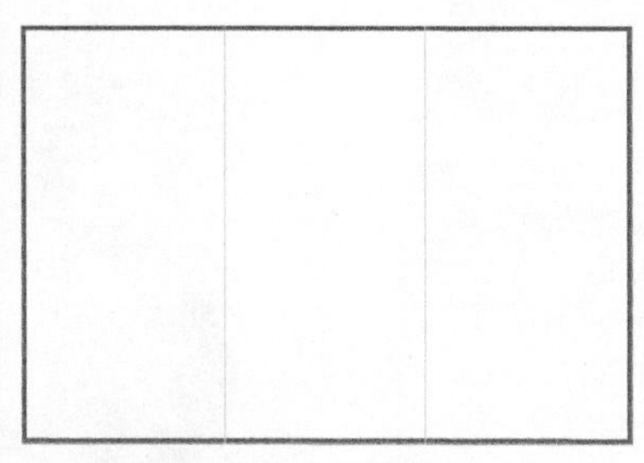

02 **拖出参考线** 按快捷键Ctrl+R，显示文档标尺，从标尺中拖出参考线，区分三折页的各部分。

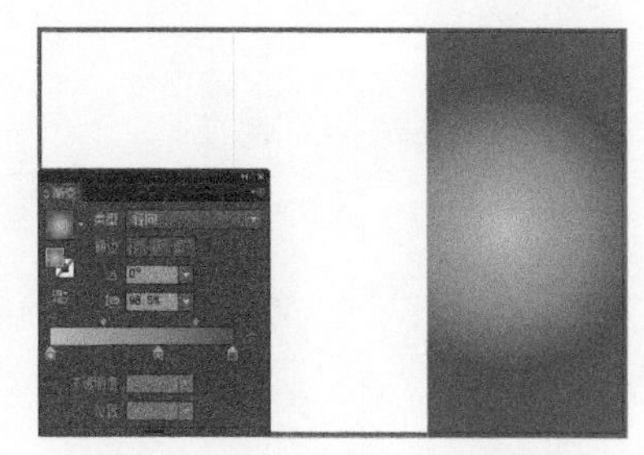

03 **绘制矩形并填充渐变** 使用“矩形工具”，设置“描边”为无，在画布中绘制矩形。打开“渐变”面板，设置渐变的颜色，为该矩形填充渐变。

04 输入文字 使用“文字工具”，设置“填色”为CMYK（0、80、95、0），设置“描边”为无，在画布中单击并输入文字。

05 输入其他文字 使用相同的制作方法，在画布中输入其他文字。

06 置入素材 执行“文件>置入”命令，在画布中置入相应的素材，并分别调整到合适的大小和位置。

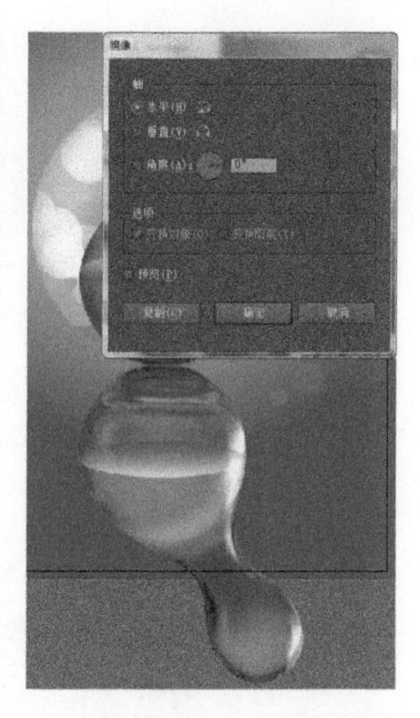

07 垂直翻转 复制刚置入的素材，按快捷键Ctrl+F进行原位粘贴。使用“镜像工具”，单击画布，在弹出的对话框中设置相关参数和属性，单击“复制”按钮。

08 绘制矩形 使用“矩形工具”，设置“描边”为无，在画布中绘制矩形，为该矩形填充黑白线性渐变。

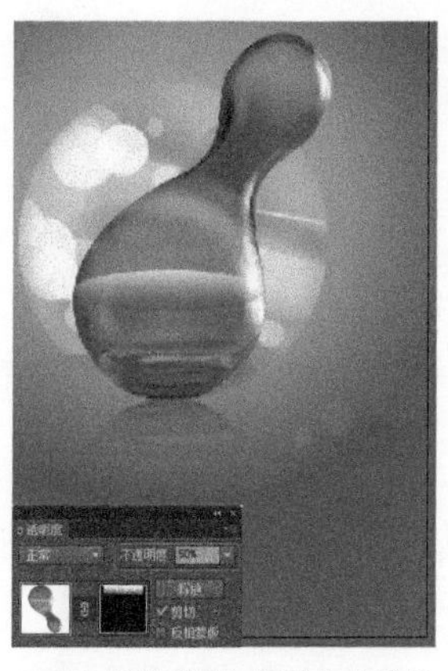

09 制作蒙版 同时选中镜像得到的图形和刚绘制的矩形，打开“透明度”面板，单击“制作蒙版”按钮，并设置“不透明度”为50%。

10 输入文字 使用“直排文字工具”，设置“填色”为黑色，在画布中单击并输入直排文字。

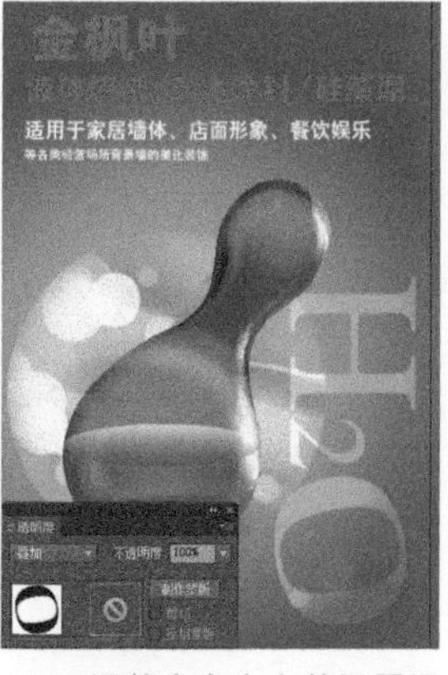

11 调整文字大小并设置透明度 执行“文字>创建轮廓”命令，将文字创建轮廓，打开“透明度”面板，设置“混合模式”为“叠加”。

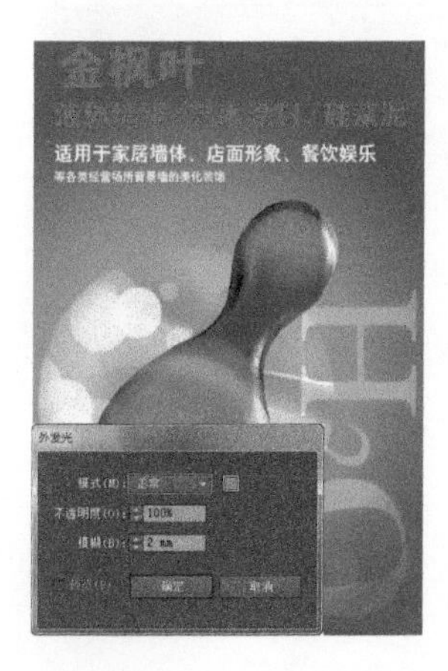

TIPS

为对象应用“外发光”效果时，该对象必须设置了填色或描边，如果该对象没有填色和描边，则添加的外发光效果将不可见。

12 添加外发光效果 执行“效果>风格化>外发光”命令，在弹出的对话框中设置相关参数，单击“确定”按钮，完成对文字外发光的制作。

13 置入素材并输入文字 执行“文件>置入”命令，置入素材“资源文件\源文件\第11章\素材\11301.ai”，并使用“文字工具”，在画布中单击输入相应的文字。

14 绘制图形并输入文字　使用“圆角矩形工具”，设置“填色”为CMYK（50、0、90、0），“描边”为无，在画布中绘制圆角矩形，并输入相应文字。

Part 02：表格式数据排版

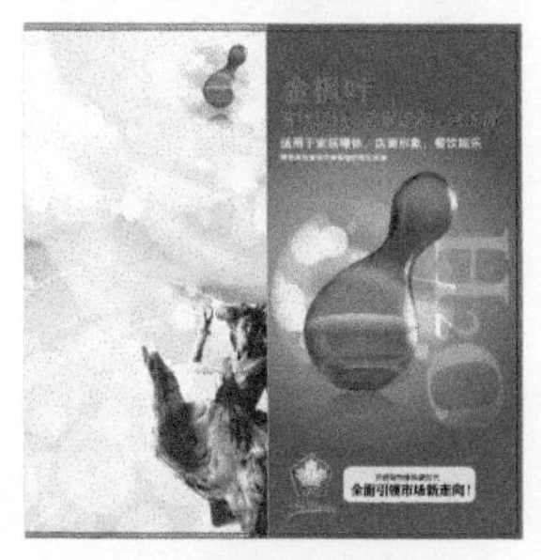

01 置入素材　在画布中置入相应的素材，并调整至合适的大小和位置。通过设置“不透明度”和创建剪切蒙版，完成对素材的处理。

02 输入文字　使用相同的制作方法，在画布中的合适位置输入文字。

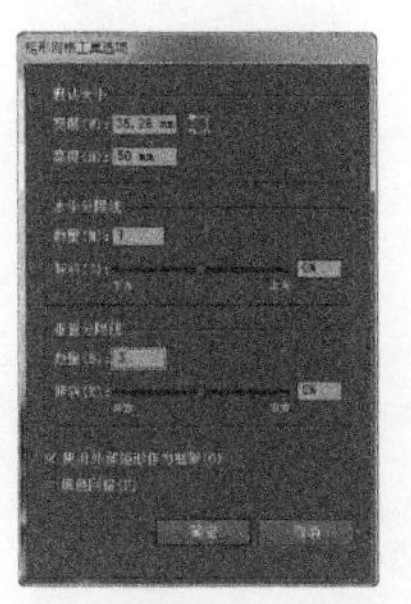

03 设置矩形网格　使用“矩形网格工具”，在画布中单击，弹出“矩形网格工具选项”对话框，对相关选项进行设置，单击“确定”按钮。

04 绘制矩形网格　在画布中绘制表格，并设置“描边”为CMYK（100、90、0、0），“粗细”为0.5pt。

TIPS

调整表格单元格大小时，可以通过“直接选择工具”选中表格中的一条线段，通过移动该线段来控制单元格的大小。

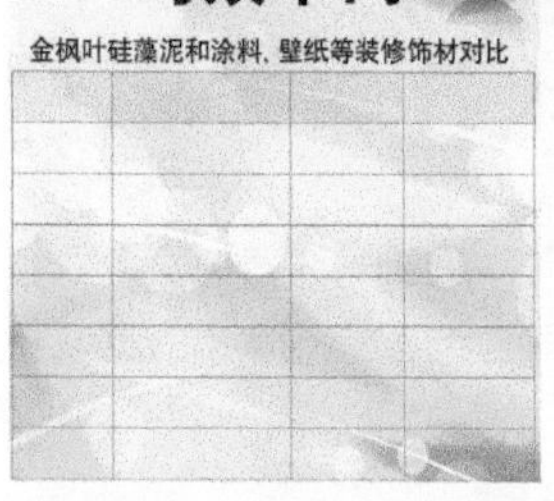

05 调整矩形网格并绘制矩形　调整矩形网格的大小，使用“矩形工具”，根据网格绘制两个不同的矩形，分别设置“填色”为CMYK（70、15、0、0）和CMYK（0、0、100、0），并分别设置“不透明度”为20%和30%。

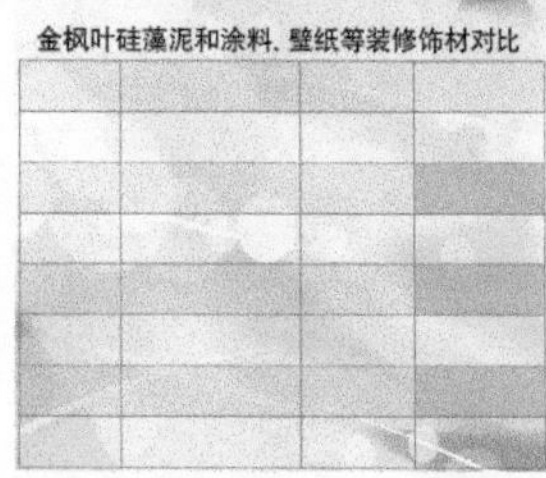

06 绘制其他矩形　使用相同的制作方法，可以完成对该表格背景的处理。

金枫叶硅藻泥和涂料、壁纸等装修饰材对比

对比项目	涂料类	壁纸类	金枫叶
环保型	符合国家标准	符合国家标准	远优于国家标准
吸附性	较差，效率低	无	高
功能性	功能单一	无其它功能	多项功能
美观性	单调	图案优美	美观大方
舒适性	不透气、不透水、不舒服	比较舒适	温和舒适
耐久性	易反潮剥落	易霉变发黄	[illegible]
性价比	价低性价一般	价高，性价比低	[illegible]

07 输入文字　使用“文字工具”，在表格中输入相应的文字，并分别为文字设置不同的“填色”。

08 绘制图形和输入文字　使用相同的制作方法，可以完成该页中其他内容的制作。

Part 03：制作三折页封底

01 绘制矩形并填充渐变颜色 使用“矩形工具”，设置“描边”为无，在画布中绘制矩形，设置渐变的颜色，为该矩形填充渐变颜色。

02 创建剪切蒙版 置入相应的素材，在素材上方绘制一个“填色”和“描边”均为无的矩形。同时选中刚绘制的矩形和素材，创建剪切蒙版。

03 绘制图形 使用“钢笔工具”，设置“描边”为无，在画布中绘制路径图形，设置渐变的颜色，为该图形填充渐变颜色。

04 绘制曲线 置入相应的素材。使用“钢笔工具”，设置“填色”为无，“描边”为白色，“粗细”为1pt，在画布中绘制三条曲线。

05 输入文字 使用“文字工具”，对文字相关属性进行设置，在画布中输入相应的文字。

06 完成对企业折页封底的制作 完成该企业三折页正面内容的制作，可以看到效果。

Part 04：制作三折页内页

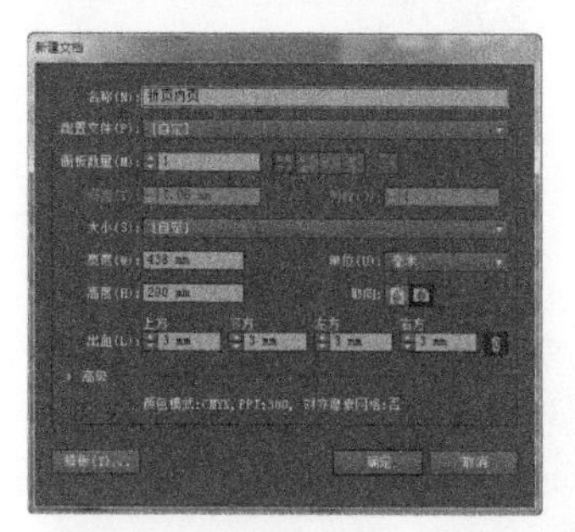

01 新建文档 执行“文件>新建”命令，对相关选项进行设置，单击“确定”按钮，新建空白文档。

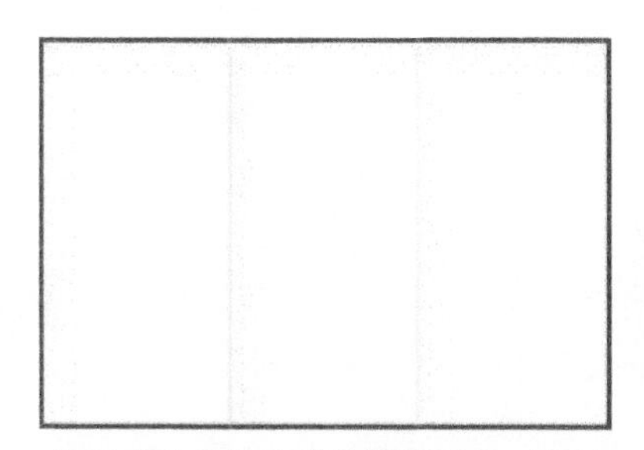

02 拖出参考线 按快捷键Ctrl+R，显示文档标尺，从标尺中拖出参考线，区分三折页的各部分。

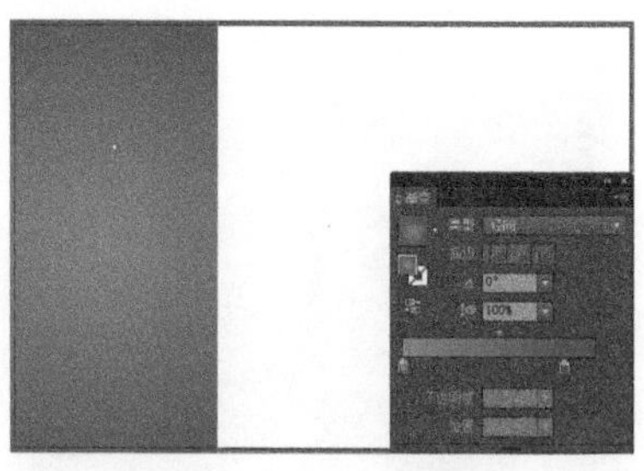

03 绘制矩形 使用“矩形工具”，设置“描边”为无，在画布中绘制矩形，设置渐变的颜色，为矩形填充渐变颜色。

04 置入素材 置入素材“资源文件\源文件\第11章\素材\11307.tif”。使用“钢笔工具”，设置“填色”和“描边”均为无，在画布中绘制曲线路径。

05 创建剪切蒙版 同时选中置入的素材和绘制的路径，执行“对象>剪切蒙版>建立”命令，创建剪切蒙版。置入其他素材。

06 输入文字 使用“文字工具”，在画布中合适的位置文字。

07 绘制图形 使用“椭圆工具”和“钢笔工具”分别绘制一个椭圆和不规则图形，同时选中绘制的图形，打开“路径查找器”面板，单击“联集”按钮。

08 填充渐变 打开“渐变”面板，设置渐变的颜色，为图形填充渐变颜色。

09 输入文字 使用“文字工具”，在画布中单击并输入文字，打开“变换”面板，设置文字倾斜角数为15°。

10 绘制图形 使用“钢笔工具”，设置“填色”为白色，“描边”为无，在画布中绘制路径图形，设置该图形的“不透明度”为30%。

TIPS

在对图形进行倾斜设置时，设置完成后倾斜的度数将会在面板中返回到原来的0°，如果想返回图形倾斜前的样子，可以撤销这一步的操作。

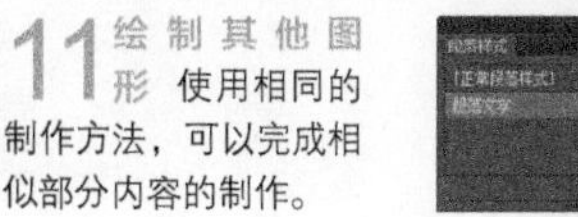

11 绘制其他图形 使用相同的制作方法，可以完成相似部分内容的制作。

12 新建段落样式 打开“段落样式”面板，新建段落样式，并将其重命名为“段落文字”。

13 设置段落样式 双击“段落文字”段落样式，弹出“段落样式选项”对话框，设置段落的对齐方式、字符颜色、字体大小等属性。

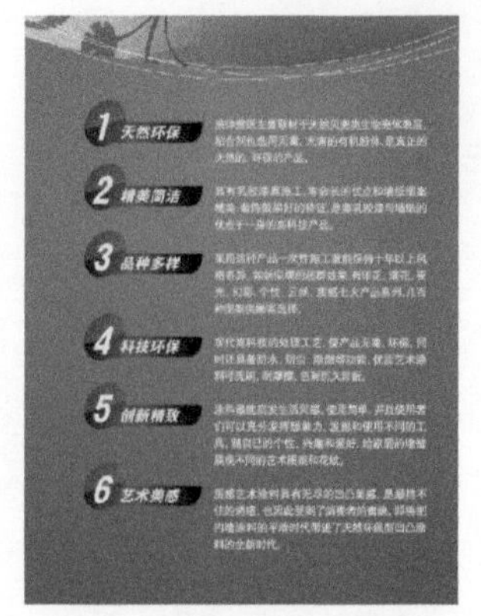

14 输入文字 使用“文字工具”，在画布中绘制文本框并输入段落文字，为段落文字应用“段落文字”样式。

15 置入素材 置入素材“资源文件\源文件\第11章\素材\11319.tif”，调整到合适的大小和位置。

16 输入文字 使用“文字工具”，在画布中合适的位置输入文字。

17 绘制图形 使用“钢笔工具”，设置“描边”为CMYK（100、75、0、12），“线细”为0.6pt，在画布中合适的位置绘制图形。

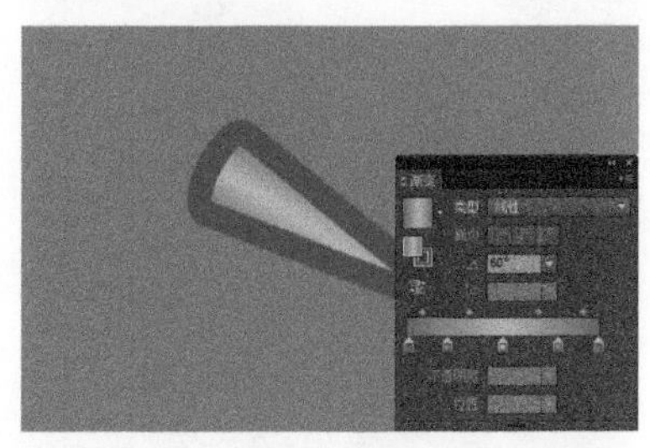

18 填充渐变颜色 打开“渐变”面板，设置渐变的颜色，为刚刚绘制的图形填充渐变颜色。

19 旋转复制图形 使用“旋转工具”，按住Alt键在旋转中心点位置单击，在弹出的对话框中对相关选项进行设置，单击“复制”按钮，旋转复制图形。按快捷键Ctrl+D，旋转复制多个图形。

20 绘制圆形 使用“椭圆工具”，在画布中绘制多个正圆形，使用“文字工具”，在画布中单击并输入文字。

21 绘制其他图形 使用相同的制作方法，可以绘制出其他相似的图形。

TIPS

在对齐页面中的图形时，调整并固定好第1个图形的位置，随后将全部图形选中，再用鼠标单击第1个图形，打开“对齐”面板，单击“水平居中对齐”按钮。

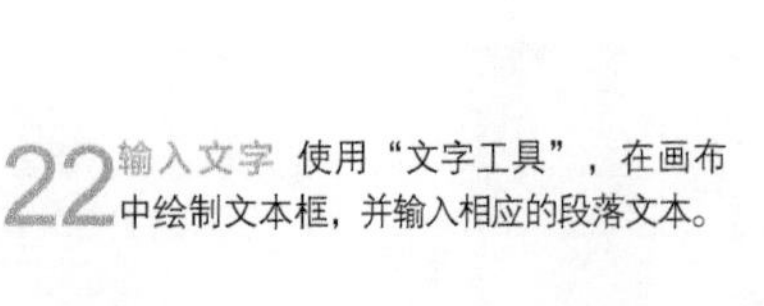

22 输入文字 使用“文字工具”，在画布中绘制文本框，并输入相应的段落文本。

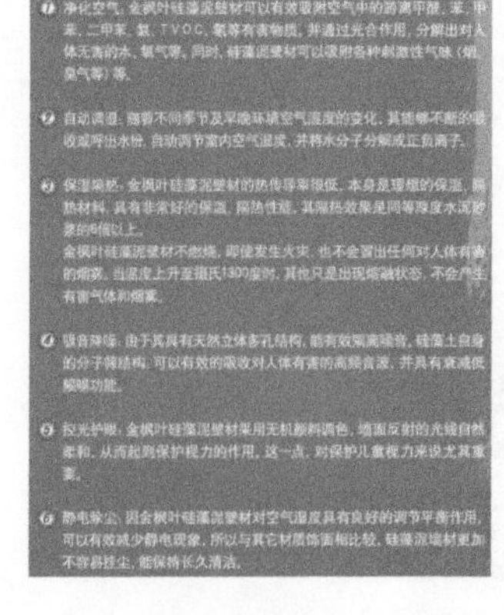

23 置入素材并输入文字 在画布中置入相应的素材。使用相同的制作方法，完成相应文字的输入。

24 绘制图形　使用“钢笔工具”，设置“填色”为白色，“描边”为无，在画布中绘制路径图形。

25 绘制曲线　使用“钢笔工具”，设置“填色”和“描边”均为无，在画布中绘制一条曲线。

26 分割图形　同时选中刚绘制的图形和曲线，单击“路径查找器”面板上的“分割”按钮，分割图形，取图形编组，调整图形位置。

27 分割其他图形　使用相同的制作方法，可以完成对其他图形的分割。

28 添加“投影”效果　选中相应的图形，执行“效果>风格化>投影”命令，在弹出的“投影”对话框中进行设置，单击“确定”按钮，为图形添加投影效果。

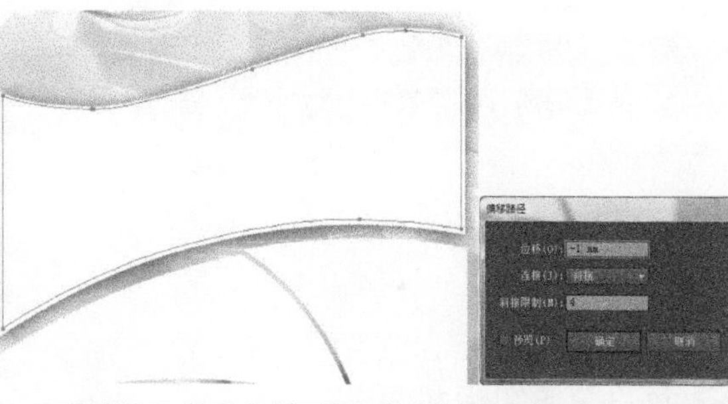

29 偏移路径　执行“对象>路径>偏移路径”命令，在弹出的对话框中进行设置，单击“确定”按钮，得到偏移路径。

TIPS

为不规则图形添加“投影”效果可以产生一种立体视觉感，也可以与其他不规则图形区别开来。

30 创建剪切蒙版　置入相应的素材，同时选中偏移得到的路径和刚置入的素材，创建剪切蒙版。

31 绘制圆角矩形并输入文字　在画布中的合适位置绘制圆角矩形并输入文字。

32 最终效果　使用相同方法，完成该宣传三折页的制作，可以看到该三折页内页的效果。

11.3.1 对比分析

企业类宣传折页经常会涉及产品的一系列介绍，在设计中合理地布局文字段落和控制图片的大小以及位置是设计的关键。

Before

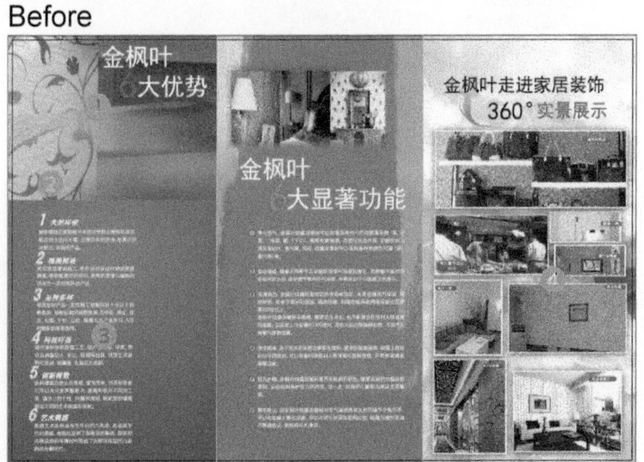

❶ 缩小文字不能突出产品的特点，起不到对产品宣传的作用。

❷ 矩形素材突出不了折页的特色，画面失去活力。

❸ 文字的排版过于单调，起不到强调的作用

❹ 众多矩形图片集中在一起放置会导致排列混乱，没有美感。

After

❶ 文字加大，突出重点文字，起到了很好的宣传作用。

❷ 图片底部曲线的绘制与折页中的曲线相互呼应，画面富有动感。

❸ 文字排版既能做到条理清晰，又能突出重点。

❹ 不规则图片的排版很好地修饰了狭长的折页，布局充满活力。

11.3.2 知识扩展

版式设计是现代设计艺术的重要组成部分，是视觉传达的重要手段。表面上看是关于编排的学问，而实际上，版式设计不仅是一种技能，更是技术与艺术的高度统一。版式设计是现代设计师必须具有的艺术修养与技术知识。

版式设计的特点

版式设计是现代设计艺术的重要组成部分，是视觉传达的重要手段。

文字是版式设计中的重要组成部分。画册和折页不但要达到宣传的目的，更代表了企业的文化、荣誉和产品等内容。通过画册和折页，可以了解企业的历史、今天和明天。版式的好坏直接影响作品的效果，人们常常忽视它的存在。

随着经济的发展，版式设计的范围可涉及报纸、杂志、书籍、画册、产品样本、挂历、招贴和唱片封套等各个领域，如右图（左、右）所示为精美的版式设计。

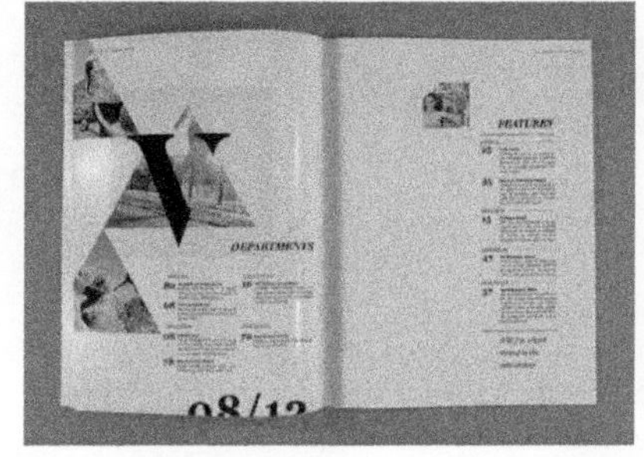

Illustrator中快速创建表格

在本实例中创建了一个产品表格，它可以对相关数据进行合理分配，在Illustrator中可以通过“矩形网格工具”快速创建表格，具体操作方法如下。

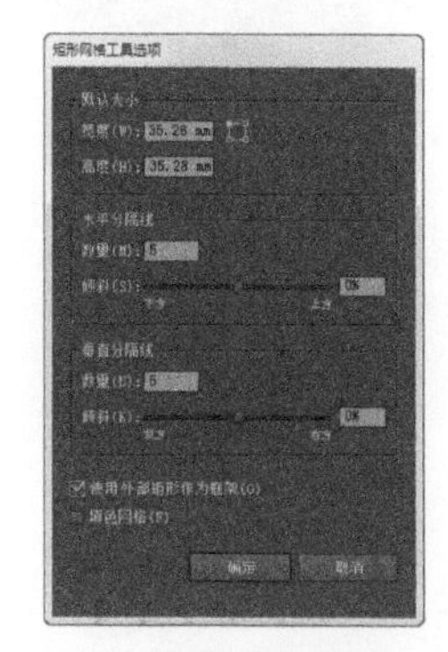

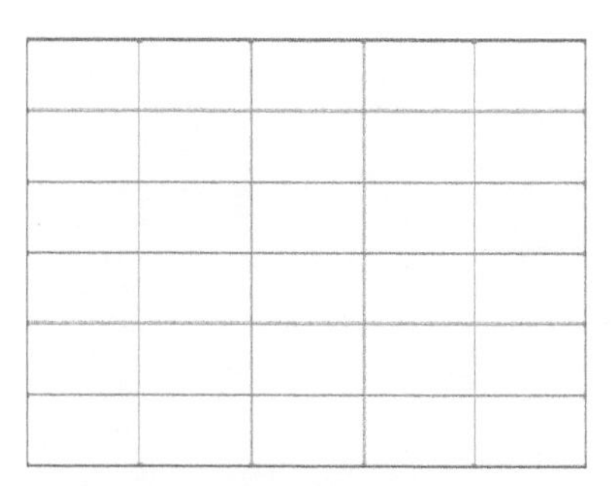

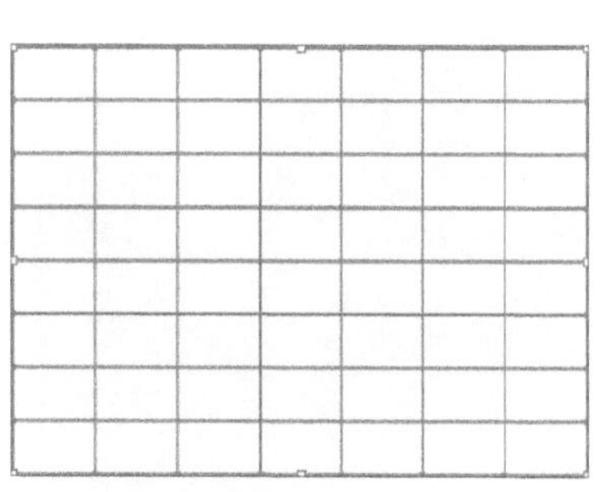

01 使用“矩形网格工具”，在画布中单击，在弹出的对话框中设置表格属性。

02 也可以使用“矩形网格工具”，使用鼠标拖动并按住键盘C键、V键、F键和X键对网格的横向和竖向间距进行调整。

03 鼠标拖动绘制表格的过程中，可使用键盘中的方向键，上键和左键增加竖向和横向网格线，其他两键功能相反。

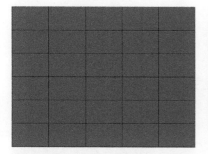

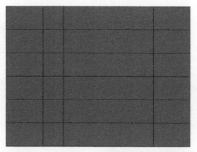

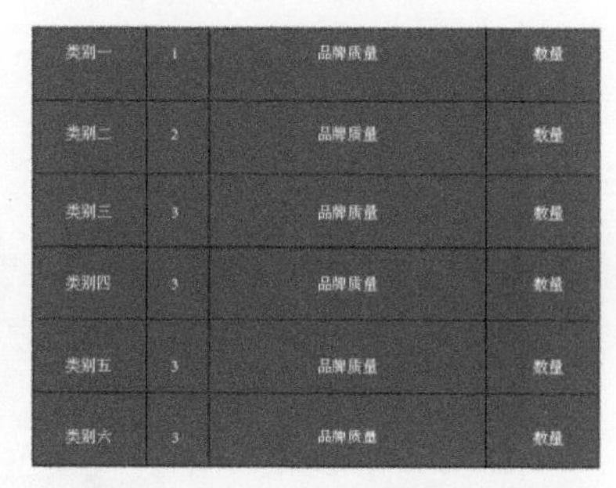

类别一	1	品牌质量	数量
类别二	2	品牌质量	数量
类别三	3	品牌质量	数量
类别四	3	品牌质量	数量
类别五	3	品牌质量	数量
类别六	3	品牌质量	数量

04 使用“选择工具”选中表格，可以设置其“描边”和“填色”。

05 在画布中使用“直接选择工具”选中表格中的某条直线可以对其进行相应移动。

06 使用“文字工具”输入相关文字完成对表格的创建。

11.4 金融折页设计

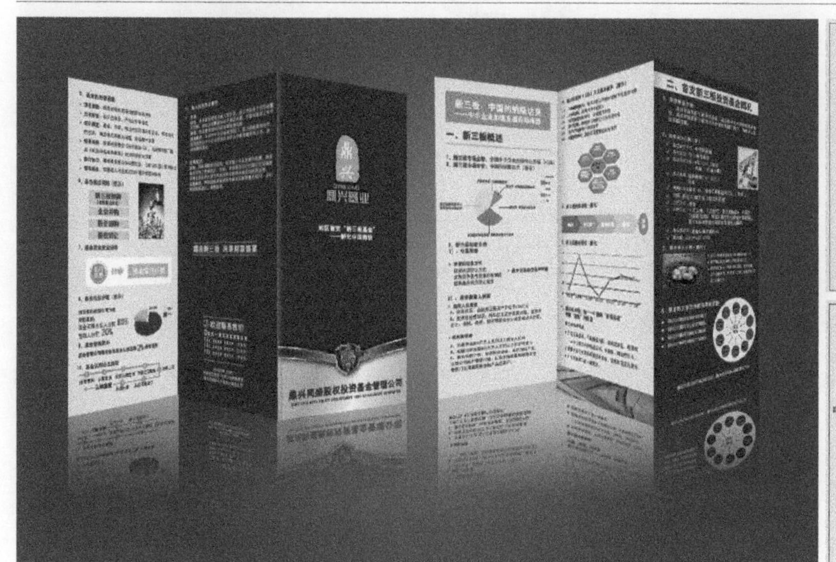

设计思维过程

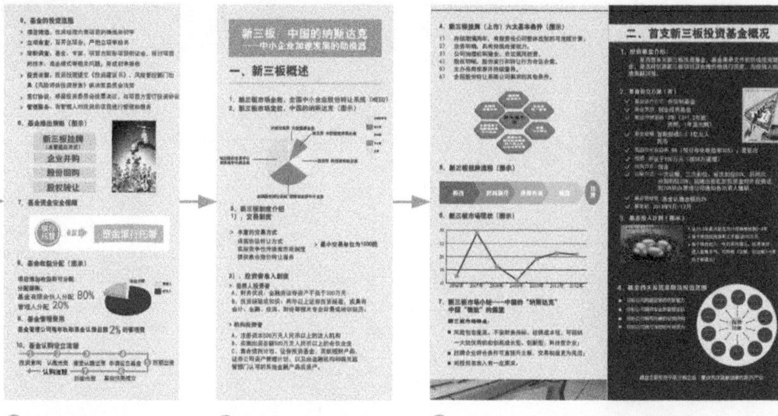

❶通过深蓝色背景制作和金黄字体的运用很好地突显了作为一个金融企业的性质。

❷通过对饼图的制作和设置，配上相应的文字说明，客观、形象地呈现出数据分析。

❸选择合适的字体颜色制作图表，完成对内页的制作。

❹通过对折线统计图和几何图形的绘制来表现企业的权威和专业。

设计关键字：图表的合理应用

本实例所设计的金融宣传折页使用了大量的文字、数据以及图表，其中大幅图片较少，文字段落在布局中也多使用纵向的分布方式。

图表与文字的搭配体现了内容的客观真实性，将数据一目了然地呈现给受众，如下图（右）所示。纵向分布的文字段落分布方式体现了页面布局中严肃和统一，从而为企业自身树立权威，如下图（右）所示。

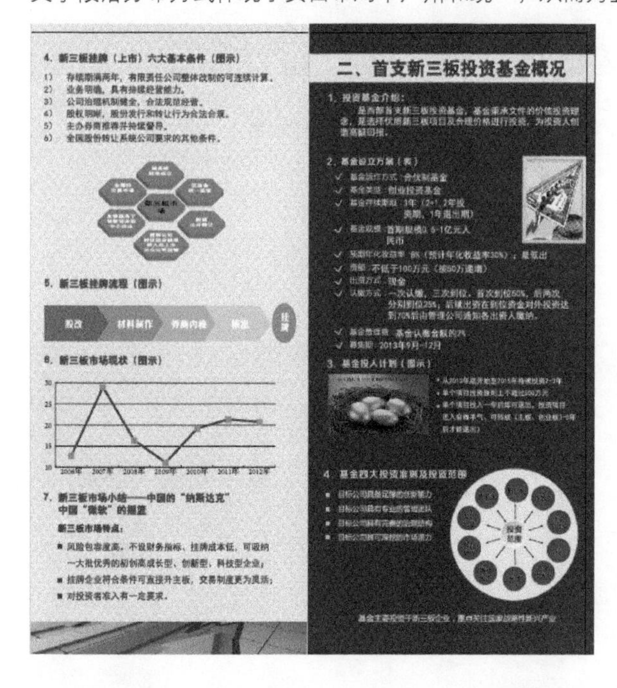

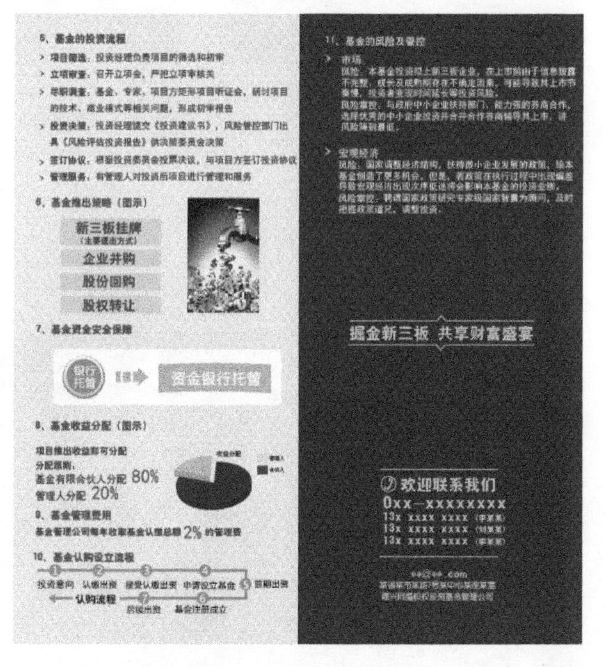

色彩搭配秘籍：蓝色、黄色、紫色

本实例中的颜色使用了作为投资企业宣传册中常用的设计色彩，背景中的深蓝色象征着企业的成功和博大胸怀，如下图（左）所示。黄色是财富和成功的象征，象征着企业的利益所在，与背景蓝色形成鲜明对比，能够突出主体，如下图（中）所示。紫色是一种高贵与优雅的象征，象征着企业的名利所在，如下图（右）所示。

RGB（0、78、162）
CMYK（100、70、0、0）

RGB（253、208、0）
CMYK（0、20、100、0）

RGB（116、46、141）
CMYK（65、91、0、0）

软件功能提炼

❶ 使用“饼图工具”绘制饼图
❷ 使用“多边形工具”绘制多边形
❸ 使用“折线图工具”绘制折线
❹ 使用“文字工具”输入文字

实例步骤解析

本实例通过对几何图形和图表的设计来对相关数据进行分析，在设计过程中用文字的布局控制整个页面的风格，通过列举相应数据和制作相关图表进行相应分析，随后通过置入素材来完善页面内容。

Part 01：制作折页正面

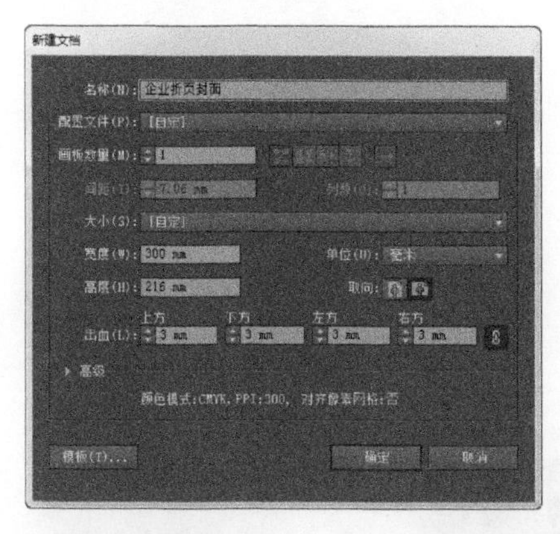

01 新建文档 执行“文件>新建”命令，对相关选项进行设置，单击“确定”按钮，新建空白文档。

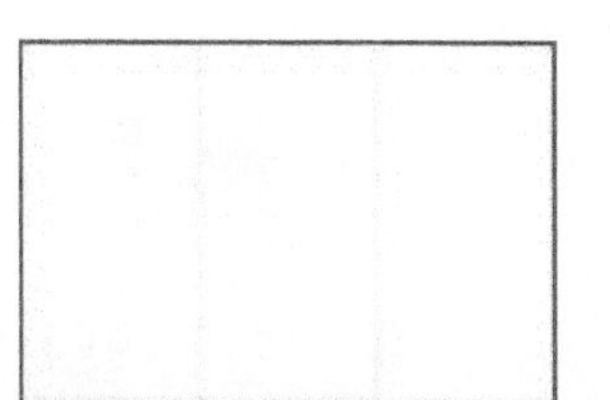

02 添加参考线 按快捷键Ctrl+R，显示文档标尺，从标尺中拖出参考线，区分折页的各部分。

03 绘制矩形并填充渐变 使用“矩形工具”，设置“填色”为CMYK（100、80、20、50），“描边”为无，在画布中绘制矩形。执行“文件>置入”命令，置入素材“资源文件\源文件\第11章\素材\11401.ai”。

04 复制图形 选中刚置入的素材，按住Alt键进行水平复制。使用相同的方法，将该素材复制多个并铺满画布。

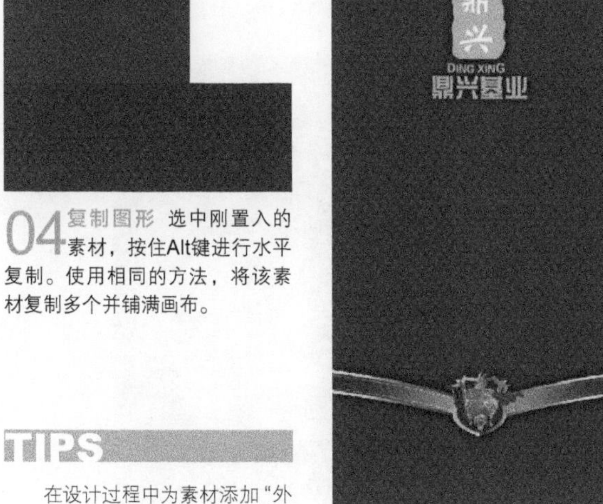

05 置入素材 置入相关素材，为相应的素材添加“外发光”效果。

06 绘制图形 使用“钢笔工具”，设置“描边”为无，在画布中绘制图形，为该图形填充渐变颜色，并将其移至素材的下方。

07 输入文字 使用“文字工具”，在画布中单击并输入相应的文字。

TIPS

在设计过程中为素材添加“外发光”的效果时，视觉上会产生一种悬浮效果，会增强页面的立体感，具有一种突出的效果。

08 置入素材 通过制作背景和输入文字，使用与第1页相同的制作方法，完成对折页第2页的制作。

09 制作背景 使用“矩形工具”，设置“填色”为CMYK（3、0、0、10），“描边”为无，在画布中绘制矩形。使用相同方法，完成第3页背景的制作。

10 制作内容 使用基本绘图工具在画布中绘制图形，使用“文字工具”在画布中输入文字，完成相应内容的制作。

Part 02：制作数据统计饼图

TIPS

使用“饼图工具”，在画布中按住鼠标左键进行拖动，释放鼠标同时可以创建饼图效果，并弹出“数据”对话框，便于用户输入饼图数据。

01 创建饼图数据 使用“饼图工具”，在画布中单击，在弹出的对话框中进行设置，单击“确定”按钮。

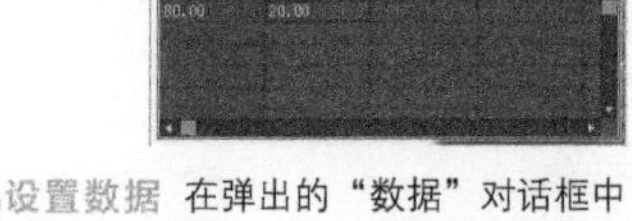

02 设置数据 在弹出的“数据”对话框中输入相应的数据，单击“应用”按钮，完成饼图的创建。

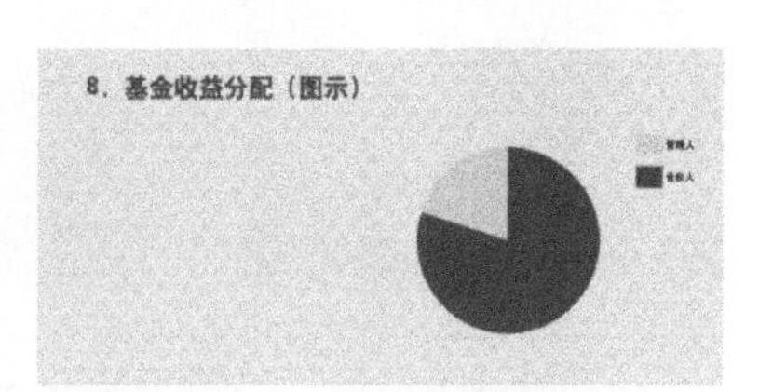

03 设置填色 使用“编组选择工具”，选中饼图中的相应的图形，分别设置“填色”为CMYK（65、91、0、0）和CMYK（0、0、0、22）。

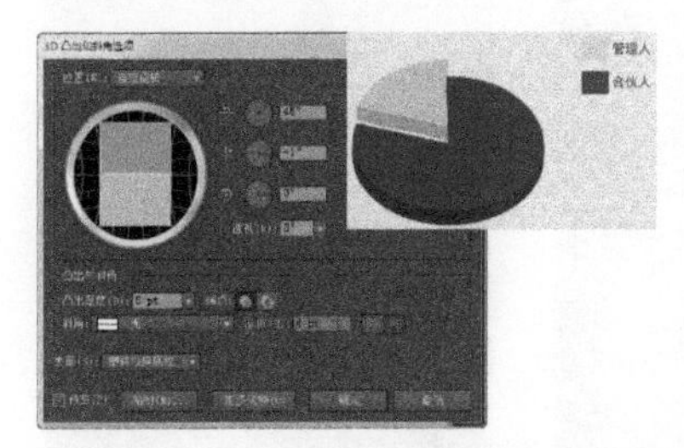

04 使用3D效果 使用“编组选择工具”，同时选中饼图的两个扇形图形，执行“效果>3D>凸出和斜角”命令，进行设置，单击“确定”按钮。

05 调整图形位置 使用“编组选择工具”，选中饼图中小的扇形图形，调整其位置。

06 输入其他文字 使用相同的制作方法，可以完成该页面中其他内容的制作。

Part 03：制作折页内页

01 制作背景 使用相同的制作方法，完成金融折页内页第1页背景的制作。

02 绘制矩形 使用“矩形工具”，设置“填色”为CMYK（0、20、40、40），“描边”为无，在画布中绘制矩形。

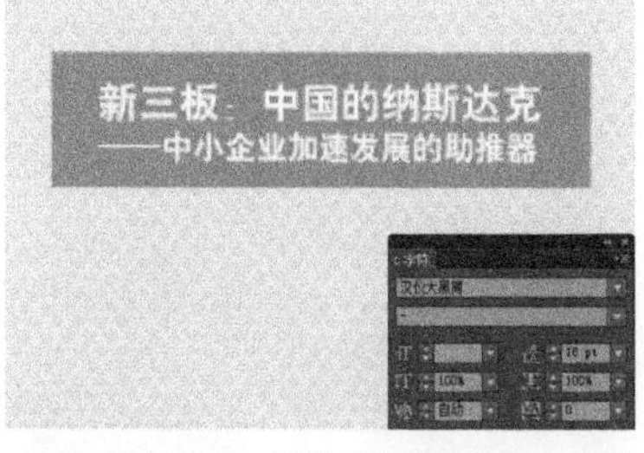

03 输入文字 使用“文字工具”，设置“填色”为白色，在画布中单击并输入相应的文字。

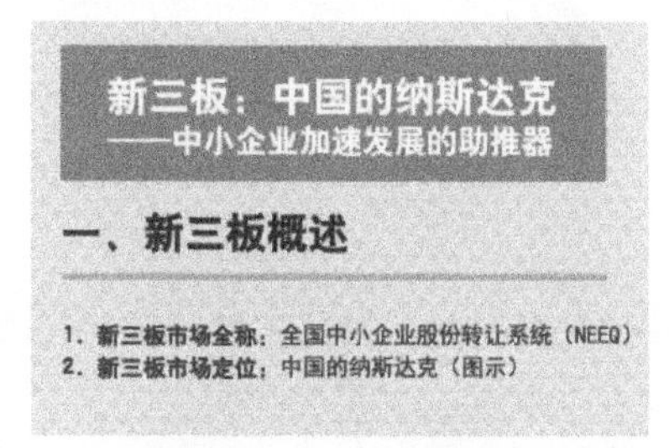

04 输入文字 使用相同的制作方法，可以在画布中绘制直线并输入相应的文字。

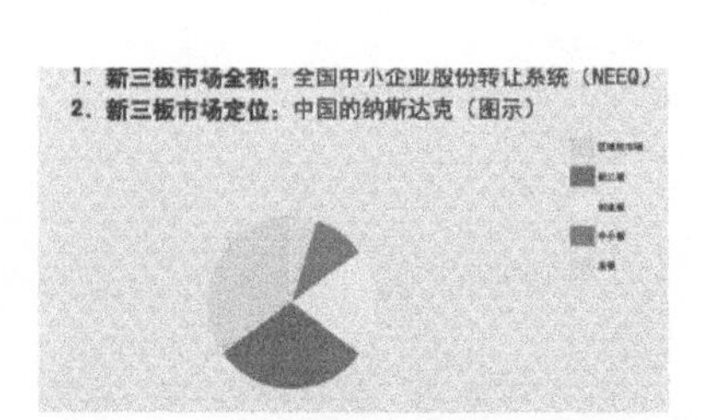

05 制作饼图 使用与封面数据饼图相同的制作方法，完成此处饼图的制作，使用“编组选择工具”分别为饼图各部分设置相应的颜色。

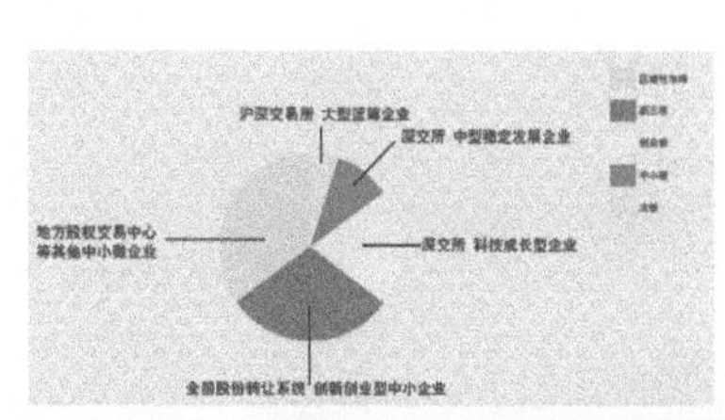

06 绘制线段和输入文字 使用“直线段工具”，在画布中绘制直线并输入相应的文字。

TIPS

在对图表进行颜色设置时，图表顶部的图例颜色应与图表的不同区域颜色一一对应。

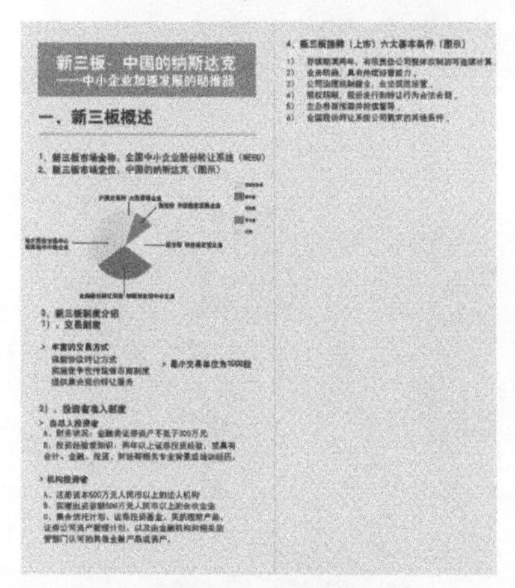

07 输入文字 使用相同的制作方法，完成对其他文字的输入和设置。

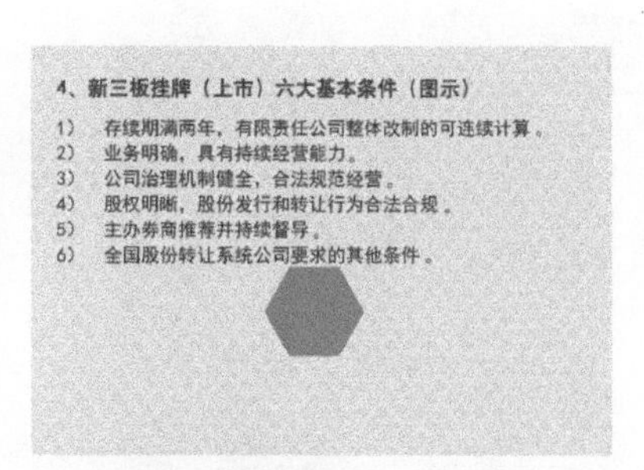

08 绘制图形 使用“多边形工具”，设置“填色”为CMYK（90、24、1、0），“描边”为无，在画布中绘制多边形。

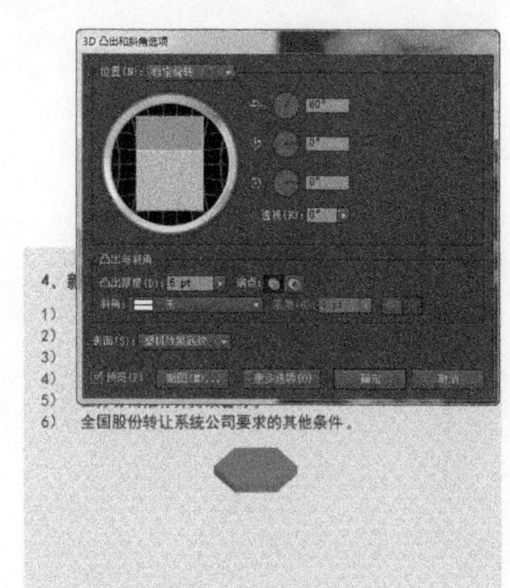

09 应用3D效果 选中刚绘制的多边形，执行“效果>3D>凸出和斜角”命令，对相关选项进行设置，单击“确定”按钮。

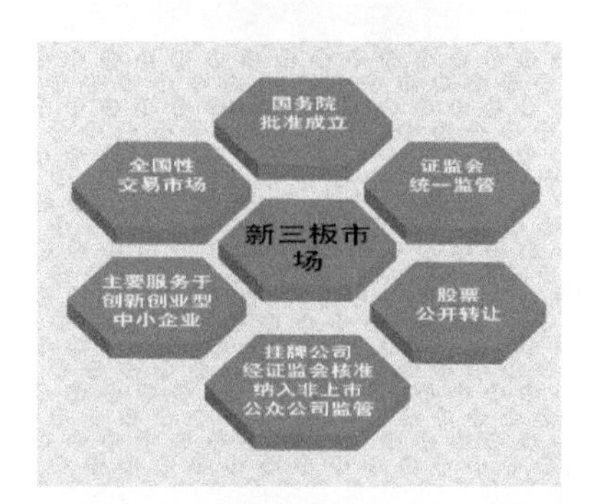

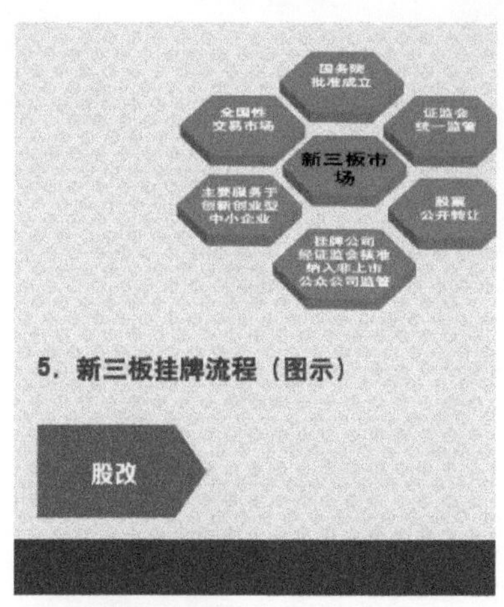

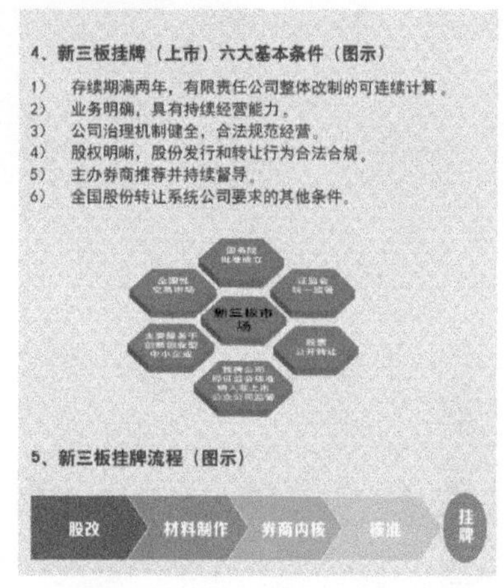

10 输入文字并进行变形 使用“文字工具”，在画布中输入文字，对文字进行变形处理。使用相同的制作方法，可以完成该部分内容的制作。

11 绘制图形 使用“钢笔工具”，设置“填色”为（87、87、48、6），“描边”为无，在画布中绘制图形，使用“文本工具”，在画布中输入文字。

12 绘制其他图形 使用相同的制作方法，可以完成其他相似部分内容的制作。

Part 04：制作折线统计图

TIPS

在对折线图表进行数据填写时，数据的填写顺序是先输入一个类别轴，再输入一个数值轴，依次输入，这样才能制作出一个折线图表。

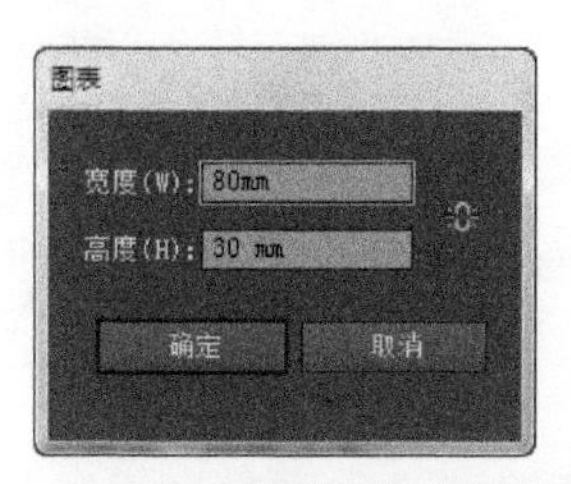

01 创建折线图 使用“折线图工具”，在画布中单击，在弹出的对话框中进行设置，单击“确定”按钮。

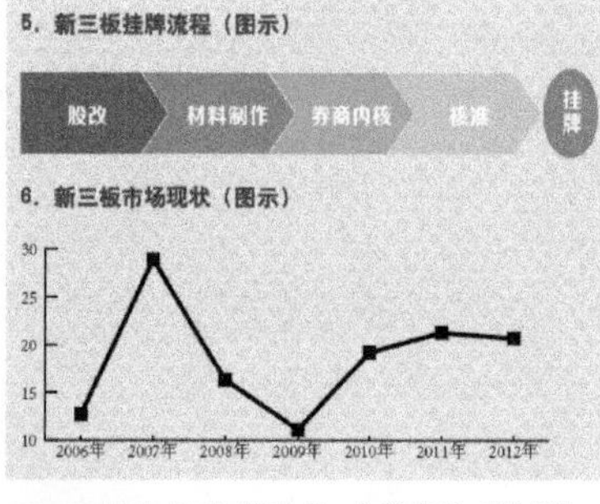

02 输入折线图数据 在弹出的“数据”对话框中输入相关数据。单击“应用”按钮，创建折线图。

03 设置图表选项 执行“对象>图表>类型”命令，弹出“图表类型”对话框，对相关选项进行设置。

04 设置图表数值轴 在下拉列表中选择“数值轴”选项，切换到“数值轴”选项设置界面，设置“长度”选项。

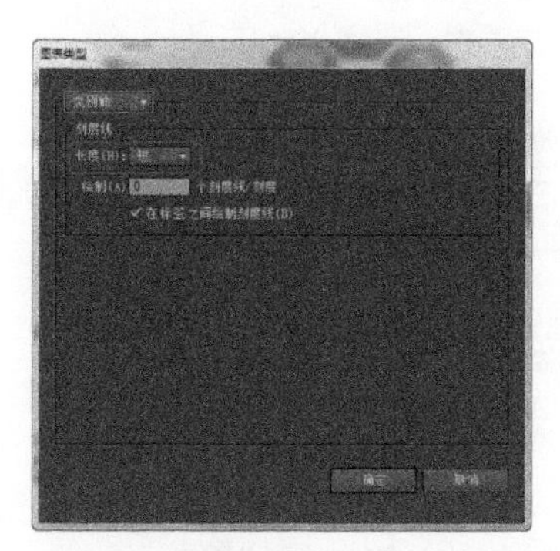

05 设置图表类别轴 在下拉列表中选择“类别轴”选项，切换到“类别轴”选项设置界面，设置“长度”选项，单击“确定”按钮。

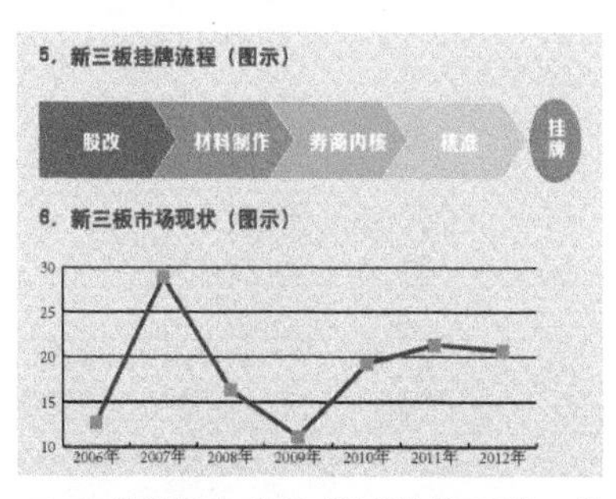

06 设置图表　使用“编组选择工具”，分别选择折线图中的各部分，分别设置相应的颜色。

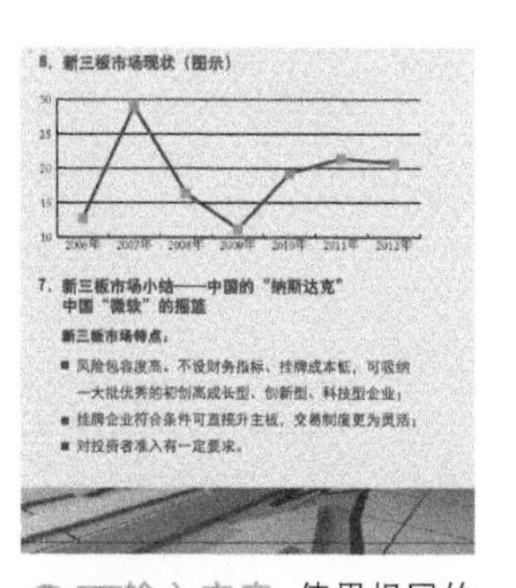

07 输入文字　使用相同的制作方法，可以完成其他内容的制作。

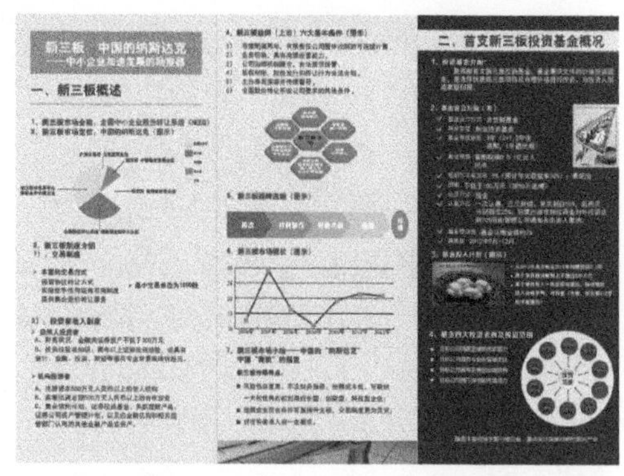

08 完成折页内页制作　使用相同的制作方法，可以完成该金融折页内页的制作，可以看到折页内容的效果。

11.4.1　对比分析

金融宣传折页大多数是以文字和数据图表的内容介绍为主，在设计时需要注意选择合适的图表形式来体现数据内容，因为文字内容较多，尽可能使用图文搭配的方法来进行排版，这样可以使整个折页的内容不会过于单调和枯燥。

❶ 折页背景过于单调，没有层次感。

❷ 文字与背景对比不明显，文字在浏览上的重要性减弱。

❸ 柱形统计图不能很好地表现出二者的比重关系，不能直观地说明数据之间的关系。

Before

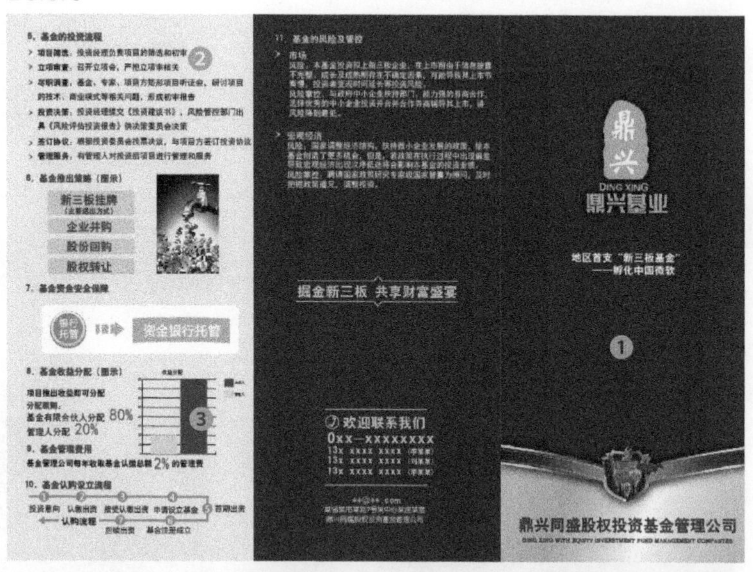

After

❶ 背景增添纹理让页面的立体感增强，表现更加丰富。

❷ 文字的可阅读性提高，同时文字的颜色也增添了页面的活力。

❸ 饼图的设计很直观地向浏览者提供了数据结果。

11.4.2 知识扩展

设计排版时，如何在页面中添加内容以达到很好的宣传效果，一方面取决于宣传内容和思想的吸引性，另一方面是版式设计所决定的，如何掌握版式的设计技巧，创造优秀的视觉效果，下面将详细讲述。`

版式设计技巧

在版面上将有限的视觉元素进行有机的排列组合，将理性思维个性化地表现出来，是一种具有个人风格和艺术特色的视觉传达方式，下面向大家介绍版式设计的技巧。

❶ 试排

试排要做的是把主要内容粗略地排一遍，调整字号、行距、版心大小、插图大小等，以便把整体内容控制在预期的页面里。

❷ 排文禁则

有些字符不能在行首出现，有些字符不能在行末出现，有些字符不能跨行，这就是排文禁则。

❸ 文字沿路径排列

先画一条路径，再用“文字工具”或“路径文字工具”在路径上单击，输入文字，就可以做出文字沿路径排列的效果，可以改变文字在路径上的位置和方向，可以像编辑普通文字那样编辑路径上的文字。

图表的创建与设置

图表是企业分析数据时常用的一种手段和工具，在 Illustrator 中可以创建不同类型的图表来达到数据分析的效果，在 Illustrator 中有两种方法创建图表。

❶ 执行“对象 > 图表 > 类型”命令，在弹出“图表类型”对话框中选择所需要创建的图表类型，通过对图表样式和选项的设置完成对图表的创建，如下图（左）所示。

在“图表类型”对话框左上角的下拉列表中选择“数值轴”选项，可以切换到图表数值轴选项设置界面，如下图（中）所示。在“图表类型”对话框左上角的下拉列表中选择“类别轴”选项，可以切换到图表类别轴选项设置界面，如下图（右）所示。

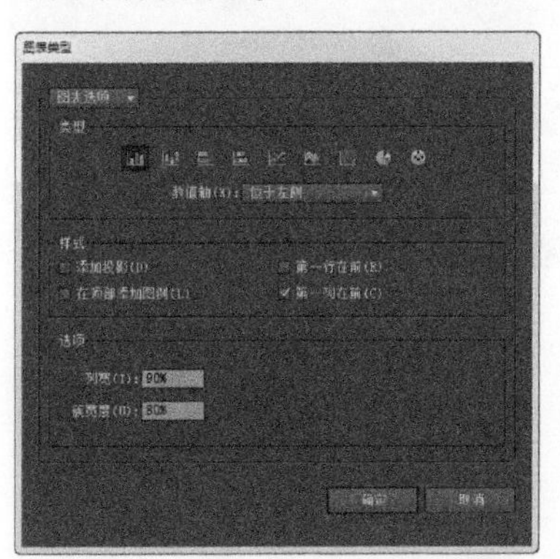
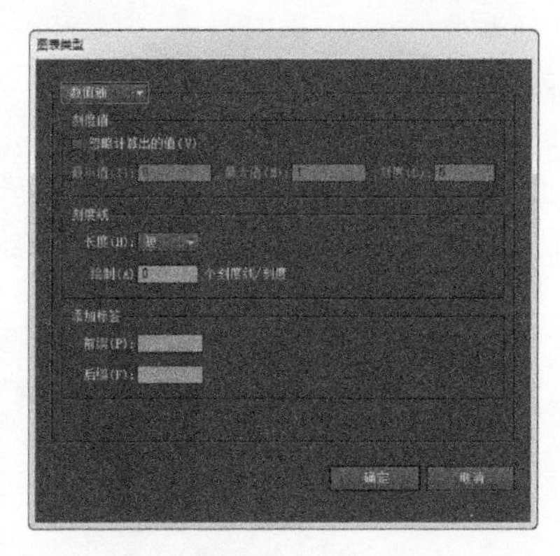
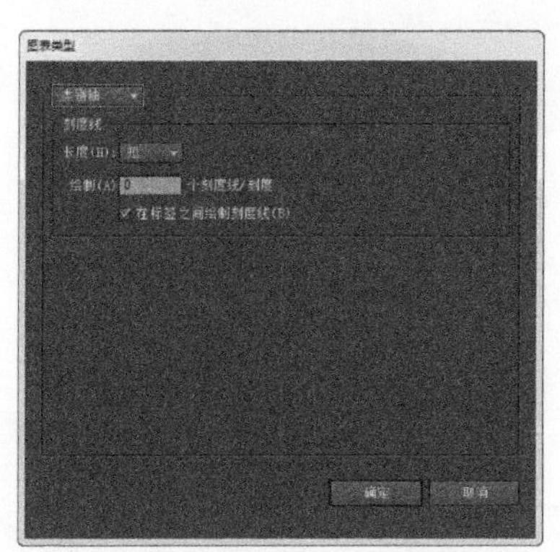

❷ 直接在工具箱中单击所需要使用的图表工具按钮，如下图（左）所示。在画布中单击，弹出“图表”对话框，设置图表宽度和高度，如下图（中）所示。单击“确定”按钮，在弹出的“数据”对话框中输入相应的数据，如下图（右）所示，单击“确定”按钮，即可创建出图表。

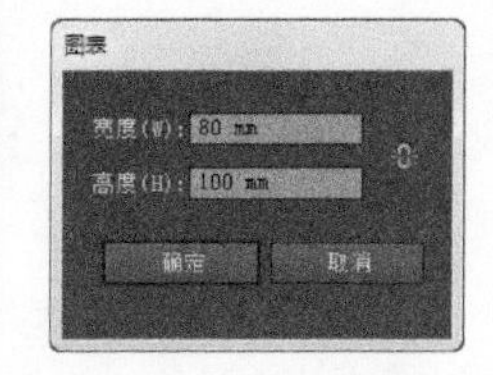

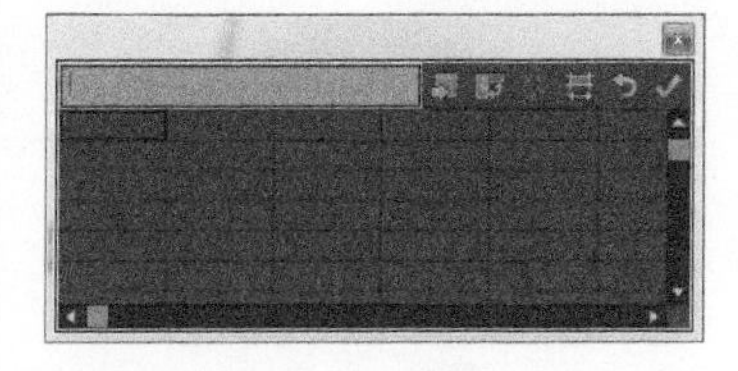

11.5 模版欣赏

完成本章内容的学习，希望读者能够掌握画册折页的设计制作方法。本节将提供一些精美的画册折页设计模版供读者欣赏。读者可以自己动手试着练习一下，检验一下自己是否也能够设计制作出这样的画册折页。

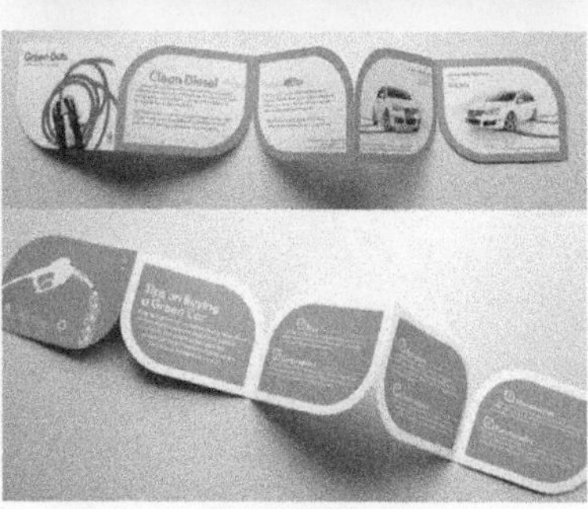

11.6 课后练习

学习了有关画册折页设计的内容，并通过画册折页实例的制作练习，是否已经掌握了有关画册折页设计的方法和技巧呢？本节通过两个练习，巩固对本章内容的理解并检验读者对画册折页设计制作方法的掌握。

11.6.1 制作通信三折页

画册和折页都属于平面广告中的一种类型，两者之间也有许多共同点，需要能够体现企业的文化和产品特点，更需要美观和吸引人。本实例制作的通信三折页，主要用于介绍所推出的服务内容，其中有许多文字内容的介绍需要做到文字内容的直观、整洁和清晰。

❶ 新建文档，置入素材图像并绘制矩形，制作出三折页封面和封底背景效果。

❷ 在三折页封面和封底各部分输入相应的文字并绘制简单的图形丰富效果。

❸ 新建文档，绘制矩形并分别填充相应的渐变颜色制作出三折页内页的背景效果。

❹ 绘制基本图形并输入相应的文字进行排版，制作出三折页内页的效果。

11.6.2　制作房地产画册封面封底

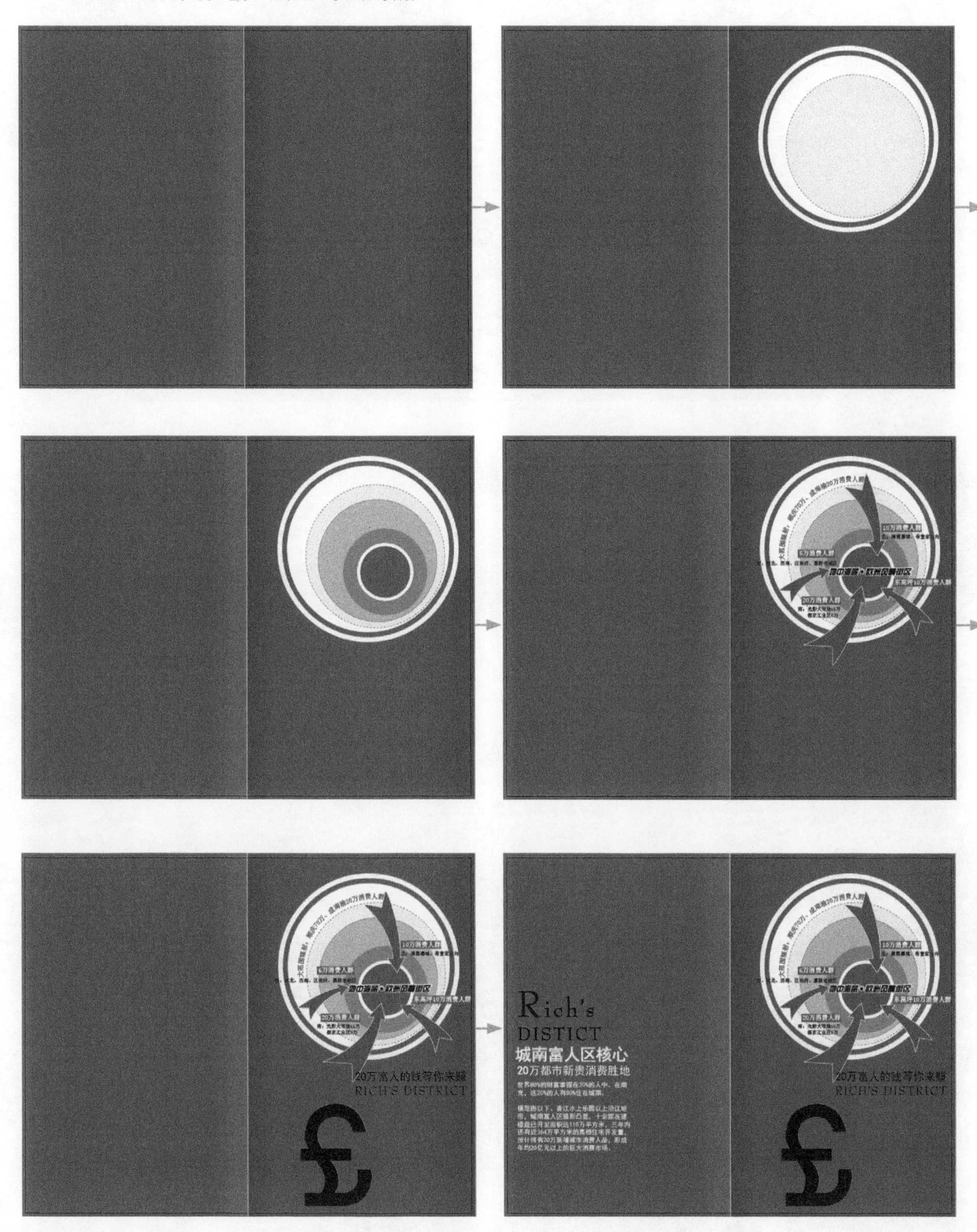

Seattle's Best Coffee
LEVEL ONE COFFEE
1

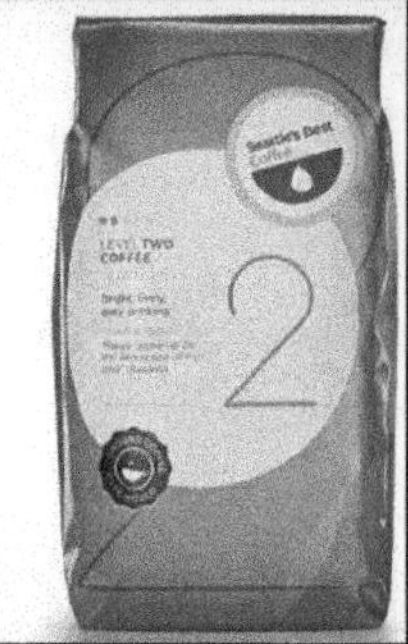

Seattle's Best Coffee
LEVEL TWO COFFEE
2

CHOCO
GULPS
FULL-A
GULP

STRAWBERRY
GULP
GULPS

FRESH
For kids
FRESH

第12章 包装设计——对象的组织与管理

经济全球化的今天，包装与商品已融为一体。包装作为实现商品价值和使用价值的手段，在生产、流通、销售和消费领域中发挥着极其重要的作用，是企业设计不得不关注的重要课题。包装的功能是保护商品、传达商品信息、方便使用、方便运输、促进销售和提高产品附加值。包装作为一门综合性学科，具有商品和艺术相结合的双重性。

本章将向读者介绍有关包装设计的相关知识，并通过产品包装实例的制作练习，讲解在Illustrator中设计制作包装的方法和技巧，希望通过本章的学习，使读者掌握包装设计的方法和技巧。

精彩案例：

- 制作纸巾包装盒
- 制作茶叶包装盒

12.1 包装设计知识

包装主要指包装品在外观形态、主观造型、结构组合、材料质地应用、色彩配比和工艺形态等方面表现出来的特征，要给顾客以美的心理感受，包装讲究艺术性。

12.1.1 包装设计的作用

包装设计包含了设计领域中的平面构成、立体构成、文字构成、色彩构成及插图、摄影等，是一门综合性很强的设计专业学科。产品包装的设计制作在产品运输流通领域中起着非常重要的作用。

❶ 产品的识别和美化

商品要依靠包装吸引顾客、宣传产品，是商品最直接的广告，同时顾客也可以通过商品的包装识别他所认同和信任的产品，如右图（左、右）所示。

❷ 产品的说明

产品的包装设计一定要按照国家有关规定，真实地标示商品的品牌、生产厂家、质量、产地、联系方式、产品成分或特定技术指标、保存方法、用途、使用对象、使用说明和使用效果等，还必须印有商品条形码。

❸ 产品的保护和保存

商品包装能够保护被包装商品，使其尽量不变形、不破损、大大减少在运输过程中的损伤而造成的经济损失。使被包装商品的内容物质量得到可靠的储存，在规定的时间内避免因变质而影响使用效果，如右图（左、右）所示。

12.1.2 常见包装的分类

包装是为了商品在流通过程中保护产品、方便储运和促进销售，而按一定技术方法采用材料或容器对物体进行包封，并加以适当的装潢和标识工作的总称。

商品种类繁多、形态各异、五花八门，其作用和外观也各有千秋。所谓内容决定形式，包装也不例外。所以，为了区别商品可以对包装进行如下的分类：包装盒、手提袋、食品包装、饮料包装、礼盒包装、化妆品瓶体、洗涤用品包装、香烟包装、酒类包装、药品包装、保健品包装、软件包装、CD包装、电子产品包装、日化产品包装和进出口商品包装等。

❶ 按形态

按形态性质分类，可以将商品包装分为单个包装、内包装、集合包装、外包装等，如下图（左、右）所示。

❷ 按材料

按使用材料分类，可以将商品包装分为木箱包装、瓦楞纸箱包装、塑料类包装、金属类包装、玻璃和陶瓷类包装、软性包装和复合包装等，如下图（左、右）所示。

❸ 按包装方法

按包装方法分类，可以将商品包装分为防水包装、防锈包装、防潮式包装、开放式包装、密闭式包装、真空包装和压缩包装等，如右图（左、右）所示。

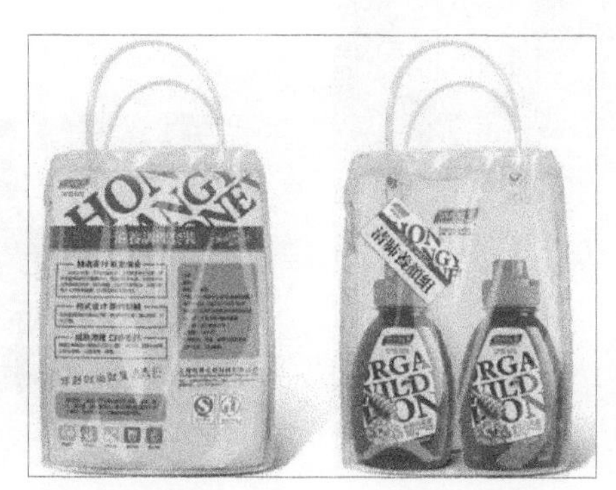

❹ **按包装产品**

按包装产品分类，可以将商品包装分为食品包装、药品包装、纤维织物包装、机械产品包装、电子产品包装、危险品包装、蔬菜瓜果包装、花卉包装和工艺品包装等，如右图（左、右）所示。

❺ **按作用**

按包装作用分类，可以将商品包装分为流通包装、储存包装、保护包装、销售包装等，如下图（左、右）所示。

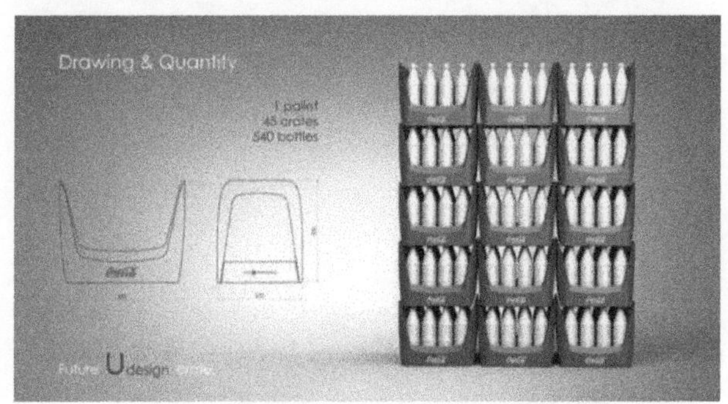

❻ **按运输方式**

还可以按运输方式分类，可以将商品包装分为铁路运输包装、公路运输包装和航空运输包装等。

12.1.3 包装设计的要求

商品的包装设计必须要避免与同类商品雷同，设计定位要针对特定的购买人群，要在独创性、新颖性和指向性上下工夫，下面为大家总结了一些商品包装设计的要求。

❶ **统一形象**

设计同一系列或同一品牌的商品包装，在图案、文字、造型上必须给人以大致统一的印象，以增加产品的品牌感、整体感和系列感，当然也可以采用某些色彩变化来展现内容物的不同性质来吸引相应的顾客群，如下图（左、右）所示。

❷ **独特造型**

包装的外形设计必须根据其内容物的形状和大小、商品文化层次、价格档次和消费者对象等多方面因素进行综合考虑，并做到外包装和内容物品设计形式的统一，力求符合不同层次顾客的购买心理，使他们容易产生商品的认同感。如高档次、高消费的商品要尽量设计得造型独特、品位高雅，大众化的、廉价的商品则应该设计得符合时尚潮流和能够迎合普通大众的消费心理，如右图（左、右）所示。

❸ **创意图形**

包装设计采用的图形可以分为具象、抽象与装饰三种类型，图形设计内容可以包括品牌形象、产品形象、应用示意图、辅助性装饰图形等多种形式。

图形设计的信息传达要准确、鲜明、独特，具象图形真实感强、容易使消费者了解商品内容；抽象图形形式感强，其象征性容易使顾客对商品产生联想；装饰性图形则能够出色表现地商品的某些特定文化内涵，如右图（左、右）所示。

❹ **文字表现**

应该根据商品的销售定位和广告创意要求对包装的字体进行统一设计，同时还要根据国家对有关商品包装设计的规定，在包装上标示出应有的产品说明文字，如商品的成分、性能和使用方法等，还必须附有商品条形码。

❺ **完美配色**

商品包装的色彩设计要注意特别针对不同商品的类型和卖点，使顾客可以从日常生活所积累的色彩经验中自然而然地对该商品产生视觉心理认同感，从而达成购买行为。

❻ **材料环保**

在设计包装时应该从环保的角度出发，尽量采用可以自然分解的材料，或通过减少包装耗材来降低废弃物的数量，还可以从提高包装容器设计制作的精美、实用的角度出发，使包装容器设计向着可被消费者作为日常生活器具加以二次利用的方向发展。

❼ **编排构成**

必须将上述图形、色彩、文字、材料和外形等包装设计要素按照设计创意进行统一的编排和整合，以形成整体的、系列的包装形象，如右图（左、右）所示。

12.2 纸巾包装盒设计

设计思维过程

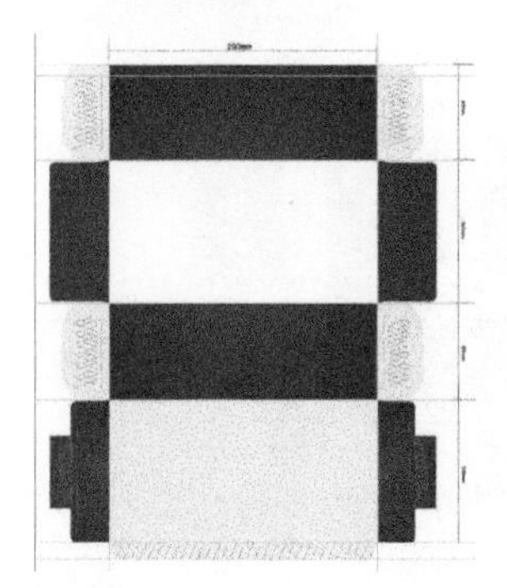
❶使用"矩形工具"等基本绘图工具绘制出包装盒展开效果的各部分。

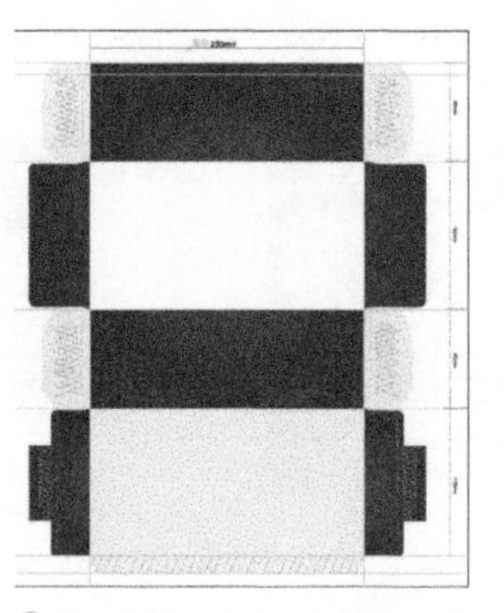
❷置入素材，通过混合模式与剪切蒙版操作，制作出包装盒上的花纹效果。

❸通过置入素材和输入文字，并且使用"镜像工具"可以完成包装盒正面部分的制作。

❹最后完成包装盒底部内容的制作，得到最终的包装盒效果。

设计关键字：渐变颜色应用

包装盒型设计一定要用辅助线帮助定位，使用标尺准确控制盒型大小。本实例中使用了渐变方式填充背景，深浅的过渡增加了包装的层次感，使画面的中心点更加突出，新颖别致，如右图（左）所示；绘制路径中，虚线部分是要"压痕"和"折叠"的部分，文字的排版和颜色的搭配，都围绕着主题部分创建，包装盒多次使用镜像复制操作，其尺寸要把握好，如右图（右）所示。

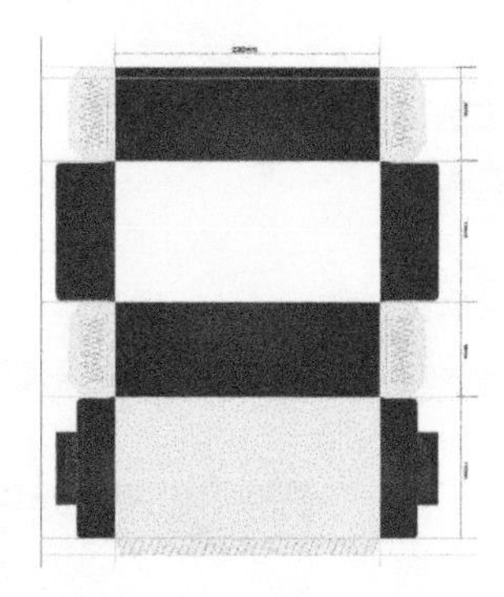

色彩搭配秘籍：紫色、浅黄色、黄色

本实例的色彩搭配采用了紫色径向渐变的形式，它含有红的个性，又有蓝的特征，突出了画面的主题部分。如下图（左、中、右）所示为本实例所使用的主要颜色。包装色彩设计要特别注意针对不同产品的类型和卖点，使顾客可以从日常生活所积累的色彩经验中自然而然地对该商品产生视觉心理认同感，从而达成购买行为。

RGB（153、26、96）
CMYK（47、100、40、0）

RGB（255、230、134）
CMYK（0、10、55、0）

RGB（247、219、126）
CMYK（3、17、34、0）

软件功能提炼

❶ 使用“渐变工具”制作渐变背景
❷ 使用“镜像工具”复制图形文字
❸ 设置“描边”绘制虚线图形
❹ 使用“文字工具”创建文字内容

实例步骤解析

本实例为纸巾盒设计包装，根据产品的性质和人们的需要设计出非常具有创意和使用价值的包装样式，既美观、又方便人们使用。深红色径向渐变的填充，更加突出主题图形。色彩在设计中具有重要的价值，它可以表达思想和情趣。把握色彩可以创造美好的包装产品，丰富我们的生活。

Part 01：制作包装结构图

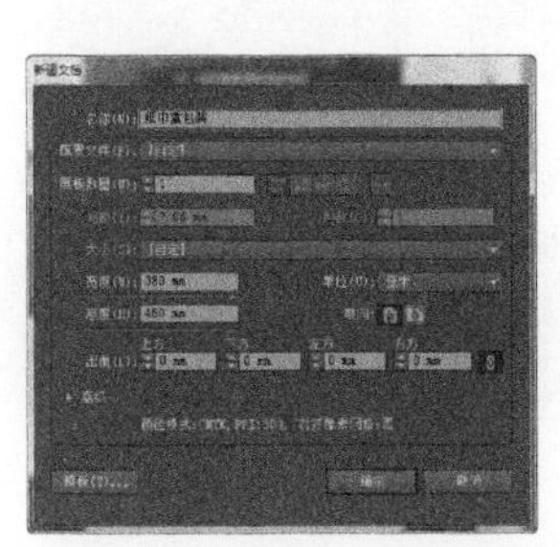

01 新建文档 执行“文件>新建”命令，对相关选项进行设置，单击“确定”按钮，新建空白文件。

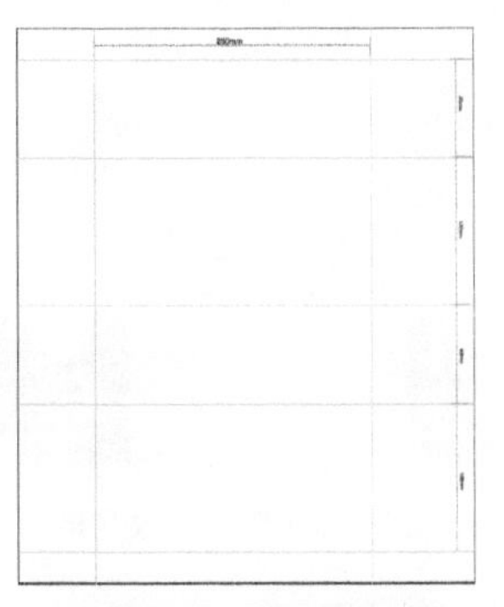

02 拖出参考线 测量包装盒各部分的尺寸，从文档标尺中拖出参考线，确定包装盒各部分大小。

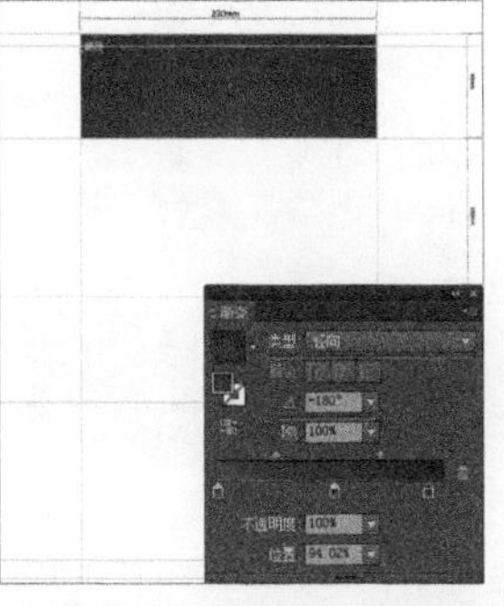

03 填充渐变颜色 使用“矩形工具”，设置“描边”为无，在画布中绘制矩形，为矩形填充渐变颜色为CMYK（0、99、18、13）、CMYK（60、100、40、0）、CMYK（94、99、20、60）。

TIPS

纸板是用做包装的主要材料，纸板价格便宜，易生产和加工，适合印刷工艺，并能回收利用。纸盒包装按结构可以分为3大类：折叠纸盒、粘贴纸盒和瓦楞纸箱。

04 包装盒侧面图 使用“钢笔工具”，设置“填色”值为CMYK（1、6、15、0），“描边”为无，在画布中绘制路径图形。

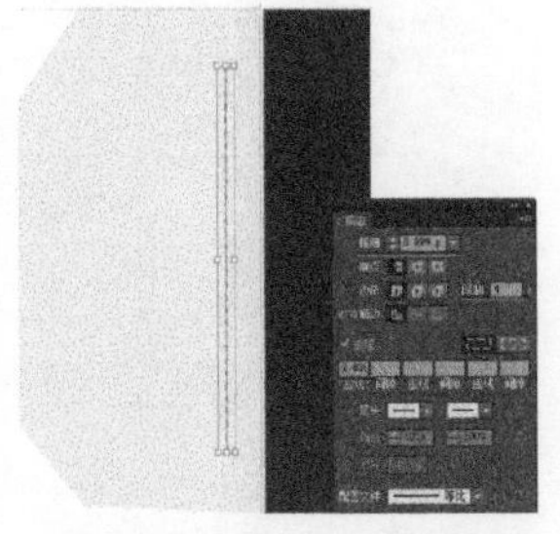

05 绘制虚线 使用“直线段工具”，打开“描边”面板，设置参数，在画布中绘制虚线。

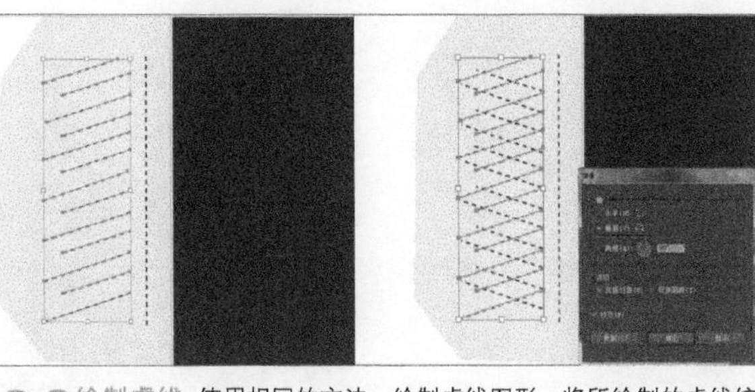

06 绘制虚线 使用相同的方法，绘制虚线图形，将所绘制的虚线编组。使用“镜像工具”，镜像复制图形。

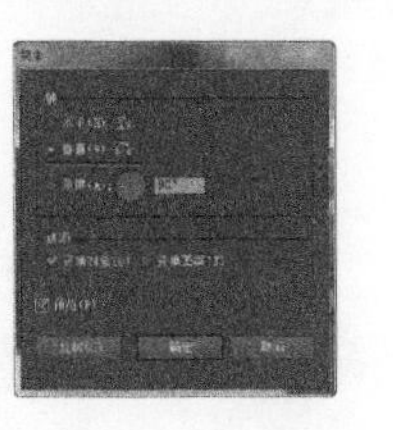

07 镜像复制图形 使用相同的制作方法，可以制作出另外一边粘口的效果。

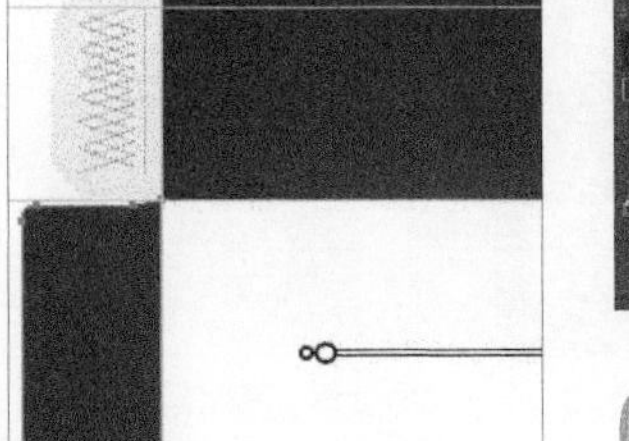

08 填充渐变颜色 使用相同的制作方法，在画布中绘制图形，并为该图形填充渐变颜色。

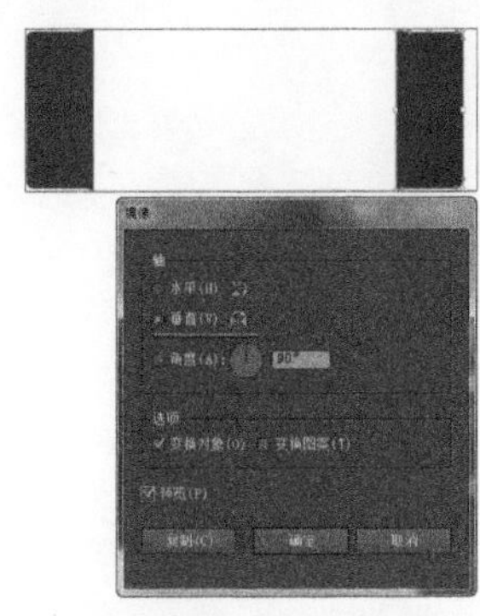

09 镜像复制图形 选中刚绘制的图形，使用“镜像工具”，镜像复制图形。

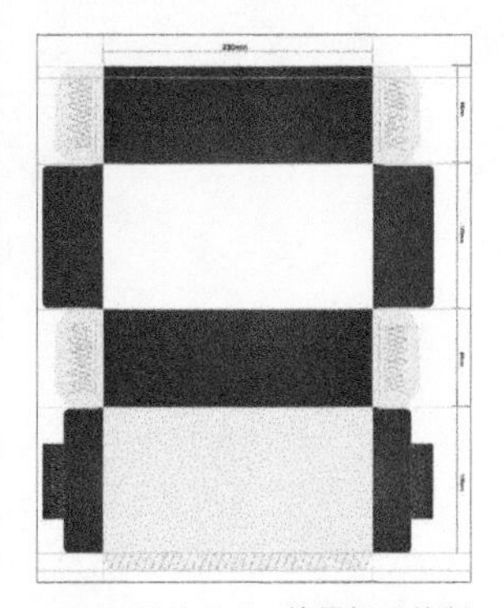

10 整体结构 使用相同的制作方法，可以绘制出包装盒各部分的基础图形效果。

Part 02：制作主体部分

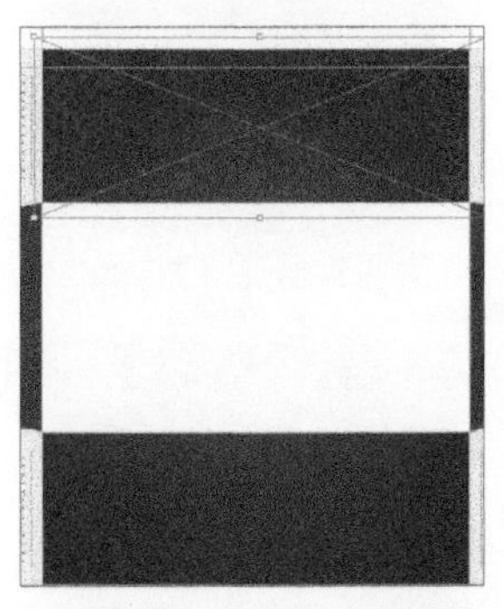

01 置入素材 执行“文件>置入”命令，置入素材“资源文件\源文件\第12章\素材\12204.ai”，设置“混合模式”为“叠加”。

02 绘制矩形路径 使用“矩形工具”，设置“填色”和“描边”均为无，在画布中绘制矩形路径。

03 创建剪切蒙版 同时选中刚绘制的路径路径和花纹素材，执行“对象>剪切蒙版>建立”命令，创建剪切蒙版。

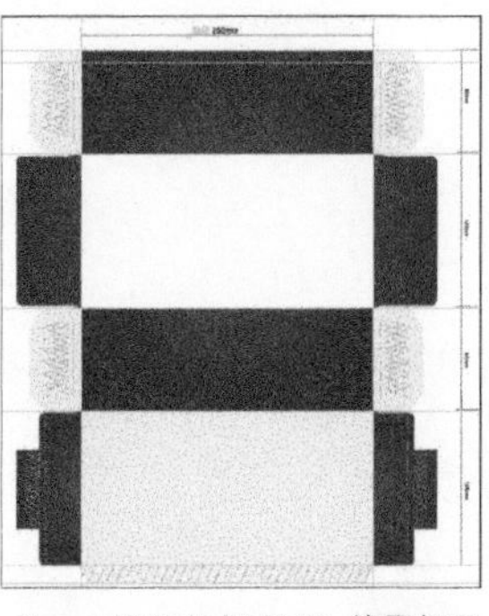

04 创建剪切蒙版 使用相同的制作方法，可以为包装盒各部分添加花纹背景效果。

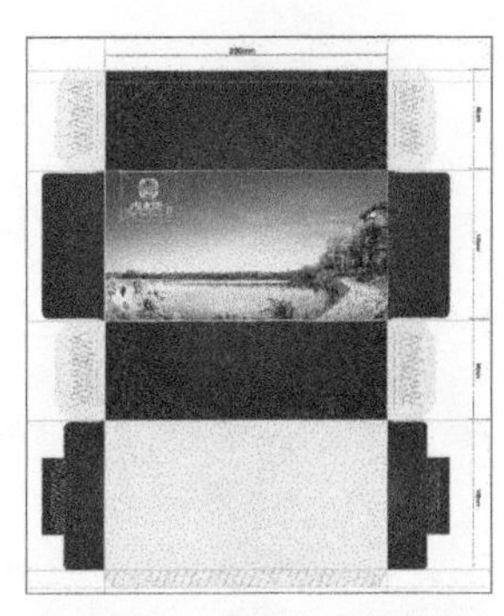

05 置入素材 使用相同的制作方法，置入相应的素材，并分别调整素材到合适的大小和位置。

06 输入文字 使用“文字工具”，在画布中单击并输入相应的文字。

07 绘制虚线 使用“钢笔工具”，设置“填色”为无，“描边”为黑色，打开“描边”面板，设置参数，在画布中绘制虚线图形。

08 旋转文字 使用“文字工具”，设置“填色”值为CMYK（0、10、55、0），在画布中单击输入文字，对文字进行旋转操作。

TIPS

包装盒设计中的虚线图形是“压痕”和“折叠”的部分，实线部分是“模切”的轮廓，绘制出的图形要比包装盒整体的尺寸缩小 3mm，避免裁切的误差。

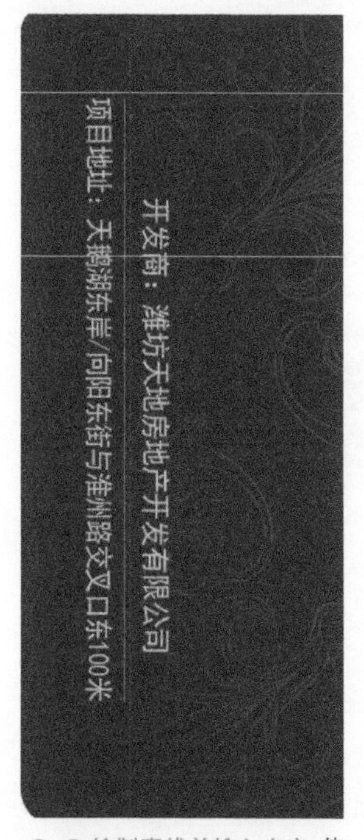

09 绘制直线并输入文字　使用相同的制作方法，可以绘制出直线并输入相应的文字。

10 镜像复制对象　同时选中相应的文字和直线，使用“镜像工具”，对选中的内容进行镜像复制。

11 输入文字　使用相同的制作方法，置入相应的素材，并使用“文字工具”在画布中输入相应文字。

12 镜像复制对象　使用“镜像工具”，通过镜像复制的方法制作出包装盒另一面的内容。

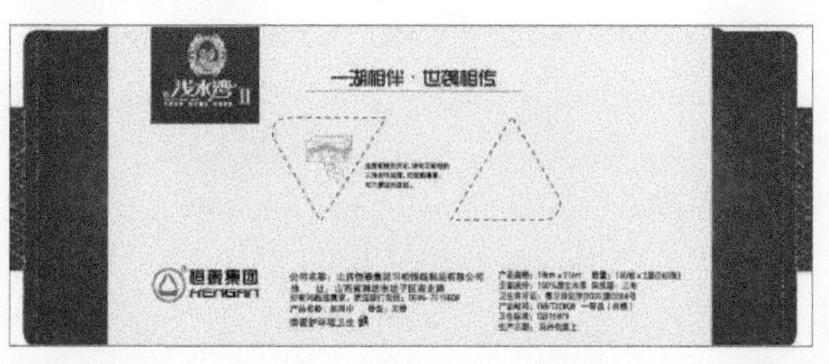

13 绘制包装底部　使用相同的制作方法，可以完成包装盒底部内容的制作。

14 最终效果　完成包装盒各部分内容的制作，可以看到包装盒的整体效果。

12.2.1　对比分析

包装设计需要不断地尝试与探索，要具有追求人类美好生活的情怀。包装用于包装产品与宣传产品本身，成功的设计师可以为产品增添光彩。在制作包装设计时，要把握好制作的尺寸。在制作各种不同的包装设计时，要注意版面色彩、版式、布局与搭配的协调。

❶ 纯色的背景突出不了主题，色彩是广告表现的一个重要因素，广告色彩是向消费者传递一种商品信息的，而这个画面色调很单调，突出不了效果。

❷ 画面太单调，整体感觉很平常，没有一点亮点、特点，吸引不了大众的眼球。

❸ 包装盒只有正面介绍，而侧面是空的，缺少产品介绍，显得整个画面很单调，没有内容。

Before

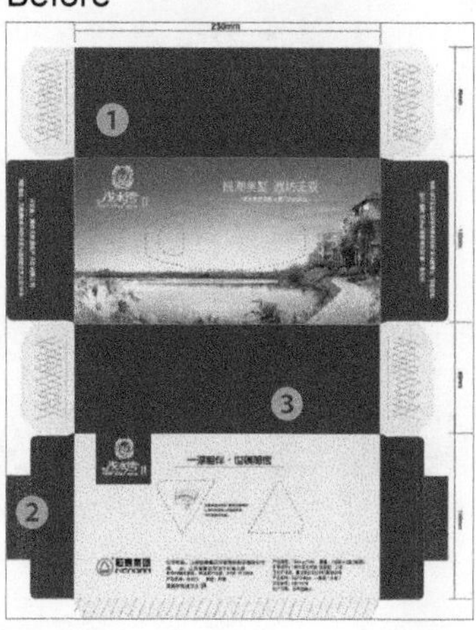

After

❶ 背景使用渐变颜色填充，使得包装背景更丰富、更突出视觉冲击力。整体色调的搭配都融合在一起，突出了空间效果。

❷ 花纹的效果不仅可以提亮画面，还使画面更加饱满和充实，具有鲜明的主题、新颖的构思和生动的表现等特色。

❸ 文字的添加不仅使充实了画面，产品也得到了说明，使画面更有可看性。

12.2.2 知识扩展

制版印刷直接影响包装设计效果。一个看起来不错的设计，制版印刷后的效果可能并不理想，所以，在包装设计中，确定图案的布局、色彩的选择及文字的安排时，除了要考虑商品的性质和美学、艺术效果外，还需要考虑制版印刷后的实际效果。

纸盒包装的印刷要求

小型的纸箱、纸盒产品，常常有各种结构版面并存的情况。例如，既有以实际印刷为主的版面，也有网纹、文字、线条和实际图案并存的印刷版面；既有光谱色彩不能显示的金、银色版面，又有专色、四原色并存的版面。

如果利用胶印、凸印（或凹印等工艺）等不同的印刷方式，多工艺结合进行印刷纸盒、纸箱等包装产品，可以提高产品的内在质量。胶印工艺印刷再现效果好，色调柔和，网点清晰，印刷层次丰富，印刷大面积版面不易出现粘脏产品的不良现象。而凸印、凹印工艺具有墨层厚实饱满、色彩鲜艳、光泽度高等优点。所以，利用不同印刷工艺的优点，分别去印刷那些网纹、文字、线条和实地图案兼有的产品及各种颜色的版面。用工艺“合成”去印刷同一个产品，既可较好地使设备的利用率得到充分的发挥，又可使产品质量和经济效益得到同步的提高。

最重要的环节，就是要根据产品的特点，控制好操作技术和工艺技术，以适度的印刷压力、采用合适的油墨涂布量进行印刷；以油墨、印版和纸板的特性为依据，采用合适的速度进行印刷，才能使印刷质量和生产效率都得到较好的提高。

图形的变换操作

❶ 定界框

使用“选择工具”选中一个图形后，会在图形周围形成一个矩形的定界框，拖动定界框的四角可以对图形进行缩放调整。在画布中置入一张素材，如下图（左 1）所示，可以进行一边缩放，如下图（左 2）所示；按住 Shift 键进行等比例缩放，如下图（左 3）所示；还可以进行旋转，如下图（左 4）所示。

 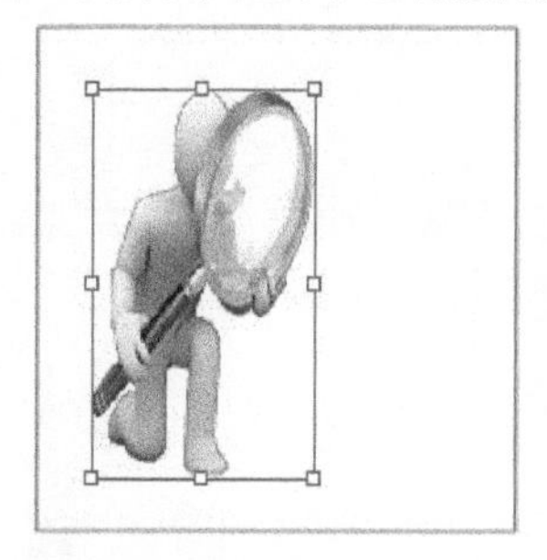  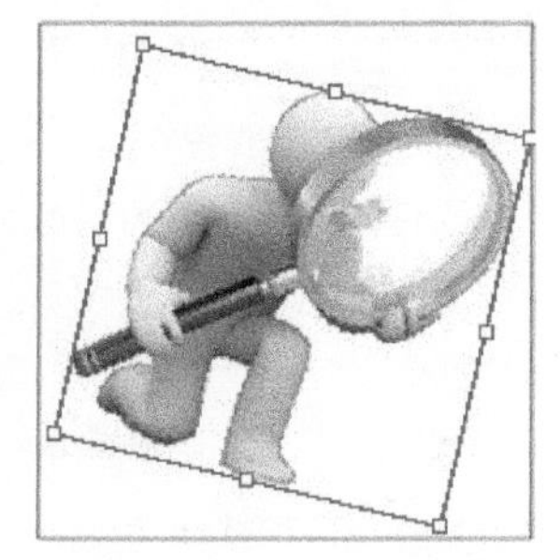

❷ “变换”命令

执行“对象 > 变换”命令，在该命令菜单的下级菜单中提供了多种用于变换操作的命令，包括“移动”、“缩放”、“旋转”和“对称”等。

“移动”命令可以对图形进行水平和垂直方向上的移动或复制，在画布中置入一张素材，如下图（左 1）所示。执行“对象 > 变换 > 移动”命令，在弹出的对话框中设置相关参数，如下图（左 2）所示。单击“确定”或“复制”按钮，即可移动或移动并复制对象，如下图（左 3、左 4）所示。

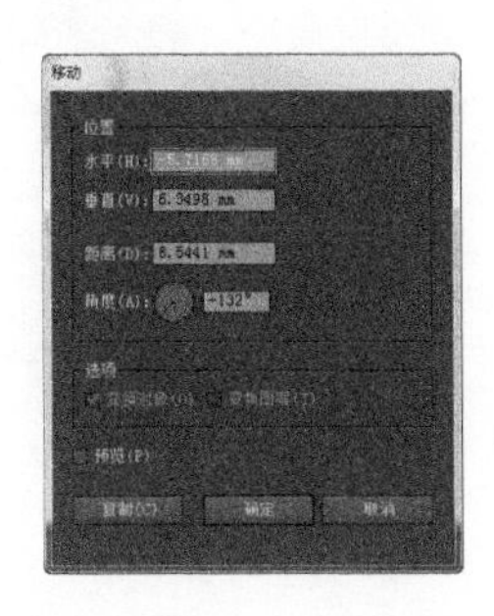

“旋转”命令可以将图形进行任意角度的精确旋转，如下图（左 1、左 2）所示。“对称”命令可以将图形进行水平、垂直或是任意角度的翻转变换，如下图（左 3、左 4）所示。

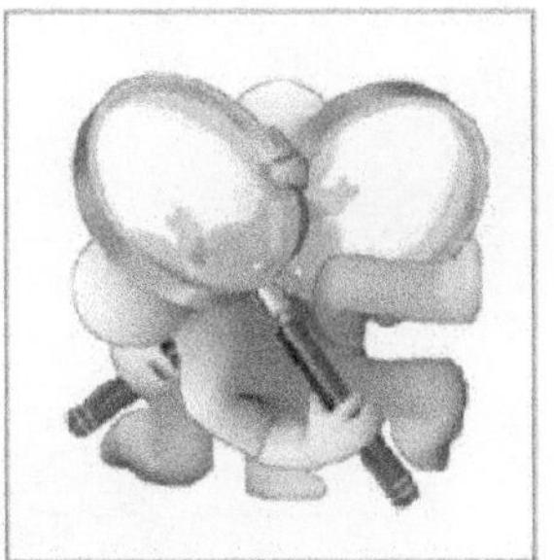

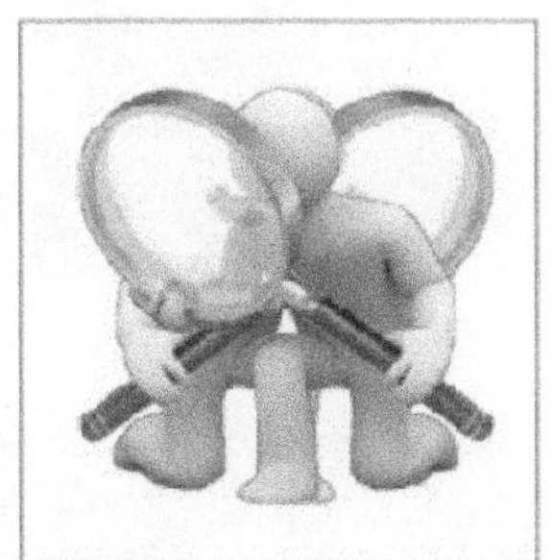

“缩放”命令可以将图形进行等比或是不等比的放大或缩小变换，如下图（左 1、左 2）所示。“倾斜”命令可以设置图形产生任意角度的倾斜效果，如下图（左 3、左 4）所示。

❸ “分别变换”和“再次变换”命令

利用“变换”子菜单中的“分别变换”命令可以一次性对图形进行缩放、移动、旋转和对称的变换。利用“再次变换”命令，可以重复上一次的变换操作。

执行“对象 > 变换 > 分别变换”命令，在弹出的对话框中设置相应参数，如下图（左）所示。单击“复制”按钮，如下图（中）所示。选中变换后的图形，执行“再次变换”命令，连续按快捷键 Ctrl+D，重复多次变换，如下图（右）所示。

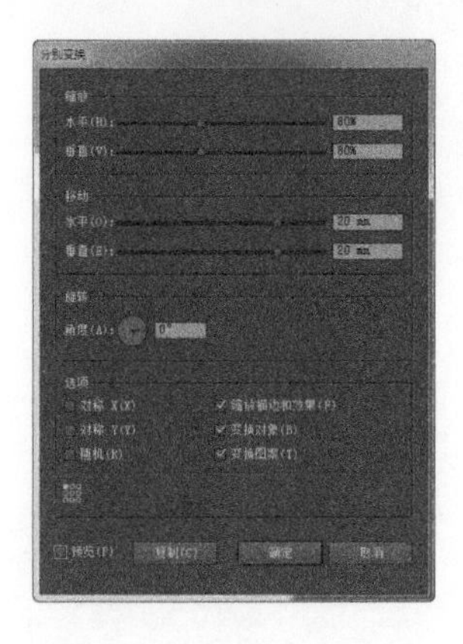

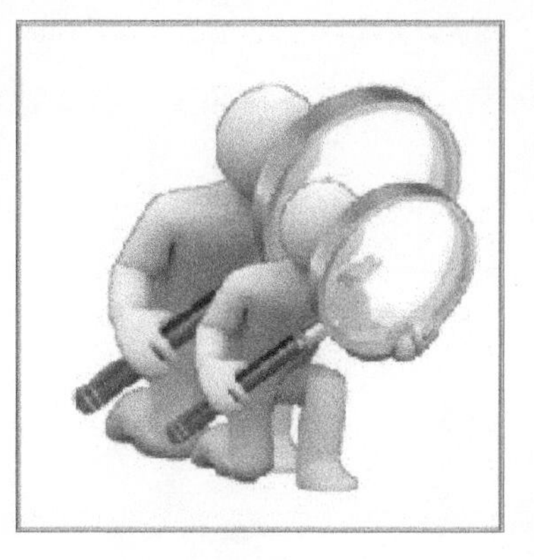

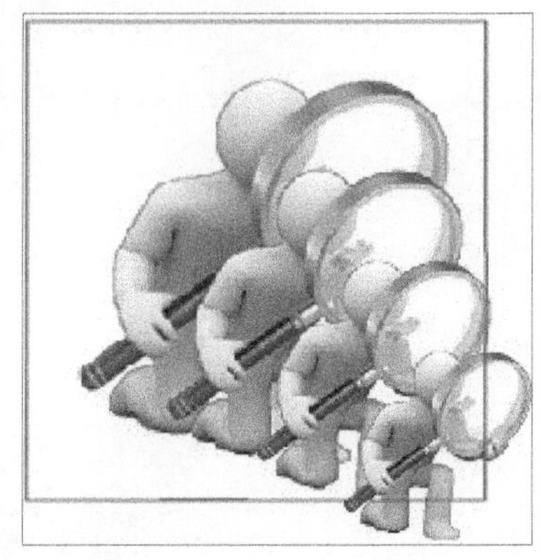

12.3 茶叶包装设计

设计思维过程

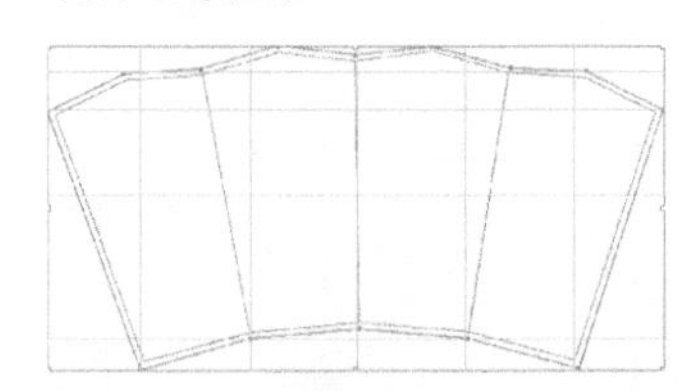

❶包装盒设计一定要使用辅助线帮助定位，使用标尺准确定位盒型各部分。

❷渐变填充的效果，结合文字和图形的衬托，使得画面更加新颖。

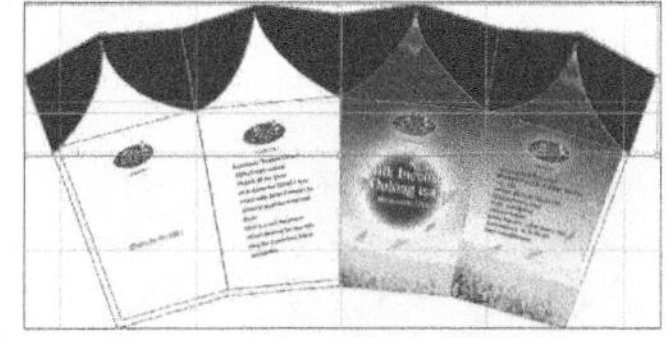

❸路径图形的制作，线条流畅。

❹完成包装盒整体效果的制作，画面对比性强。

设计关键字：图形效果搭配

本实例是以茶叶产品设计做包装，在包装盒中添加绿叶代表健康，使用了渐变效果，增加画面层次感，路径图形绘制得很流畅，如右图（左）所示。外发光的效果突出了主题部分，使人一目了然。包装盒的尺寸一般都是根据产品的尺寸设定，包装盒设计一定要使用辅助线帮助定位，才能准确地控制包装盒的整体结构，。

色彩搭配秘籍：绿色、红色、紫色

本实例使用了红色渐变颜色填充，突出了正面主题；添加了绿色树叶作对比，绿色是大自然的颜色，显得朝气蓬勃，深浅的过渡增添了包装的层次感，图像的使用凸出了茶叶的效果。下图（左、中、右）所示为绿色、紫色、红色的 RGB 和 CMYK 值。

RGB（165、204、28）
CMYK（42、0、97、0）

RGB（127、16、132）
CMYK（60、100、0、0）

RGB（232、82、152）
CMYK（0、80、0、0）

软件功能提炼

❶ 使用“钢笔工具”绘制图形
❷ 使用“直接选择工具”调整图形锚点
❸ 使用“渐变工具”填充渐变颜色
❹ 使用“风格化”效果增添图像效果

实例步骤解析

本实例为茶包装盒设计，包装盒的展示图通常都是特殊形状的，完成包装盒的印刷后，通过裁剪、折叠、粘贴等多道工序，才能够呈现出我们所看到的立体包装盒的效果。在设计包装盒时，需要设计其展开图，注意各部分的尺寸和位置。

Part 01：制作包装轮廓

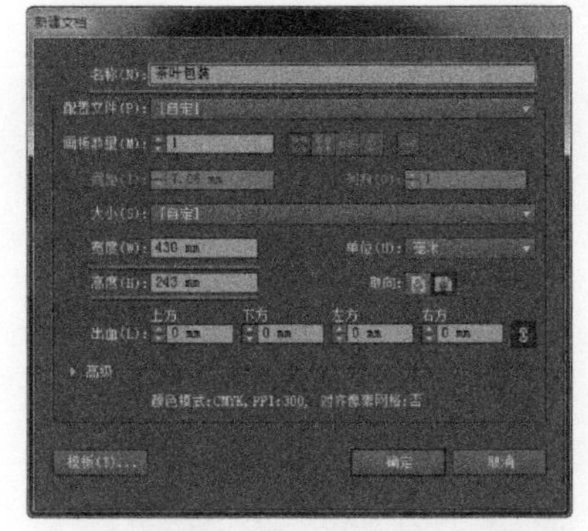

01 **新建文档** 执行“文件>新建”命令，对相关选项进行设置，单击“确定”按钮，新建空白文档。

TIPS

对于盒型的设计，一定要使用参考线帮助定位，要使用标尺来准确控制盒型属性。

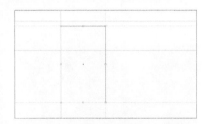

02 **拖出参考线** 按快捷键Ctrl+R，显示文档标尺，从标尺中拖出参考线，定位包装盒各部分。

03 **绘制矩形并调整锚点** 使用“矩形工具”，设置“填色”为白色，“描边”为黑色，“粗细”为1pt在画布中绘制矩形。在矩形路径上添加锚点，并调整锚点。

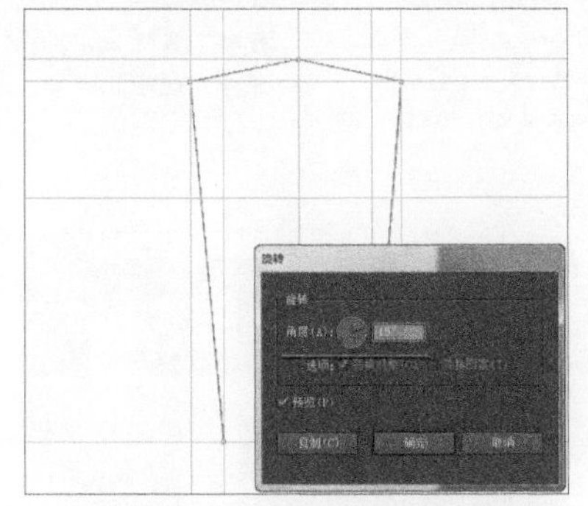

04 **旋转图形** 使用“旋转工具”，按住Alt键在画布中单击，弹出“旋转”对话框，设置旋转角度，单击“确定”按钮，调整图形到合适位置。

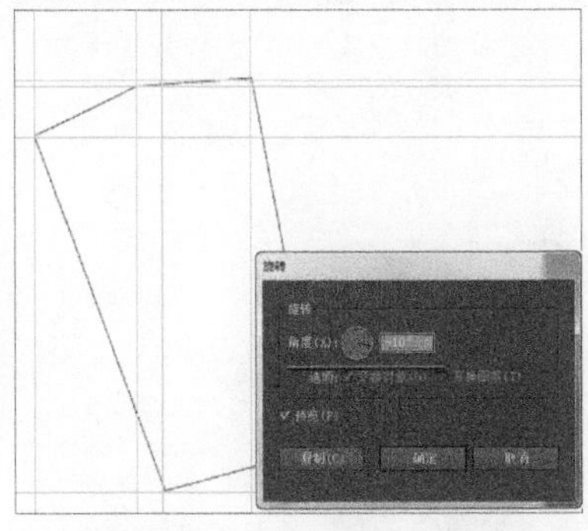

05 **旋转复制图形** 使用“旋转工具”，按住Alt键在画布中单击，在弹出的“旋转”对话框中进行设置，单击“复制”按钮，旋转复制图形，并调整到合适位置。

TIPS

在对矩形的调整过程中可以通过“添加锚点”工具在矩形一边的中点位置添加锚点，使用“直接选择工具”，通过按住 Shift 键在画布中拖动锚点将矩形拖曳成一个不规则图形。

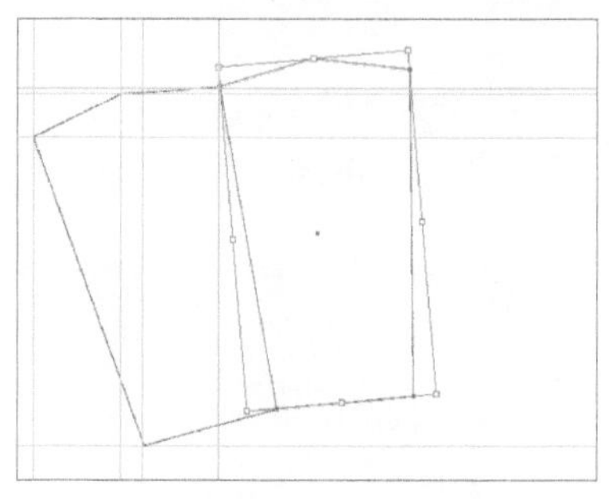

06 旋转复制图形 使用相同的制作方法，旋转复制图形，并分别调整到合适的位置。

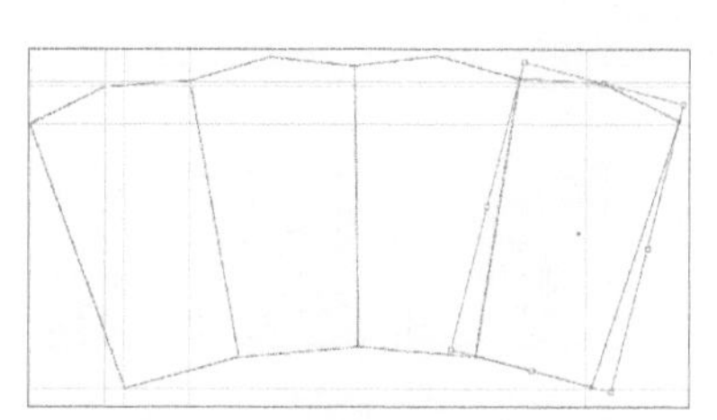

07 拖出参考线 使用相同的制作方法，从标尺中拖出相应的参考线，定位包装盒的外轮廓边框。

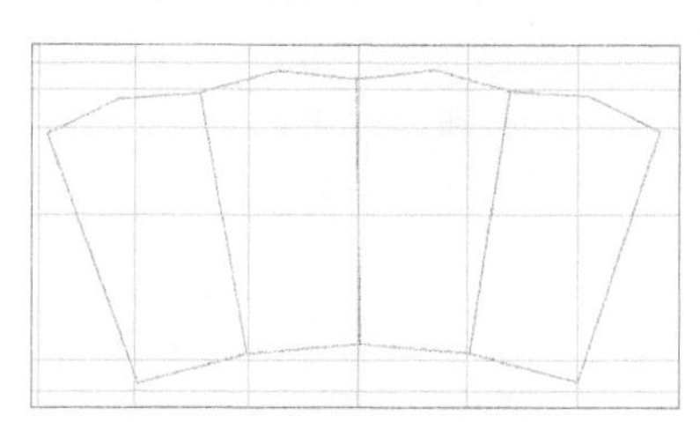

08 绘制外轮廓 使用“钢笔工具”，根据参考线的设置绘制包装盒外轮廓边框。

Part 02：制作包装盒主体

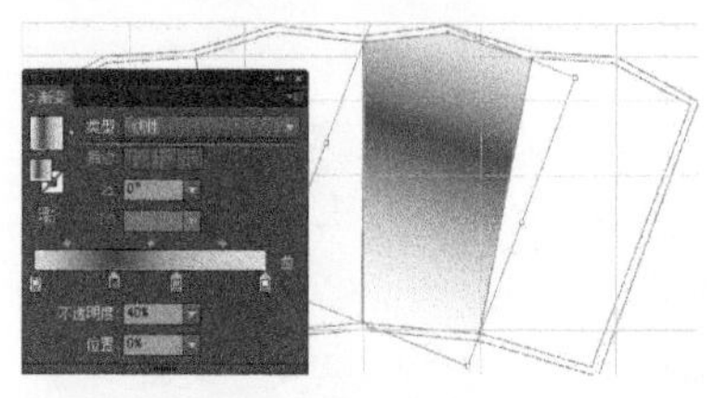

01 填充渐变颜色 选中图形，设置渐变颜色为CMYK（0、21、0、0）、CMYK（1、92、0、0）、CMYK（0、54、0、0），为图形填充渐变颜色。

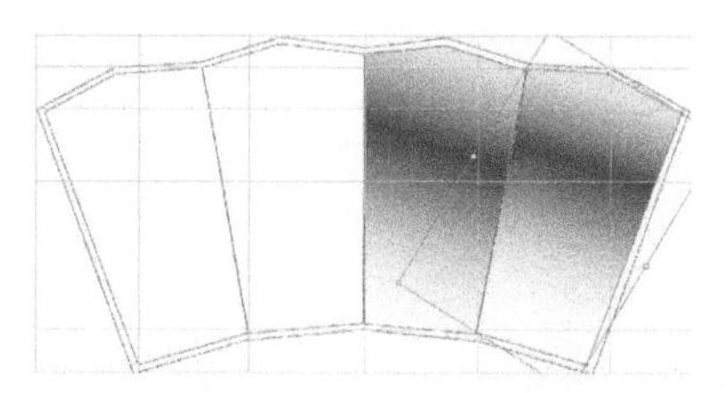

02 填充渐变颜色 使用相同的制作方法，为画布中另一个图形填充渐变颜色。

03 置入素材 置入素材“资源文件\源文件\第12章\素材\12309.tif”，打开“透明度”面板，设置“混合模式”为“颜色加深”。

04 复制素材 将刚置入的素材复制多次，并分别调整到合适的大小和位置。

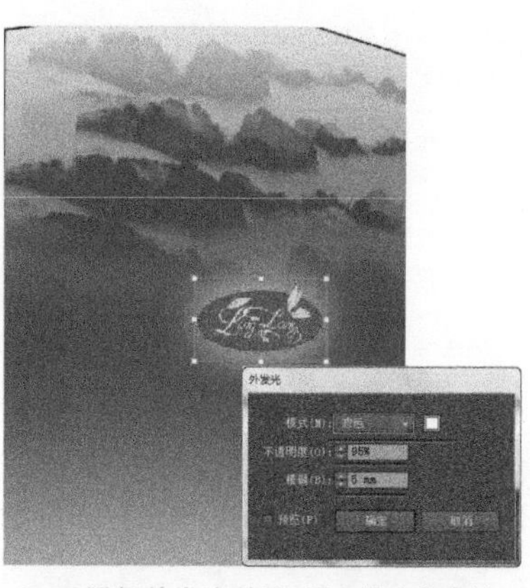

05 添加外发光效果 置入相应的素材，执行“效果>风格化>外发光”命令，弹出“外发光”对话框，设置参数，单击“确定”按钮。

06 输入文字 使用“文字工具”，在画布中单击输入文字。使用“钢笔工具”，在画布中绘制叶子图形。

07 调整位置 镜像复制叶子图形，对图形和文字进行调整，将其编组，对编组图形进行旋转操作并调整到合适的位置。

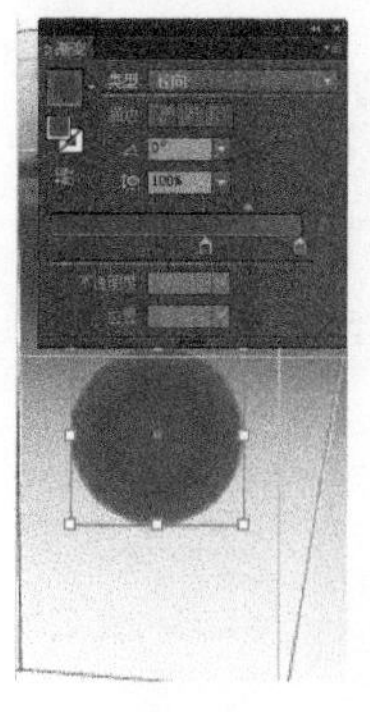

08 绘制正圆形并填充渐变颜色 使用“椭圆工具”，设置“描边”为无，在画布中绘制正圆形，设置渐变颜色为CMYK（58、78、0、23）、CMYK（53、71、0、0），为该正圆形填充渐变颜色。

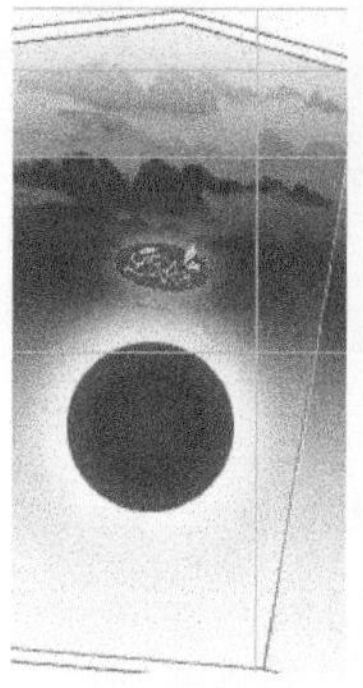

09 应用高斯模糊效果 在正圆形下方绘制一个白色正圆形，执行“效果>模糊>高斯模糊”命令，弹出“高斯模糊”对话框，设置相关选项，单击“确定”按钮。

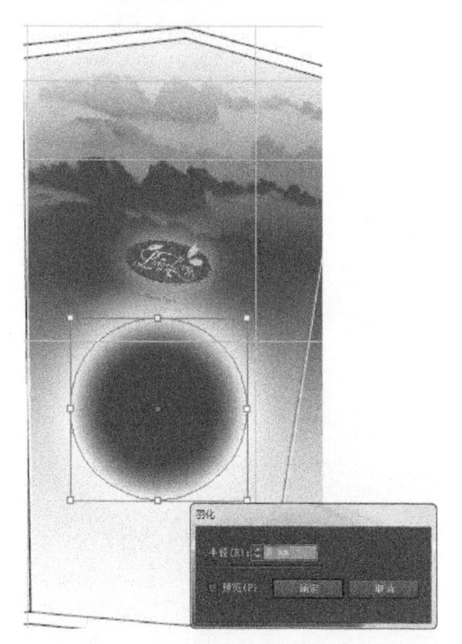

10 **应用羽化效果** 选中渐变正圆形，执行“效果>风格化>羽化”命令，弹出“羽化”对话框，设置相关选项，单击“确定”按钮。

11 **输入文字** 使用“文字工具”，在画布中单击输入文字，并对文字进行旋转操作。

12 **置入素材** 使用相同的制作方法，置入相应的素材，并分别调整到合适的大小和位置。

13 **复制图形** 对画布中相应的图形进行复制，并调整到合适的位置。

14 **输入文字** 使用“文字工具”，在画布中绘制文本框，并在文本框中输入文字。

15 **自由变换操作** 使用“自由变换工具”，对文本框进行旋转操作。

16 **调整位置** 使用相同的制作方法，可以完成包装盒另一面效果的制作。

17 **绘制路径** 使用“钢笔工具”，设置“填色”和“描边”均为无，绘制包装盒一面的路径。选中该面中所有对象，创建剪切蒙版。

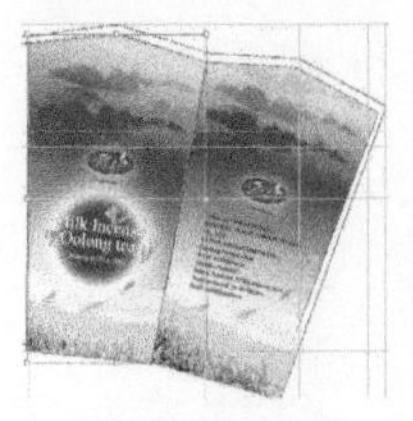

18 创建剪切蒙版 使用相同的制作方法，可以为包装盒另一面创建剪切蒙版。

19 包装盒侧面 使用相同的制作方法，可以完成包装盒另外两面效果的制作。

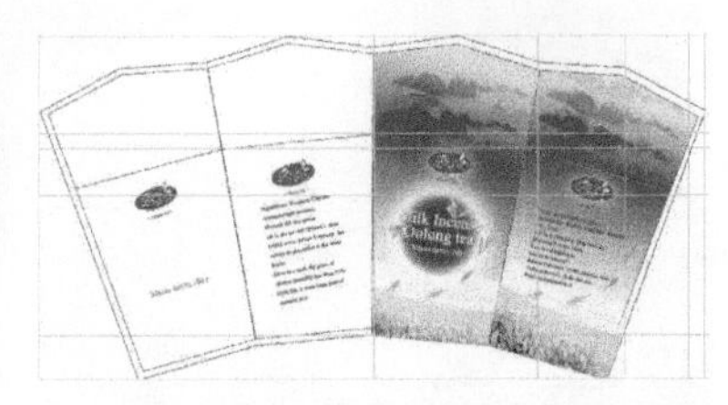

20 绘制线段 使用“钢笔工具”，设置“填色”为无，“描边”为黑色，“粗细”为1pt，在画布中绘制出包装盒的折线。

21 绘制路径图形 使用“钢笔工具”，设置“填色”为CMYK（65、100、12、0），“描边”为无，在画布中绘制路径图形。

22 旋转复制图形 使用旋转复制的方法，将刚刚绘制的图形旋转复制多个，并分别调整到合适的位置。

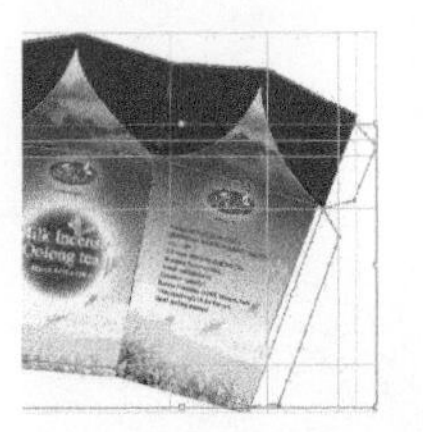

23 绘制线段 使用相同的制作方法，可以绘制出包装盒的粘口部分图形。

TIPS

不同种类包装盒的制作，所用材料也不尽相同，材料的选择要依据所装产品的物质特性，本实例中的茶叶包装盒就需要有高度防湿性。

24 最终效果 完成茶叶包装盒的设计制作，可以看到该包装盒的完整效果。

12.3.1 对比分析

本实例为茶叶产品包装设计。产品包装用于包装产品与宣传产品本身，成功的包装设计可以为产品增添光彩。包装设计是对某一包装进行总体构思与计划，一般是指对包装造型、色彩、文字、商标和图案等进行总体设计。

❶ 整体看起来空白、单调。

❷ 包装盒的背景部分只使用了渐变颜色填充，背景稍显单调了一些。

❸ 突现不出画面的对比效果，画面显得很暗，没有亮点，视觉冲击力较弱。

Before

❶ 本实例采取红色渐变做主色调，以紫色图形和绿色树叶做搭配，给人一种清新、自然和充满活力的感觉。

❷ 在包装盒背景部分，不但填充了渐变颜色，并且还加入了背景素材，使得背景效果更加丰满。

❸ 运用了对比的手法，使其更加吸引人们的注意力。

After

12.3.2 知识扩展

包装是产品由生产转入市场流通的一个重要环节。包装设计是包装的灵魂，是包装成功与否的重要因素。激烈的市场竞争不但推动了产品与消费的发展，同时不可避免地推动了企业战略的更新，其中包装设计也被放在市场竞争的重要位置上。这就是近二十多年的包装设计中表现手法和形式越来越具有开拓性和目标性的基本原因。

纸盒包装的一般制作流程

使用纸板等纸制品所制作的包装盒都可以统称为纸盒包装，纸盒包装质量的好坏，不仅仅与设计和印刷工艺的好坏有关，还与包装的造型和制作工艺有关。纸盒包装的一般制作工艺流程为：材料 > 制版、印刷 > 表面加工 > 模切、压模 > 制盒。

❶ 材料

一般选用印刷效果良好、适合所包商品的材料制成，要求不高的可以使用黄板纸、牛皮纸或白板纸等作为承印材料，要求高的可以在这些材料上裱贴铜版线等上等纸张。印刷油墨也要根据包装的物品选用耐光、耐磨、耐油、耐药品或无毒的油墨。

❷ 制版、印刷

采用凸版、平版、照像凹版或柔性版印刷。现在以平版印刷为主，凸版印刷的效果好、色调鲜明、光泽性好，但是凸版印刷的工艺繁杂，不如平版印刷简单。在印刷过程中进行喷粉，防止背景粘脏。

❸ 表面加工

根据需要可以在印刷包装盒的过程中在包装盒表面涂复聚乙烯，粘贴表面薄膜、涂腊以及压箔、压凸等工艺。表面加工的步骤需要根据包装盒的需要进行添加，并不是所有的包装盒都需要进行表面加工。

❹ 模切、压模

模切版的制版较好的方法是用胶合板制作模切版材。先将包装盒图样转移到胶合板上，用线锯沿切线和折线锯缝，再把模切和折缝刀线嵌入胶合板，制成模切版，它具有版轻、外形尺寸准确和便于保存等优点。

也可以使用计算机控制，激光制模切版的，把纸盒的尺寸、形状和纸板克重输入计算机，然后由计算机控制激光移动，在胶合板上刻出纸盒的全部切线的折线，最后嵌入刀线。

制作模切版的工艺流程为：绘制包装盒图样 > 绘制拼版设计图 > 复制拼版设计图移至胶合板上 > 钻孔和锯缝 > 嵌线 > 制作模切版阴模版。

模切压痕机一般是平压式，能自动给纸、自动划切、自动收纸，一般速度为 1800~3600 张 / 小时。模切压痕机除了可以用于模切外，还可以用于冷压凹凸、烫印平的凹凸电话铝以及热压凹凸。

❺ 制盒

用制盒机折叠做成纸盒形状，即完成了包装盒的制作。

瓦楞纸箱用柔性版印刷，同时进行压线、刷胶或用铁丝订，做成箱子的形状，一般是平面折叠旋转，使用时拉开成纸箱形。

图形的排列与编组操作

❶ 图形的排列

一个图形有着多个路径图层，Illustrator 从第 1 条路径开始顺序排列所绘制的图像，排列的顺序将决定显示的方式，执行“对象 > 排列”命令，可以更改不同对象的排列顺序。

执行“置于顶层”命令，可以将选中的任意一个对象调整到当前图层或是编组中的最上一层。例如选中需要操作的对象，如下图（左 1）所示。执行“对象 > 排列 > 置于顶层”命令或按快捷键 Shift+Ctrl+]，即可将该对象移至所有对象的上方，如下图（左 2）所示。

执行“置于底层”命令，可以将选中的对象排列在图形中的最后一个对象，操作方法与“置于顶层”命令相同，如下图（左 3、左 4）所示。

执行“前移一层”命令，是将对象向前移动一层，“后移一层”可以将对象向下移动一层，通过这两个命令可以快速更改路径之间的排列顺序。例如，选中需要操作的对象，执行“对象 > 排列 > 前移一层”命令或按快捷键 Ctrl+]，将对象前移一层，如下图（左 1、左 2）所示。“后移一层”的方法与“前移一层”的方法相似，按快捷键 Ctrl+[，可以看到将对象后移一层的效果，如下图（左 3、左 4）所示。

Illustrator 中的编组对象是指将多个图形组合在一起，形成一个编组，将图形编组可以更加有序地组合图形中路径。例如，在画布中选中某个图形，如右图（左）所示，将多个图形选中进行编组，可以执行“对象 > 编组”命令，编组后如右图（右）所示。相反，选中刚刚编组的图形，执行“对象 > 取消编组”命令，可以将编组中的对象释放出来。

12.4 模版欣赏

完成本章内容的学习，希望读者能够掌握包装设计的制作方法。本节将提供一些精美的包装设计模版供读者欣赏。读者可以自己动手试着练习一下，检验一下自己是否也能够设计制作出这样的包装效果。

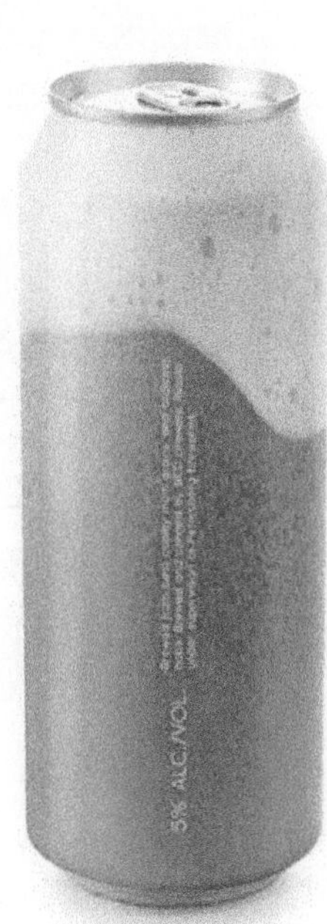

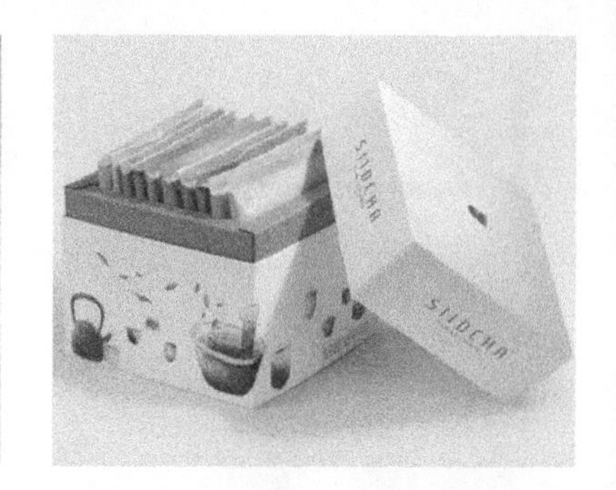

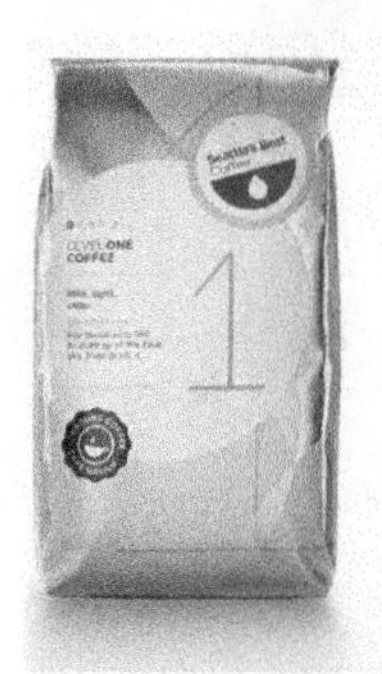

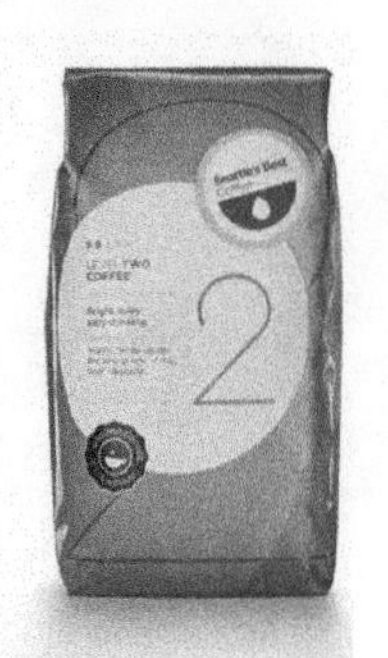

12.5 课后练习

学习了有关包装设计的内容，并通过包装实例的制作练习，是否已经掌握了有关包装设计的方法和技巧呢？本节通过两个练习，巩固对本章内容的理解并检验读者对包装设计制作方法的掌握。

12.5.1 制作产品包装盒

本实例制作的保健品包装盒，设计以简洁、突出的风格为主，运用不同的渐变色块和图形曲线的设计构成了包装盒的正面，给人以抢眼的感觉。配合产品Logo和产品相关内容介绍的文字，突出产品的品牌理念和功能。

❶使用“矩形工具”绘制多个矩形，分别表示包装盒的各个面。

❷置入素材图像，创建剪贴蒙版，输入文字并绘制图形，制作包装盒正面效果。

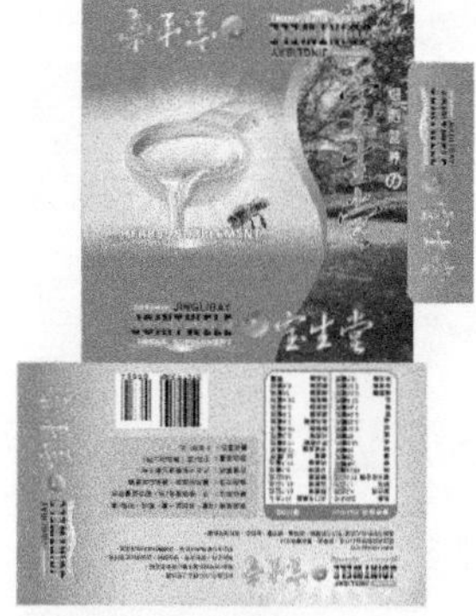

❸绘制图形并输入文字，对文字进行排版，完成包装盒其他面的制作。

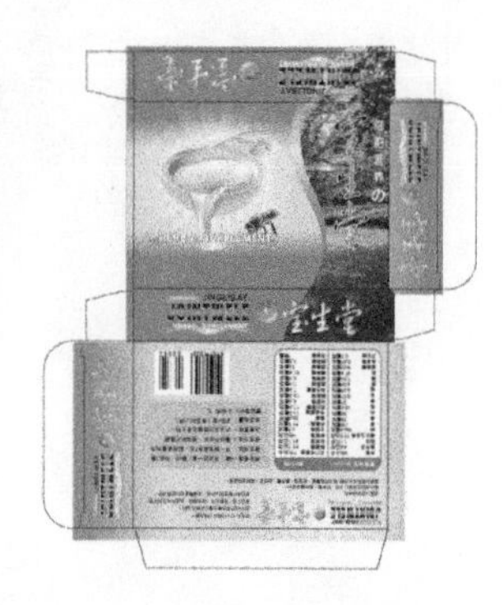

❹根据包装盒的形状绘制出包装盒的轮廓线，完成包装盒的制作。

12.5.2　制作手提袋

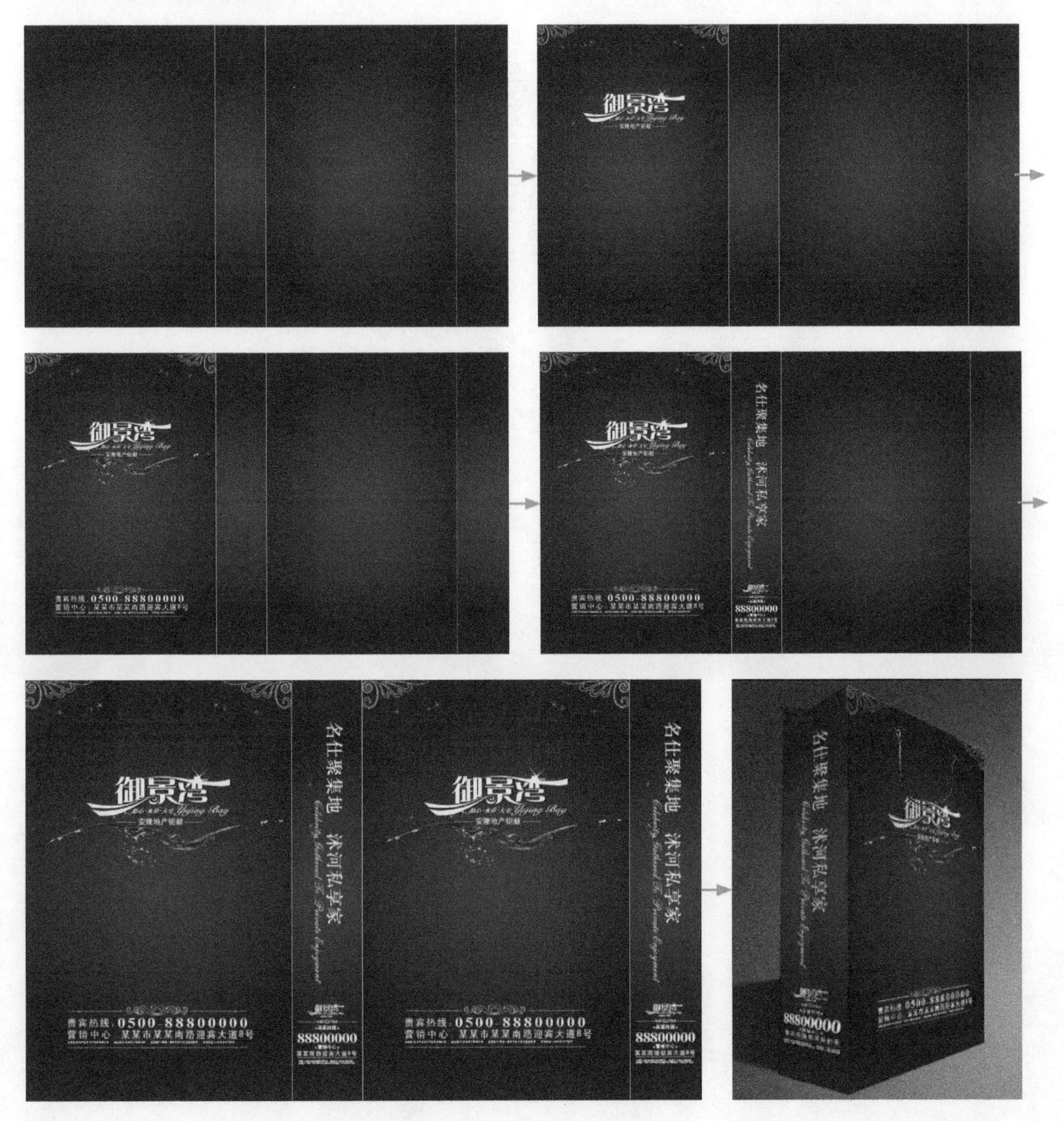

御景湾
安隆地产钜献
名仕聚集地　沭河私享家
贵宾热线：0500-88800000
营销中心　某某市某某南路迎宾大道8号
88800000

时尚生活
Fashionable Life
女人分5等
将传奇无限延续

全世界聪明人最爱做的
逻辑思维训练
1111题

樱花盛开的年代

樱花盛开的年代

Love...
Wedding
2nd story
Love

时尚生活
Fashionable Life
美容护肤手法
女人分5等
将传奇无限延续

第13章 书籍装帧设计——效果与蒙版的应用

书籍是人类历史的载体，没有书籍的传播，人类的历史将是一片空白，它对人类文明的延续和发展起着重要的作用，而书籍装帧艺术的发展则体现了人类文明和对美好事物的追求。虽然计算机的普及，通信手段的进步和网络的发展提供了诸多更为便捷甚至是“无形”的载体，但纸质媒体在信息保存和传递中的作用还没有过时，其独特的地位还不能被其他媒介完全取代。

本章将向读者介绍有关书籍装帧的相关知识，并通过书籍装帧案例的制作，使读者掌握书籍装帧的设计制作方法，并拓展读者在书籍装帧设计制作方面的思路。

精彩案例：

- 制作杂志封面
- 书籍装帧设计

13.1 书籍装帧设计知识

书籍装帧设计是指书籍的整体设计，主要是对书籍内容的整体把握，用情趣和想象为特性的创意表达来反映书籍内容的特殊方式。它包括的内容很多，主要指对书籍的开本、字体、版面、插图、扉页、封面、护封以及纸张、印刷、装订和材料进行的艺术设计，也就是从原稿到成书应该做的整体书籍设计工作。

13.1.1 书籍装帧的要求

书籍装帧设计需要具有可读性和流畅性，这是书籍装帧的基本要求，也是书籍装帧设计的出发点和终点。利用艺术语汇来提高读者的兴趣，扩展到书籍的精神特征，是通过字体、版面、插图、扉页、封面、护封、色彩和造型等共同来完成的，如右图（左、右）所示。

TIPS

书籍装帧的任务就是要把书籍介绍给需要这本书的读者，主要是由封面、封底和书脊等设计构成的。

书籍装帧设计也有它具体的要求，主要包括如下几个方面。

合理表达

恰当有效地表达书籍的含义及内容，设计者应该在开始就对书籍的整体内容、作者的意图和读者范围进行尽可能的了解，要求书籍内容、种类，以及写作风格相吻合。

综合考虑

应该考虑到读者的年龄、职业、文化水平、民族、地域等诸多不同因素的需要，照顾人们的审美水平和阅读习惯。

艺术特色

好的书籍必须在艺术设计与制作工艺上都有很高的质量，不仅要提倡有时代特色的书籍，还要有民族特色的书籍风格设计。

体现五美

好的书籍要做到五美，即视觉美、触觉美、阅读美、听觉美和嗅觉美。

13.1.2 书籍装帧设计方法

书籍的护封和封面不仅仅是为了好看，需要让护封和封面紧紧地围绕书籍的内容加以修饰，以符合书籍的内容风格，体现书稿的内涵。如何能够使自己在琳琅满目的书籍中脱颖而出？书籍装帧设计应该以美的原则为指导。护封和封面的设计是书籍的主要展示对象，也是对消费者进行视觉引导的手段，它的成功与否与书籍装帧设计者有直接的关系。

准确地把握书籍的内涵，汲取主要内容是书籍护封和封面设计的良好开端。设计者还要考虑书籍的类型，如儿童读物、休闲小说，浪漫武侠、古典诗歌和严肃的科学论文等，都会有固定的表现形式，下图（左、中、右）所示为休闲小说的书籍装帧设计。

TIPS

作为书籍设计者难免有自己的爱好，因此在书籍设计中就免不了受到设计者的影响。所以设计者在设计时不仅要考虑到自己的感受还要考虑到读者。因此，书籍设计者必须尽可能地创造出一个优美的、合理的视觉空间形式，尽可能地与读者交流和沟通，达到共识。

在构图时尤其注意文字（书名、出版社、作者）的安排，书籍封面的设计必须以书名为主，其他的一些都是为书名服务的。可以采用重复构图、对称构图、均衡构图、三角构图、圆形构图、L形构图等，也可以采用点、线、面的构成形式来表现书籍的个性。

在护封、封面的设计中色彩的运用也是相当重要的，设计师可以利用自己的审美经验，利用色彩的魅力，从心理上和生理上让读者产生共鸣。需要考虑的要素有：色彩的面积、色彩的纯度、色彩的明度、色彩的冷暖等。

书名是封面的重心，文字便显得非常重要。文字的风格就要从文字的结构、笔画、骨架、大小等来表现。好的文字有说服力，书名字体的设计代表着书的内涵，如下图（左、中、右）所示，应该慢慢体会。

书脊的设计以清晰的识别性为原则，书名也是书脊的主角。但是书名的大小受书籍厚度的严格制约，厚本的书籍可以进行精美的设计和更多的装饰。精美的书脊能引起读者的注意。

封底的设计应该以简洁为原则，不能喧宾夺主，它主要是起辅助作用的。封面为主，封底为辅，有主有次，才能表现出和谐有序的美感。

13.1.3 两种不同的书籍版面

版面设计主要有开本、排字、拼图、制版、印刷和装订等。正文是书籍的核心，好的版式设计能便于阅读，能帮助读者理解书的内容，使读者产生愉悦感，如下图（左、右）所示。

对版面设计的不同处理，能构成不同的版同风格，目前版面的形势基本上可以分为两大类。

第 1 类是有边的版面，又叫做传统版面。是一种以订口为中心，左右两边对称的形式，文字的上下左右都有一定的限制。一旦决定了这个形式，就必须按照这个形式来设计。版心的大小必须按照实际情况来制定，一般的书籍版心比例是 2:3。传统的书籍的阅读方向是从左至右、从上至下，而且一般的上面白边大于下面白边，外面白边大于里面白边，使视线集中。西方的书籍则是整个版心偏上，上面白边大于下面白边。

第 2 类是无边版面又称为自由版面，它没有固定的格式和版心，就是所谓的满版，没有白边。它的构成方式比较活泼，比较适合于画册、摄影集或以图片为主的书籍。

开本设计是指书籍的大小、形态的设计。一张全开的纸分成若干相同小份叫开本，开本的绝对值越大，书的实际尺寸越小。如 32 开的书和 16 开的书相比，32 开的书的实际尺寸要比 16 开的小。不同的开本对读者的感觉是不同的，如 32 开或 16 开书籍的黄金比差不多，所以看起来比较舒适。

TIPS

大 16 开、大 32 开的开本，适用于具有收藏价值的精装学术书籍，给人一种非常大方、稳重的感觉，而且便于翻阅。科技教材、大专教材内容较多，涵盖面较广，适用于 16 开本。中小学教材、通俗读物以 32 开本为宜，便于携带、存放。儿童读物多采用小开本，如 24 开、64 开等，小巧玲珑。大型画册、摄影集等多采用 6 开、12 开、大 16 开等。小型宣传画册宜用 24 开、40 开、60 开等。设计师可以根据不同要求和实际情况来制定开本，以上的开数只是常用的一些形式，并不是定死的，可以灵活应用以达到更好的效果。

书籍的版心及其他的部分具体由行、栏、标题、书眉和页码等组成。正常人的视域是有一定限度的，当阅读时最佳的行宽度为 80mm~100mm，可以容纳 5 号字大约 25 个左右，最宽为 63mm~126mm，约排 17~34 个字左右。如果分行太频繁，也会影响读者的阅读率，造成疲劳，影响阅读的流畅性。行间距是由视觉流程决定的，行间距留白与字符相映衬，行距小，视觉流程紧张；行距大，视觉流程舒缓。行距必须适度，过密过疏都不好。

让标题醒目的几种方式：第 1 种是变换不同的字体，使其与版面正文相区别，如正文是宋体，标题就可以是黑体；第 2 种是扩大字号，以区别于正文；第 3 种是标题上下空行，让标题独占一行；第 4 种是标题套色。

插图设计是对书籍进行装饰、加强读者的兴趣。插图设计有两种，第 1 种是技术插图，主要是某些学科内容书籍的一个重要组成部分，有很多内容是难以用文字说明的，必须依靠插图来解释，优秀的插图设计不仅能让读者一目了然，还能将难以理解的概念得以领会；第 2 种是艺术插图，艺术插图应该是宁少勿多、宁精勿滥，还要注意文字的风格、题材应该协调一致，如下图（左、右）所示。

13.1.4 书籍装帧设计原则

书籍装帧设计的原则主要可以分为以下几个方面。

整体性

书籍装帧设计的工艺手段包括纸张的裁切工艺、印刷工艺和装订工艺。为了保证这一系列工艺的合理实施，就必须预先制定计划，包括开本的大小、纸张、封面材料、印刷方式和装订方式等这些都是书籍的整体设计。设计者不能仅仅局限于封面设计的形式上，同时要重视书籍的整体内容、书籍的种类和书籍的写作风格等。

时代性

审美意识不是一成不变的，它随着时代的发展而发展，具有时代的特征。设计者应该走在生活的前面，创造引导生活潮流的新的视觉形象。随着技术的发展，书籍设计对工艺流程和技术的要求越来越高，高工艺和高技术成为书籍形态设计的一种特殊表现力的语言，可以有效地延伸和扩散设计者的艺术构思，在传统和当代的设计成果基础上，要大胆地创新，不断地采用新的材料、新的工艺手段，展现出新的时代特征。

独特性

信息社会带来了全新的社会形态，市场经济的导入和倡导使得同类书籍的竞争日益激烈。能否在市场竞争中取胜，书籍的包装起着相当重要的作用。有些书籍的设计在设计形式、印刷工艺上都看不出什么毛病，但是就是不能引起读者的兴趣。所以在设计的同时不仅要采用超常规的思维、色彩和图形，还要用新颖的文字编排、特殊的材料等手段来吸引读者。往往一本好的书籍装帧设计不仅是设计师充满个性的创造，而且是设计师在个性和审美中找到的精华。

13.2 杂志封面设计

设计思维过程

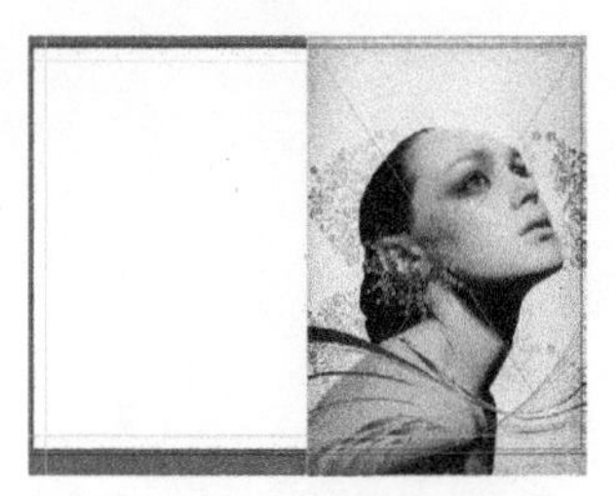

❶使用参考线标示出杂志封面封底以及边距部分。

❷本实例中的杂志标题文字通过变形文字来表现，并添加了描边与投影等效果。

❸杂志封面中排列的文字较多，需要注意标题文字之间的区别和重点突出。

❹杂志封底的效果相对比较简单，主要通过置入素材图像，并输入相应的文字来完成杂志封底的制作。

设计关键字：合理的文字布局

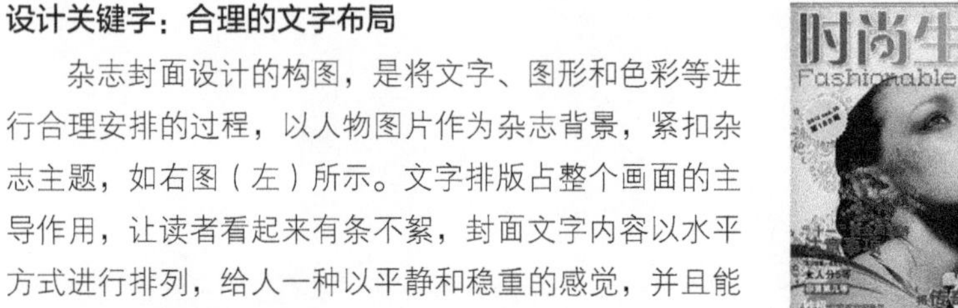

杂志封面设计的构图，是将文字、图形和色彩等进行合理安排的过程，以人物图片作为杂志背景，紧扣杂志主题，如右图（左）所示。文字排版占整个画面的主导作用，让读者看起来有条不紊，封面文字内容以水平方式进行排列，给人一种以平静和稳重的感觉，并且能给整体带来平衡的作用，如右图（右）所示。

色彩搭配秘籍：灰色、橙色、黄色

封面背景使用灰色的渐变颜色，视觉效果好，并且灰色也能够体现出时尚感；文字的渐变颜色和各种元素有效地结合在一起，使杂志封面显得丰富灵活、多姿多彩给人的视觉带来平衡感；图片颜色与文字结合的排版，生动活泼，能够增强读者的注意力，提高读者的阅读兴趣，如右图（上、中、下）所示为灰色、橙色、黄色的RGB和CMYK值。

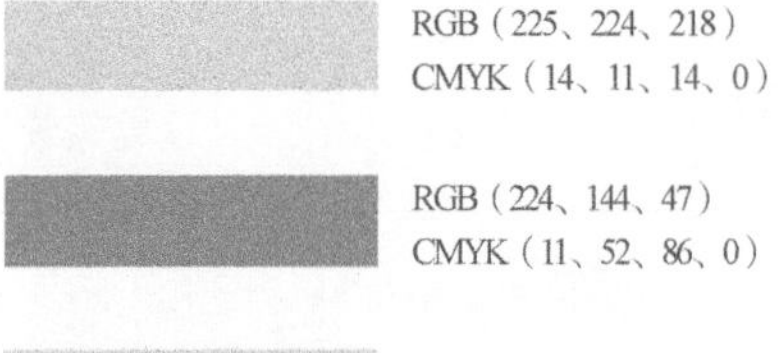

RGB（225、224、218）
CMYK（14、11、14、0）

RGB（224、144、47）
CMYK（11、52、86、0）

RGB（238、228、45）
CMYK（10、4、86、0）

软件功能提炼

❶ 使用“文字工具”创建文字

❷ 使用“路径查找器”制作需要的图形

❸ 使用“渐变工具”制作渐变文字

❹ 使用“星形工具”作修饰文字效果

实例步骤解析

本实例是设计一本时尚杂志的封面，该杂志以一张时尚精美的人物照片作为杂志封面的背景图，紧扣该杂志的主题内容，文字部分有大有小，主题层次分明、编排有序。

Part 01：制作杂志标题文字

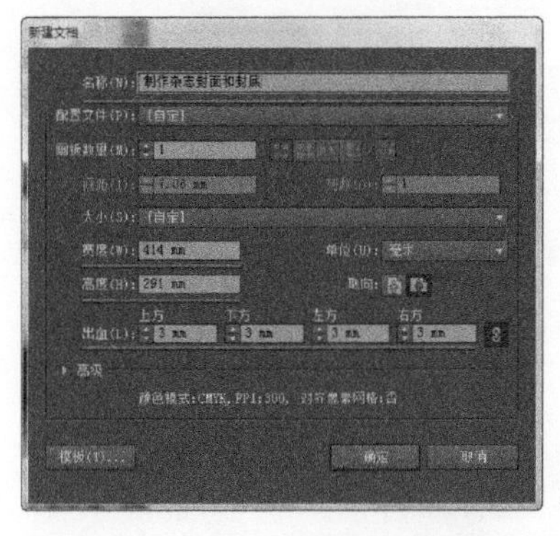

TIPS

常见的图书有以下尺寸：16开，188mm×260mm；18开，168mm×252mm；32开，130mm×184mm；36开，126mm×172mm；大16开，210mm×285mm。

01 新建文档 执行“文件>新建”命令，对相关选项进行设置，单击“确定”按钮，新建空白文件。

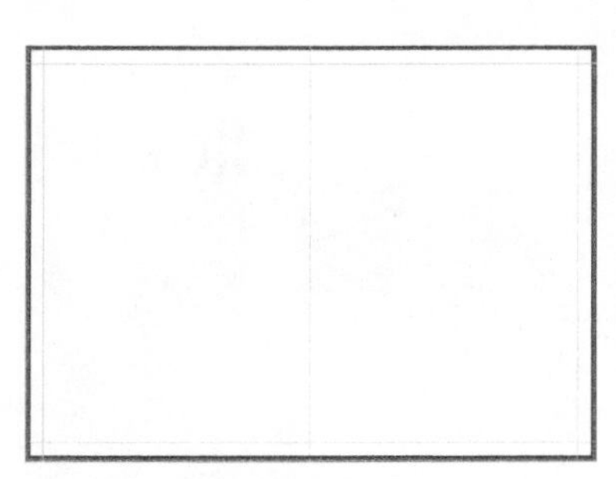

02 绘制参考线 显示文档标尺，从标尺中拖出相应的参考线，区分封面和封底，以及四边的边距。

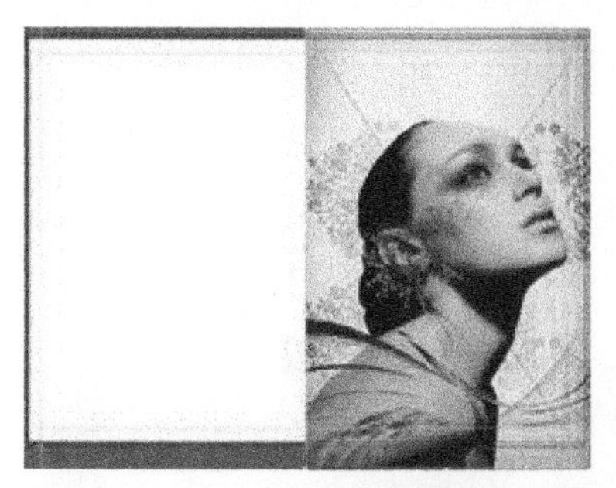

03 置入素材 置入素材“资源文件\源文件\第13章\素材\13201.tif”，调整素材到合适的大小和位置。

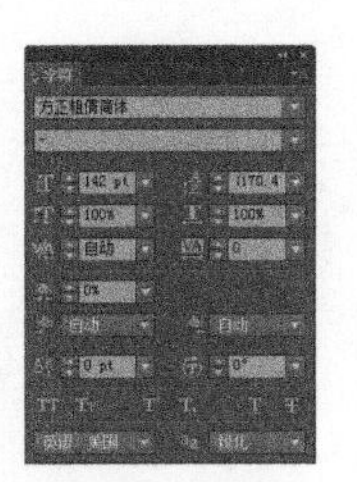

04 输入文字 使用“文字工具”，在画布中单击输入杂志标题文字。

05 创建轮廓 选中文字，创建文字轮廓，使用“直接选择工具”，选中文字相应的锚点并删除。

06 绘制正圆形 使用“椭圆工具”，设置“填色”为黑色，“描边”为无，在画布中绘制正圆形。

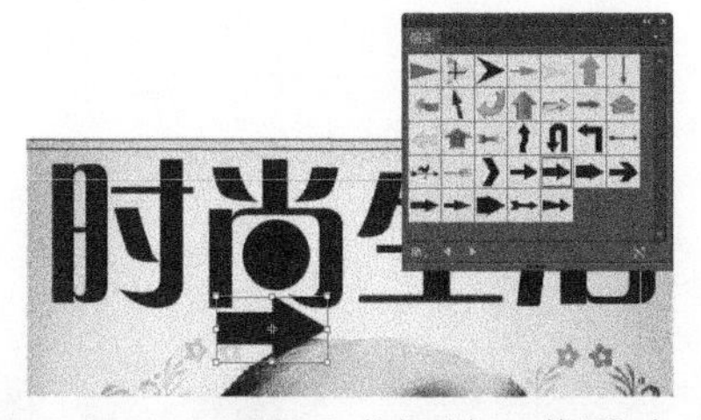

07 使用箭头符号 执行“窗口>符号”命令，打开“符号”面板，在该面板中打开“箭头”符号库，选择合适的箭头符号，将其拖入画布中。

08 扩展图形 选择箭头图形，执行“对象>扩展”命令，弹出“扩展”对话框，单击“确定”按钮。

TIPS

如果需要对符号图形进行操作变形处理，那么必须先执行“对象>扩展”命令，将该符号图形扩展为普通的路径图形，才可以对其进行操作变形处理。

09 调整图形 将箭头图形调整到合适的大小和位置，并对其进行旋转操作，将其“填色”设置为任意颜色。

10 得到新图形 同时选中箭头图形和正圆形，打开“路径查找器”面板，单击“减去”按钮，得到需要的图形。

11 联集图形 使用相同的制作方法，可以完成其他文字的变形处理。选择所有文字路径，单击“联集”按钮。

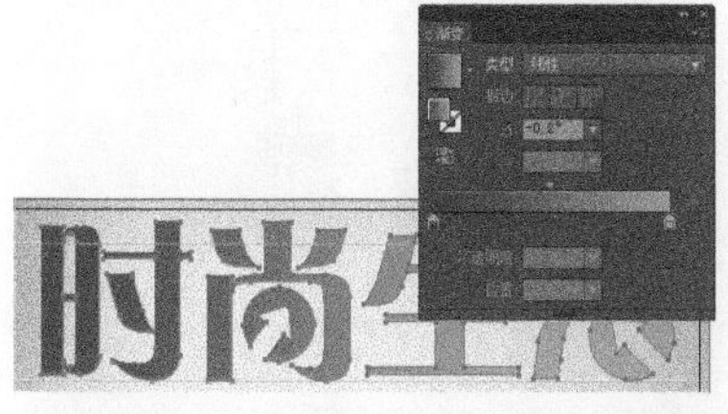

12 填充渐变颜色 选中文字路径，设置渐变颜色为CMYK（37、100、100、0）、CMYK（0、40、100、0），为文字路径填充渐变颜色。

13 设置描边效果 选中文字，设置“描边”为白色，“粗细”为3pt。

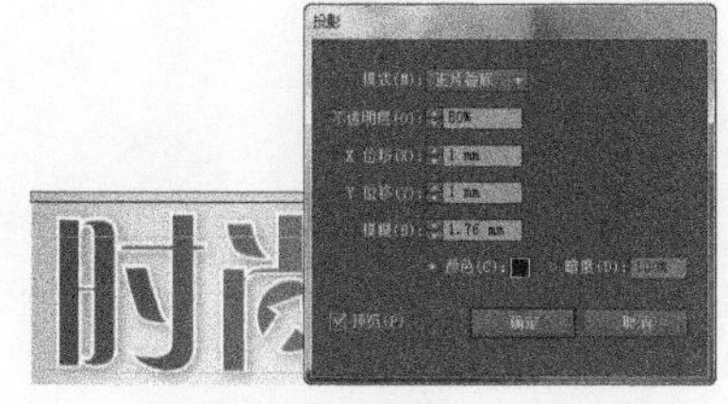

14 添加投影效果 选中文字，执行“对象>风格化>投影”命令，弹出“投影”对话框，设置参数，单击“确定”按钮。

Part 02：制作杂志封面

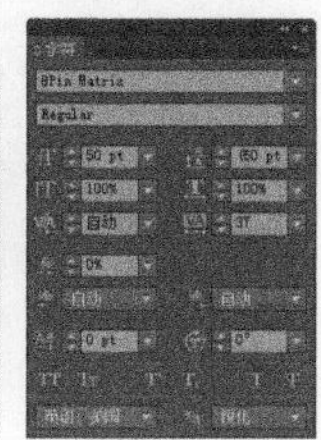

01 输入文字 使用“文字工具”，设置“填色”为CMYK（62、100、100、60），“描边”为无，在画布中单击并输入文字。

02 绘制星形　使用“星形工具”，在画布中单击，弹出“星形”对话框，对相关选项进行设置，单击“确定”按钮，在画布中得到多角星形。

03 填充图形　选中星形图形，设置“填色”值为CMYK（0、0、100、0），“描边”为白色，“粗细”为3pt，调整星形图形的大小和位置。

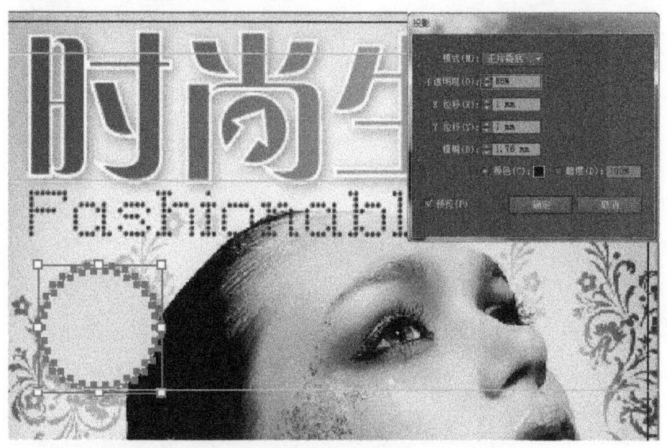

04 添加投影效果　选中图形，执行“效果>风格化>投影”命令，弹出“投影”对话框，设置参数，单击“确定”按钮。

05 输入文字并旋转　使用“文字工具”，在画布中单击并输入相应文字，对文字进行旋转操作。

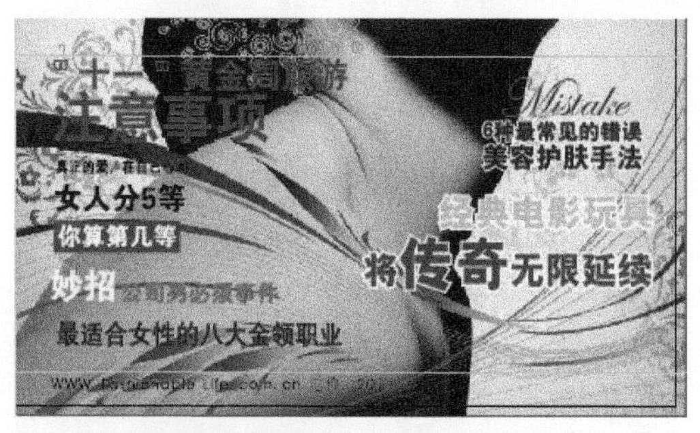

06 输入文字　使用相同的制作方法，在画布中输入相应的文字，并对文字进行设置。

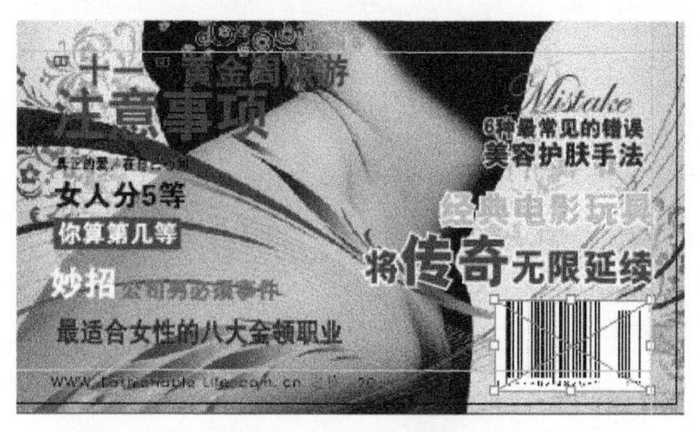

07 置入素材　置入素材“资源文件\源文件\第13章\素材\13202.tif”，调整到合适的大小和位置。

08 创建剪切蒙版　使用“矩形工具”，设置“填色”和“描边”均为无，在画布中绘制与封面大小相同的矩形路径。选中封面中所有对象，创建剪切蒙版。

Part 03：制作杂志封底

01 置入素材　置入素材“资源文件\源文件\第13章\素材\13203.tif”，调整到合适的大小和位置。

02 输入文字　使用相同的制作方法，在画布中单击输入相应的文字。

03 绘制矩形　使用“矩形工具”，设置“填色”为CMYK（44、62、100、0），“描边”为无，在画布中绘制矩形。

04 最终效果　使用相同的制作方法，可以完成杂志封底的制作。

13.2.1　对比分析

杂志封面设计的构图，是将文字、图形和色彩等进行合理安排的过程，其中文字占主导作用，图形和色彩等的作用是衬托封面。在当今琳琅满目的杂志中，杂志的封面就起到了一个无声的推销员的作用，封面的好坏在一定程度上会直接影响到人们的购买欲望。

Before

❶ 本杂志的主题是以时尚为主要部分，但是字体的变化和效果一点也突出不了时尚感。

❷ 文字效果太单一了，总体除颜色外，没有一点变化，画面没有活跃的气氛在里面，引起不了读者的阅读兴趣。

❸ 整体文字太统一了，就算是小标题文字也有主次之分，但是画面的文字效果都是一样的，没有主次之分。

After

❶ 文字渐变的填充，再加上白色描边和投影的处理效果，使得文字在画面中有了体积感，带给人时尚的感觉。

❷ 同类杂志竞争日益激烈，文字特殊处理的样式很新颖，给人印象深刻，使读者有购买的欲望。

❸ 大小标题层次分明，让读者一目了然，整个画面也有了主次效果。

13.2.2 知识扩展

封面设计是书籍装帧设计中非常重要的一部分，它是通过艺术形象反映书籍的内容，封面的好坏在一定程序上会直接影响人们的购买欲。

精装书与平装书的区别是什么?

随着书籍形式的不断完善，书籍在社会文化生活中的地位更加重要，社会对书籍的需求量也越来越大，然而装订技术和装帧设计艺术开始成为相对独立而又统一的两个方面。

❶ 平装

平装是相对于精装而言的，“平”就是一般、简单、普通。在装订结构上和精装本大致相同，主要区别是装帧材料和设计形式的不同。平装书籍很像包装纸，是在书页的外面包加封面、书脊和封底，这些大多是纸面的，如下图（左、中、右）所示。

❷ 精装

精装书相对于平装书而言，内页的装订基本相同，但在使用材料上和平装有很大的区别，如使用坚固的材料作为封面，以便更好地保护书页，同时大量使用精美的材料装帧书脊，如在封面材料上使用羊皮、绒、漆布、绸缎或亚麻等。另一方面在设计形式上更加考究，书名用金粉、电化铝、漆色或烫印等。从扉页、环衬到内页一般都留白较多，并增加了装饰性的页码。除书籍的封面封底外，有的还增加了护封、函套等，如右图（左、右）所示。

效果应用技巧

向对象应用一个效果后，该效果会显示在“外观”面板中。效果是实时的，这就意味着可以给对象应用一个效果，然后使用“外观”面板随时修改效果的选项或删除该效果。在“外观”面板中可以编辑、移动、复制和删除该效果或将它存储为图形样式的一部分。

❶ 内发光和外发光

选择一个对象，执行“效果＞风格化＞内发光”或“效果＞风格化＞外发光”命令，在弹出的“内发光”或“外发光”对话框中设置相应参数，如下图（左1、左2）所示。内发光和外发光可以使对象产生发光的效果，如下图（左3、左4、左5）所示。

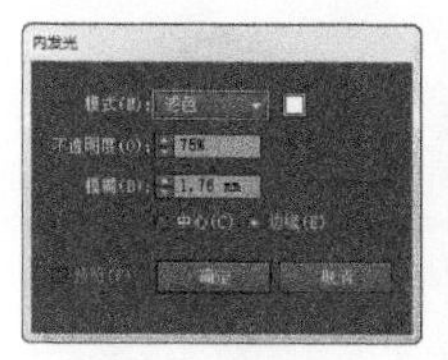
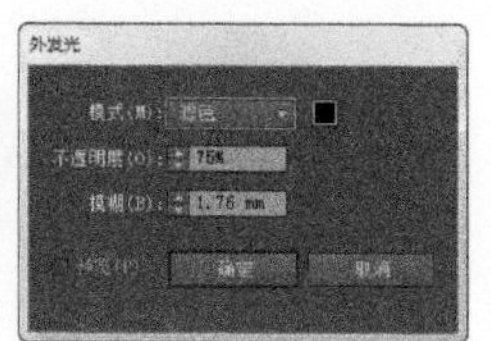

❷ 投影

投影可以使对象产生一种阴影，立体感增强。选择一个对象或组，执行“效果＞风格化＞投影”命令，在弹出的“投影”对话框中设置相应的参数，如右图（左）所示，单击“确定”按钮，可以看到为对象添加的“投影”效果，如右图（中、右）所示。

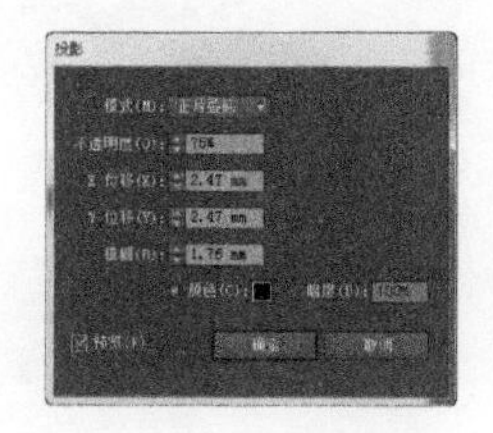

❸ 涂抹

涂抹效果的实现可以在对象内部和外部添加相应的路径，模仿一种风速的效果。选择对象或组，执行“效果＞风格化＞涂抹”命令，在弹出的“涂抹”选项对话框中设置相应的参数，如右图（左）所示。单击“确定”按钮，可以看到为对象添加的“涂抹”效果，如右图（中、右）所示。

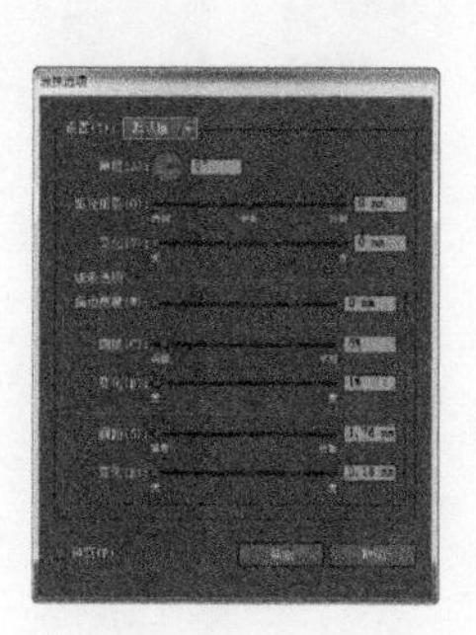

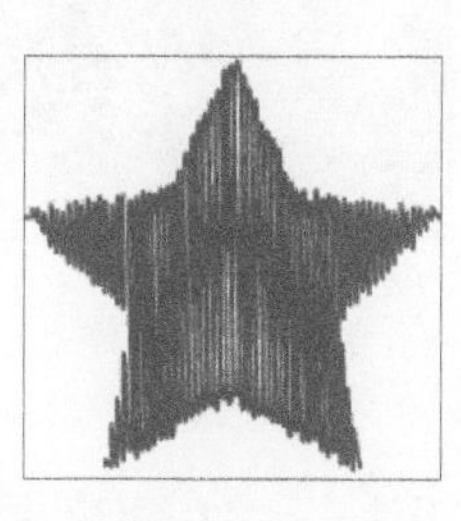

❹ 圆角

圆角效果可以使对象的折角变得圆滑。选择对象或组，执行“效果＞风格化＞圆角”命令，在弹出的“圆角”对话框中设置半径值，如右图（左）所示。单击“确定”按钮，可以看到为对象添加的“圆角”效果，如右图（中、右）所示。

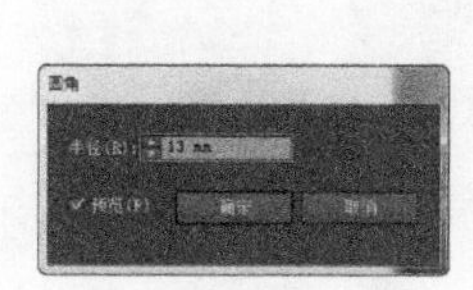

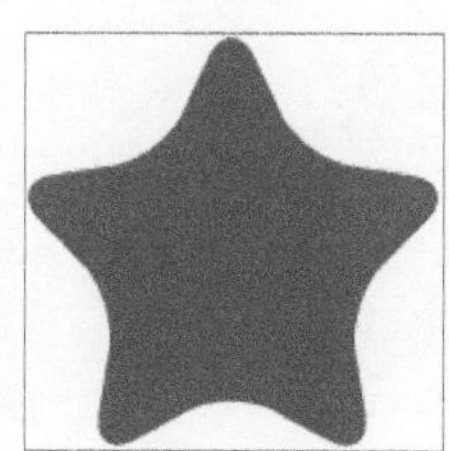

❺ 羽化

羽化效果的实现可以使对象的边界产生一种模糊效果。选择对象或组，执行“效果 > 风格化 > 羽化”命令，在弹出的“羽化”对话框中设置对象边的羽化程度，如右图（左）所示。单击“确定”按钮，可以看到为对象添加的“羽化”效果，如右图（中、右）所示。

13.3 书籍装帧设计

设计思维过程

❶确定书籍整体背景颜色，置入素材图像，通过蒙版使素材与背景颜色融合。

❷绘制基础图形，填充渐变颜色。在书稿封面和书脊部分输入文字，并对相应的文字进行处理。

❸合理的整体布局使书籍封面内容更加丰富，繁而不乱。

❹制作书籍腰封，可以使书籍更加美观。

设计关键字：整体布局、字体形式

书籍的封面设计需要书名设计得精美，画面简洁、主体清晰。本实例设计的书籍封面，是通过更改字体的垂直缩放比例，使人看后有一种气氛和意境感。

封面设计应该在内容的安排上做到繁而不乱，就是要有主有次、层次分明、简而不空，意味着简单的图形中要有内容，通过增加一些细节来丰富效果。

色彩搭配秘籍：深蓝色、橙色、红色

深蓝色是背景色，主要是衬托文字色彩，如下图（左）所示。文字使用橙色，与背景形成视觉上的对比和冲击，如下图（中）所示。红色是腰封的主题色，给人眼前一亮的感觉，起到吸引人们目光的作用，如下图（右）所示。

RGB（21、21、36）
CMYK（82、76、56、71）

RGB（239、126、0）
CMYK（0、62、100、0）

RGB（199、0、11）
CMYK（0、100、100、20）

软件功能提炼

❶ 使用“矩形工具”绘制图形
❷ 使用“直排文字工具”输入文字
❸ 设置“变换”面板倾斜图形
❹ 使用“渐变工具”填充渐变

实例步骤解析

本实例是制作一本小说类图书的书籍装帧，整个书籍装帧的画面简洁、重点突出。首先置入素材，通过蒙版的处理将其与背景颜色融合，接着通过对文字的变形处理制作出书籍名称的文字效果，在书籍装帧中合理排版、布局各部分文字内容，使其整体上看起来简洁、大方。

Part 01：制作书籍封面

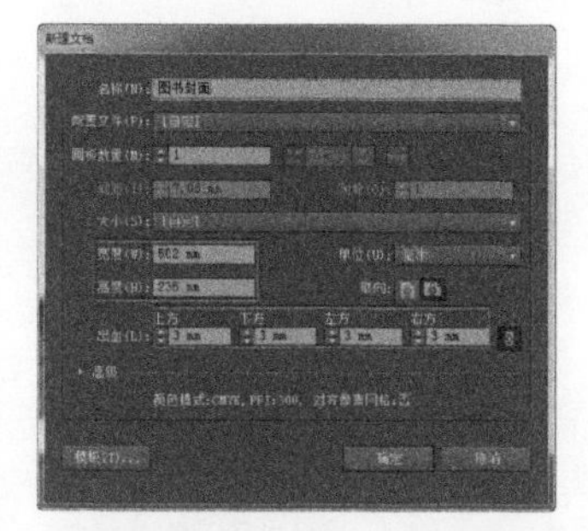

01 新建文档　执行“文件>新建”命令，对相关选项进行设置，单击“确定”按钮，新建空白文档。

02 绘制矩形　使用“矩形工具”，设置“填色”为CMYK（82、76、51、71），“描边”为无，在画布中绘制矩形。

03 添加参考线　显示文档标尺，从标尺中拖出参考线，区分书籍封面、封底、书脊和勒口。

TIPS

在定位参考线时要注意将书脊的宽度预留出来，为书脊设计预留空间。在新建文档时要将文档设置出血值，绘制书籍封面时应与出血边对齐。

04 置入素材　执行“文件>置入”命令，置入素材“资源文件\源文件\第13章\素材\13302.ai”。

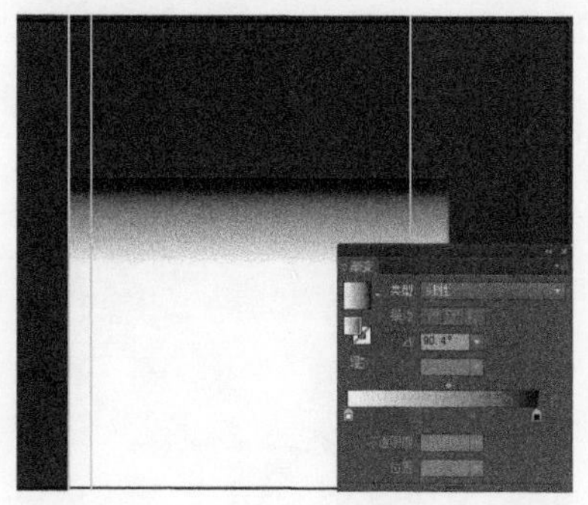

05 绘制矩形　使用“矩形工具”，设置“描边”和“填色”均为无，在画布中绘制矩形，为该矩形填充黑白线性渐变。

06 制作蒙版　同时选中刚绘制的矩形和素材，打开“透明度”面板，单击“制作蒙版”按钮，创建蒙版。

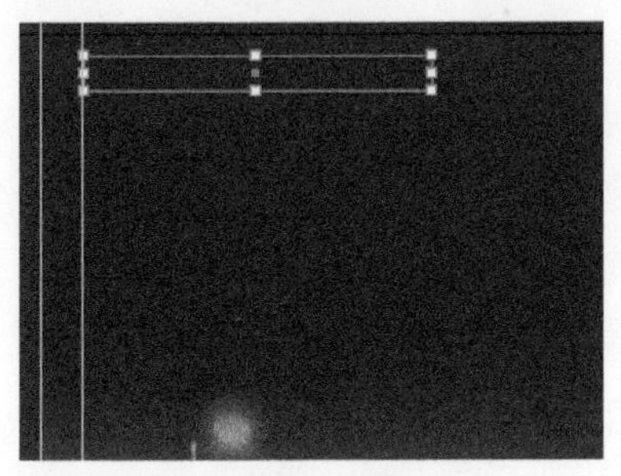

07 绘制矩形框 使用“矩形工具”，设置“填色”为无，“描边”为白色，“粗细”为1pt，在画布中绘制矩形。

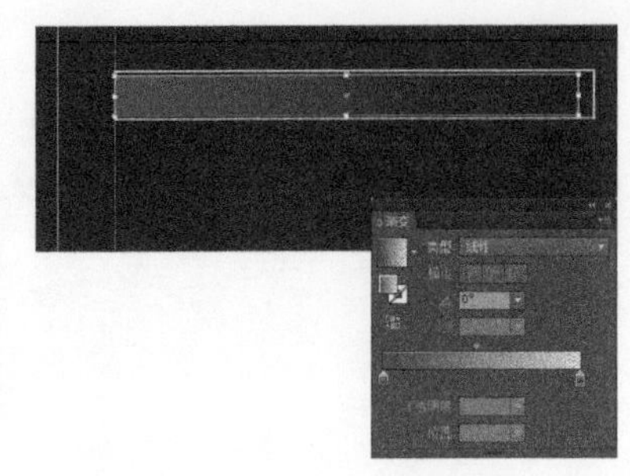

08 绘制矩形 使用“矩形工具”，设置“描边”为无，在画布中绘制矩形，设置渐变颜色，为该矩形填充渐变颜色。

09 输入文字 使用“文字工具”，设置“填色”为白色，在画布中单击并输入文字。

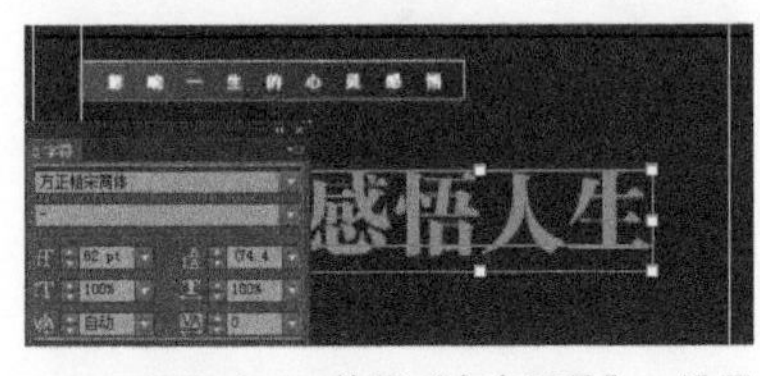

10 输入文字 使用“文字工具”，设置“填色”为CMYK（0、62、100、0），在画布中单击并输入文字。

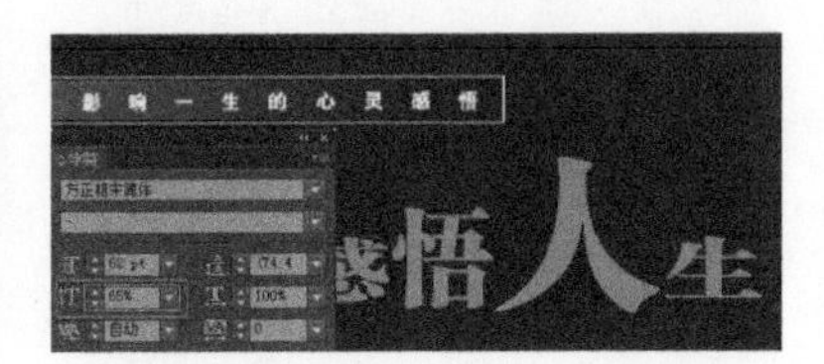

11 设置文字 使用“文字工具”分别选中“感”字和“生”字，打开“字符”面板，设置相关参数。

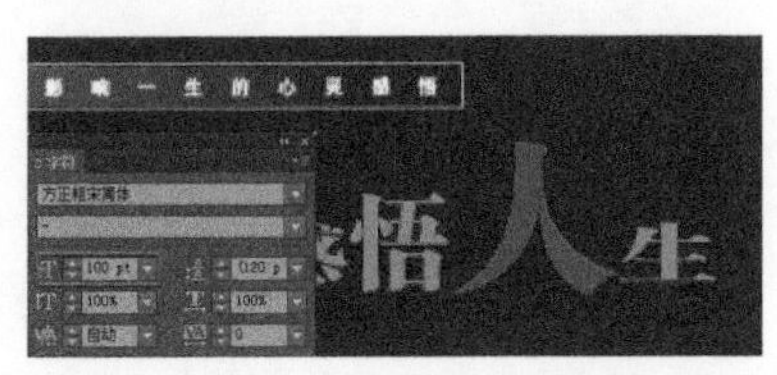

12 设置文字 使用“文字工具”选中“人”字，设置“填色”为CMYK（18、92、100、9），打开“字符”面板，设置相关参数。

13 创建轮廓 选中文字，执行“文字>创建轮廓”命令，将文字创建轮廓。

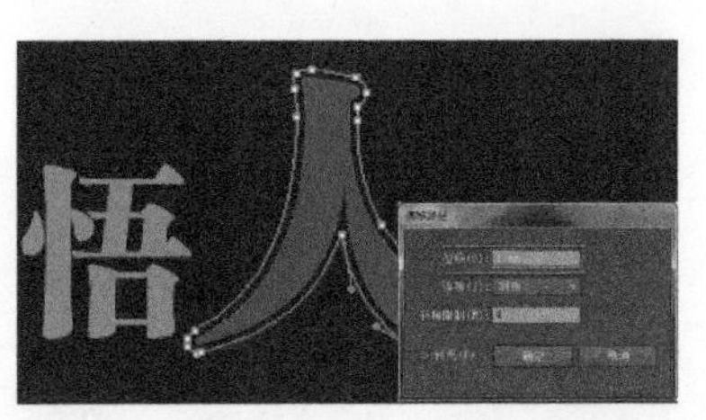

14 偏移路径 使用“直接选择工具”选中“人”字，执行“对象>路径>偏移路径”命令，对相关选项进行设置，单击“确定”按钮。设置“填色”为无，“描边”为CMYK（59、53、53、56）。

TIPS

要选中一行文字中的单个文字时，可以在文字创建轮廓后使用“直接选择工具”通过拖拉的形式选中单个文字，也可以取消路径文字编组，使用“选择工具”选中。

15 输入文字 使用相同的制作方法，在画布中合适的位置输入相应的文字。

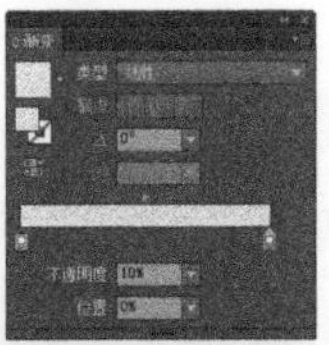

16 绘制矩形 使用“矩形工具”，设置“描边”为无，在画布中绘制矩形，为该矩形填充渐变颜色。

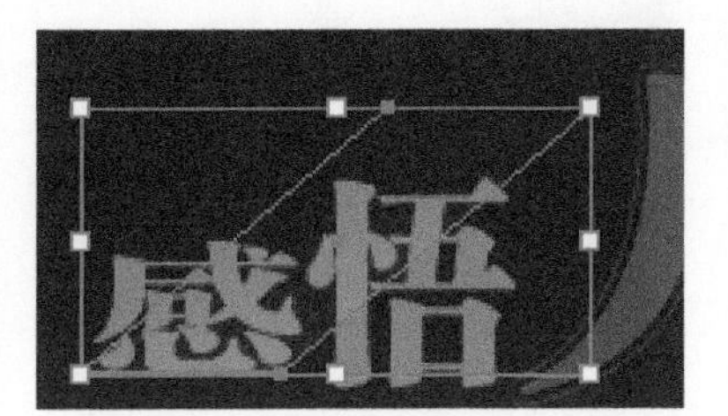

17 倾斜图形 使用“倾斜工具”，按住Shift键在水平方向拖动鼠标，对矩形进行倾斜操作。

18 绘制图形 使用相同的制作方法，绘制出相似的图形。

19 调整叠放顺序 选中文字，执行“对象>排列>置于顶层”命令，将文字移至所有对象的前面。

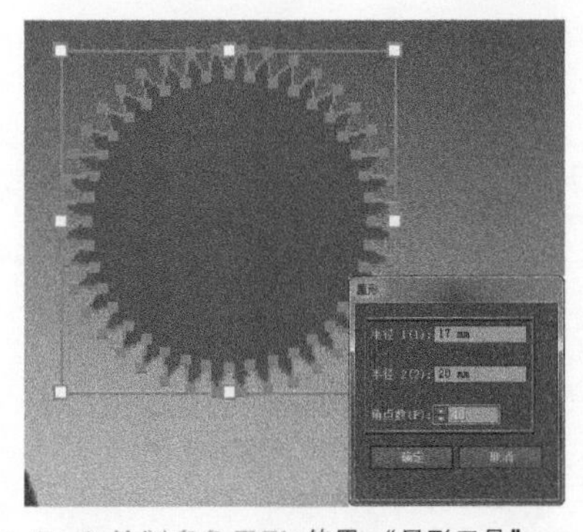

20 绘制多角星形 使用“星形工具”，设置“填色”为CMYK（19、92、100、9），“描边”为无，在画布中单击。在弹出的“星形”对话框中设置，单击“确定”按钮，将星形调整到合适的大小和位置。

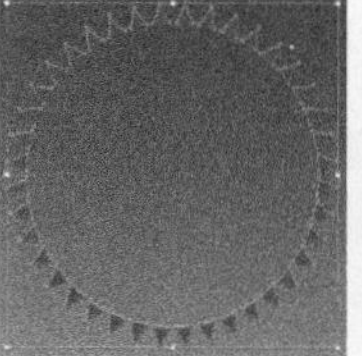
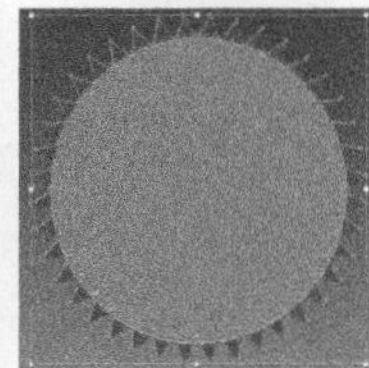

21 绘制正圆形 使用“椭圆工具”，在画布中绘制正圆形，同时选中正圆和星形，打开“路径查找器”面板，单击“减去顶层”按钮，得到图形。

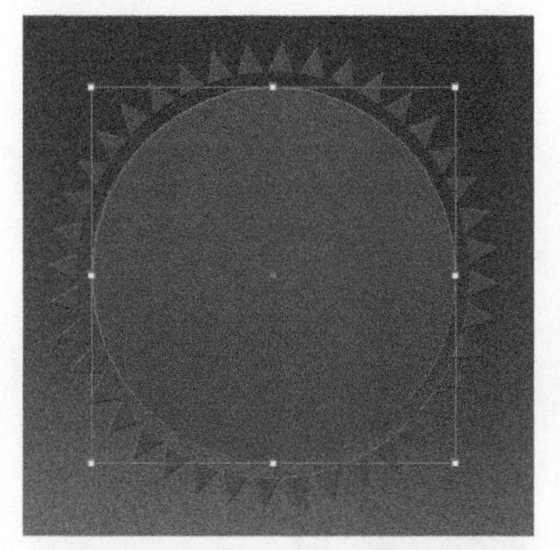

22 绘制正圆形 使用“椭圆工具”，设置“填色”为CMYK（19、92、100、9），“描边”为无，在画布中绘制正圆形。

23 绘制矩形并调整 使用“矩形工具”，设置“描边”为无，在画布中绘制矩形。在矩形路径的上下各增加一个锚点，使用“直接选择工具”调整添加的锚点。

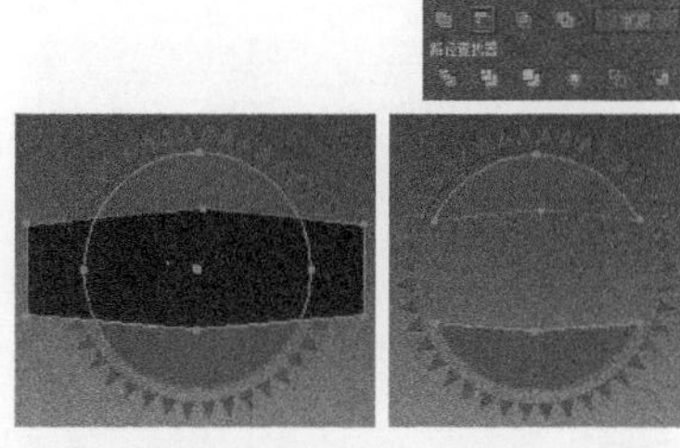

24 减去相应的图形 同时选中变形的矩形和正圆形，打开“路径查找器”面板，单击“减去顶层”按钮，得到图形。

25 绘制图形 使用相同的制作方法，可以绘制出相似的图形效果。

26 输入文字 使用“文字工具”，设置“填色”为白色，“描边”为无，在画布中输入文字，将文字创建轮廓。

27 图形编组 选中相应的图形，执行“对象>编组”命令，将其编组。

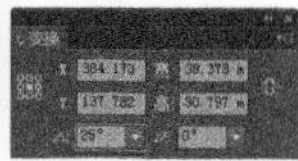

28 旋转图形 选中刚编组的图形，打开“变换”面板，设置相关参数。

Part 02：制作书脊

01 绘制图形 使用“矩形工具”，设置“描边”为无，在画布中绘制矩形，在矩形的下边添加一个锚点，使用“直接选择工具”调整该锚点。为该图形填充渐变颜色。

02 输入直排文字 使用“直排文字工具”，设置“填色”为CMYK（82、76、56、71），在画布中输入文字。

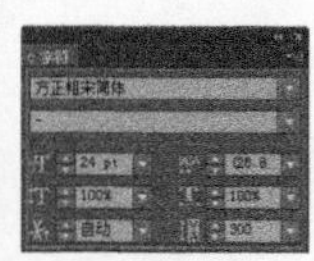

03 输入直排文字 使用“直排文字工具”，设置“填色”为CMYK（18、92、100、9），在画布中输入文字。

04 绘制正圆形 使用“椭圆工具”，设置“填色”为白色，“描边”为无，在画布中绘制正圆形。

05 输入直排文字 使用“直排文字工具”，设置“填色”为白色，在画布中输入文字。

06 完成书脊制作 使用相同的制作方法，可以完成书脊部分内容的制作。

Part 03：制作勒口和封底

01 输入文字 使用“文字工具”，设置“填色”为白色，在画布中单击并输入文字。

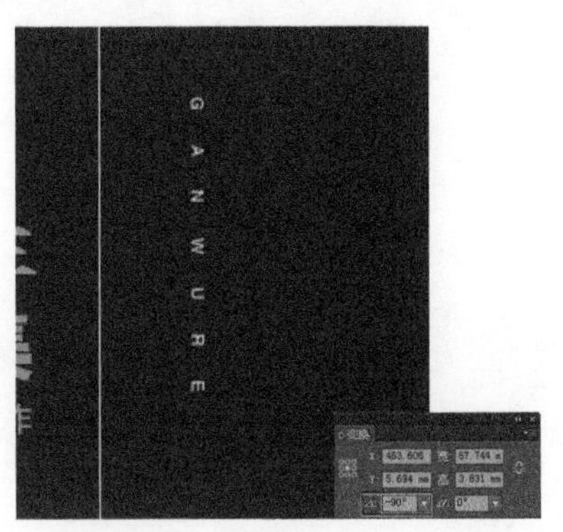

02 旋转文字 选中文字，打开“变换”面板，设置相关参数。

03 完成封面勒口制作 使用相同的制作方法，可以完成书籍封面勒口部分的制作。

04 完成书籍封底和封底勒口制作 使用相同的制作方法，可以完成书籍封底和封底勒口部分的制作。

05 最终效果 完成该书籍装帧封面、封底、书脊和勒口的制作，可以看到该书籍装帧的最终效果。

TIPS

在 Illustrator 中无法直接创建条形码，但可以通过 CorelDraw 软件生成条形码，并将生成的条形码导出为 TIF 图像，再导入到 Illustrator 软件中使用，也可以在 Illustrator 中安装外部插件。

Part 04：制作腰封

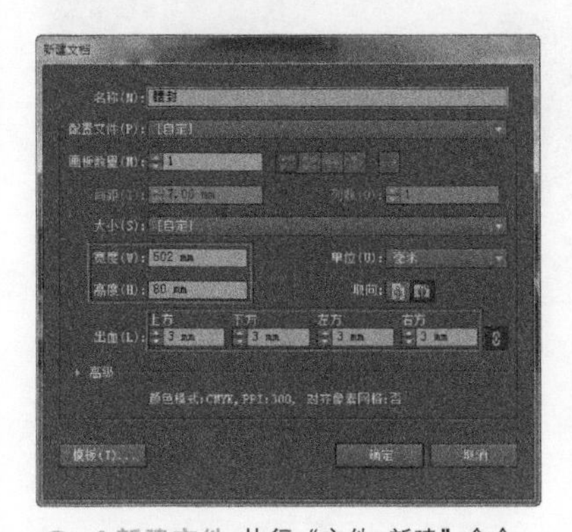

01 新建文件 执行“文件>新建”命令，对相关选项进行设置，单击“确定”按钮，新建空白文档。

02 绘制矩形 使用“矩形工具”，设置“填色”为CMYK（0、100、100、20），“描边”为无，在画布中绘制矩形。

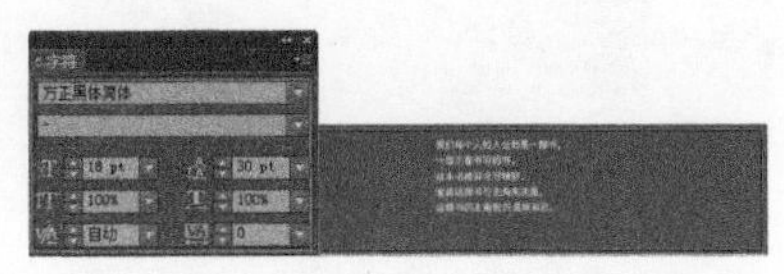

03 输入文字 使用“文字工具”，设置“填色”为白色，在画布中输入文字。

04 绘制图形 使用相同的制作方法，可以绘制出相似的图形并输入相应的文字。

05 置入素材 置入素材“资源文件\源文件\第13章\素材\13301.tif”，将其调整到合适的大小和位置。

06 输入文字 使用“文字工具”，设置“填色”为白色，在画布中输入文字。

07 图形编组 选中画面中所有的元素，执行“对象>编组”命令，将图形编组。

08 为书籍添加腰封 将制作完成的书籍腰封添加到书籍上，可以看到相应的效果。

13.3.1 对比分析

封面设计的三要素是图形、色彩和文字。制作书籍装帧时就是根据书的不同性质、用途和读者对象，把这三者有机地结合起来，从而表现出书籍的丰富内涵，并将信息传递给读者，将美感的形式呈现给读者。

❶ 对象填充纯色，降低了整体图像的色彩感，视觉效果差了很多。

❷ 不能随意地将一些字体堆砌于画面上，否则只能按部就班地传达信息，不能给人一种艺术享受。

❸ 没有腰封，显得书籍封面有些单调了，不能更好地吸引读者。

Before

❶ 将对象填充渐变，使图像有了层次感，色彩也更丰富。

❷ 合理地设计字体的形式、大小和编排等，在传播信息的同时给人一种韵律美的享受。

❸ 腰封用来装饰书籍封面，以提高其档次，激发读者的购买欲。

After

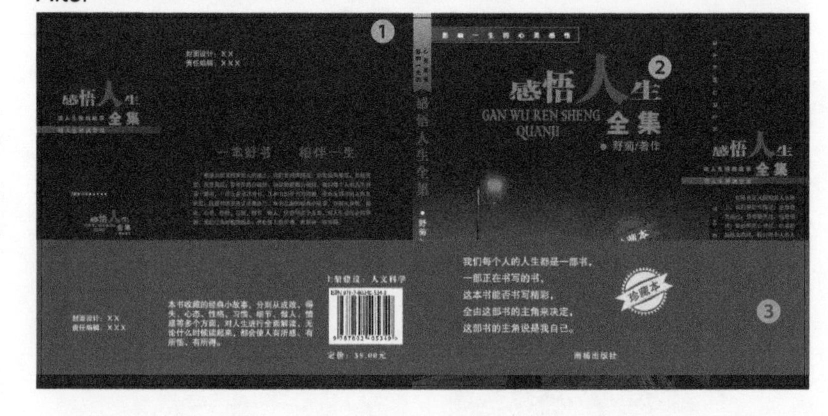

13.3.2 知识扩展

下面向大家介绍书籍装帧设计的一些具体要素。首先，一本完整的书籍应该是由护封、封面、前勒口、前环衬、扉页、序言、目录、正文、插图、版权页、后环衬、后勒口和封底等组成，有的书籍还有书顶、订口、书根、书脊和书签带，根据装订方式的不同还有堵头布和腰封等。

书籍装帧的要素

❶ 订口

指书籍装订处到版心的空白部分，订口的装订可以分为串线订、三眼订、缝纫订、骑马订和无线粘胶装订等。切口是指除了书籍订口以外的区域，分为上切口、下切口和外切口。直板书籍的订口一般在书的右侧，而横板书籍的订口则在书的左侧。

❷ 勒口

勒口又称折口，是指平装书的封面和封底的切口处多留 5cm~10cm 的空白纸张，而且沿书口向里折叠的部分。勒口上有时是作者的介绍或者是书籍的简介。

❸ 环衬

环衬又叫环衬页，是封面后与封底前的空白页。也有选用特殊纸做环衬页的，主要是起到装饰的作用。

❹ 扉页

扉页也叫内封页，就是封面或衬页后面的一页。扉页的内容几乎和封面相同，也有的是内容提要，主要作用是当封面损坏时可以在扉页上找到书籍的名称、作者、出版社等内容，同时对内文起到保护的作用。

❺ 版权页

主要是书籍的内容提要、版本纪录、图书 ICP 数据、出版、制版、印刷、发行单位、开本、印张、版次、字数、累计印数、书号和定价等内容。

❻ 护封和封面

护封和封面在书籍的最外端，可以说是书籍的脸面。它担任着介绍书名、出版社、作者，以及衬托书籍内容的作用。

❼ 书脊和封底

书脊是书的脊背，是连接封面和封底的。封底是封面的延续，一般在封底上延续封面的内容。形成统一的色彩，在视觉传达上有连续性和完整性。

❽ 插图

书籍的插图是以装饰书籍、增强读者对书籍的阅读兴趣为目标，插图能补充文字不能表达的图像内容，充分宣传书籍，帮助读者理解。

蒙版的操作方法与技巧

不透明蒙版可以将不透明蒙版中填充的颜色、图案或者渐变色添加到下面的图形中。

在画布中绘制一个“填色”为黑色的矩形，如下图（左）所示。在素材中选择一个要制作蒙版的图形，确定作为蒙版的图形放置在被蒙版图形的上方，如下图（右）所示。

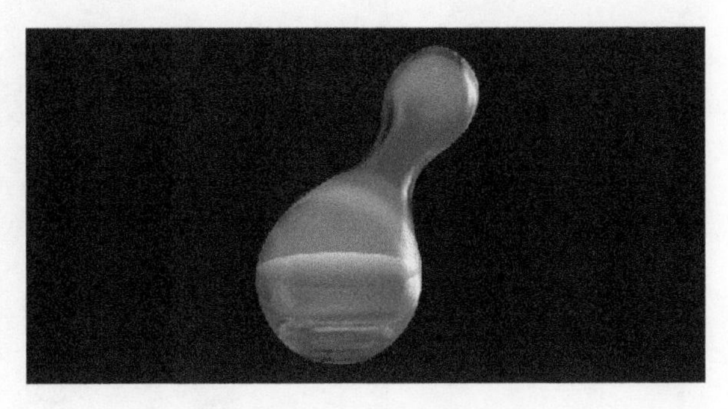

同时选中绘制的图形和置入的素材，打开“透明度”面板，单击面板右上角的选项按钮，如下图（左）所示。在弹出菜单中选择“建立不透明蒙版”选项，即可创建不透明蒙版，效果如下图（右）所示。

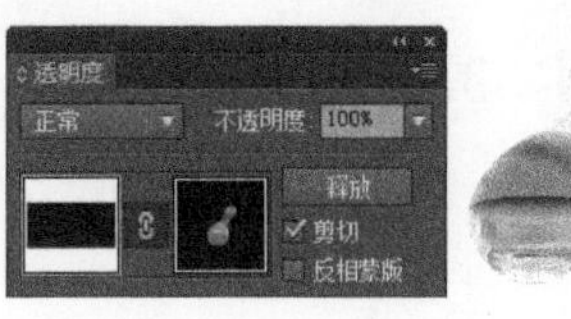

13.4 模版欣赏

完成本章内容的学习，希望读者能够掌握书籍装帧设计的制作方法。本节将提供一些精美的书籍装帧设计模版供读者欣赏。读者可以自己动手试着练习一下，检验一下自己是否也能够设计制作出这样的书籍装帧效果。

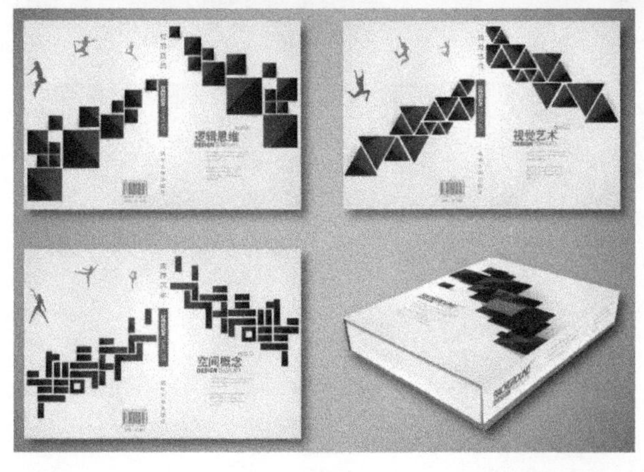

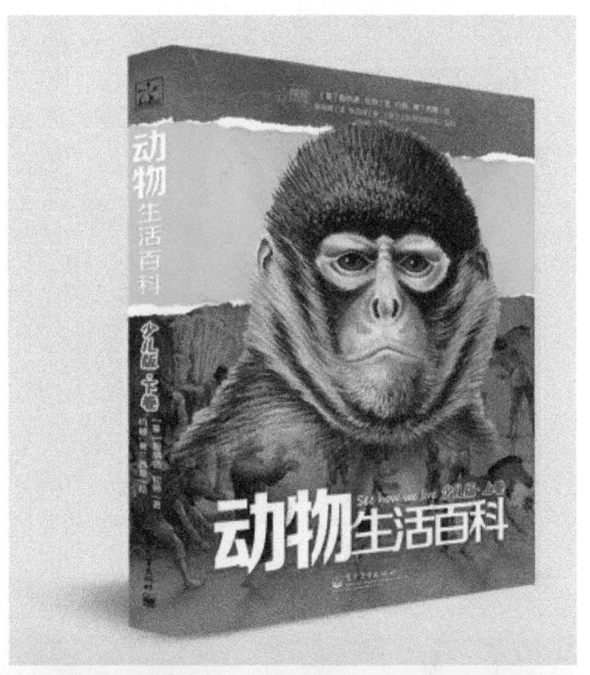

13.5 课后练习

学习了有关书籍装帧设计的内容，并通过书籍装帧实例的制作练习，是否已经掌握了有关书籍装帧设计的方法和技巧呢？本节通过两个练习，巩固对本章内容的理解并检验读者对书籍装帧设计制作方法的掌握。

13.5.1 制作小说类书籍装帧

书籍装帧既是立体的，也是平面的，这种立体是由许多平面组成的。本实例制作的小说类书籍装帧使用黑色的背景营造出一种神秘的效果，用黑色和暗红色的对比将图书的主题展现得非常到位。通常在这种颜色搭配中使用白色、黑色或红色文字。

❶使用“矩形工具”绘制多个矩形，分别区分封面、封底、书脊和书封部分。

❷置入素材图像，绘制矩形并输入文字，制作出图书封面的效果。

❸绘制矩形并输入文字，对文字进行处理，制作出书脊和封底的效果。

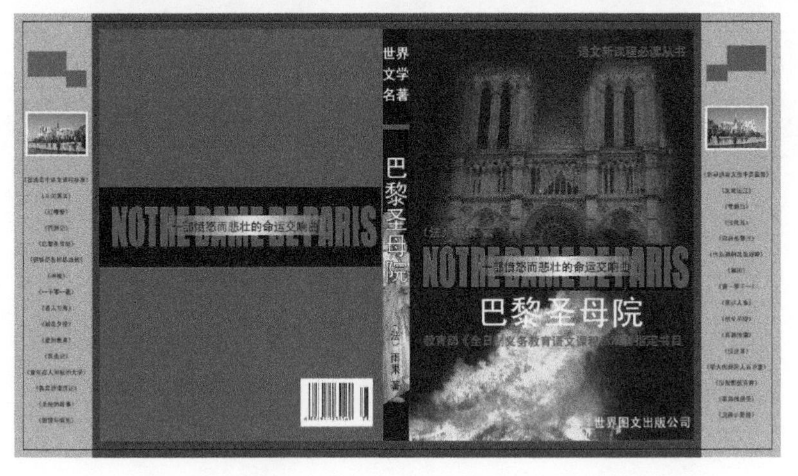

❹使用相同的制作方法，可以完成书封部分的制作，完成整个书籍装帧的设计制作。

13.5.2 制作科技类书籍装帧

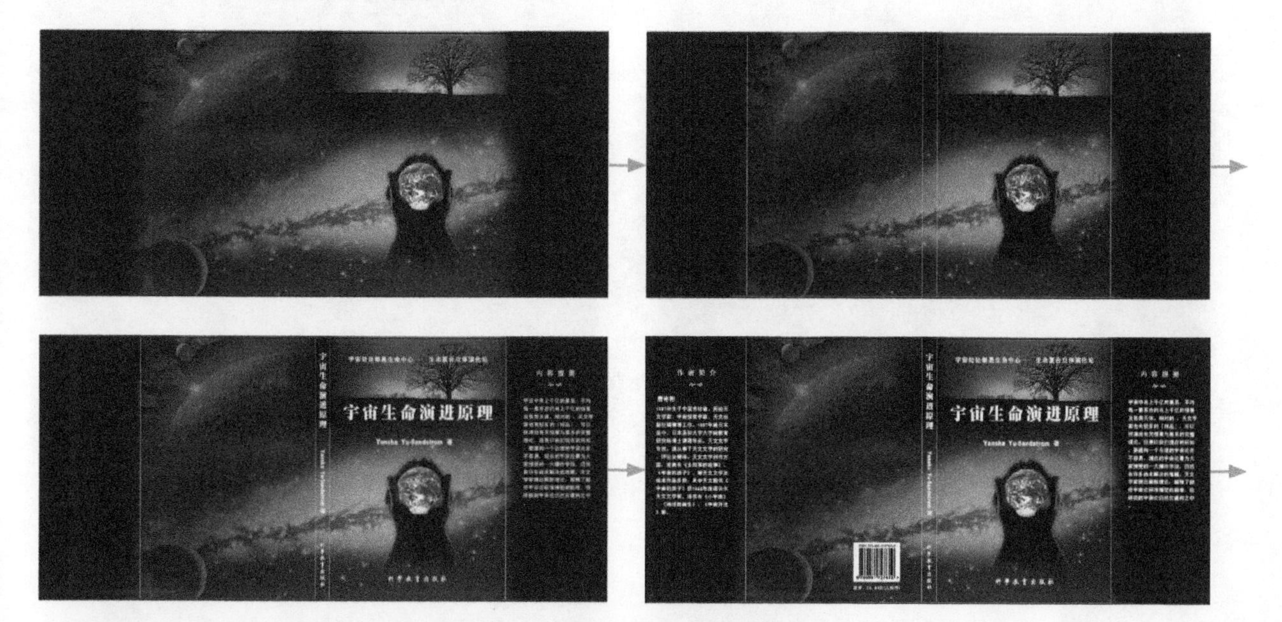

Love

"Asadal Design!!"

时尚生活

Fashionable Life

2012 sep.10
第188期

注意事项

女人分5等
你算第几等

妙招

最适合女性的八大金领职业

Mistake
6种最常见的错误
美容护肤手法

将传奇无限延续

WWW.Fashionable Life.com.cn

第14章

存储输出——作品的最终展现

本章中主要讲解了Illustrator存储输出作品时需要注意的问题。通过本章内容的学习，读者可以掌握在印刷前对印刷品文件进行检查的方法和要点。以及如何使用Illustrator中的相关命令和面板做印前检查工作，如何对胶片和打样进行印前检查工作，从而保证最后的印刷质量。

14.1 屏幕检查

书制作完成后，很多人喜欢将画面放大后仔细检查，或者是打印成稿再仔细检查。但是这样做都带有很强的人为因素，出错的几率很大。因为印刷中的错误大多潜伏在文件中，靠肉眼是很难找出问题的。例如，非法字体、错误的叠印等。所以对印前检查要按部就班的进行，首先要做的就是屏幕检查。

14.1.1 图片检查

在做图片检查前，首先要确定屏幕是经过校准的，也就是说亮度、对比度、分辨率和位深度，以及环境光源都经过仔细的调整，处于当初校准的状态，并且在系统的显示和 Illustrator 的颜色设置中都调用了为当前业务出片打样的输出中心的 ICC 文件。

单击“工具箱”中的“抓手工具”或按下键盘上的“空格键”拖动图片，一块一块地仔细检查图片是否有以下问题。

①作品中有没有杂线、污点或者与画面内容不协调的东西，如在制作过程中一些过渡使用的图形等，从而保证作品的完整性。

②作品中有没有衔接生硬的色块、渐变颜色过渡不流畅等，可以对图像颜色进行调整，处理作品颜色问题。

③作品中所置入的位图素材的色彩在经过校准的屏幕上显示是否正常。置入的位图素材常常会出现偏色的情况，可以在 Photoshop 中对位图素材进行调整，再重新置入到 Illustrator 中。

④作品的层次感和清晰度是否满意。

14.1.2 色块检查

在排版文件中常常使用很多色块、线条。这些元素的衍射和文本的颜色看起来是否协调直接影响到最后的设计效果。

例如，浅的底色上不要使用不易让人看清的白字，文字的背景色块上不要使用补色输入字体等。由于排版软件的屏幕是没有经过校准的，它并不能准确地预览显示印刷的效果。因此，如果要知道图片的印刷效果，就需要在经过校准的 Illustrator 中打开它；如果要知道排版软件中的色块的印刷效果，就要对照色标啦。

对于检查工作，最好是在出片前打印出来检查，因为很多细节是在屏幕上不容易注意到的。打印稿要按照排版时设置的尺寸打印，不要为了方便缩小，如果打印机不能打印大幅文件，可以分块打印，然后精确地粘贴在一起即可。在打印之前要将角线、裁切线。折叠线都画好，以方便打印后按照实际工艺进行操作，例如手提袋、包装盒等。

14.2 文件检查

打印稿并不能反映出文件中的所有问题。如非法字体、色彩模式、图像分辨率、叠印错误和路径等。这些内容在打印稿中是看不出来的，还需要进行仔细的文件检查。

14.2.1 图像检查

印刷的图像文件有以下几个问题需要检查。

文件格式

如果设计作品的输出方式选择的是传统四色印刷，那么为了保证正确分片印刷，要求图片的格式只能是 TIF、EPS 或者 PDF 三种。

色彩模式

如果需要四色印刷，则图片的色彩模式应为 CMYK。如果要单色印刷，图片的色彩模式应为灰度模式，不能出现 RGB 色彩模式的图。

分辨率设置

分辨率的设置是根据不同的输出需要的，如果要使用铜版纸四色印刷，图片的分辨率建议都要在 300dpi 以上，否则很难保证得到较好的图像效果。

多余内容

在制作图像的过程中，会留下很多多余的路径甚至还有多余的图像和文字，将这些多余的内容删除掉。

黑色检查

检查印刷品中黑色线条、小面积的黑色块的颜色数值，一般情况下应该是单色黑（0，0，0，100）。

14.2.2 排版检查

文档尺寸

检查文档前，要检查一下页面大小是否符合成品的要求。标准 16 开尺寸是 210mm×285mm，很多设计师在设计时却按照 A4 的尺寸设置（210mm×297mm）。

相同尺寸

印刷品中经常会有尺寸相同的部分，例如手提袋的正反面、画册的各页等等。在排版软件中，它们的尺寸应该为去掉出血后的尺寸一致，这样才不会出现误差。

比较尺寸

在某些印刷品上，看似相同的尺寸又应当有差别，比如纸盒的舌头应该比开口窄一点，这样才能插进去。

系列尺寸

印刷品中有些产品是一系列出现的，如封套和内文。在印刷的时候要保证封套的尺寸大于内文的尺寸，这样内文才能放进封套内。

专色和模切

专色、模切的页面是否与四色的页面一样大，这样才能保证最后套准，避免出现印偏的情况。

出血检查

印刷品中压在裁切线上的图片、色块和线条都要做出血操作。在折线上，如果折叠后折线的一侧露在外面而另一侧藏起来（如书封的勒口、纸盒的舌头和粘口），在这里都需要做出血。如果是需要像书封的书脊两侧折叠后都露在外面，就不用考虑出血问题。

14.2.3 图文检查

在充满了文字和图片的排版中，常常会出现很多让人不易察觉到的错误，而这些错误又是一定要解决的。下面列举一些在图文排版中经常出现的问题。

❶ 要注意文字段落的异常变化，例如，段落溢出版心、图文错位等。

❷ 段末一行不能单落下一个字。

❸ 页面中不能出现乱码和多余空格。

④ 中文尽量使用中文字体，英文使用英文字体。

⑤ 大多数标点符号是不能位于行首的，而有些标点符号不能位于行末，有些字符在分行的时候不能被拆开。例如，破折号和英文数字。

⑥ 不能有不正确的半角标点符号。

⑦ 作品中不能有该对齐而没有对齐的部分，同一篇文章中文字和段落样式要保持一致。

⑧ 作品中的文字应该位于最顶层，不能被图片或者色块压住。

14.2.4 链接

每一种排版软件都针对排版中的素材提供了“链接”面板，以方便管理这些链接信息。如右图所示为 Illustrator 中的“链接”面板。

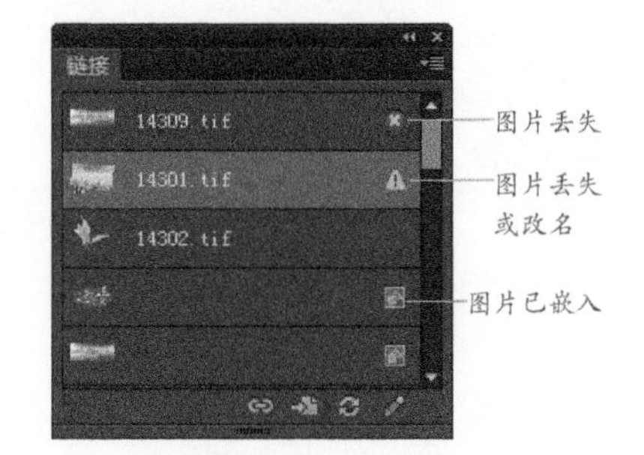

印刷品中的图片若有丢失或者改名的情况，这样的后果都是不能让图片高分辨率的输出。印刷品中的图片不是 CMYK 的色彩模式，而是 RGB 模式。RGB 图片在排版中显示正常，但是在出片打样时会报错。在一般的排版软件中，RGB 图片显得很自然，而 CMYK 图片却过分明艳。

若使用了 JPG 图像格式，则不能保证正确出片打样，并且印刷质量也不高。

TIPS

大多数的平面设计软件都会提供做印前检查的功能。通过这些功能可以对即将出片印刷的文档进行详细的检查，防止出现印刷事故。

14.3 Illustrator 印前检查

执行“窗口 > 文档信息”命令，打开“文档信息”面板，如右图（左）所示。单击“文档信息”右上角的“选项”按钮，在弹出的面板菜单中可以检查各个项目，或者单击“存储”按钮，将这些信息存储为纯文本，以方便检查文档详细信息。打开刚保存的文档信息，如右图（右）所示，仔细查看各项内容，确定无误。

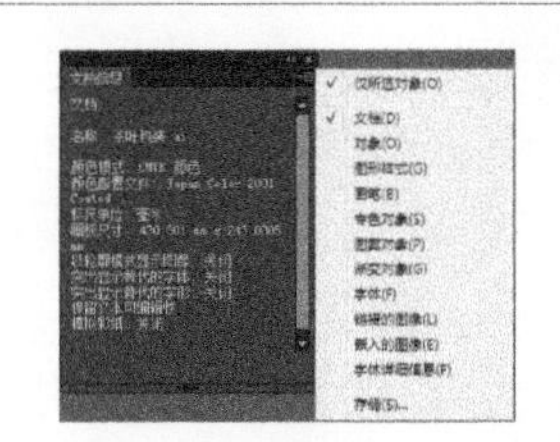

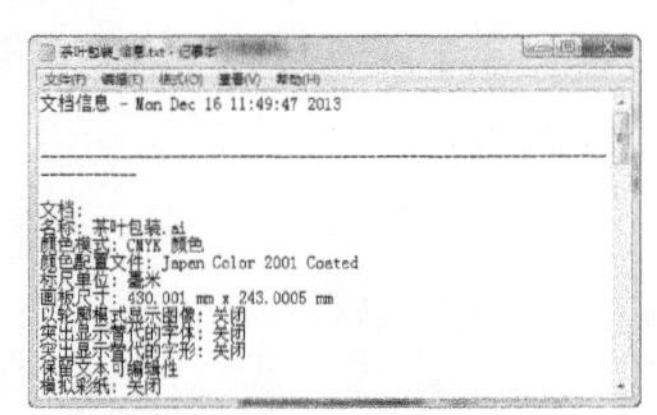

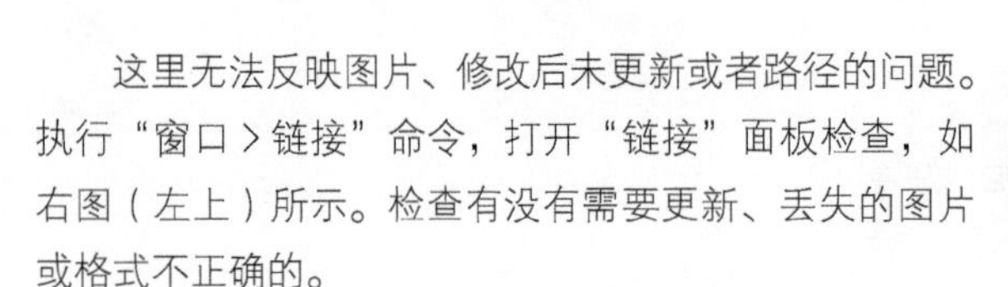

这里无法反映图片、修改后未更新或者路径的问题。执行“窗口 > 链接”命令，打开“链接”面板检查，如右图（左上）所示。检查有没有需要更新、丢失的图片或格式不正确的。

要检查叠印情况，则看“属性”面板，Illustrator 中只能按对象而不能按颜色检查叠印，就是看每一个对象的填充色和轮廓色是不是叠印，如右图（左下）所示。

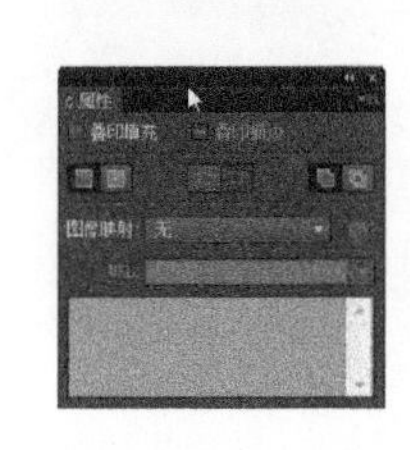

在“文档信息”中发现不合适的字体，通过执行“文字 > 查找字体”命令，在弹出的“查找字体”对话框中操作，如右图（右）所示。

14.4 Illustrator中6种存储文档的方法

在 Illustrator CS6 中，提供了多种文档的存储方式，方便用户对文档进行保存。在“文件”菜单中，有“存储”、“存储为”、“存储副本”、“存储为模版”、“存储为 Web 所用格式”和“导出”6 种不同的关于文件存储的命令。

存储

“存储”命令是将文件存储为原来的文件格式，并会将原本的文件替换掉。在对打开的文件未进行任何编辑时，执行“文件 > 存储”命令，此时“存储”命令显示为灰色不可编辑状态，如右图（左）所示。在对文件进行编辑后，执行“文件 > 存储”命令，或按快捷键 Ctrl+S，即可以原来文件的格式重新将文件存储，如右图（右）所示。

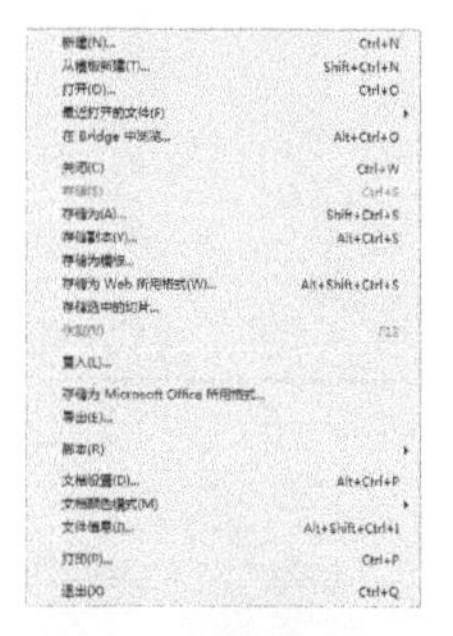

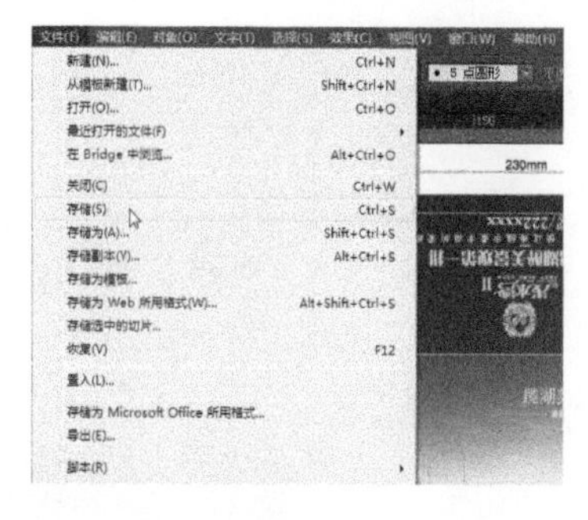

存储为

在 Illustrator 中，“存储为”命令可以用不同的格式和不同的选项将文件存储到不同的文件夹中。执行“文件 > 存储为”命令，或按快捷键 Shift+Ctrl+S，如下图（左）所示。在弹出的“存储为”对话框中，可以对文件的存储位置、名称及存储类型进行设置，如下图（中）所示。设置完成后单击“保存”按钮，在弹出的“Illustrator 选项”对话框中，可根据需要设置保存文件的版本、字体和其他参数等，单击“确定”按钮即可保存文件，如右图（右）所示。

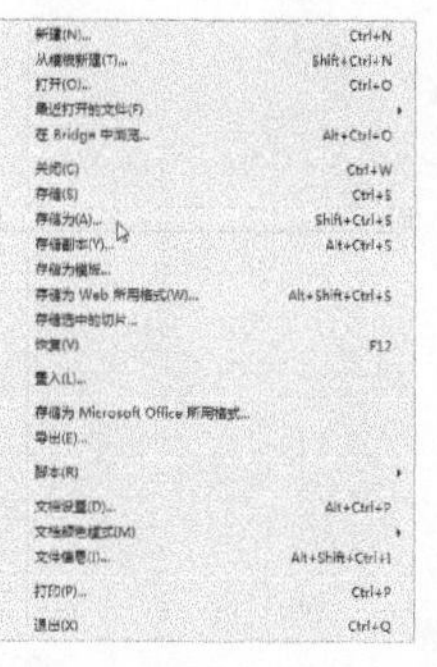

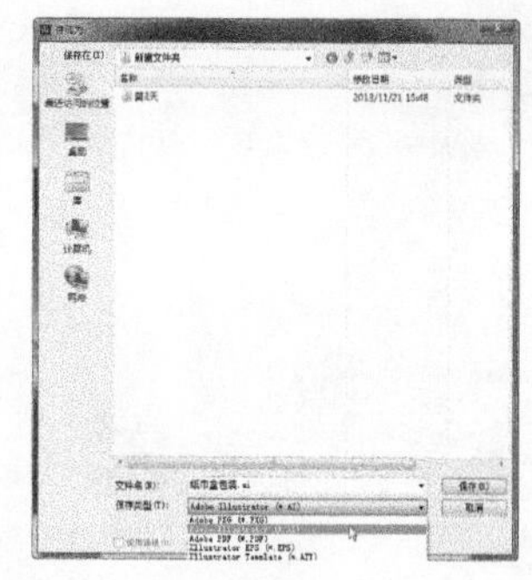

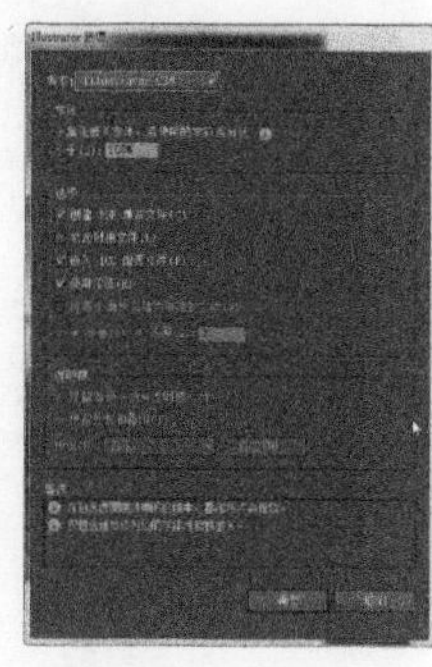

存储副本

执行“文件 > 存储副本”命令，或按快捷键 Ctrl+Alt+S，如下图（左）所示。“存储副本”命令与“存储为”命令相同，只是“存储副本”命令会在弹出的“存储副本”对话框中的“文件名”后面添加加“复制”两个字，如右图（中）所示。设置完成后单击“保存”按钮，在弹出的“Illustrator 选项”对话框中，可根据需要设置保存文件的版本、字体和其他参数等，单击“确定”按钮即可保存文件的副本，如右图（右）所示。

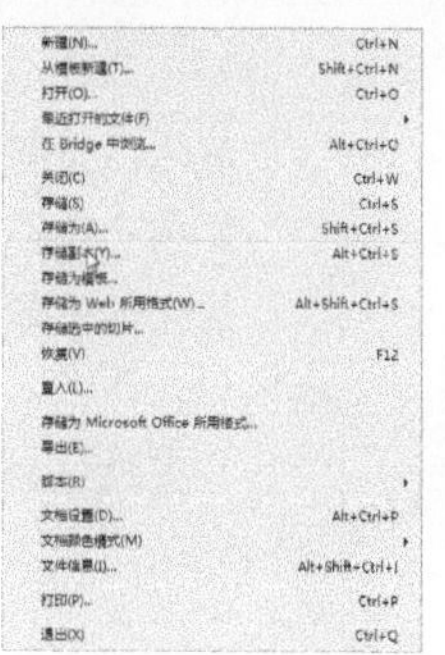

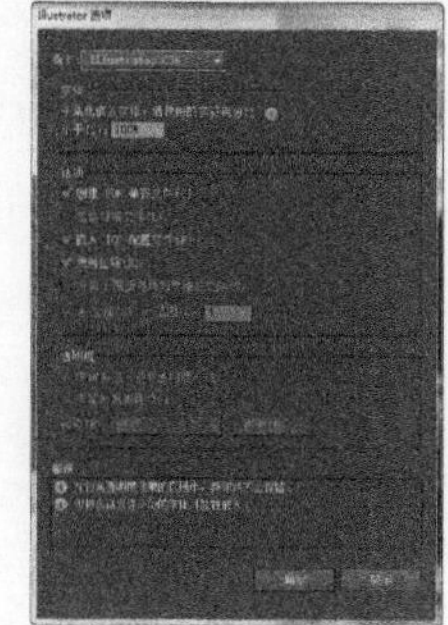

存储为模版

执行“文件 > 存储为模版”命令，如右图（左）所示。在弹出的“存储为”对话框中，可以对文件的存储位置、名称及存储类型进行设置，如右图（右）所示，设置完成后单击“保存”按钮。

存储为Web所用格式

执行“文件 > 存储为 Web 所用格式”命令，在弹出的“存储为 Web 所用格式”对话框中可以选择优化选项以及预览优化的图稿，如下图所示。

选项栏：包括原稿、优化和双联 3 种选项。

工具箱：提供抓手工具、切片选择工具、缩放工具、吸管工具、吸管颜色、切换切片可视性等 6 种工具。

原稿图像：查看原稿及原稿的名称与大小。

“缩放”文本框：通过设置百分比对视图进行放大或缩小查看。

优化选项：可对优化的文件格式、损耗、颜色等进行预设。

其他设置选项：包括“图像大小”、“颜色表”和“导出”选项进行设置。

优化的图像：查看优化的图像，包括优化图像的相关信息。

“在默认浏览器中预览”按钮：可通过选择或编辑浏览器来对文件进行预览。

导出

执行“文件＞导出”命令，如右图（左）所示。在弹出的“导出”对话框中可以将文件以适合其他软件的格式进行存储。例如，适合于AutoCAD绘图的格式（*.DWG），适合Flash的Flash格式（*.SWF），以及常用的JPEG图片格式等，如右图（右）所示。

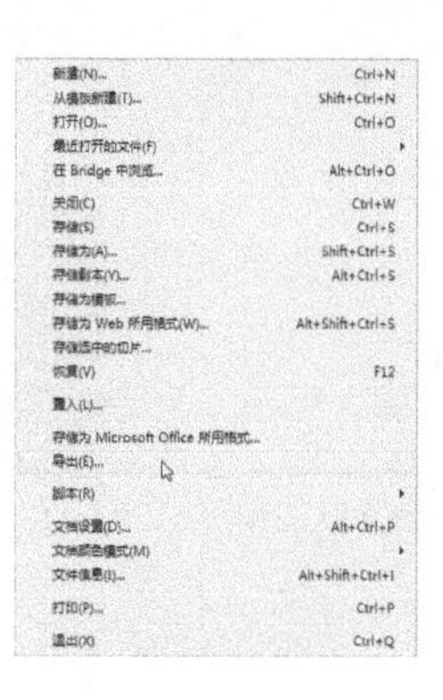

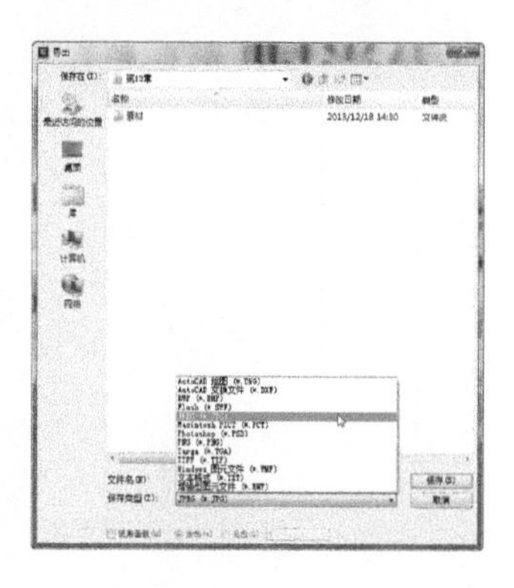

14.5 文档的打印设置

在Illustrator CS6中，“打印”对话框是为了协助用户进行打印工作而设计的。对话框中的每个选项组都是按照对文件进行打印的方式来设置的。本节将介绍关于文档的打印设置，包括对“打印”对话框的介绍和常规选项的设置等。

14.5.1 “打印”对话框

从Illustrator CS6的多个打印选项中，可以选择所需的项目进行设置，这些选项在“打印”对话框中都起到了至关重要的作用。对选项进行设置后，就可以在该对话框中打印文件了。执行“文件＞打印”命令，弹出“打印”对话框，如右图所示。

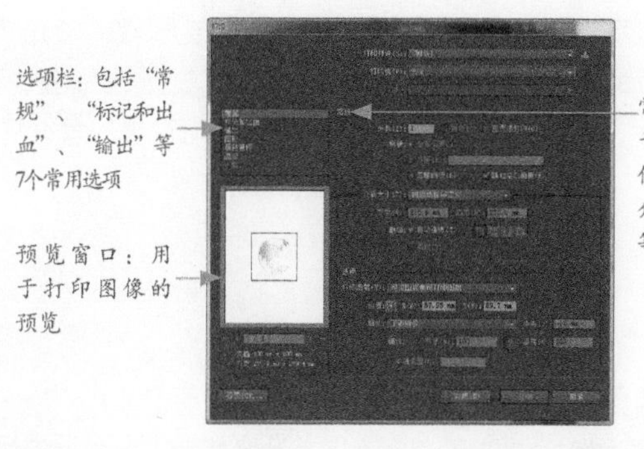
选项栏：包括“常规”、“标记和出血”、“输出”等7个常用选项
预览窗口：用于打印图像的预览
常规项：用于对打印文件的页面、介质和选项等进行设置

选项栏中包含了“常规”、“输出”、“图形”等7种常用的选项，用户通过这些选项的设置来确定打印文件的类型和最终效果。

常规

在“常规”选项中，可对文件的页面大小、方向、需要打印的份数等进行设置，并可以对图稿进行缩放、设置拼版选项以及对需要打印的图层进行选择。

标记和出血

可对多种印刷标记进行选择和设置，以及对文档的出血进行设置。

输出

包括对输出文件的格式、药膜、图像和印刷色的转换进行设置，以及对打印机的分辨率和文档的油墨选项等进行设置。

图形

主要对文件的路径、字体、PostScript文件、渐变和渐变网格打印选项进行设置。

颜色管理

主要用于对打印文件的颜色处理、打印机的配置文件以及渲染方法等进行选择和设置。

高级

“高级”选项主要针对打印文件的叠印和透明度拼合器选项进行设置。

小结

在“小结”选项中，可以查看并存储对打印文件进行设置的内容。

14.5.2 常规选项

在“打印”对话框中的“常规”选项中，可以对打印的页面份数、介质的大小等进行设置，如右图（左）所示。还可以对文件的位置以及打印图层进行设置，如右图（右）所示。

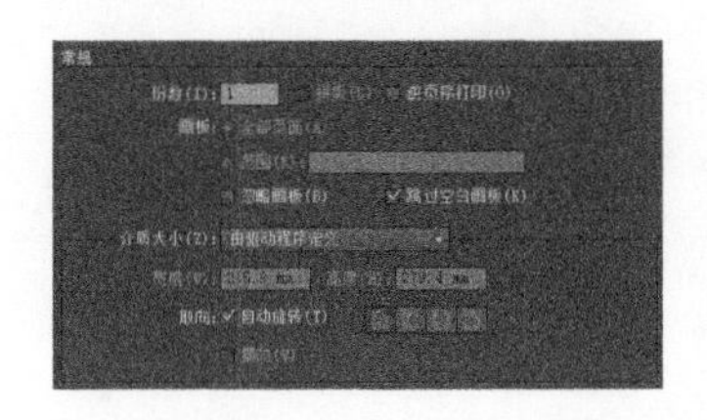

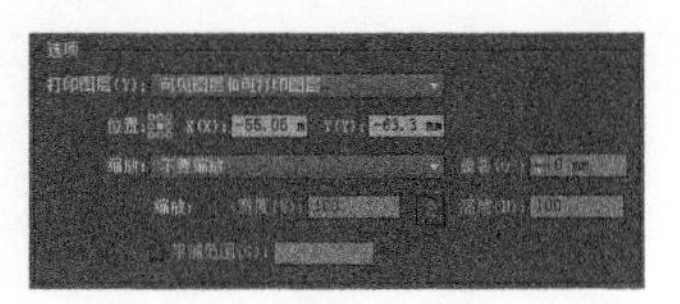

创建具有多个画板的文档时，可以通过多种方式打印该文档。可以忽略画板，在一页上打印所有内容（如果画板超出了页面边界，可能需要拼贴），也可以将每个画板作为一个单独的页面进行打印。将每个画板作为一个单独的页面打印时，可以选择打印所有画板或打印一定范围的画板。

14.5.3 标记和出血选项

为打印准备图稿时，打印设备需要几种标记来精确图像文件和确认正确的颜色。这些标记包括裁切标记、套准标记、颜色条和页面信息等，可通过“打印”对话框中的“标记和出血”选项，在图像文件中加入这些标记。

执行“文件 > 打印”命令，弹出“打印”对话框，选中“标记和出血”选项，如右图（左）所示。在“标记”选项区中勾选“所有印刷标记”复选框，此时在对话框中的图像预览框中可以看到图像中显示出了包括“裁切标记”、“颜色条”等在内的多种标记，在“出血”选项区中可以对文档的“顶”、“底”、“左”和“右”进行出血设置，也可以勾选“使用文档出血设置”复选框，对文档进行默认的出血设置，如右图（右）所示。

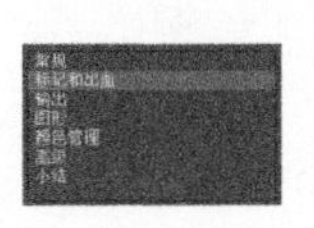

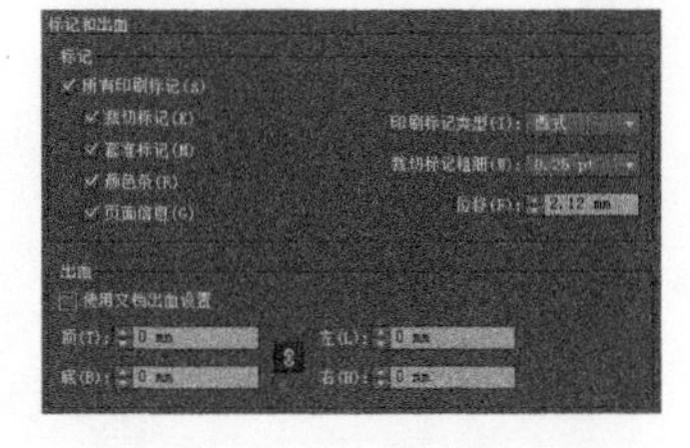

14.5.4 图形选项

通过使用“打印”对话框中的“图形”选项，可以对文件的路径、字体、PostScript 信息、渐变和渐变网格打印选项进行打印前处理设置。执行“文件 > 打印”命令，在弹出的“打印”对话框中，选中“图形”选项，如右图（左）所示。此时可以对路径的平滑度、字体的下载等选项进行设置，如右图（右）所示。

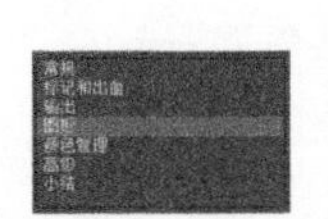

14.5.5 高级选项

当使用分辨率较低的打印机、某些非 PostScript 打印机、可支持 PostScript 打印的打印机或位图打印的打印机进行打印时，可在“打印”对话框中，选中“高级”选项，如右图（左）所示。此时选中“打印成位图”复选框，将文件打印为位图图像。单击 自定(C)... 按钮，还可以对文件的透明度等进行处理，如右图（右）所示。

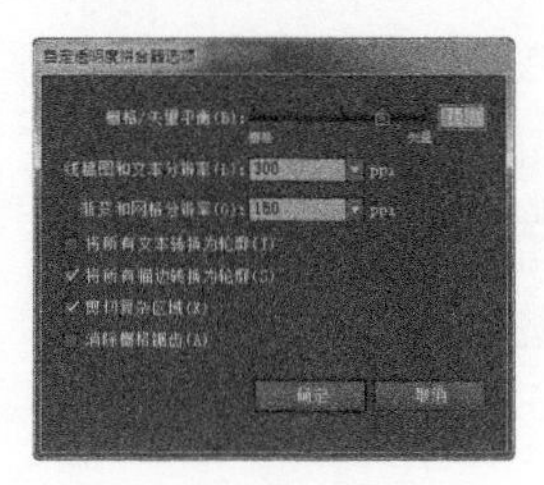

14.6 打印渐变、网格和颜色混合

某些打印机很难平滑地打印或者根本不能打印具有渐变、网格或颜色混合的文件，此时就需要对文件的渐变、网格及颜色混合等进行设置。下面将详细介绍在打印过程中栅格化渐变和网格、设置颜色管理以及通过打印小结查看文件设置内容等方法。

14.6.1　在打印过程中栅格化渐变和网格

执行“文件>打印”命令，在弹出的“打印”对话框中，选择“图形”选项，再在“选项”选项组中勾选“兼容渐变和渐变网格打印”选项，如右图所示。该选项可以将需要打印的图像文件转换为JPEG格式，以便打印机能正确的对文件进行打印。需要注意的是，因为“兼容渐变和渐变网格打印”选项会降低无渐变问题的打印机的打印速度，所以请仅当遇到打印问题时才选择此选项。

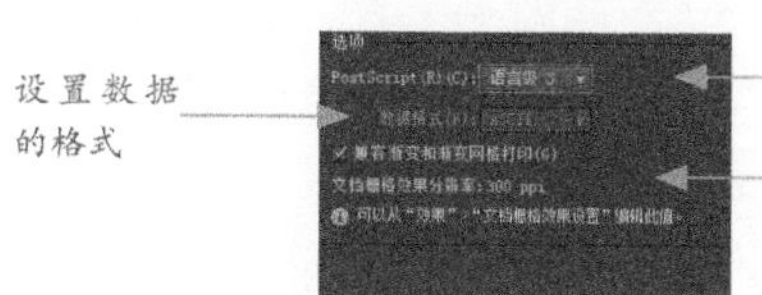

14.6.2　设置颜色管理

当打印一份使用颜色管理的RGB或CMYK的文件时，可以通过“颜色管理”选项对一些额外的颜色进行设置，从而使输出时的文件色彩和原图像的色彩能保持一致。执行“文件>打印”命令，在弹出的“打印”对话框中，选择“颜色管理”选项，如右图（左）所示。在“颜色管理”选项中可以对颜色的处理方式进行设置、打印机的配置文件进行选择、渲染的方法进行设置等，另外还可以在下方查看“说明”信息，如右图（右）所示。

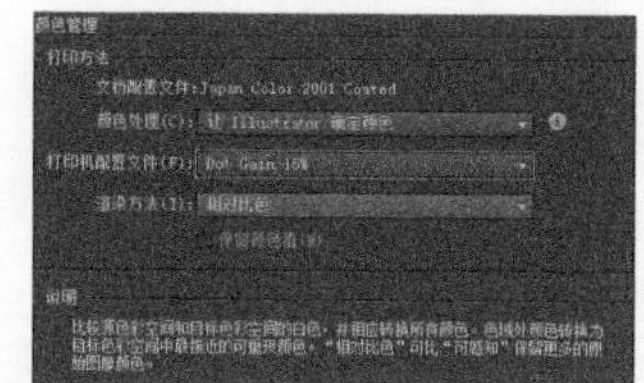

14.6.3　自定透明拼合

执行“文件>打印”命令，在弹出的“打印”对话框中，选中“高级”选项，如右图（左）所示。单击对话框右边的 自定(C)... 按钮，在弹出的“自定透明度拼合器选项”对话框中，可对文件的“栅格/矢量平衡”、“线稿图和文本分辨率”和“渐变和网格分辨率”等进行设置，如右图（右）所示。

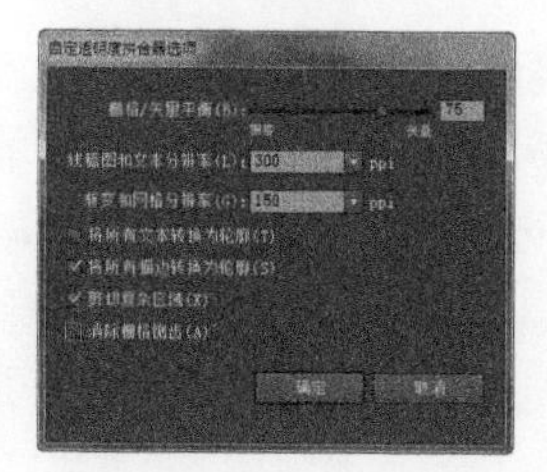

14.6.4　查看打印设置的小结

在执行打印之前，可以先选择“打印”对话框中的“小结”选项，如右图（左）所示。在“小结”窗口中查看文件输出的设置信息，包括“警告”提示框，单击下方的“存储小结”按钮，可以对此小结进行保存，如右图（右）所示。

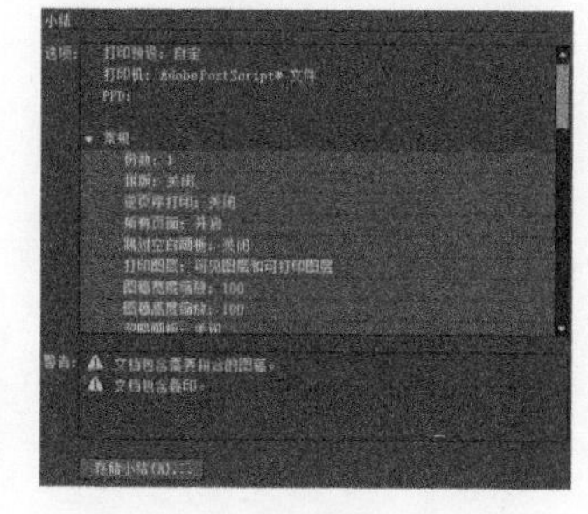

14.7 胶片和打样检查

这是印前最后一道工序，之前已经在文件和打印稿上进行了仔细的检查，如果在胶片和打样上还发现了问题，其实是不应该的。胶片、打样倘若真的出现问题，对胶片和打样进行检查可以避免进一步的损失。

胶片检查

❶ 检查胶片数量。四色文件应该有四张胶片，如有专色，每种专色多一张胶片，模切、起凸和烫印等也需要单独的胶片。

❷ 识别每张胶片对应的墨色。这可以对照打样看出来，在打样的边缘有测控条，是一系列色块，它们的色值是已知的，且是由各色胶片晒版印刷出来的。假如打样上测控条第 1 格是 C100、第 2 格是 M100、第 3 格是 Y100、第 4 格是 C100 M100、第 5 格是 M100 Y100、第 6 格是 C100 Y100、第 7 格是 C100 M100 Y100、第 8 格是 K100，那么可以推断，在与 C（青色油墨）对应的胶片上，测控条第 1、4、6、7 格是实的，第 2、3、5、8 格是空白；在与 M（品红油墨）对应的胶片上，测控条第 2、4、5、7 格是实的，第 1、3、6、8 格是空白；在与 Y（黄色油墨）对应的胶片上，测控条第 3、5、6、7 格是实的，第 1、2、4、8 格是空白；在与 K（黑色油墨）对应的胶片上，测控条只有第 8 格是实的，其余都是空白。至于专色、模切、起凸和烫印等胶片，很容易从图文内容看出来。

❸ 检查胶片套准情况。最好是使用专用的看样台，台面是毛玻璃，底下有白色光源，或者使用白色的普通台面，把一张图文内容较完整的胶片（通常是对应于黑色油墨的胶片）放在台面上，把其他各色胶片及专色、模切和起凸胶片一张张叠上去，将上下两张胶片死角的角线对准，检查它们的内容是否对齐。

❹ 检查胶片上有无划伤、脏点、虚光点、激光线或折痕等问题。

❺ 检查加网线和各色网角。有经验的会及时凭肉眼就能看出这些参数是否符合要求，也可以用印刷专用 10 倍放大镜来检查，上面带有刻度。

❻ 检查胶片边缘灰梯尺上的网点成数。灰梯尺的每个色块是规定了网点成数的，在 10 倍放大镜下可以看出网点数实际是多少，偏差不应该超过 2%。

❼ 用密度计检查实地密度能否达到印刷要求，应该在 3.4 以上。

打样检查

❶ 检查打样的内容，就像检查打印稿那样。

❷ 检查成品尺寸。在打样的每个角有角线，通常是双线，内侧的线是裁切标记。把左边的裁切标记和右边的裁切标记之间的距离量出来，就是成品的宽度；把上面的裁切标记和下面的裁切标记之间的距离量出来，就是成品的高度。要看由这些裁切标记所反映的成品尺寸是否符合要求。

❸ 做成品模型。用直尺和美工刀沿着裁切标记切开打样，再沿着折叠标记将它折成成品的样子，特别是对于纸盒这样的立体印刷品，检查加工后会不会有问题。